全国中级注册安全工程师职业资格考试辅导教材

# 安全生产专业实务

## 煤 矿 安 全

（2024 版）

中国安全生产科学研究院 组织编写

应 急 管 理 出 版 社

· 北 京 ·

**图书在版编目（CIP）数据**

安全生产专业实务．煤矿安全：2024 版/中国安全生产科学研究院组织编写．--北京：应急管理出版社，2024

全国中级注册安全工程师职业资格考试辅导教材
ISBN 978-7-5237-0529-2

Ⅰ．①安… Ⅱ．①中… Ⅲ．①煤矿—矿山安全—资格考试—教材 Ⅳ．①X931 ②TD7

中国国家版本馆 CIP 数据核字(2024)第 083943 号

**安全生产专业实务（煤矿安全） 2024 版**
（全国中级注册安全工程师职业资格考试辅导教材）

**组织编写** 中国安全生产科学研究院
**责任编辑** 尹忠昌 唐小磊 田 苑
**责任校对** 张艳蕾
**封面设计** 卓义云天

**出版发行** 应急管理出版社（北京市朝阳区芍药居 35 号 100029）
**电　　话** 010-84657898（总编室） 010-84657880（读者服务部）
**网　　址** www. cciph. com. cn
**印　　刷** 海森印刷（天津）有限公司
**经　　销** 全国新华书店

**开　　本** 787mm×1092mm 1/16 **印张** 18 1/4 **字数** 429 千字
**版　　次** 2024 年 5 月第 1 版 2024 年 5 月第 1 次印刷
**社内编号** 20240379 **定价** 62.00 元

# 前　言

安全生产事关人民群众生命财产安全和社会稳定大局。习近平总书记在党的二十大报告中指出，要坚持安全第一、预防为主，建立大安全大应急框架，完善公共安全体系，推动公共安全治理模式向事前预防转型。施行注册安全工程师职业资格制度，是牢固树立安全发展理念，深入实施“人才强安”战略的重要举措。

注册安全工程师职业资格考试自2004年首次开展以来，全国累计56.7万人通过考试取得中级注册安全工程师职业资格。主要分布在煤矿、金属与非金属矿山、建筑施工、金属冶炼以及危险化学品的生产、储存、装卸等企业和安全生产专业服务机构。注册执业的中级注册安全工程师本科及以上学历占69%以上，年龄在50岁以下占73%以上，已形成一支学历较高、年富力强、素质过硬且实践经验丰富的注册安全工程师队伍，为促进我国安全生产形势好转发挥了重要作用。

为推动注册安全工程师职业资格制度的健康发展，国务院有关部门在总结多年实践工作的基础上，积极推动注册安全工程师法制化进程。2014年8月31日修订的《中华人民共和国安全生产法》，首次确立了注册安全工程师的法律地位。2017年9月，人力资源社会保障部将注册安全工程师列入准入类国家职业资格目录。

为贯彻《安全生产法》，健全完善注册安全工程师职业资格制度，加强注册安全工程师专业能力，构建注册安全工程师“以用为本、科学准入、持续教育、事业化发展”四位一体工作格局，2017年11月，国家安全生产监督管理总局、人力资源社会保障部联合发布了《注册安全工程师分类管理办法》，确立了注册安全工程师职业资格按照专业类别实施分专业考试的指导思想，将注册安全工程师专业类别划分为煤矿安全、金属非金属矿山安全、化工安全、金属冶炼安全、建筑施工安全、道路运输安全和其他安全（不包括消防安全）。2019年1月，应急管理部、人力资源社会保障部联合发布了《注册安全工程师职业资格制度规定》《注册安全工程师职业资格考试实施办法》；2019年4月，应急管理部颁布了《中级注册安全工程师职业资格考试大纲》和《初级注册安全工程师职业资格考试大纲》，正式实施注册安全工程师分专业考试。

为了方便考生复习有关知识内容，2019 年，中国安全生产科学研究院根据《中级注册安全工程师职业资格考试大纲》，组织专家编写了全国中级注册安全工程师职业资格考试辅导教材。本套辅导教材包括公共科目和专业科目，其中，公共科目为《安全生产法律法规》《安全生产管理》和《安全生产技术基础》，专业科目为《安全生产专业实务》，包括煤矿安全、金属非金属矿山安全、化工安全、金属冶炼安全、建筑施工安全和其他安全。2024 年，在更新辅导教材中涉及的安全生产法律法规、政策和标准的基础上，充实了安全评价等有关内容，对发现的有关问题（包括读者反馈的问题）进行了修订和完善。

本套辅导教材具有较强的针对性、实用性和可操作性，可供安全生产专业人员参加中级注册安全工程师职业资格考试复习之用，也可用于指导安全生产管理和技术人员的工作实践。

在教材编写过程中，很多专家做了大量的工作，付出了辛勤劳动，在此表示衷心感谢！由于时间和水平的限制，教材难免存在疏漏之处，敬请批评指正，以便持续改进！

中国安全生产科学研究院

2024 年 4 月

# 目　次

# 第一章　煤矿安全基础知识

我国是世界上煤炭储量最丰富的国家之一，煤层赋存条件多种多样，开采条件比较复杂，不同区域的煤矿开采规模、技术装备和开采方式存在较大差异。

我国煤炭开采大部分为地下开采。采用地下开采时，要从地面开凿通道（井硐）通至地下，再在地下开掘一系列巷道和硐室进入煤体并布置开采场所，同时建立完善的开采、运输、通风、排水、提升、动力、照明等系统，以构成一个完备的矿井生产系统，再结合相应的法律法规，制定出妥善、合理的安全管理措施，进而保证矿井安全、合理、经济的生产。

## 第一节　概　　述

由于煤矿开采的对象是赋存于地下的煤层，受地质条件和生产技术条件的限制和影响，一个矿井（一套生产系统）所能开采的煤层范围是有限的，往往难以开采整个煤田。因此，一般将一个煤田划归为若干个煤矿进行开采，在一个井田上进行开采的煤矿一般叫作矿井。在一个井田范围内，主要巷道的总体布置及其有关参数的确定叫作井田开拓。

### 一、煤田开发

煤田的范围差异较大，大的煤田面积可达数万平方千米，储量可达数千亿吨。对于这样大的煤田，如果用一个矿井来开采，从技术上、经济上和安全上来讲都是不合理的。因此，在开发一个煤田时，应将煤田划分成若干较小的部分，由若干矿井进行开采。划归一个矿井开采的那部分煤田称为井田。有时煤田不是很大，也可不划分井田。

（一）煤田和矿区

1. 煤田

在地质构造历史发展的过程中，由含碳物质沉积形成的基本连续的大面积含煤地带，称为煤田。我国煤炭资源丰富，煤田有大有小，大的煤田面积可达数百到数万平方千米，煤炭储量有数亿吨到数百甚至上千亿吨，如大同煤田、沁水煤田、鄂尔多斯煤田等；小的煤田面积只有几平方千米，我国南方有许多小煤田即属于这种煤田。对于面积较大、资源储量较多的煤田，需要将其进一步划分成适合一个矿区（或一个矿井）来开采的若干个区域。

2. 矿区

由于行政或经济上的原因，往往将邻近几个井田划归为一个行政机构管理，这些邻近的井田合并起来称为矿区，即开发煤田形成的社会区域。大的煤田往往被划分成几个矿区开发，面积和储量较小的煤田可由一个矿区来开发。

3. 矿区开发

根据煤炭储量、赋存条件、煤田市场需求量、投资环境等情况，确定矿区规模，划分井田，规划井田开采方式，规划矿井或露天矿建设顺序，确定矿区附属企业的类别、数目、生产规模、建设过程等，称为矿区开发。矿区所辖矿井的开发建设应当按照先浅后深、先近后远、先易后难的原则来确定，力求先开发那些施工和生产条件比较简单、投资较少、见效较快、交通比较方便、水电及器材供应也比较容易解决的矿井，而把条件复杂、投资大、见效慢的矿井留到后期开发。

（二）煤田划分为井田的原则

井田划分是确定矿区建设规模与矿区布局的基础，也是合理开发煤炭资源，取得稳定发展和经济效益的重要条件。对于面积较大、储量丰富的煤田，必须根据国民经济的需求和技术经济合理性，将煤田划分为若干个较小部分，每一部分由一个矿井开采。煤田划分为井田时，要保证各井田有合理的尺寸和边界，使煤田各部分都得到合理开发。因此，煤田划分为井田应遵循以下几个原则。

1. 井田范围、储量、煤层赋存及开采条件要与矿井生产能力相适应

对一个生产能力较大的矿井，尤其是机械化程度较高的现代化大型矿井，应要求井田有足够的储量和合理的服务年限。生产能力较小的矿井，储量可少些。矿井生产能力还要与煤层赋存条件、开采技术装备条件相适应，并要为矿井发展留有余地。随着开采技术的发展，根据当前技术水平划定的井田范围，可能满足不了矿井长远发展的要求。因此，井田范围可适当增大，或在井田范围外留设备用区，暂不建井，以适应矿井将来发展的需要。对于煤层总厚度较大、开采条件较好、为加快矿井建设和节约初期投资而建设的中小型矿井，更应如此。

2. 保证井田有合理的尺寸

井田范围要与矿井生产能力相适应，为保证矿井有合理的尺寸，要使井田有合理的走向长度。一般情况下，为便于合理安排井下生产，井田走向长度应大于倾斜长度。如井田走向长度过短，则难以保证矿井各个开采水平有足够的储量和合理的服务年限，造成矿井生产接替紧张；或者在井田走向长度较短情况下为保证开采水平有足够的服务年限，使阶段（水平）高度加大，将给矿井生产带来困难。井田走向长度过长，又会给矿井通风、井下运输带来困难。因此，在矿井生产能力一定的情况下，井田走向长度过长或过短，都将降低矿井的经济效益。

我国煤矿生产实践表明，井田走向长度应达到：小型矿井不小于1.5 km，中型矿井不小于4.0 km，大型矿井不小于7.0 km，特大型矿井可达10.0～15.0 km。

3. 充分利用自然等条件划分井田

例如，利用大断层作为井田边界，或在河流、国家铁路、城镇等下面进行开采存在问题较多或不够经济、须留设安全煤柱时，可以此作为井田边界。这样，既降低了煤柱损失，又减少了开采技术上的困难。

在煤层倾斜角变化很大处，可以此作为井田边界，便于相邻矿井采用不同的采煤方法和采掘机械，简化生产管理。具他如大的褶曲构造也可作为井田边界。

在地形复杂的地区，如地表为沟谷、丘陵、山岭的地区，划定的井田范围和边界要便

于选择合理的井筒位置及布置工业场地。对于煤层煤质、牌号变化较大的地区，如果需要，也可考虑以不同煤质、牌号按区域划分井田。

4. 合理规划矿井开采范围，处理好相邻矿井之间的关系

划分井田边界时，通常把煤层倾角不大、沿倾斜延展很宽的煤田分成浅部和深部两部分。一般应先浅后深，先易后难，分别开发建井，以节约初期投资，同时，也能避免浅、深部矿井形成复杂的压茬关系，给开采带来困难。浅部矿井井型及范围比深部矿井小。如煤层赋存浅、层间距大、上下煤层开采无采动影响，为加速矿区建设，也可在煤田浅部分煤组分别建井，然后再在深部集中建井。

当需增大开发强度，必须在浅、深部同时建井，或浅部已有矿井开发需在深部另建新井时，应考虑给浅部矿井的发展留有余地，不使浅部矿井过早地报废。

5. 可持续发展

划分井田时，应充分考虑煤层赋存条件、技术发展趋势等因素，适当将井田划得大一些或者是为矿井留一个备用区，为矿井的发展留有适当余地。

（三）井田的再划分

煤田划分为井田后，每个井田的范围仍然较大。井田的走向长度可达数千米甚至数万米，倾斜程度可达数千米，井田的储量可供开采数十年甚至数百年。为了有计划地按照一定的顺序进行开采，需要将井田划分为若干更小的部分。

1. 井田划分为阶段和水平

阶段：在井田范围内，沿着煤层的倾斜方向，按一定标高把煤层划分为若干个平行于走向的长条部分，每个长条部分具有独立的生产系统，称为阶段。每个阶段都有独立的运输和通风系统。

水平：上下两阶段分界的水平面，称为水平。

一般而言，阶段与水平二者既有联系又有区别。其区别在于阶段表示的是井田范围中的一部分，强调的是煤层开采范围和储量；而水平是指布置在某一标高水平面上的巷道，强调的是巷道布置。二者的联系是利用水平上的巷道去开采阶段内的煤炭资源。井田内水平和阶段的开采顺序，一般是先采上部水平和阶段，后采下部水平和阶段，这样做建井时间短、生产安全条件好。

2. 井田划分为盘区或带区

开采倾角很小的近水平煤层，井田沿倾斜方向的高差很小，很难将其划分成若干以一定标高为界的阶段，则可将井田直接划分为盘区或带区。通常沿煤层的延展方向布置大巷，在大巷两侧划分成为具有独立生产系统的块段，这样的块段称为盘区或带区，如图 1－1 所示。

3. 井田划分为开采区域

随着煤矿机械化程度的提高和新技术、新方法、新设备的出现，我国已经建设了许多大型和特大型矿井。由于矿井生产能力大、井田范围广，辅助提升任务非常繁重，井下通风线路长，特别是当瓦斯涌出量大时，矿井通风更加困难。为了解决矿井辅助提升和通风问题，我国不少新建的特大型矿井将井田划分为若干具有独立通风系统的开采区域。各开采区域具有独立进风、回风巷道系统，其内部可采用采区式、盘区式或带区式准备方式，

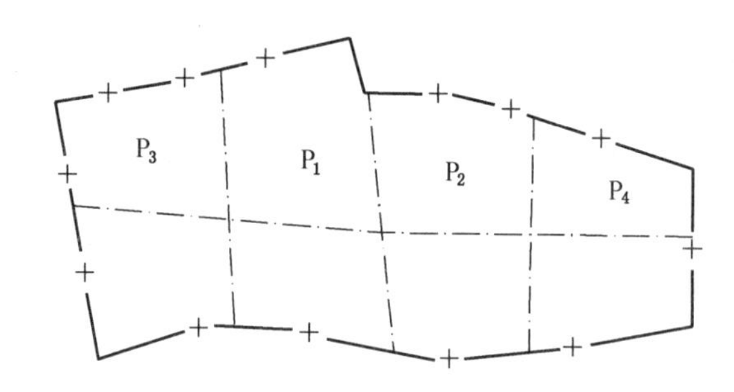


$P_1$—第一盘区；$P_2$—第二盘区；$P_3$—第三盘区；$P_4$—第四盘区

图1-1 井田直接划分为盘区

并有自己的辅助井筒，担负进风和回风任务，有时还担负辅助提升工作。井下出煤则由服务于全矿的主井集中完成。

## 二、井田开拓

井田分为阶段或盘区以后，即可以开始进行矿井建设。在一个井田范围内，为了采煤，从地面向地下开掘一系列巷道进入煤体，建立矿井提升、运输、通风、排水和动力供应等生产系统，称为井田开拓。这些用于开拓的井下巷道的形式、数量、位置及其相互联系和配合称为开拓方式。合理的开拓方式，需要经过对技术可行的多种开拓方案进行技术经济比较后才能确定。

### （一）井田开拓方式分类

由于具体的井田地质条件和开采技术条件有较大的差异，井田开拓方式很多。我国常用的井田开拓方式如图1-2所示。

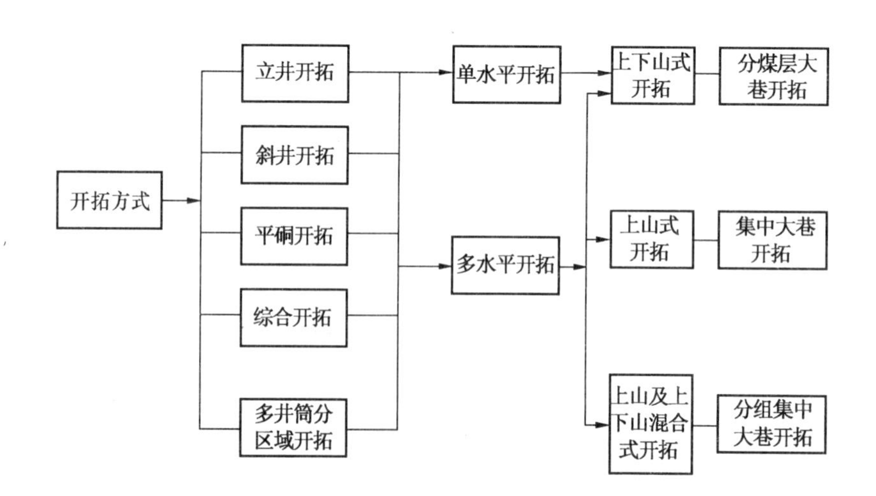


图1-2 我国常用的井田开拓方式

1. 按井筒（硐）形式分类

井田开拓按井筒（硐）形式可分为立井开拓、斜井开拓、平硐开拓、综合开拓，近年来，由于大型矿井的出现，还有多井筒分区域开拓方式。其中，立井开拓是指主、副井均为立井的开拓方式，斜井开拓是指主、副井均为斜井的开拓方式；平硐开拓是指采用主平硐的开拓方式，综合开拓指采用立井、斜井、平硐等任何两种以上的开拓方式作为主、副井的开拓方式，多井筒分区域开拓是指大型井田划分为若干相对独立的开采区域并共用主井的开拓方式。

2. 按开采水平数目分类

井田开拓按开采水平数目可分为单水平开拓（井田内只设 1 个开采水平）、多水平开拓（井田内设 2 个及 2 个以上开采水平）。

3. 按开采方式分类

井田开拓按开采方式可分为上山式开拓、上下山式开拓及混合式开拓。

上山式开拓，即开采水平只开采上山阶段，阶段内一般采用采区式或盘区式准备。

上下山式开拓，即开采水平分别开采上山阶段及下山阶段，阶段内采用采区式或盘区式准备。近水平煤层往往采用带区式准备。

4. 按开采水平大巷布置方式分类

井田开拓按开采水平大巷所在层位和布置方式可分为分煤层大巷开拓、集中大巷开拓、分组集中大巷开拓。分煤层大巷开拓，即每个煤层设大巷；集中大巷开拓，即煤层群中设置大巷，通过采区石门与各煤层联系；分组集中大巷开拓，即将煤层群分组，分组中设集中大巷。

有时为了简便，命名开拓方式可能忽略大巷布置方式，如立井开拓方式中有立井单水平上下山式、立井多水平上下山式、立井多水平上山及上下山式等。

（二）确定井田开拓方式的原则

井田开拓主要研究如何布置开拓巷道等问题，需认真研究下列问题：

（1）确定井筒的形式、数目及其配置，合理选择井筒及工业场地的位置。

（2）合理确定开采水平数目和位置。

（3）布置大巷及井底车场。

（4）确定矿井开采顺序，做好开采水平的接替和“三量”管理。

（5）进行矿井开拓延深、技术改造。

（6）合理确定矿井通风、运输及供电等系统。

上述开拓问题解决得正确与否，关系到整个矿井生产的长远利益，关系到矿井的基建工程量、初期投资和建设速度，从而影响矿井经济效益。矿井开拓方案一经实施，再发现不合理而改动，将耽误许多时间，耗费巨资。因此，确定开拓问题，需根据国家政策、法律法规，综合考虑地质、开采技术等诸多条件，经全面比较后方可确定合理的方案。

在解决开拓问题时，应遵循下列原则：

（1）贯彻执行国家有关煤炭工业的技术政策，为早出煤、出好煤、安全高效创造条件，在保证矿井生产可靠和安全的条件下减少开拓工程量，尤其是初期建设工程量，节约基建投资，加快矿井建设。

（2）合理集中开拓部署，简化生产系统，避免生产分散，做到合理集中生产。

（3）合理开发国家资源，减少煤炭损失。

（4）必须贯彻执行煤矿安全生产的有关规定，建立完善的通风、运输、供电系统，创造良好的生产条件，减少巷道维护量，使主要巷道经常保持良好状态。

（5）要适应当前国家的技术水平和设备供应情况，并为采用新技术、新工艺及发展采煤机械化、综合机械化、自动化创造条件。

（6）根据用户需要，应兼顾不同煤质、煤种的煤层分别开采，以及其他有益矿物的综合开采。

## 三、矿井巷道类别

矿井开采需要在地下煤（岩）层中开凿大量的井巷和硐室，如图1－3所示。这些井巷种类众多，实际生产中，常按巷道的空间特征和用途来分类。

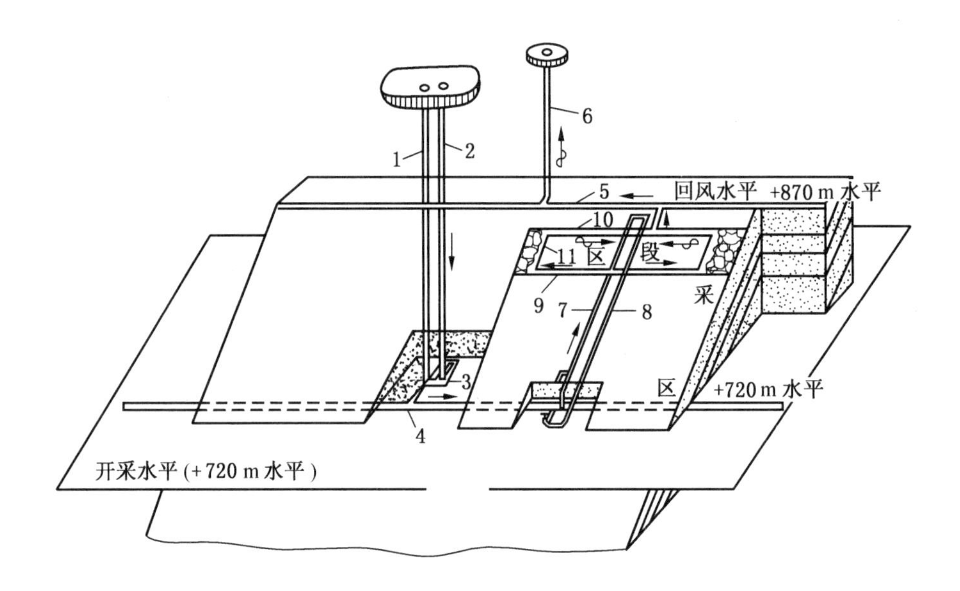


1—主井；2—副井；3—井底车场；4—阶段运输大巷；5—阶段回风大巷；6—回风井；7—运输上山；8—轨道上山；9—区段运输平巷；10—区段回风平巷；11—采煤工作面

图1－3 矿井巷道示意图

### （一）按巷道所处空间位置和形状分类

矿井巷道按巷道所处空间位置和形状，可分为垂直巷道、水平巷道和倾斜巷道。

1. 垂直巷道

立井：指由地面通向井下的垂直井筒。立井一般位于井田中部，担负全矿煤炭提升任务的为主立井，担负人员升降和材料、设备、矸石等辅助提升任务的为副立井。

暗立井：指连接两个或多个开采水平没有地面出口的与水平面垂直的通道。暗立井通常用作相邻上下水平联系的垂直巷道，即将下部水平的煤炭通过主暗立井提升到上部水平，将上部水平中的材料、设备和人员等通过副暗立井转运到下部水平。

溜井：指担任自上而下溜放煤炭任务的暗井。

2. 倾斜巷道

斜井：指由地面通向井下的倾斜井筒。担负全矿井下煤炭提升任务的斜井叫主斜井，担负矿井通风、行人、运料等辅助提升任务的斜井叫副斜井。

暗斜井：指连接两个或多个开采水平没有地面出口的与水平面斜交的通道。其任务是将下部水平的煤炭运到上部水平，将上部水平的材料、设备等运到下部水平。

上山：指在运输大巷向上，沿煤（岩）层开凿，为一个采区服务的倾斜巷道，也称为采（盘）区上山。按用途和装备，可将上山分为输送机上山（或运输上山）、轨道上山、通风上山和人行上山等。输送机上山（或运输上山）内的煤炭运输方向为由上向下到水平大巷。

下山：指由运输大巷向下，沿煤岩层开掘的为一个采（盘）区服务的倾斜巷道，也称为采（盘）区下山。按用途和装备，可将下山分为输送机下山（或运输下山）、轨道下山、通风下山和人行下山等。

3. 水平巷道

平硐：指有出口直接通达地面的水平巷道。一般以一条主平硐担负全矿运煤、排矸、材料设备运输、进风、排水、供电和行人等任务，专作通风用的平硐称为通风平硐。

石门：指与煤层走向垂直或斜交的水平岩石巷道。服务于全阶段、一个采区、一个区段的石门，分别称为阶段石门、采区石门、区段石门，用于运输的石门称为运输石门，用于通风的石门称为通风石门。

煤门：指开掘在煤层中并与煤层走向垂直或斜交的水平巷道。煤门的长度取决于煤层的厚度，只有在厚煤层中才有必要掘进煤门。

平巷：指没有出口直接通达地面，沿煤层走向开掘的水平巷道。开掘在岩层中的平巷叫作岩石平巷，开掘在煤层中的平巷叫作煤层平巷。按用途，可将平巷分为运输平巷、通风平巷等；按服务范围，将服务全阶段、分段、区段的平巷分别称为阶段平巷、分段平巷、区段平巷。

（二）按巷道服务范围及其用途分类

矿井巷道按其服务范围及用途，可分为开拓巷道、准备巷道和回采巷道。

1. 开拓巷道

为全矿井或一个开采水平服务的巷道叫作开拓巷道。如井筒、井底车场、主要石门、阶段（水平）大巷、采区石门等井巷，以及掘进这些巷道的辅助巷道都属于开拓巷道。

2. 准备巷道

为采区一个以上区段、分段服务的巷道叫作准备巷道，属于这类巷道的有采区上（下）山、区段集中巷、区段石门、采区车场、采区变电所等。

3. 回采巷道

形成采煤工作面及为其服务的巷道叫作回采巷道，属于这类巷道的有采煤工作面的开切眼、区段运输平巷和区段回风平巷。

开拓巷道的作用在于形成新的或扩展原有的阶段或水平，为构成矿井完整的生产系统奠定基础。准备巷道的作用在于准备新的采区，以便构成采区的生产系统。回采巷道的作用在于切割出新的采煤工作面进行生产，开拓、准备、回采是矿井生产建设中紧密相连的3个程序，解决好三者之间关系，对于保证矿井生产的正常运行具有重要意义。

## 四、矿井生产系统

矿井生产系统是指在煤矿生产过程中的提升、运输、通风、排水、行人、材料和设备运输、排矸、供电、供气、供水等巷道线路及其设施，是矿井安全生产的基本前提和保证。每一个矿井都必须按照有关规定和要求，建立安全、通畅、运行可靠、能力充足的生产系统。矿井生产系统包括井下生产系统和地面生产系统。井下生产系统如图1－4所示。

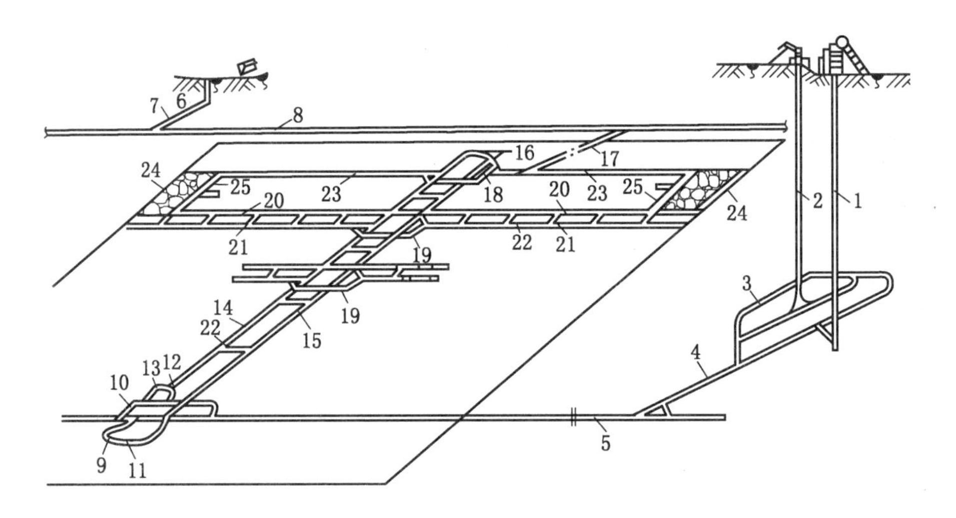


1—主井；2—副井；3—井底车场；4—主要运输石门；5—阶段运输大巷；6—回风井；7—回风石门；8—回风大巷；9—采区运输石门；10—采区下部车场；11—采区下部材料车场；12—采区煤仓；13—行人进风巷；14—采区运输上山；15—采区轨道上山；16—采区上山绞车房；17—采区回风石门；18—采区上部车场；19—采区中部车场；20—区段运输平巷；21—下区段回风平巷；22—联络巷；23—区段回风平巷；24—开切眼；25—采煤工作面

图1－4　井下生产系统

### （一）井下生产系统

1. 运煤系统

从采煤工作面25采落的煤炭，经区段运输平巷20→采区运输上山14→采区煤仓12→采区下部车场10内装车，经阶段运输大巷5→主要运输石门4→井底车场3，由主井1提升到地面。

2. 通风系统

新鲜风流从地面经副井2进入井下，经井底车场3→主要运输石门4→阶段运输大巷5→采区下部车场11→采区轨道上山15→采区中部车场19→区段运输平巷20→采煤工作面25。清洗工作面后的乏风经区段回风平巷23→采区上部车场18→采区回风石门17→回风大巷8→回风石门7，从回风井6排入大气。

3. 运料排矸系统

采煤工作面所需材料和设备，用矿车由副井 2 下放到井底车场 3，经主要运输石门 4→阶段运输大巷 5→采区运输石门 9→采区下部材料车场 11，由采区轨道上山 15→区段回风平巷 23→采煤工作面 25；采煤工作面回收的材料、设备和掘进工作面运出的矸石，用矿车经由与运料系统相反的方向运至地面。

4. 排水系统

采掘工作面积水由区段运输平巷、采区上山（或下山）排到采区下部车场，经阶段运输大巷、主要运输石门等巷道的排水沟，自流到井底水仓。其他地点的积水排到阶段大巷后，自流到井底水仓。集中到井底水仓的矿井积水，由中央水泵房排到地面。

5. 动力供应系统

动力供应系统包括井下电力供应系统和压缩空气供应系统等。

（二）地面生产系统

地面生产系统的主要任务是煤炭经过运输提升到地面后的加工和外运，同时完成矸石排放、动力供给及材料、设备供应等工作。地面生产系统通常包括地面提升系统、运输系统、排矸系统、选煤系统和管道线路系统；此外，还有变电所、压力风机房、锅炉房、机修厂、坑木加工厂、矿灯房、浴室及行政福利大楼等专用建筑物。

1. 地面生产系统类型

（1）无加工设备的地面生产系统。这种生产系统适用于原煤不需要进行加工的煤矿，原煤提升到地面以后，经由煤仓或贮煤场直接装车外运。

（2）设有选矸设备的地面生产系统。这种生产系统适用于对原煤只要选取大块矸石的煤矿，或者生产焦煤的煤矿。

（3）设有筛分厂的地面生产系统。这种生产系统适用于生产动力煤和民用煤的煤矿，原煤提升到地面后，需要按照用户对煤质与粒度的要求进行选矸和筛分，不同粒度的煤分别装车外运。

（4）设有筛选场的地面生产系统。这种生产系统适用于产量较大，煤质符合洗选要求的矿井。

2. 地面排矸运料系统

矿井在建设和生产期间，由于掘进和采煤，需要使用或补充大量的材料、更换或维修各种机电设备、排运大量的矸石出矿井，所以要有完善的地面排矸运料系统。

（1）矸石场的选址及类型。由于矸石易散发粉尘，或有自然发火危险，一般选择在工业场地、居民区的下风方向，有利于堆放矸石的地点设置矸石场，尽量不占或少占良田。

矸石不得堆放在水源上游和河床上。能自燃的矸石，不得堆放在煤层露头、表土下 10 m 以内有煤层的地面上，或采空区可能塌陷而影响到井下的范围内。

矸石场按照矸石的堆积形式可以分为平堆矸石场和高堆矸石场两种。当地面工业场地及其附近地形起伏不平，且矸石无自然发火危险时，可利用矸石将场地附近的洼地、山谷填平覆土还田，这种堆放矸石的方式称为平堆矸石场。目前采用较广泛的是高堆矸石场，这种矸石场堆积矸石的高度为 25 ~ 30 m，矸石堆积的自然坡角为 40° ~ 50°。

（2）材料、设备的运输。矿井正常生产期间，需要及时供应各种材料、设备，维修各种机电设备。这些物料主要是经副井上下，因此材料、设备的运输系统以副井为中心，一般由副井井口至木材加工场、机修厂和材料库等都有运输窄轨铁路。运往井下的材料、设备装在矿车或材料车上，由电机车牵引到井口，再通过副井送到井下。井下待修的机电设备也装在矿车或平板车上，由副井提升到地面，用电机车牵引送往机修厂。

3. 地面管线系统

为了保证矿井生产的需要，地面工业场地内还需设上下水管道、热力管道、压缩空气管道、地下电缆、瓦斯抽放管路和灌浆管路等。

## 第二节　矿　山　开　采

### 一、采煤方法及工艺

（一）相关概念

采煤工作面：指在矿井内进行采煤作业的场地。在实际工作中也有认为进行采煤工作的煤层暴露面（煤壁）是采煤工作面，也称为采场。采煤工作面的落煤高度称为采高，采煤工作面的煤壁长度称为采煤工作面长度。

煤壁：指在采煤工作面中，直接进行采掘的煤层暴露面。

采煤工艺：指在采场内根据煤层的自然赋存条件和采用的采煤机械，按照一定顺序完成采煤工作面各道工序的方法及其相互配合。采煤工作面工序包括破煤、装煤、运煤、支护顶板、采空区处理（放顶）等基本工序及其一些辅助工序。各道工序要求不同，在进行的顺序上、时间和空间上必须有规律地进行安排和配合。采煤工作面在一定时间内，按照一定的顺序完成采煤工作各项工序的过程，称为采煤工艺过程。

采煤系统：指采区内的巷道布置系统以及为了正常生产而建立的采区内用于运输、通风等目的的生产系统。

采煤方法：通常包括采区的采煤系统和采煤工艺的综合及其在时间、空间上的相互配合。根据不同的矿山地质及开采技术条件，可有不同的采煤系统与采煤工艺相配合，从而构成多种采煤方法。开采技术发展推动采煤方法的不断改进，同样，采煤方法的改进又促进煤炭工业生产技术进步，确保煤炭工业健康、稳定、持续发展。

（二）采煤方法

采煤方法总体上可分为地下开采（也称井工开采）和露天开采。

1. 地下开采

地下开采是指通过挖掘井筒、巷道到达煤层，采用一定的巷道布置方式，用人工爆破或机械开采煤炭，再利用运输、提升机械运送至地面。

地下开采的重要特点是地下作业，生产环节多，工序复杂，且生产场所随矿产被采出而不断转移，同时受到地下的水、火、瓦斯、粉尘和煤层围岩塌落等灾害的威胁。因此，要以开采为中心，建立地面及井下生产系统，搞好掘进、运输、提升、通风、排水、动力供应及生产技术管理。地下开采较露天开采更加复杂和困难。

地下开采按其工作面布置方式、采煤工艺、顶板控制方法、推进方向等特点，基本上可以分为壁式体系采煤法和柱式体系采煤法。

（1）壁式体系采煤法。按照采煤工作面的推进方向与煤层走向的关系，壁式体系采煤法又可分为走向长壁采煤法和倾斜长壁采煤法。

长壁采煤法以工作面的开采长度为主要标志。采煤工作面长度一般在 50 m 以上的称为长壁工作面。长壁采煤工作面两端一般至少各有一条回采巷道与之相连，以形成生产系统；采煤工作面较长，通常在 80～300 m。

采煤工作面可分别用爆破、滚筒式采煤机或刨煤机破煤、装煤，用支架支护空间，用垮落或充填法处理采空区。

（2）柱式体系采煤法。柱式体系采煤法分为房式和房柱式两种类型。房式及房柱式采煤法的实质是在煤层内开掘一些煤房，煤房与煤房之间以联络巷相通。采煤在煤房中进行，煤柱可留下不采，或在煤房采完后再回采煤柱。前者称为房式采煤法，后者称为房柱式采煤法。

2. 露天开采

露天开采是在煤炭资源埋藏浅的条件下，采用剥离煤层上部覆盖层的方法进行煤炭开采的方式。其特点是采掘空间直接敞露于地表。受资源条件限制，我国煤矿露天开采比重较国外主要产煤国家低，约占全国煤炭总煤矿产量的 10%。

露天开采工艺按作业的连续性，分为间断式、连续式和半连续式。间断式开采工艺适用于各种地质矿岩条件；连续式工艺劳动效率高，易实现生产过程自动化，但只能用于松软矿岩；半连续式工艺兼有以上两者的特点，但在硬岩中，需增加机械破碎岩石的环节。

露天开采与地下开采在进入矿床的方式、生产组织、采掘运输工艺等方面截然不同。当煤厚达到一定值，直接露出于地表，或其覆盖层较薄、开采煤层与覆盖层采剥量之比在经济上有利时，就可以考虑采用露天开采。

（三）采煤工艺

采煤工作面内主要有破煤、装煤、运煤、支护及采空区处理等工序。其中，前三者是为了开采煤炭，简称为“采”；后两者是为了控制顶板，简称为“控”。我国以长壁开采为代表的采煤工艺技术的发展大体经历了 3 个阶段：第一阶段主要为爆破落煤阶段；第二阶段为普通机械化采煤阶段；第三阶段为破煤、装煤、运煤、支护、采空区处理综合机械化、自动化阶段，即综合机械化采煤阶段。

1. 爆破采煤

爆破采煤简称炮采，即用钻孔爆破的办法进行爆破落煤、人工装煤，用可弯曲刮板输送机运煤，用单体液压支柱支护工作面顶板，用全部垮落法等处理采空区。

2. 普通机械化采煤

普通机械化采煤简称普采，即用滚筒采煤机或刨煤机进行落煤和装煤，用可弯曲刮板输送机运煤，用单体液压支柱（或摩擦式金属支柱）及金属铰接顶梁支护工作面顶板，用全部垮落法等处理采空区。

普采工作面根据其使用的设备不同分为一般普采和高档普采，前者使用金属摩擦支柱，后者使用单体液压支柱。目前一般普采已淘汰，普采即指高档普采。

3. 综合机械化采煤

综合机械化采煤简称综采，即工作面全部实现了综合机械化，落煤、装煤采用滚筒采煤机或刨煤机，用重型可弯曲刮板输送机运煤，用自移式液压支架支护工作面并隔离采空区。

（四）采煤工作面安全管理

据不完全统计，煤矿的重大事故 70% 以上发生在采掘工作面。为了使采煤工作面各工序在空间上、时间上相互协调，人力、物力和机械设备得到合理的利用，保护职工在生产过程中的安全与健康，防止伤亡事故和职业危害，保障采煤生产过程正常运行，必须对采煤工作面进行安全管理，主要包括以下内容。

1. 加强职工安全管理意识

安全管理是工业生产对安全提出的特殊需要，也是安全技术不断发展和完善的产物。安全生产是一项与广大职工的行为和切身利益紧密相连的工作，必须依靠广大职工增强安全意识，积极参与安全管理工作，才能保证安全生产正常进行。要经常对职工进行安全技术培训和教育，提高职工安全知识水平和技能，自觉遵守安全生产管理的各项制度，形成安全生产自我保护和互相保护的坚实基础。

2. 健全安全管理体制

要做好安全管理工作，必须健全安全管理体制。采煤工作面要建立由采煤队长负责的安全管理体制，各工作班要配备安全管理员，负责本班安全管理工作和工程质量管理工作，各工作小组要有安全监督员，对不安全行为进行监督，有权在危及人身安全的状况下停止作业、撤出工作人员，坚决做到不安全不生产。在工作面形成一个自我保护、互相保护的安全管理体系，确保采煤工作面在正常条件下安全地进行生产。

3. 加强采煤工作面工程质量管理

工程质量管理是采煤工作面安全管理的主要内容。工程质量首先是工作面的支护质量。要保证支护设备的有效支撑能力，严格按照作业规程规定进行支护；认真进行采煤工作面压力监测工作，发现损坏、失效的支护设备及时进行维修处理；确保采煤工作面支护设备的可靠性，使采煤工作面有一个良好安全的工作环境；重视机械电气设备的完好性，要按规定对机械电气设备进行日常维护检修，保证各类设备完好性符合规定，工作过程中发现设备问题必须及时进行处理，不能出现带“病”运转的设备；采煤工作面两个出口的管理对工作面的安全生产影响很大，必须保证两出口的有效断面和高度；按规定进行两巷的超前支护工作，安排专人对回采巷道支护状况进行巡查和维护，保证回采巷道支护完好和畅通，是采煤工作面安全生产的基本保证。

4. 严格执行安全管理制度

安全管理制度是职工生产活动中的行为准则。遵守安全管理制度是采煤工作面安全管理的保障。安全管理制度是采煤工作面作业规程的主要内容。编制作业规程时，必须结合采煤工作面的具体条件和煤矿安全管理的各项规定，制定完善的、切实可行的安全管理制度。制定安全管理制度是采煤工作面安全管理的基础，坚决贯彻落实安全管理制度是安全管理的关键。规范各工种岗位技术操作规程，不违章作业，可有效地避免事故发生，彻底改变煤矿的不安全状况。

5. 采用先进的安全技术设备

随着科学技术的进步，先进的技术设备和安全管理设备不断推出，对采煤工作面的安全生产提供了可靠技术保障。无链牵引采煤机的应用，使采煤工作面的安全生产进入一个新的阶段。采煤工作面压力监测系统，可及时掌握顶板活动的规律，有效地进行顶板控制。安全监测系统，可有效防治采煤工作面瓦斯、火灾事故发生与危害。采用先进的降尘系统，可有效降低采煤工作面煤尘的产生和危害。在条件允许的情况下，要尽量采用先进的技术设备和安全管理设施，提高采煤工作面安全管理的水平，减少和避免各类事故的发生和危害。

6. 制定完善的安全技术措施

煤矿地下开采是在复杂的地质条件下从事采掘工作。煤矿的五大灾害时刻危及煤矿职工的安全。生产过程中的各种不安全行为也是造成事故的根源。制定完善的安全技术措施是杜绝煤矿灾害事故发生的基础。采煤工作面安全技术措施主要包括煤矿各类灾害事故的防治措施，采煤工作面生产过程中的各项安全技术措施，机械电气设备操作使用方法及安全管理的技术措施。

## 二、采区设计

采区是组成矿井生产的基本单位。采区设计被批准后，在采区的施工及生产过程，不能任意改变。因此，采区设计要为矿井合理集中生产和持续稳产、高产创造条件；尽量简化巷道系统，减少巷道掘进和维护工程量；有利于采用新技术，发展机械化和自动化。为达到上述要求，在采区施工前进行完整的、全面的设计十分必要。进行采区设计需要有已批准的采区地质报告，矿井生产、接替和发展计划对所设计采区的要求等主要依据。

### （一）采区设计的依据和步骤

1. 采区设计的依据

要做好采区设计，必须有正确的设计指导思想和充分可靠的设计依据。

1）采区地质资料（已批准的采区地质报告）

编制采区设计所需的地质资料是由矿山地质部门以采区地质报告的形式提供，并经矿总工程师批准。采区地质报告包括地质说明书及附图两部分。

在地质说明书中，应有详细的采区地质特征，地质构造状况，煤层赋存条件和煤层稳定度、矿井瓦斯等级、是否有煤与瓦斯突出危险、自然发火期、水文地质特征、煤种和煤质、钻孔布置及各级储量的比例等。

2）矿井生产技术条件

采区是矿井的一部分，生产矿井新采区的开拓与开采应以矿井现有的生产条件为基础，适应矿井生产的需要。特别是新设计采区的巷道系统和生产系统应成为全矿井巷道系统和生产系统的有机组成部分。

3）类似采区开采情况

新采区所使用的技术装备一般是从老采区接替的，新采区的采区布置方案也多是从老采区的开采经验中总结、改造发展起来的。为此，在编制生产矿井的新采区设计时，对与新采区条件类似的采区巷道布置、采煤工艺、生产系统、车场硐室、采掘工作面配备、安全技术措施及采区技术经济指标等方面的成功经验和失败教训进行调查，作为设计新采区的借鉴和依据是非常重要的。

4）遵循的文件及设计参考资料

采区设计必须符合《煤矿安全规程》《煤炭工业技术政策》《煤炭工业矿井设计规范》（GB 50215）等文件的规定。

设计参考资料包括各种费用参数、标准巷道断面手册、劳动定额手册、材料定额手册、采矿（工程）设计手册、综采技术手册、常用设备手册等。

2. 采区设计的步骤

采区设计是在矿总工程师的领导与组织下进行的，一般按以下步骤进行。

1）掌握设计依据，明确设计任务

首先要熟悉采区地质资料，研究检查采区的勘探精度、地质构造控制程度以及地质资料的可靠度，必要时需要核算储量。通过了解和掌握采区地质特征和开采条件，为采区设计的顺利进行打下基础。

设计者应熟悉与采区设计有关的技术资料，理解有关领导和有关部门对本设计的指示精神和具体要求，尤其要领会和掌握矿总工程师的设计意图和精神实质。

2）深入现场，调查研究

为提出合理和切实可行的采区设计方案，需要熟悉矿井现有的生产情况，深入现场，调查研究，掌握第一手资料。调查的内容应根据设计的要求而定。调查的方法可实地考察和向工程技术人员征询意见，还可查阅有关图纸和文字材料。调查需要有纲目，所获得的材料务求真实。

3）酝酿方案，编制设计方案

设计方案的提出，是一个逐步形成的过程。在熟悉设计资料时就应掌握采区的地质特征和开采条件，明确采区设计的方向和设计中所要解决的主要问题。如果在熟悉采区地质资料时，发现采区内的煤层储量大、开采条件好，设计中就应考虑提高采区开采的机械化水平，提高采区生产能力；若情况与上述相反，就应降低采区生产能力。同时，还应尽量减少采区巷道工程量，以求得经济上合理。

深入现场调查研究，也是设计方案酝酿形成的过程，譬如要把采区设计成产量大、机械化水平高的采区，就应当到类似的采区调查，找出提高采区生产能力、机械化水平的办法。然后，针对方案设计中所要解决的主要问题，初步提出若干个粗线条的设计方案，经过征求意见，深入探讨后不断改进充实，最终形成较为可行的设计方案。然后，编制方案说明，再出方案设计图。最后，进行经济比较分析，选出技术较为先进、经济上较为合理的方案。

4）设计方案审批

采区设计方案编出后，由矿总工程师组织有关人员进行审查，提出意见，经修改后，矿总工程师签字后上报矿务局（集团）。

矿务局（集团）总工程师接到上报的采区设计后，负责组织有关技术、安监等部门人员对采区设计方案进行审查和提出意见，最后由矿务局（集团）总工程师审批。

5）编制采区设计

采区设计由矿总工程师组织有关人员进行编制，经审批的采区设计方案是采区设计必须遵守的技术文件，审批的意见必须全部纳入采区设计中去。在编制采区设计过程中，如发现采区设计方案中的某些问题需要修改时，还要上报审批。

采区设计的编制按前述采区设计方案要求的内容进行，包括编写设计说明书和绘制有关设计图纸。

6）采区设计的实施与修改

整个采区设计编制完毕，再由矿总工程师签字并上报矿务局（集团）备案。

备案后的采区设计是编制掘进和采煤作业规程、指导采区施工和采区投产后采煤工作的依据。在采区施工和采区开采过程中，如发现采区地质情况有重大变化或拟改用新的采煤工艺时，需由矿总工程师负责组织对采区设计进行修改，修改后需上报矿务局（集团）审批才能执行。

（二）采区方案设计

采区设计由采区设计说明书和采区设计图两部分组成。

1. 采区设计说明书

采区设计说明书通常包括以下几方面内容：

（1）采区概况，如设计采区的位置、境界、煤柱、几何尺寸、邻近采区开采情况、采区采动后对地面的影响。

（2）采区地质，如开采煤层层数、层间距离、煤层厚度、倾角、硬度、煤种、夹石分布及变化情况、采区储量、地质构造、瓦斯、二氧化碳含量及其突出倾向，煤层自然发火倾向，煤尘爆炸性，开采煤层围岩的性质，水文地质条件，冲击地压危险性，采空区范围及积水情况，钻孔、探巷资料及其柱状图。

（3）采区生产能力、采区可采储量及采区服务年限。

（4）采区巷道布置，如采区内部划分、开采顺序及采掘工作面安排。

（5）采煤方法，如采煤工作面工艺设计，劳动组织和循环作业方式，工作面设备选型等。

（6）采区生产系统，如运煤、运料、通风、供电、排水、压气、填充、灌浆、通信照明、洒水等系统，有关机电设备、管道等的选择与设施的布置。

（7）采区车场，如采区上、中、下部车场设计。

（8）采区硐室，如煤仓、绞车房、变电所等硐室设计。

（9）采区巷道断面及交岔点设计。

（10）安全技术措施，如防治煤与瓦斯突出、防治煤层自然发火、防治透水、防治冲击地压等措施。

（11）采区主要技术经济指标，如采区走向长度和倾斜长度，区段数目，可采煤层数目及煤层厚度，煤层倾角，采煤方法，采区地质储量和可采储量，采区生产能力，采区服务年限，采区回采率与掘进率，巷道总工程量，投产前工程量，主要原材料消耗定额、效率，采区吨煤成本等。

2. 采区设计图

采区设计图一般包括：

（1）采区巷道布置平面图及剖面图。

（2）采区生产系统图：①采区运输系统图（包括煤、矸、材料、设备、人员的运输）；②采区通风系统及通风监测仪的布置图；③采区供电、通信、压风、排水、防尘、灌浆及瓦斯抽放系统（管线布置）图；④采区机械配备图，并标注达到采区生产能力期间主要设备的配备及安设地点、型号及数量。以上生产系统图可分别绘制，也可绘制在一张图上。

（3）采区车场平面图、剖面图及线路坡度图。

（4）交岔点平面、断面图。

（5）巷道断面图。

（6）采区硐室图：①采区煤仓平面图、剖面图；②采区变电所剖面图；③采区绞车房平面图、剖面图。

（7）采煤方法图（包括层面图及剖面图）。

## 三、井巷掘进和支护

井巷掘进和支护是煤矿生产过程中的一项经常而重要的工作，为了达到采煤的目的，需要开掘一系列的井巷。井巷掘进与支护是将一定范围内的岩石从岩体上破碎下来，并运出地面，形成设计所要求的断面形状和尺寸，然后对这些地下空间进行维护，防止围岩垮落，保证井巷的正常使用。

巷道断面有折线形和曲线形两类，一般巷道围岩压力小的情况下采用折线形巷道，围岩压力大、围岩松软破碎时采用曲线形断面。巷道掘进主要采用爆破掘进和机械掘进。爆破掘进时，可采用风动钻机或液压钻机打钻孔，电雷管和煤矿许用炸药破煤（岩），装岩机装煤（岩）。机械掘进时，可采用综掘机或连续采煤机掘进、装岩和转运，带式输送机或刮板输送机出矸（煤）。

井下巷道必须进行支护，具体支护材料可以选择喷射混凝土、料石砌碹、“工”字钢支架、U 型钢棚、锚杆锚索等。

## 四、巷道顶板事故的防治

巷道顶板事故多发生在掘进工作面及巷道交叉口，巷道顶板死亡事故 80% 以上发生在这些地点。可见，预防巷道顶板事故，集中在事故多发地点防治是十分必要的。同时，根据事故发生的原因，探讨针对性的措施，对防止巷道顶板事故有一定的作用。

掘进工作面顶板事故发生原因有两类：第一，掘进破岩后，顶部存在将与岩体失去联系的岩块，如果支护不及时，该岩块可能与岩体完全失去联系而冒落；第二，掘进工作面附近已支护部分的顶部存在与岩体完全失去联系的岩块，一旦支护失效，就会冒落造成事故。

预防掘进工作面顶板事故有以下措施：

（1）根据掘进工作面围岩性质，严格控制控顶距；当掘进工作面遇到断层、褶曲等地质构造破坏带或层理裂隙发育的岩层时，棚子应紧靠掘进工作面。

（2）严格执行“敲帮问顶”制度，危石必须挑下，无法挑下时应采取临时支撑措施，严禁空顶作业。

（3）在地质构造破坏带或层理裂隙发育区掘进巷道时要缩小棚距，在掘进工作面附近应采用拉条等把棚子连成一体，防止棚子被推垮，必要时还要打中柱。

（4）掘进工作面冒顶区及破碎带必须背严接实，必要时要挂金属网防止漏空。

（5）掘进工作面炮眼布置及装药量必须与岩石性质、支架与掘进工作面距离相适应，以防止因爆破而崩倒棚子。

（6）采用“前探掩护支架”，使工人在顶板有防护的条件下出矸、支护，防止冒顶伤人。

## 第三节　煤矿安全技术规程和标准规范

煤矿生产多为地下作业，除了工作环境恶劣，工作地点经常移动外，还随时受到矿井瓦斯、矿尘、矿井火灾、矿井水灾和顶板灾害等灾害的威胁。为加强煤矿安全生产，预防灾害事故的发生，有关部门制定了相关的煤矿安全技术规程和规范。

### 一、《煤矿安全规程》

《煤矿安全规程》是为保障煤矿安全生产和从业人员的人身安全与健康，防止煤矿事故与职业病危害，根据《中华人民共和国煤炭法》《中华人民共和国矿山安全法》《中华人民共和国安全生产法》《中华人民共和国职业病防治法》和《安全生产许可证条例》等制定的部门规章。在中华人民共和国领域内从事煤炭生产和煤矿建设活动，必须遵守。现行《煤矿安全规程》自2022年4月1日起施行，共6编721条。

### 二、《爆破安全规程》

《爆破安全规程》（GB 6722—2014）属于国家强制性标准，发布于2014年12月5日，自2015年7月1日起实施，共14章。本标准的全部技术内容为强制性，规定了爆破作业和爆破作业单位购买、运输、贮存、使用、加工、检验与销毁爆破器材的安全技术要求，适用于各种民用爆破作业和中国人民解放军、中国人民武装警察部队从事的非军事目的的工程爆破。

### 三、《防治煤与瓦斯突出细则》

《防治煤与瓦斯突出细则》自2019年10月1日起施行，共6章127条。明确了煤矿企业、煤矿和有关单位的防突工作适用本细则；明确了煤矿企业主要负责人、矿长是本单位防突工作的第一责任人；指出了防突工作必须坚持“区域综合防突措施先行、局部综合防突措施补充”的原则，鼓励煤矿企业、煤矿和科研单位开展防突新技术、新装备、新工艺、新材料的研究、试验和推广应用等。

### 四、《煤矿防灭火细则》

《煤矿防灭火细则》自2022年1月1日起施行，共8章119条。明确了煤矿企业、煤矿和有关单位的煤矿防灭火工作，适用本细则；明确了煤矿企业、煤矿的主要负责人（法定代表人、实际控制人）是本单位防灭火工作的第一责任人，总工程师是防灭火工作的技术负责人等规定。

### 五、《煤矿井下粉尘综合防治技术规范》

《煤矿井下粉尘综合防治技术规范》（AQ 1020—2006）发布于2006年11月2日，自2006年12月1日起实施，共6章。规定了煤矿井下作业场所粉尘综合防治技术的总体要求和粉尘治理、预防和隔绝煤尘爆炸及粉尘检测方法，明确适用于煤矿井下作业场所粉尘的综合防治。

### 六、《煤矿防治水细则》

《煤矿防治水细则》自2018年9月1日起施行，共8章138条。规定煤炭企业、煤矿和有关单位的防治水工作，适用本细则；煤矿防治水工作应当坚持预测预报、有疑必探、先探后掘、先治后采的原则，根据不同水文地质条件，采取探、防、堵、疏、排、截、监等综合防治措施；煤炭企业、煤矿的主要负责人（法定代表人、实际控制人）是本单位防治水工作的第一责任人，总工程师（技术负责人）负责防治水的技术管理工作等。

### 七、《防治煤矿冲击地压细则》

《防治煤矿冲击地压细则》自2018年8月1日起施行，共6章87条。明确规定了煤矿企业（煤矿）和相关单位的冲击地压防治工作适用本细则；明确了煤矿企业（煤矿）的主要负责人（法定代表人、实际控制人）是冲击地压防治的第一责任人，煤矿企业（煤矿）总工程师是冲击地压防治的技术负责人；冲击地压防治费用必须列入煤矿企业（煤矿）年度安全费用计划；冲击地压矿井必须编制冲击地压事故应急预案，每年至少组织一次应急预案演练；冲击地压矿井必须建立冲击地压防治安全技术管理制度、防治岗位安全责任制度、防治培训制度、事故报告制度等工作规范；鼓励煤矿企业和科研单位开展冲击地压防治研究与科技攻关等。

# 第二章　矿　井　通　风

## 第一节　矿井有害气体及气候条件

矿井中常见的有害气体主要有二氧化碳、一氧化碳、硫化氢、氮气、二氧化氮、二氧化硫、氨气、甲烷、氢气等。这些有害气体对井下作业人员的生命安全和身体健康危害极大，必须引起高度的重视。

### 一、有害气体

（一）二氧化碳（$CO_2$）

二氧化碳不助燃，也不能供人呼吸，略带酸臭味。二氧化碳比空气重（对空气的相对密度为 1.52），在风速较小的巷道中，底板附近浓度较大；在风速较大的巷道中，一般能与空气均匀混合。在新鲜空气中含有微量的二氧化碳对人体是无害的。二氧化碳对人体的呼吸中枢神经有刺激作用，如果空气中完全不含有二氧化碳，则人体的正常呼吸功能就不能维持。但当空气中二氧化碳的浓度过高时，也将使空气中的氧气浓度相对降低，轻则使人呼吸加快，呼吸量增加，严重时也可能造成人员中毒或窒息。

矿井空气中二氧化碳的主要来源有煤和有机物的氧化，人员呼吸，碳酸性岩石分解，炸药爆破，煤炭自燃，瓦斯、煤尘爆炸等。此外，有的煤层和岩层中也能长期连续地放出二氧化碳，有的甚至能与煤岩粉一起突然大量喷出，给矿井带来极大的危害。

（二）一氧化碳（CO）

一氧化碳无色、无味、无臭（不易察觉），相对空气密度为 0.967，微溶于水，与酸、碱不起化学反应，能与空气均匀地混合，能被活性炭吸收。一氧化碳能燃烧，空气中一氧化碳浓度为 13% ~75% 时有爆炸的危险。

一氧化碳与人体血液中血红素的亲和力比氧气大 250 ~ 300 倍（血红素是人体血液中携带氧气和排出二氧化碳的细胞）。一氧化碳进入人体后，首先与血液中的血红素相结合，减少了血红素与氧气结合的机会，使血红素失去输氧的功能，从而造成人体血液“窒息”。由于一氧化碳与血红素结合后，生成鲜红色的碳氧血红素，故一氧化碳中毒最显著的特征是中毒者黏膜和皮肤均呈樱桃红色。

（三）硫化氢（$H_2S$）

硫化氢无色、微甜、有浓烈的臭鸡蛋味，当空气中浓度达到 0.0001% 即可嗅到，但当浓度较高时，因嗅觉神经中毒麻痹，反而嗅不到。硫化氢相对空气密度为 1.19，易溶于水，在常温、常压下 1 体积的水可溶解 2.6 体积的硫化氢，所以它可能积存于旧巷的积水中。硫化氢能燃烧，空气中硫化氢浓度为 4.3% ~45.5% 时有爆炸危险。

硫化氢剧毒，有强烈的刺激作用，不但能引起鼻炎、气管炎和肺水肿，还能阻碍生物的氧化过程，使人体缺氧。当空气中硫化氢浓度较低时主要以腐蚀刺激作用为主；浓度较高时能引起人体迅速昏迷或死亡，腐蚀刺激作用往往不明显。

矿井空气中硫化氢的主要来源有有机物腐烂，含硫矿物水解，矿物氧化和燃烧，从采空区和旧巷积水中放出，个别矿区煤层中也有硫化氢涌出。

（四）氮气（$N_2$）

氮气在通常情况下是一种无色、无味的气体，且通常无毒。氮气占空气总量的78.12%（体积分数），相对空气密度为0.97，难溶于水，在常温、常压下，1体积水中大约只溶解0.02体积的氮气。一般情况下氮气无害，空气中氮气含量过高，使吸入氧气分压下降，引起缺氧窒息。吸入氮气浓度不太高时，患者最初感觉胸闷、气短、疲软无力；继而出现烦躁不安、极度兴奋、乱跑、叫喊、神情恍惚、步态不稳，可进入昏睡或昏迷状态，这种现象称为“氮酩酊”。吸入高浓度氮气，患者可迅速昏迷，因呼吸和心跳停止而死亡。

（五）二氧化氮（$NO_2$）

二氧化氮是一种红褐色的气体，有强烈的刺激气味，相对空气密度为1.59，易溶于水，空气中二氧化氮最高允许浓度为0.00025%。二氧化氮溶于水后生成腐蚀性很强的硝酸，对眼睛、呼吸道黏膜和肺部组织有强烈的刺激及腐蚀作用，严重时可引起肺水肿。二氧化氮中毒有潜伏期，有的在严重中毒时尚无明显感觉，还可坚持工作；但经过6~24 h后发作，中毒者手指头出现黄色斑点，并出现严重的咳嗽、头痛、呕吐甚至死亡。

矿井空气中二氧化氮的主要来源为井下爆破作业。

（六）二氧化硫（$SO_2$）

二氧化硫无色、有强烈的硫黄气味及酸味，易溶于水，有毒性，空气中二氧化硫最高允许浓度为0.0005%，当空气中二氧化硫浓度达到0.0005%即可嗅到。其相对空气密度为2.22，在风速较小时，易积聚于巷道的底部。二氧化硫易溶于水，在常温、常压下1体积的水可溶解40体积的二氧化硫。二氧化硫遇水后生成硫酸，对眼睛及呼吸系统黏膜有强烈的刺激作用，可引起喉炎、肺水肿。当空气中二氧化硫浓度达到0.002%时，眼及呼吸器官即感到有强烈的刺激；浓度达到0.05%时，短时间内即有生命危险。

矿井空气中二氧化硫的主要来源有含硫矿物的氧化与自燃，在含硫矿物中爆破，从含硫矿层中涌出。

（七）氨气（$NH_3$）

氨气是一种无色、有浓烈臭味的气体，相对空气密度为0.596，易溶于水，空气中氨气最高允许浓度为0.004%，空气中浓度达30%时有爆炸危险。氨气对皮肤和呼吸道黏膜有刺激作用，可引起喉头水肿。

矿井空气中氨气的主要来源为爆破作业、用水灭火等，部分岩层中也有氨气涌出。

（八）甲烷（$CH_4$）

甲烷是一种无色、无味、无嗅的气体，相对空气密度为0.55，与空气混合能形成爆炸性混合物，遇热源和明火有燃烧爆炸的危险。甲烷难溶于水，17℃时100 L水仅能溶3.5 L甲烷气体。甲烷有较强的扩散性和渗透性。甲烷化学性质不活泼，不助燃也不能供人呼吸。通常情况下，甲烷比较稳定，与高锰酸钾等强氧化剂不反应，与强酸、强碱也不反应。

甲烷对人基本无毒，但浓度过高时，使空气中氧含量明显降低，使人窒息。当空气中甲烷浓度达25% ~30%时，可引起头痛、头晕、乏力、注意力不集中、呼吸和心跳加速、共济失调。若不及时远离，可致窒息死亡。皮肤接触液化的甲烷，可致冻伤。

（九）氢气（$H_2$）

氢气无色、无味、无毒，具有爆炸性，相对空气密度为0.07。氢气能自燃，其点燃温度比甲烷低100~200 ℃，当空气中氢气浓度为4% ~74%时有爆炸危险。

矿井空气中氢气的主要来源为井下蓄电池充电，有些中等变质的煤层中也有氢气涌出。

## 二、矿井空气中有害气体的安全浓度标准

矿井空气中有害气体对井下作业人员的生命安全危害极大，因此《煤矿安全规程》对常见有害气体的安全标准作出了明确的规定，见表2-1。制定这些标准时，都留有较大的安全系数。

表2-1 矿井有害气体最高允许浓度

| 有害气体名称 | 符号 | 最高允许浓度/% |
| --- | --- | --- |
| 一氧化碳 | $CO$ | 0.0024 |
| 氧化氮（换算成二氧化氮） | $NO_2$ | 0.00025 |
| 二氧化硫 | $SO_2$ | 0.0005 |
| 硫化氢 | $H_2S$ | 0.00066 |
| 氨 | $NH_3$ | 0.004 |

如空气中CO浓度达0.048%时，1 h内才可出现轻微的中毒症状，而《煤矿安全规程》规定的CO最高允许浓度为0.0024%，是其轻微中毒浓度的1/20；$NO_2$浓度达0.025%时，中毒者在短时间内有死亡危险，而《煤矿安全规程》规定的$NO_2$最高允许浓度为0.00025%，是其危险中毒浓度的1/100。因此，只要我们能够严格遵守《煤矿安全规程》规定，不违章作业，就完全可以避免有害气体对人体的侵害。

## 三、矿井气候条件

矿井气候是指矿井空气的温度、湿度和流速这3个参数综合作用的状态。这3个参数的不同组合，便构成了不同的矿井气候条件。矿井气候条件对井下作业人员的身体健康和劳动安全有着重要的影响。

（一）矿井气候对人体热平衡的影响

新陈代谢是人类生命活动的基本过程之一。人从食物中摄取营养，在体内进行缓慢氧化而生成热量，其中一部分用来维持人体自身的生理机能活动以及满足对外做功的需要，

其余部分必须通过散热的方式排出体外，才能保持人体正常的生理功能。

人体散热主要是通过人体皮肤表面与外界的对流、辐射和蒸发这 3 种基本形式进行的。对流散热主要取决于周围空气的温度和流速，辐射散热主要取决于周围物体的表面温度，蒸发散热主要取决于周围空气的相对湿度和流速。在正常情况下，人体依靠自身的调节机能，使产热量和散热量之间保持着动平衡，体温维持在 36.5 ~ 37 ℃之间。

矿井气候条件的 3 个参数是影响人体热平衡的主要因素。

空气温度对人体对流散热起着主要作用。当气温低于体温时，对流和辐射是人体的主要散热方式，温差越大，对流散热量越多；当气温等于体温时，对流散热完全停止，蒸发成了人体的主要散热方式；当气温高于体温时，人体依靠对流不仅不能散热，反而要从外界吸热，这时蒸发几乎成为人体唯一的散热方式。

相对湿度影响人体蒸发散热的效果。随着气温的升高，蒸发散热的作用越来越强。当气温较高时，人体主要依靠蒸发散热来维持人体热平衡。此时若相对湿度较大，汗液就难于蒸发，不能起到蒸发散热的作用，人体就会感到闷热，因为只有在汗液蒸发过程中才能带走较多的热量。当气温较低时，若相对湿度较大，又由于空气潮湿增强了导热，会加剧空气对人体的冷感。

风速影响人体的对流散热和蒸发散热的效果。对流换热强度随风速增加而增大，同时蒸发散热、散湿的效果也随风速的增加而增强。

可见，矿井气候条件对人体热平衡的影响是一种综合的作用，各参数之间相互联系、相互影响。如人处在气温高、湿度大、风速小的高温、潮湿环境中，这三者的散热效果都很差，这时由于人体散热太慢，体内产热量得不到及时散发，就会使人出现体温升高、心率加快、身体不舒服等症状，严重时可导致中暑，甚至死亡。相反，如人处在气温低、湿度小、风速大的低温干燥环境中，这三者的散热效果都很强，这时由于人体散热过快，就会使人体的体温降低，引起感冒或其他疾病。因此，调节和改善矿井气候条件是矿井通风的基本任务之一。

### （二）衡量矿井气候条件的指标

国内外衡量矿井气候条件的指标很多，对主要指标介绍如下。

#### 1. 干球温度

干球温度是我国现行的评价矿井气候条件的指标之一。一般来说，由于矿井空气的相对湿度变化不大，所以干球温度能在一定程度上直接反映出矿井气候条件的好坏。这个指标比较简单，使用方便，但这个指标只反映了气温对矿井气候条件的影响，而没有反映出气候条件对人体热平衡的综合作用，因而存在较大的局限性。

#### 2. 湿球温度

在相同的气温（干球温度）下，若湿球温度较低，则相对湿度较小；反之，若湿球温度与气温相接近，则相对湿度较大。因此用湿球温度这个指标可以反映空气温度和相对湿度对人体热平衡的影响，比干球温度要合理些。但这个指标仍没有反映出风速对人体热平衡的影响，因而也存在一定的不足。

#### 3. 等效温度

等效温度定义为湿空气的焓与比热的比值，它是一个以能量为基础来评价矿井气候条件的指标。根据分析可知，当气温在 25 ~ 36 ℃的范围内时，等效温度和湿球温度基本上呈线性关系，所以两者具有同样的意义，因而也是不完善的。

4. 同感温度

同感温度（也称有效温度）是 1923 年由美国采暖工程师协会提出的，这个指标可通过实验，凭受试者对环境的感觉得出。实验时，他们先将 3 名受试者置于一个温度为 $t$、相对湿度为 $\varphi$、风速为 $v$ 的已知环境里，并记下他们的感受；然后把他们请到另一个温度（用 $t_1$ 表示）可调，相对湿度为 100%，风速为 0 m/s 的环境里，通过调节温度 $t_1$ 使他们的感受与第一个环境相同，那么则称 $t_1$ 为第一个环境的同感温度。这个指标可以反映出温度、湿度和风速这三者对人体热平衡的综合作用。显然，同感温度越高，人体舒适感就越差。同感温度是以人的主观感受为基础确定的，而不同地区、不同民族及不同个体的主观感受是不完全相同的，甚至同一个体在不同时间的感觉也会有一定的差异。

5. 卡他度

卡他度是 1916 年由英国 L. 希尔等人提出的。卡他度用卡他计测定，卡他计是一种酒精温度计，下端有一个比普通温度计大的贮液球，上端有一个小空腔，玻璃管上只有 35 ℃和 38 ℃两个刻度，这两个温度的平均值恰好等于人体的正常体温（36.5 ℃）。测定时，先把贮液球置于热水中加热，当酒精柱上升至小空腔的一半时取出，擦干贮液球表面水分，然后将其悬挂于待测空气中，此时由于贮液球散热，酒精柱开始下降，用秒表记下从 38 ℃降到 35 ℃所需时间 $\tau$，即可用下式求得干卡他度 $K_d$（单位为 $W/m^2$）。

$$K_d = 41.868\frac{F}{\tau} \tag{2-1}$$

式中 $F$——卡他常数，每只卡他计玻璃管上都标有 $F$ 值。

干卡他度反映了气温和风速对气候条件的影响，但没有反映空气湿度的影响。为了测出温度、湿度和风速三者的综合作用效果，需要采用湿卡他度 $K_w$。湿卡他度是在卡他计贮液球上包裹上一层湿纱布时测得的卡他度，其实测和计算方法完全与干卡他度相同。对高温、高湿矿井用湿卡他度来衡量矿井气候条件比干卡他度更合适。

卡他计的设计者是想利用贮液球来模拟人体的散热效果，并取 1 卡他度等于 41.868 $W/m^2$，即相当于每小时从 1 $m^2$ 的表面积上散失掉 150.7 kJ 的热量；而成年男子的体表面积约为 1.7 $m^2$，所以 1 卡他度就约等于每小时从体内散发掉 256.2 kJ 的热量。

作为一个评价矿井气候条件的指标，卡他度比用一个单一的温度指标要好一些。但与人体相比，它的尺寸太小、散热效果和人体有很大的差别。有的研究资料表明，空气对卡他计的冷却能力是空气对人体冷却能力的 2 ~ 3 倍。

## 四、矿井气候条件的安全标准

制定矿井气候条件的安全标准，涉及国家政策、劳动卫生、劳动生理心理学以及现有的国家技术经济条件。目前，世界各国关于矿井气候条件的安全标准差别很大。现将我国及其他一些国家的规定标准简介如下。

### （一）我国现行的矿井气候条件安全标准

我国现行评价矿井气候条件的指标是干球温度，我国矿井气候条件安全标准见

表 2－2。

表 2－2 我国矿井气候条件的安全标准

| 类 别 | 最高允许干球温度/℃ | | | |
|---|---|---|---|---|
| | 煤矿 | 金属矿 | 化学矿 | 铀矿 |
| 采煤工作面 | 26 | 27 | 26 | 26 |
| 机电硐室 | 30 | | | |
| 特殊条件 | | | 30 | 30 |
| 高硫矿井 | | 27.5 | | |

（二）国外一些国家的矿井气候条件安全标准

世界主要产煤国家对矿井气候条件的评价指标并不统一，主要采用的指标有干球温度、湿球温度、同感温度等，见表 2－3，从世界主要产煤国家矿井气候条件安全标准来看，我国法定的矿井气候允许值最低。但由于客观条件的限制，这一规定往往较难实现。因此，如何根据我国的具体国情，选定科学而符合我国实际情况的标准，还有待于进一步的研究。

表 2－3 世界主要产煤国家矿井气候条件安全标准

| 国 家 | 最高允许温度/℃ | | 备 注 |
|---|---|---|---|
| 俄罗斯 | 干球温度 | $t \leq 26$ | 煤矿允许值，相对湿度 $\varphi < 90\%$ |
| | | $t \leq 25$ | 煤矿允许值，相对湿度 $\varphi > 90\%$ |
| | | $t \leq 25$ | 化学矿允许值，金属矿允许值 |
| 德国 | 同感温度 | $t_c \leq 26$ | 煤矿允许值 |
| | | $25 < t_c \leq 29$ | 限作业 6 h |
| | | $29 < t_c \leq 30$ | 限作业 5 h，每小时休息 10 min |
| | | $30 < t_c \leq 32$ | 限作业 5 h，每小时休息 20 min |
| | | $t_c > 32$ | 禁止作业 |
| 美国 | 同感温度 | $t_c \leq 32$ | 煤矿允许值 |
| | | $t_c > 32$ | 禁止作业 |
| 英国 | 湿球温度 | $t_w \leq 27.8$ | 煤矿允许值 |
| | 同感温度 | $t_c \leq 29.4$ | 煤矿允许值 |
| 波兰 | 干球温度 | $t \leq 26$ | 煤矿允许值 |
| | | $t > 26$ | 劳动定额可减免 4% |
| | | $28 < t \leq 33$ | 限作业 6 h |
| 印度 | 干球温度 | $t < 32$ | 煤矿允许值 |
| | | $t = 32 \sim 35$ | 限作业 5 h |

# 第二节　矿井通风阻力

矿井通风阻力按其产生的地点和原因可以分为两大类：沿程阻力（常称为摩擦阻力）和局部阻力。风流在井巷中均匀流动时，沿程受到井巷固定壁面的限制所产生的阻力称为摩擦阻力。风流运动过程中，由于边壁条件的变化，使均匀流动在局部地区受到阻碍物的影响而破坏，从而引起风流流速的大小和方向或分布的变化，产生涡流，导致风流能量损失，称为局部阻力。

## 一、通风阻力测定

### （一）摩擦阻力 $h_f$、摩擦风阻 $R_f$ 测定

摩擦阻力表示单位体积空气在井巷中流动时，由于空气和巷道壁之间以及空气分子之间发生摩擦而造成的能量损失。空气在井巷中流动和水在管道中流动很相似，所以可以把水力学中计算水流沿途水头损失的达西公式应用于矿井通风中。

在水力学中，用来计算圆形管道沿途水头损失的达西公式为

$$h_f = \lambda \frac{L}{D} \rho \frac{v^2}{2} \tag{2-2}$$

式中　$h_f$——摩擦阻力，Pa；

$\lambda$——实验（沿程阻力）系数，无因次；

$L$——管道的长度，m；

$D$——管道的直径，对于非圆形风道，取当量直径 $D_e = 4\frac{S}{U}$，m；

$\rho$——流体的密度，$kg/m^3$；

$v$——管道内流体的平均流速，m/s。

将当量直径代入上式后，阻力计算公式为

$$h_f = \lambda \frac{L}{D} \rho \frac{v^2}{2} = \frac{\lambda\rho}{8}\frac{LU}{S} v^2 = \frac{\lambda\rho}{8}\frac{LU}{S^3} Q^2 \tag{2-3}$$

式中　$Q$——管道内风量，$Q = Sv$，$m^3/s$；

$S$——管道断面面积，$m^2$；

$U$——管道的周长，m。

由水力学可知，在紊流状态下，$\lambda$ 系数只决定于管道的相对光滑程度。对于矿井通风来说，当井巷掘成后，$\lambda$ 系数值可以看成常数，故可把 $\frac{\lambda\rho}{8}$ 合并为一个系数 $\alpha$，命名为摩擦阻力系数。则式（2-3）可写为

$$h_f = \frac{\alpha LU}{S^3} Q^2 \tag{2-4}$$

将 $\frac{\alpha LU}{S^3}$ 命名为风阻 $R_f$，则式（2-4）又可写为

$$h_f = R_f Q^2 \tag{2-5}$$

式（2-5）是井巷摩擦阻力的另一表达式，它与式（2-4）同为研究矿井通风阻力时最常用的两个公式。由于摩擦风阻仅决定于巷道的尺寸与巷道本身的摩擦阻力系数，即仅与巷道的特征有关，因此 $R_f$ 值是反映巷道特征的一个重要参数。

由式（2-5）可看出，当风量 $Q$ 不变时，$h_f$ 与 $R_f$ 成正比。因此，$R_f$ 也是反映井巷通风难易程度的一个重要指标。

**【例题1】**某设计巷道的木柱直径 $d_0=16$ cm，纵口径 $\Delta=4$，净断面积 $S=4\ m^2$，周长 $U=8$ m，长度 $L=300$ m，需要通过风量 $Q=1440\ m^3/min$，根据表2-4，试求该段巷道的摩擦风阻和摩擦阻力各是多少？

表2-4 圆木棚子支护的巷道 $\alpha$ 值（部分）

| 木桩直径 $d_0$/cm | 支架纵口径 $\Delta=L/d_0$ 时的 $\alpha/(10^{-4}\ N\cdot s^2\cdot m^{-4})$ | | | | | | | 按断面校正 | |
|---|---|---|---|---|---|---|---|---|---|
| | 1 | 2 | 3 | 4 | 5 | 6 | 7 | 断面 | 校正系数 |
| 15 | 88.2 | 115.2 | 137.2 | 155.8 | 174.4 | 164.6 | 158.8 | 1 | 1.2 |
| 16 | 90.16 | 118.6 | 141.1 | 161.7 | 180.3 | 167.6 | 159.7 | 2 | 1.1 |
| 17 | 92.12 | 121.5 | 141.1 | 165.6 | 185.2 | 169.5 | 162.7 | 3 | 1.0 |
| 18 | 94.03 | 123.5 | 148.0 | 169.5 | 190.1 | 171.5 | 164.6 | 4 | 0.93 |

**解：**（1）根据已知条件可在表2-4中查得摩擦阻力系数 $\alpha=161.7\times10^{-4}\times0.93\approx0.015$（$N\cdot S^2/m^4$）。

（2）根据公式可得，该巷道的摩擦风阻为 $R_f=\alpha\dfrac{LU}{S^3}=0.015\times300\times8/4^3=0.5625$（$N\cdot S^2/m^8$）。

（3）根据公式可得，该巷道的摩擦阻力为 $h_f=R_fQ^2=0.5625\times(1440/60)^2=324$（Pa）。

**【例题2】**例题1中所设计的巷道投入使用后，如实测巷道中空气密度 $\rho'=1.24\ kg/m^3$，标准状态下，空气密度 $\rho=1.2\ kg/m^3$。已知 $\alpha'=\dfrac{\rho'}{\rho}$，$R'_{摩}=R_{摩}\dfrac{\rho'}{\rho}$。试求这条巷道标准状态下的摩擦阻力系数 $\alpha'$、摩擦风阻 $R'_{摩}$ 和摩擦阻力 $h'_{摩}$ 各是多少？

**解：**（1）由公式可知，这条巷道标准状态下的摩擦阻力系数为 $\alpha'=\alpha_0\dfrac{\rho'}{\rho}=0.015\times\dfrac{1.24}{1.2}\approx0.0155$（$N\cdot S^2/m^4$）。

（2）标准状态下的摩擦风阻为 $R'_{摩}=\dfrac{\rho'}{\rho}R_{摩}=\dfrac{1.24}{1.2}\times0.5625\approx0.581$（$N\cdot S^2/m^8$）。

（3）标准状态下的摩擦阻力为 $h'_{摩}=R'_{摩}Q^2=0.581\times\left(\dfrac{1440}{60}\right)^2\approx334.66$（Pa）。

（二）局部阻力 $h_1$、局部风阻 $R_1$ 和局部阻力系数 $\xi$ 测定

根据矿井通风阻力的基本理论，局部阻力 $h_1$ 计算公式为

$$h_1 = \xi \frac{\rho}{2S^2}Q^2 \tag{2-6}$$

将$\xi \frac{\rho}{2S^2}$称为局部风阻 $R_1$，则

$$h_1 = R_1 Q^2 \tag{2-7}$$

现以测算转弯的局部阻力 $h_1$、局部风阻 $R_1$ 和局部阻力系数 $\xi$ 值为例说明局部阻力测定方法。如图 2-1 所示，用压差计法测出 1—2 段的摩擦阻力 $h_{f12}$和 1—3 段的通风阻力 $h_{R13}$。$h_{R13}$中包括 1—3 段的摩擦阻力和巷道拐弯的局部阻力。因摩擦阻力是与测段长度成正比的，故用下式可求出单纯巷道拐弯的局部阻力：

$$h_1 = h_{f13} - h_{f12}\frac{L_{13}}{L_{12}} \tag{2-8}$$

式中 $L_{12}$——1—2 测段长度；

$L_{13}$——1—3 测段长度。

拐弯的局部风阻 $R_1$ 和局部阻力系数 $\xi$ 计算公式为

$$R_1 = \frac{h_1}{Q^2} \tag{2-9}$$

$$\xi = \frac{2S^2}{\rho}R_1 = \frac{2S^2 h_1}{\rho Q^2} \tag{2-10}$$

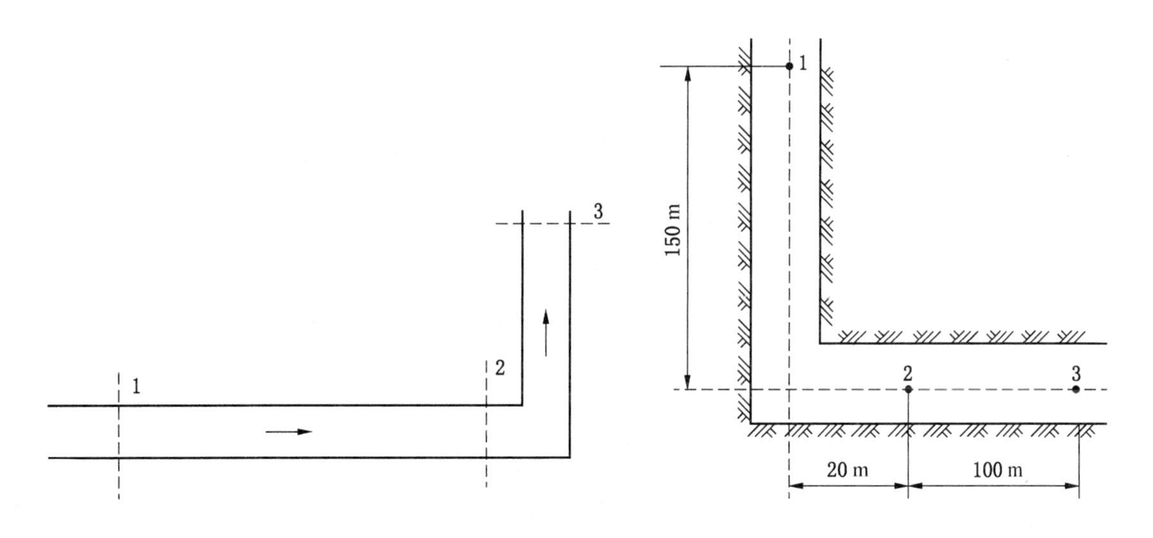


图 2-1 局部阻力测定平面图

图 2-2 某水平巷道图

**【例题 3】** 某水平巷道如图 2-2 所示，用压差计和胶皮管测得 1—2 和 1—3 之间的阻力分别为 295 Pa 和 440 Pa，巷道的断面积均为 6 m$^2$，周长为 10 m，通过的风量为 40 m$^3$/s，求巷道的摩擦阻力系数及拐弯处的局部阻力系数。

**解：**(1) 2—3 段的阻力为 $h_{23} = h_{13} - h_{12} = 440 - 295 = 145$ (Pa)。

（2）摩擦阻力系数为 $\alpha=\frac{h_{23}S^3}{LUQ^2}=\frac{145\times6^3}{100\times10\times40^2}\approx0.0196$（$N\cdot S^2/m^4$）。

（3）1—2 段摩擦阻力为 $h_{摩12}=\alpha\frac{LU}{S^3}Q^2=\frac{0.0196\times(150+20)\times10}{6^3}\times40^2\approx247$（Pa）。

（4）拐弯处的局部阻力为 $h_{局}=h_{12}-h_{摩12}=295-247=48$（Pa）。

（5）巷道中的风速为 $v=\frac{Q}{S}=\frac{40}{6}\approx6.7$（m/s）。

（6）局部阻力系数为 $\xi_{弯}=\frac{h_{局}}{\frac{\rho v^2}{2}}=\frac{48\times2}{1.2\times(6.7)^2}\approx1.8$。

（三）摩擦阻力系数 α 测定

根据通风阻力定律，若已测得巷道的摩擦阻力 $h$、风量 $Q$ 和该段巷道的几何参数，参阅有关公式，即可求得巷道的摩擦阻力系数 α。现场测定时应注意以下几点：

（1）必须选择支护形式一致、巷道断面不变和方向不变（不存在局部阻力）的巷道。

（2）准确测算摩擦风阻 $R$ 和摩擦阻力系数 $\alpha$ 的关键是要测准 $h$ 和 $Q$ 的值。测定断面应选择在风流较稳定的区域。在局部阻力物前布置测点，距离不得小于巷宽的 3 倍；在局部阻力物后布置测点，距离不得小于巷宽的 8～12 倍。测段距离和风量均较大时，压差应不低于 20 Pa。

（3）用风表测断面平均风速时应和测压同步进行，防止由于各种原因（风门开闭、车辆通过等）使测段风量变化产生影响。

一般用压差计法测定 $R$ 和 α。

新的通风网络设计，各分支 α 值一般都是查资料，然后根据各井巷的长度 $L$、周长 $U$、断面面积 $S$ 依 $R=\frac{\alpha LU}{S^3}$ 算出各分支 $R$ 值。在测定通风阻力时，先测出各分支 $h_r$ 值、$Q$ 值求 $R$ 值，然后依 $\alpha=\frac{R}{LU}S^3$ 求 α 值。得出典型井巷的 α 值，若新区设计有相似的井巷，则以该 α 值去求算 $R$ 值、$h$ 值。

## 二、降阻措施

降低矿井通风阻力，对保证矿井安全生产和提高经济效益都具有重要意义。无论是矿井通风设计还是生产矿井通风技术管理工作，都要做到尽可能地降低矿井通风阻力。应该强调的是，由于矿井通风系统的阻力等于该系统最大阻力路线上的各分支的摩擦阻力和局部阻力之和，因此，降阻之前必须首先确定通风系统的最大阻力路线，通过阻力测定调查最大阻力路线上的阻力分布，对其实施降低摩擦阻力和局部阻力的措施。如果不在最大阻力路线上降阻是无效的，有时甚至是有害的。

（一）降低摩擦阻力的措施

摩擦阻力是矿井通风阻力的主要组成部分，因此要以降低井巷摩擦阻力为重点，同时注意降低某些风量大的井巷的局部阻力。

由式（2－4）可知，降低摩擦阻力的措施有以下几种。

1. 减小摩擦阻力系数 $\alpha$

在矿井设计时尽量选用 $\alpha$ 值较小的支护方式，施工时要注意保证施工质量，尽可能使井巷壁面平整光滑。砌碹巷道的 $\alpha$ 值一般只有支架巷道的 30% ~40%，因此，对于服务年限长的主要井巷，应尽可能采用砌碹支护方式。锚喷支护的巷道，应尽量采用光面爆破，使巷壁的凹凸度不大于 50 mm。对于支架巷道，也要尽可能使支架整齐，必要时用背板等背好帮顶。

2. 保证有足够大的井巷断面

在其他参数不变时，井巷断面扩大 33%，风阻可减少 50%，井巷通过风量一定时，其通风阻力和能耗可减少一半。断面增大将增加基建投资，但要同时考虑长期节电的经济效益。从总经济效益考虑的井巷合理断面称为经济断面。在通风设计时应尽量采用经济断面。在生产矿井改善通风系统时,对于主风流线路上的高风阻区段,常采用这种措施。例如,把某段总回风道(断面小阻力大的卡脖子地段)的断面扩大,必要时甚至开掘并联巷道。

3. 尽量选用周长 $U$ 较小的断面

在井巷断面相同的条件下，圆形断面的周长最小，拱形断面次之，矩形、梯形断面的周长较大。因此，立井井筒采用圆形断面，斜井、石门、大巷等主要井巷要采用拱形断面，次要巷道以及采区内服务时间不长的巷道才采用梯形断面。

4. 减少巷道长度 $L$

因巷道的摩擦阻力和巷道长度成正比，故在进行通风系统设计和改善通风系统时，在满足开采需要的前提下，要尽可能缩短巷道的长度。

5. 避免巷道内风量过于集中，即减小风量 $Q$

巷道的摩擦阻力与风量的平方成正比，巷道内风量过于集中时，摩擦阻力就会大大增加。因此，要尽可能使矿井的总进风早分开，使矿井的总回风晚汇合。

（二）降低局部阻力的措施

局部阻力是表示单位体积空气流经巷道的某些局部地点，因混流与冲击(碰撞)等原因所造成的一种能量损失。井下产生局部阻力的地方很多，如铁筒风桥在入口处突然缩小、在出口处突然扩大(图 2－3a)，采区中部车场的交岔点处风流的急速转弯(图 2－3b)，巷道中的堆积物后方产生涡流（图 2－3c)，以及调节窗、风筒等处都会产生局部阻力。

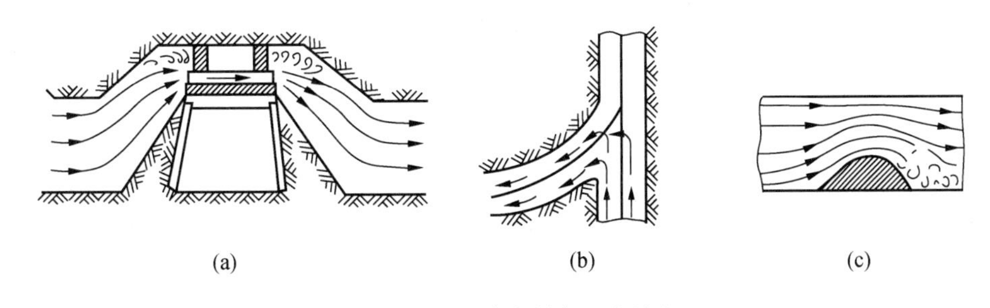


图 2－3 井下产生局部阻力地点

虽然产生局部阻力的地点不同，但是引起能量损失的原因是一样的，因此，可用下式计算各种局部阻力

$$h_1 = \xi \frac{\rho}{2} v^2 = \xi \frac{\rho Q^2}{2S^2} \tag{2-11}$$

式中　$\xi$——局部阻力系数（无因次），可查，或用实测方法求出；

$v$——产生局部阻力地点沿较小断面的平均风速，m/s；

$\rho$——产生局部阻力地点空气的密度，kg/m$^3$。

局部阻力是由于风流在局部地点发生剧烈的冲击而引起，所以，减少局部阻力的方法主要是减少风流的冲击。

（1）当连接不同断面的巷道时，要把连接的边缘做成斜线或圆弧形，如图 2－4 所示；井下尽量少使用直径很小的铁筒风桥和少使用风窗来调节风量。

（2）巷道拐弯时，转角 $\delta$ 越小越好，如图 2－5 所示，在拐弯的内侧或内外两侧做成斜线形或圆弧形，要尽量避免出现直角拐弯。

（3）减少产生局部阻力地点的风速及巷道的粗糙度。

（4）在风筒或通风机的进口安装集风器，在出风口安装扩散器。

（5）及时清理巷道中的堆积物，并在可能条件下尽量不使成串的矿车长时间地停留在主要通风巷道内，以免阻挡风流，使通风情况恶化。根据实测资料证明，矿井通风阻力较大的地方，一般在回采工作面以后的回风系统中；个别矿井的风硐由于断面很小，其通风阻力可达到很大的数值，因此，平时要很好地维护回风巷道，必要时采取扩建风硐的措施。

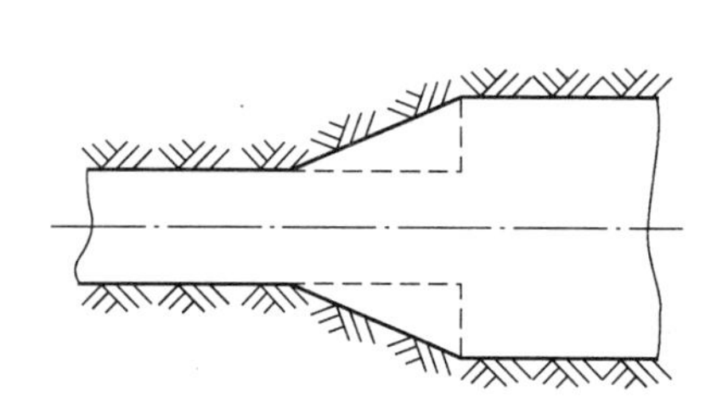

图 2－4　巷道连接处为斜线形

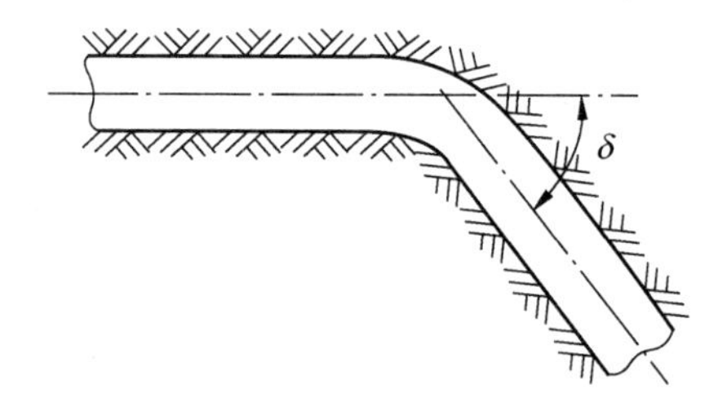


图 2－5　巷道拐弯处为圆弧形

## 第三节　矿井通风动力

欲使空气在矿井中源源不断地流动，就必须克服空气沿井巷流动时所受到的阻力。这种克服通风阻力的能量或压力叫作通风动力。常见的矿井通风动力有自然风压和通风机风压。

### 一、自然风压

（　）自然风压及其形成

图 2－6 为一个简化的矿井通风系统，2—3 为水平巷道，0—5 为通过系统最高点的水

平线。如果把地表大气视为断面无限大、风阻为零的假想风路，则通风系统可视为一个闭合的回路。由于季节变化和岩层温度的不均衡性，通风系统中各处空气的温度和密度也各不相同，导致空气柱0—1—2和空气柱5—4—3作用在2—3水平面上的重力不等，从而造成通风系统内空气的流动。基于以上分析，在一个有高差的闭合回路中，由于两侧空气柱的密度不等，而在回路中形成的压差，就称为自然风压，这种由自然因素作用而形成的通风就叫自然通风。

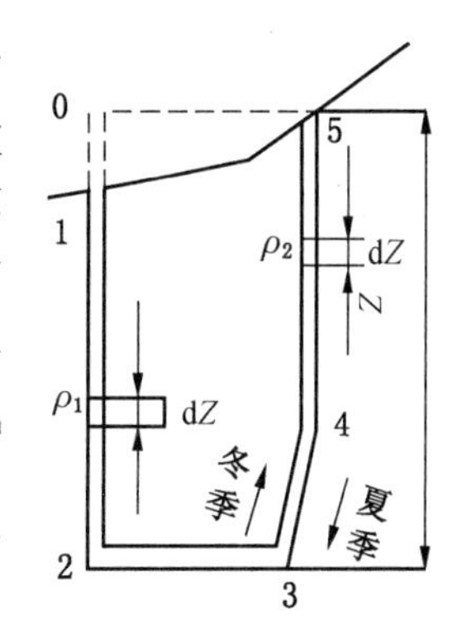

图2-6 简化的矿井通风系统

根据自然风压定义，图2-6所示系统的自然风压 $H_N$ 可用下式计算：

$$H_N = \int_0^2 \rho_1 g \mathrm{d}Z - \int_5^3 \rho_2 g \mathrm{d}Z \quad (2-12)$$

式中 $Z$——矿井最高点至最低水平间的距离，m；

$g$——重力加速度，$m/s^2$；

$\rho_1$、$\rho_2$——0—1—2和5—4—3井巷中 $\mathrm{d}Z$ 段空气密度，$kg/m^3$。

由于空气密度受多种因素影响，与 $Z$ 成复杂的函数关系，因此，利用式（2-12）计算自然风压较为困难。为了简化计算，一般采用测算出的0—1—2和5—4—3井巷中空气密度的平均值 $\rho_{m1}$ 和 $\rho_{m2}$，将式（2-12）简写为

$$H_N = Zg(\rho_{m1} - \rho_{m2}) \quad (2-13)$$

（二）自然风压的影响因素及其变化规律

在矿井通风系统的任何存在有高差的闭合回路中，只要存在空气柱密度的差别，就会存在自然风压，其中的自然风压对回路中的空气流动都会产生影响。当其作用方向与风机的作用方向相同时，称自然风压为正，二者联合作用克服风流流动阻力；相反时，称自然风压为负，自然风压成为机械通风的阻力。

由 $H_N = \oint \rho g \mathrm{d}Z \approx (\bar{\rho}_{进} - \bar{\rho}_{回}) gZ$ 可知，矿井自然风压的大小取决于矿井进回风两侧（严格讲并不一定是进回风侧，而是以最低水平巷道为准的进回风侧）空气的密度差和矿井深度 $Z$，而空气密度又受温度 $T$、大气压力 $p$、气体常数 $R$ 和相对湿度等因素影响。因此，影响自然风压的因素可用下式表示：

$$H_N = f(\rho Z) = f[\rho(T, p, R, \varphi) Z] \quad (2-14)$$

而 $\rho \approx (0.003458 \sim 0.003473) \dfrac{p}{T}$，所以温度也是重要的影响因素。

（1）矿井某一回路中两侧空气柱的温差是影响 $H_N$ 的主要因素。影响气温差的主要因素是地面入风气温和风流与围岩的热交换。其影响程度随矿井的开拓方式、采深、地形和地理位置的不同而有所不同。大陆性气候的山区浅井，自然风压大小和方向受地面气温影响较为明显，一年四季甚至昼夜之间都有明显变化。由于风流与围岩的热交换作用使机械通风的回风井中一年四季气温变化不大，而地面进风井中气温则随季节变化而变化，两者综合作用的结果，导致一年中自然风压发生周期性的变化。图2-7所示曲线1为某机械通风浅井自然风压变化规律。对于深井，其自然风压受围岩热交换影响比浅井显著，一年

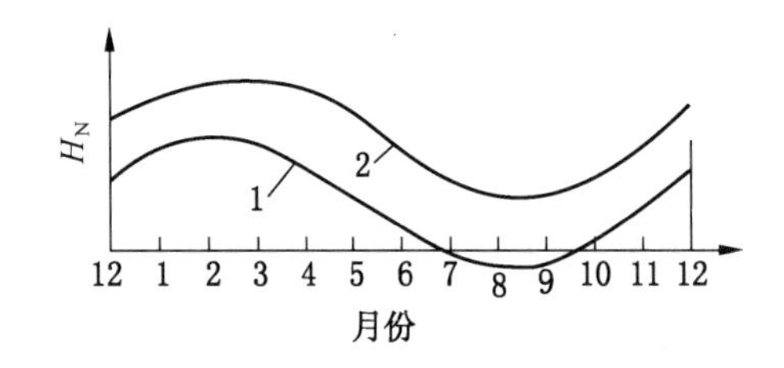


图2－7　某机械通风浅井自然风压变化规律

四季的变化较小，有的可能不会出现负的自然风压，其变化规律如图2－7中曲线2所示。

（2）空气成分和湿度影响空气的密度，因而对自然风压也有一定影响，但影响较小。

（3）井深对自然风压有一定影响。由 $H_N = Zg(\rho_{m1} - \rho_{m2})$ 可见，当两侧空气柱温差一定时，自然风压与矿井回路最高与最低点（水平）间的高差 $Z$ 成正比。

（4）主要通风机工作对自然风压的大小和方向也有一定影响。因为矿井主要通风机工作决定了主风流的方向，加之风流与围岩的热交换使冬季回风井气温高于进风井，在进风井周围形成了冷却带以后，即使风机停转或通风系统改变，这两个井筒之间在一定时期内仍有一定的气温差，从而仍有一定的自然风压起作用。有时甚至会干扰通风系统改变后的正常通风工作，这在建井时期表现尤其明显。

**【例题4】**某自然通风矿井的简化通风系统如图2－8所示，已知各段井巷中的平均密度为 $\rho_1 = 1.256\ kg/m^3$，$\rho_2 = 1.248\ kg/m^3$，$\rho_3 = 1.239\ kg/m^3$，求矿井的自然风压。

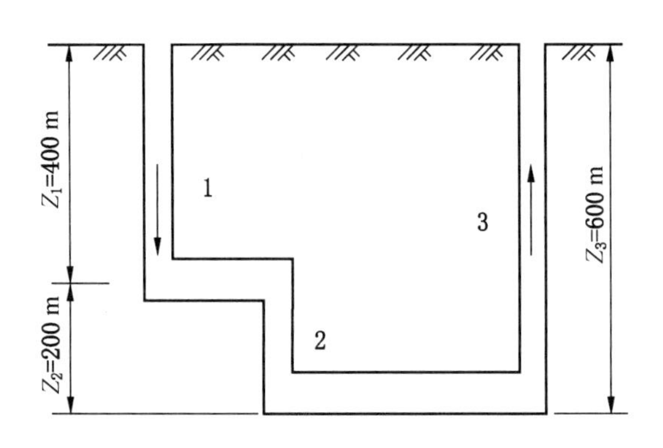


图2－8　某自然通风矿井的简化通风系统

**解：**矿井自然风压为 $H_N = Z_1 g\rho_1 + Z_2 g\rho_2 - Z_3 g\rho_3 = 400 \times 9.8 \times 1.256 + 200 \times 9.8 \times 1.248 - 600 \times 9.8 \times 1.239 = 84.28$（Pa）。

由计算可知矿井自然风压 $H_N$ 为84.28 Pa。

**【例题5】**某自然通风矿井的简化通风系统如图2－9所示，测得 $A$、$B$、$C$、$D$、$E$ 各点空气的密度为1.23、1.28、1.22、1.14、1.19 $kg/m^3$，矿井外空气的密度为1.24 $kg/m^3$。试求该矿井的自然风压，并判定其风流方向。

**解：**由题可知 $\rho_{ED}$、$\rho_{DC}$、$\rho_{AB}$ 为 $\rho_{ED} = \frac{1}{2} \times (1.19 + 1.14) = 1.165(kg/m^3)$；$\rho_{DC} = \frac{1}{2} \times (1.22 + 1.14) = 1.18(kg/m^3)$；$\rho_{AB} = \frac{1}{2} \times (1.23 + 1.28) = 1.255(kg/m^3)$。

假设风流由 $E$ 流向 $A$，则 $H_N = \rho_{ED} g Z_{ED} + \rho_{DC} g Z_{DC} - \rho_{AB} g Z_{AB} - \rho g Z = 1.165 \times 9.8 \times 65 +$

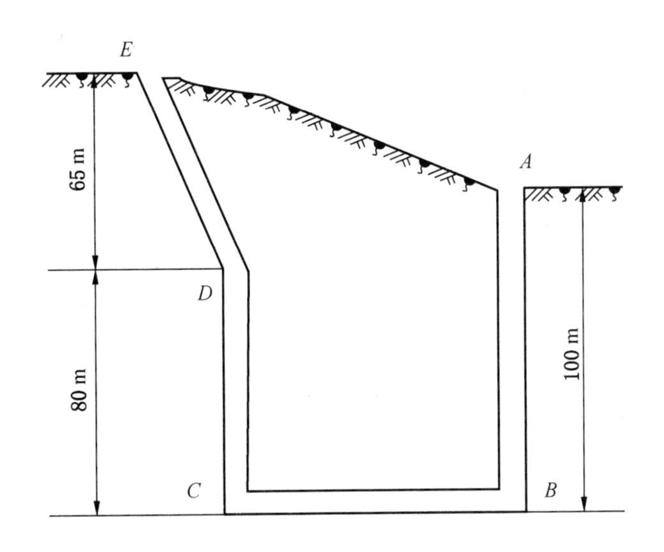


图 2－9　某自然通风矿井

$1.18\times9.8\times80-1.255\times9.8\times100-1.24\times9.8\times(65+80-100)=-109.515$ (Pa)。

因此，风流由 $A$ 流向 $E$。

**【例题 6】** 某自然通风矿井的简化通风系统如图 2－10 所示，已知矿井风量 $Q=10\ \mathrm{m^3/s}$，入风井筒风阻 $R_1=0.2\ \mathrm{N\cdot s^2/m^8}$，排风井筒风阻 $R_2=0.3\ \mathrm{N\cdot s^2/m^8}$，现利用静压管及压差计测得两井底 1—2 间的静压差 $\Delta h=P_B-P_C=98.1$ Pa，求矿井自然风压（不计出口动压损失）。

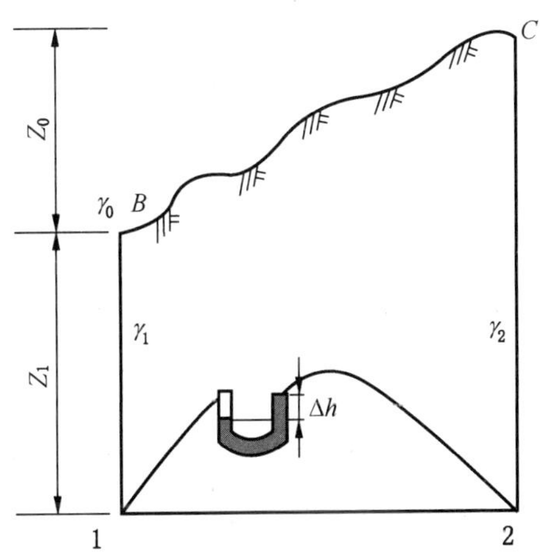


图 2－10　某自然通风矿井的简化通风系统

**解：** 令大气压力为 $P_0$，$\gamma=Pg$，则静压差为 $\Delta h=P_B-P_C=(P_0+Z_0\gamma_0+Z_1\gamma_1-R_1Q^2)-[P_0+(Z_0+Z_1)\gamma_2+R_2Q^2]=(Z_0\gamma_0+Z_1\gamma_1)-(Z_0+Z_1)\gamma_2-(R_1+R_2)Q^2$。

矿井的自然风压：$h_N=(Z_0\gamma_0+Z_1\gamma_1)-(Z_0+Z_1)\gamma_2=\Delta h+(R_1+R_2)Q^2=98.1+(0.2+0.3)\times10^2=148.1$ Pa。

（三）自然风压的利用和控制

自然风压既可能是动力，也可能是阻力。因此研究自然风压的变化规律，并加以控制和利用，具有重要的现实意义。

（1）新设计矿井在选择开拓方案时，应充分利用当地地形和气候特点，使全年大部分时间内自然风压的作用方向与机械风压的作用方向一致，以便充分利用自然风压，例如在山区应尽可能增大进回风井井口标高差，并使进风井口布置在阴面，回风井口布置在阳面。

(2) 根据自然风压的变化规律，适时调节风机工况点，以保证既能满足矿井的需风量，又能节约用电。例如，冬季自然风压作用方向与风机作用方向一致时，可适当降低风机工作能力。当主要通风机因故停转，自然风压变成了唯一的通风动力，可打开防爆盖，利用自然通风作为非常时期的通风动力。

(3) 在多风井的山区，尤其是高瓦斯矿井，必须掌握自然风压的分布规律，防止自然风压作用造成某些巷道无风或风流反向，从而引发事故。

## 二、通风机类型

根据通风机的构造不同，矿用通风机可分为离心式通风机与轴流式通风机两类。

### (一) 离心式通风机

图 2-11 所示为离心式通风机构造，当叶轮转动时靠离心力作用，空气由吸风口 12 进入，经前导器 7 进入叶轮 1 的中心部分，然后折转 90°。沿径向离开叶轮而流入螺形机壳 2 中，再经扩散器 3 排出。空气经过通风机后，获得能量，使出风侧的压力高于入风侧，造成了压差以促使空气流动，达到了通风的目的。

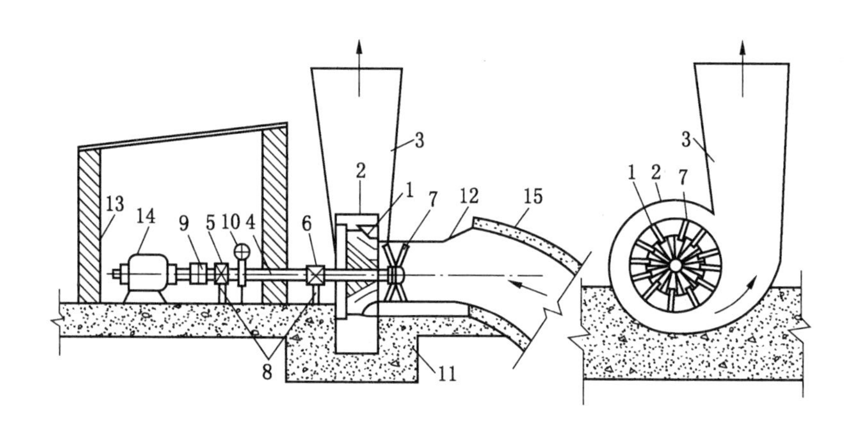


1—叶轮；2—螺形外壳；3—扩散器；4—轴；5—止推轴承；6—径向轴承；7—前导器；8—机架；9—联轴节；10—制动器；11—机座；12—吸风口；13—机房；14—电动机；15—风硐

图 2-11　离心式通风机构造

目前我国生产的离心式通风机有 4-72 型、$B_4$-72 型、$G_4$-73（$Y_4$-73）型等型号离心式通风机。

### (二) 轴流式通风机

图 2-12 为轴流式通风机构造，它由通风机进风口、叶轮、主体风筒、扩散器和传动部五大部分组成。

进风口包括集风器 1 和流线体 2，其作用是使空气均匀地沿轴向流入主体风筒内，以减少气流冲击。叶轮 4、6 是通风机使空气增加能量的唯一旋转部件。通风机有一个叶轮为一级，有两个叶轮为二级，增加叶轮数目的目的在于提高通风机的风压。叶轮上有数个

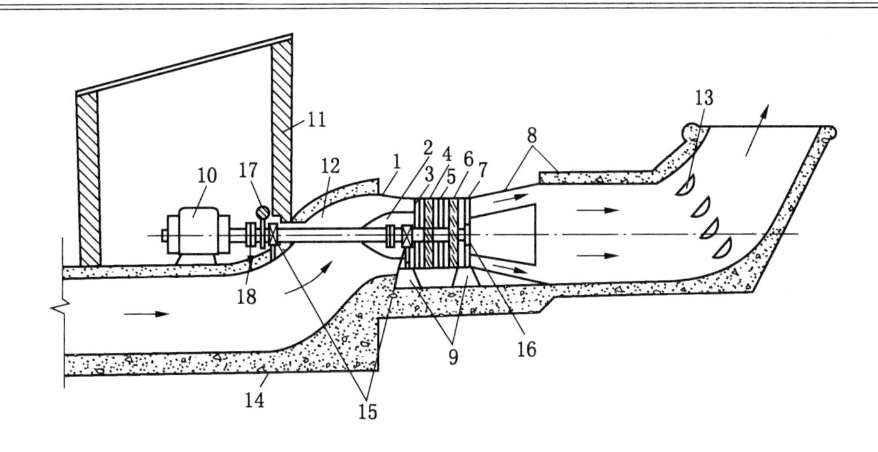


1—集风器；2—流线体；3—前导器；4—第一级叶轮；5—中间整流器；6—第二级叶轮；7—后整流器；
8—环形扩散器与水泥扩散器；9—机架；10—电动机；11—机房；12—风硐；13—导风板；
14—基础；15—径向轴承；16—止推轴承；17—制动阀；18—齿轮联轴节

图2-12 轴流式通风机构造

翼形叶片，叶片以一定角度用螺杆固定在轮壳上，这个角度就称为叶片安装角，它是指叶片风流入口处与出口处的连线与叶轮旋转的切线方向之间的夹角。叶片安装角根据需要可以调整。

在第一级叶轮4后方有中间整流器5，第二级叶轮6的后方有后整流器7。整流器的作用是调整由前一叶轮流出的气流方向，使它按轴向进入下一级叶轮或流入环形扩散器中。环形扩散器由内外两个锥形圆筒组成，其作用是使由后整流器流出的气流速度逐渐降低，借以使气流的大部分动压转变为静压，从而提高通风机的效率。

传动部分由径向轴承15、止推轴承16和传动轴组成。通风机的轴与电动机的轴用齿轮联轴节18连接，形成直接传动。

通风机运转时，风流经集风器、流线体进入第一级叶轮再经中间整流器进入第二级叶轮，又经后整流器进入扩散器，最后流入大气。空气经通风机叶轮后，获得能量，造成通风机进风口与出风口侧的压差，用来克服井巷阻力，达到通风的目的。

主要通风机附属装置有反风装置、防爆门、风硐、扩散器、隔声装置。反映通风机工作特性的基本参数有4个，即通风机的风量、风压、功率和效率。

## 三、局部通风机通风

局部通风机通风是利用局部通风机和风筒把新鲜风流送入掘进工作面的一种掘进通风方法，在我国煤矿井下被广泛采用。

局部通风机通风可分为压入式、抽出式和混合式3种。

### （一）压入式通风

压入式通风是利用局部通风机将新鲜空气经风筒压入工作面，而污风则由巷道排出，如图2-13所示。压入式通风的风流从风筒末端以自由射流状态射向工作面，其风流的有效射程较长，一般可达7~8 m，易于排出工作面的污风和矿尘，通风效果好。局部通风机安装在新鲜风流中，污风不经过局部通风机，因而局部通风机一旦发生电火花，不易引起瓦斯、煤尘爆炸，故安全性好。压入式局部通风既可使用硬性风筒，又可使用柔性风筒，适应性较强。

压入式通风的缺点是工作面的污风沿独头巷道排往回风巷，不利于巷道中作业人员呼吸。为避免炮烟中毒，爆破时人员撤离的距离较远，往返时间较长。同时,爆破后炮烟由巷道排出的速度慢,时间较长,这就使掘进中爆破的辅助时间加长，影响掘进速度的提高。

压入式通风设备简单，安全性高。因此，这种通风方式无论有无瓦斯，也不管风道距离长短，都可应用。它是我国煤矿目前应用最广泛的一种局部通风方式。

（二）抽出式通风

抽出式通风恰与压入式通风相反，新鲜空气由巷道进入工作面，污风经风筒由局部通风机抽出，如图 2－14 所示。

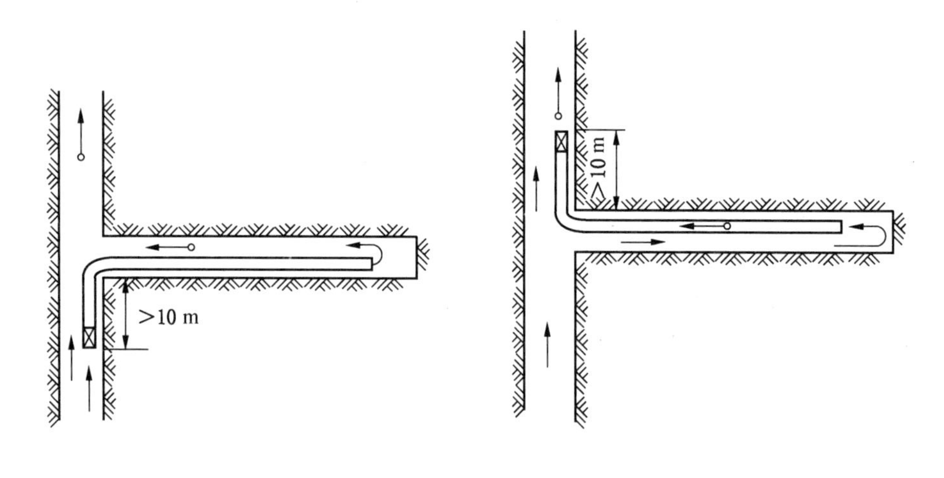


图2－13 压入式通风　　图2－14 抽出式通风

抽出式通风由于污风经风筒排出，保持巷道中为新鲜空气，故劳动卫生条件较好。爆破时人员只需撤到安全距离即可，往返时间短，而且所需排烟的巷道长度仅为工作面至风筒吸风口的长度，故排烟速度快，爆破的辅助时间短，有利于提高掘进速度。但是，由于风筒末端的有效吸程比较短，一般只有 3～4 m，如风筒末端距工作面的距离较长，有效吸程以外的风流易形成涡流停滞区，通风效果不良。如把风筒靠近工作面，爆破时又易崩坏风筒，而且污浊风流经由局部通风机排出，一旦由于电路漏电或防爆失效，有引起瓦斯、煤尘爆炸的危险，安全性差。此外，抽出式通风只能使用硬性风筒，不能使用柔性风筒，适应性较差。

基于上述缺点，抽出式通风在煤矿中应用很少。但竖井掘进时，为迅速排出炮烟，可采用抽出式通风。

（三）混合式通风

混合式通风就是把上述两种通风方式同时混合使用。新风是利用压入式局部通风机和风筒压入工作面，而污风则由抽出式局部通风机和风筒排出，如图 2－15 所示。

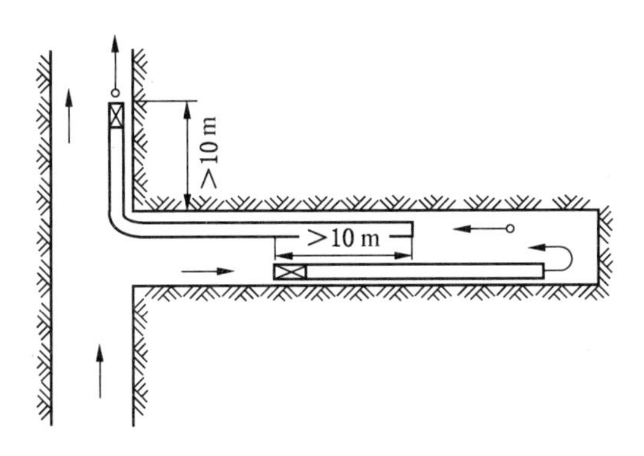


图 2－15 混合式通风

混合式通风既有压入式通风有效射程长，通风效果好的优点，又有抽出式通风巷道空气不受污染、排烟快的优点。但是这种通风方式也有严重的缺点，不但回风侧局部通风机有引起瓦斯、煤尘爆炸的危险，而且进风侧局部通风机设于独头巷道中，在有瓦斯、煤尘积聚的情况下，开动局部通风机也有引起瓦斯、煤尘爆炸的危险。而且，混合式通风要多一套局部通风设备，电能消耗大，管理也较复杂。

选择局部通风机通风方式时，必须严格遵守《煤矿安全规程》第一百六十三条的规定：煤巷、半煤岩巷和有瓦斯涌出的岩巷掘进采用局部通风机通风时，应当采用压入式，不得采用抽出式（压气、水力引射器不受此限）；如果采用混合式，必须制定安全措施。

瓦斯喷出区域和突出煤层采用局部通风机通风时，必须采用压入式。

## 第四节 矿 井 通 风 系 统

矿井通风系统是矿井通风方法、通风方式和通风网络的总称。通风方法是指通风机的工作方法，有抽出式、压入式和压入－抽出联合式等方法；通风方式是指进风井筒和回风井筒的布置方式，有中央并列式、中央边界式、对角式及混合式等方式；通风网络是指风流流经井巷的连接形式，有串联、并联、角联及复杂连接等形式。

矿井通风系统是否合理，对整个矿井通风状况的好坏和能否保障安全生产起着重要的作用，同时对于基本建设和生产成本也有一定的影响。因此，对新建矿井通风系统的设计和生产矿井通风系统的改造应给以足够的重视。

### 一、通风方法

目前，我国大部分矿井采用抽出式通风，这是因为抽出式通风在主要进风道不需要安设风门，便于运输、行人，使通风管理工作容易。同时在瓦斯矿井采用抽出式通风，一般认为当主要通风机因故停止运转时，井下风流压力提高，在短时间内可以防止瓦斯从采空区涌出，比较安全。

压入式通风之所以少用，主要是在矿井进风路线上漏风较大，使通风管理工作较难。而且压入式通风使井下风流处于正压状态，当主要通风机因故停转时，风压降低，有可能使采空区瓦斯涌出量增加，造成瓦斯积聚。但是当开采煤田上部第一水平而且瓦斯不太严重、地面塌陷区分布较广的矿井时，宜采用压入式通风，因为此时可用一部分回风把塌陷区的有害气体压到地面，形成短路风流，可减轻通风机的负荷，节约电能。

对低瓦斯矿井，当地形复杂、露头发育、采空区多、采用多井通风有利时，可采用压入式通风。这时就可显示出压入式通风的优点：少掘进总回风道，初期投资少，建井快，主要通风机安装在工业广场，安装、输电、管理方便，出风井多，通风阻力小，通风电力费用较少，有利于回收边角煤等。此外，当矿井火区危害比较严重，如采用抽出式通风易将火区中的有毒气体抽至巷道中威胁安全时，可采用压入式通风。我国有些矿井就是由于火区危害严重而采用压入式通风的。

压入－抽出联合式通风虽能产生较大的通风压力以适应大阻力矿井的需要，且使矿井内部漏风较小，但因通风管理比较复杂，故一般很少采用。

## 二、通风方式

矿井通风方式根据进、出风井的布置形式不同，可分以下 3 种。

### （一）中央式通风

中央式通风是出风井与进风井大致位于井田走向中央的通风方式，根据出风井沿煤层倾斜方向位置的不同，又分为中央并列式与中央边界式。

（1）中央并列式通风如图 2－16、图 2－17 所示，无论沿井田走向或倾斜方向，进、出风井均并列于井田中央，进、出风井并列布置在同一个工业广场内。

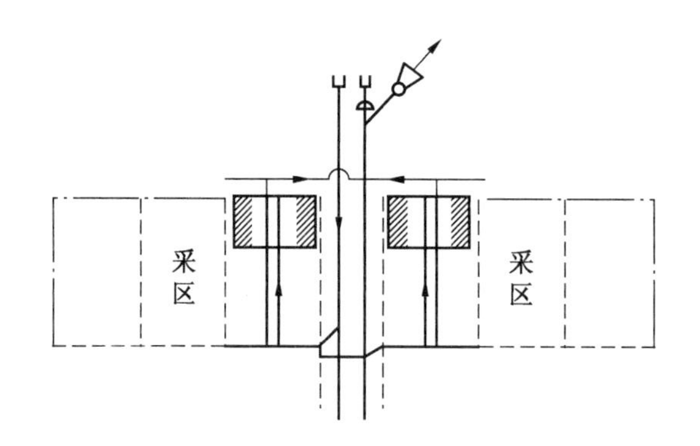


图 2－16　斜井中央并列式通风

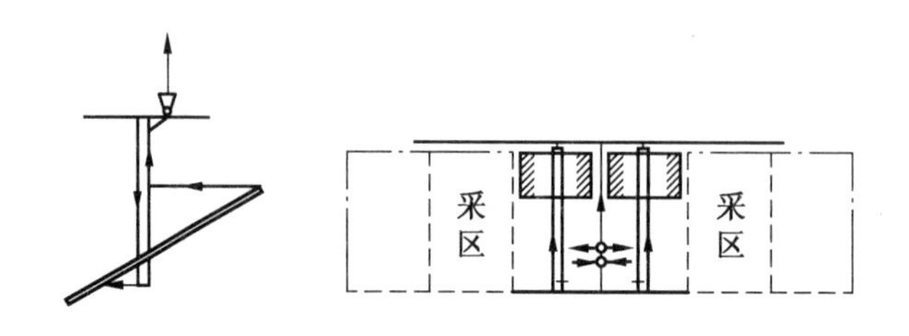


图 2－17　立井中央并列式通风

（2）中央边界式通风（又称中央分列式通风）如图 2－18 所示，进风井仍在井田中央，出风井在井田上部边界的中间，出风井的井底高于进风井的井底。为了满足一井提升煤，一井上下人和提料的需要，以及为了便于水平延深，一般要在井田中央开掘两个进风井筒。

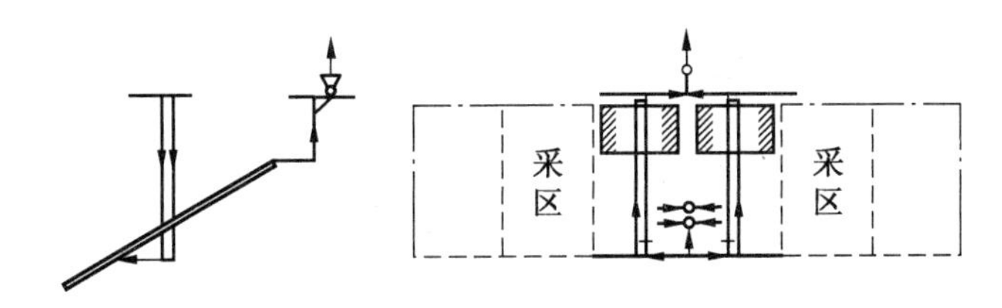


图 2－18　中央边界式通风

（二）对角式通风

对角式通风的进风井位于井田中央，出风井分别位于井田沿走向的两翼上。根据出风井沿走向位置的不同，又分为两翼对角式通风和分区对角式通风。

（1）两翼对角式通风如图 2－19 所示，进风井位于井田中央，出风井位于井田浅部沿走向的两翼边界附近或两翼边界采区的中央。

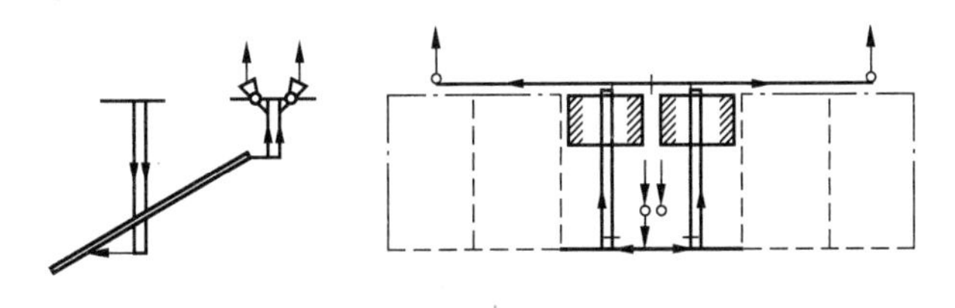

图 2－19　两翼对角式通风

（2）分区对角式通风如图 2－20 所示，进风井位于井田中央，每个采区开掘一个小风井回风。

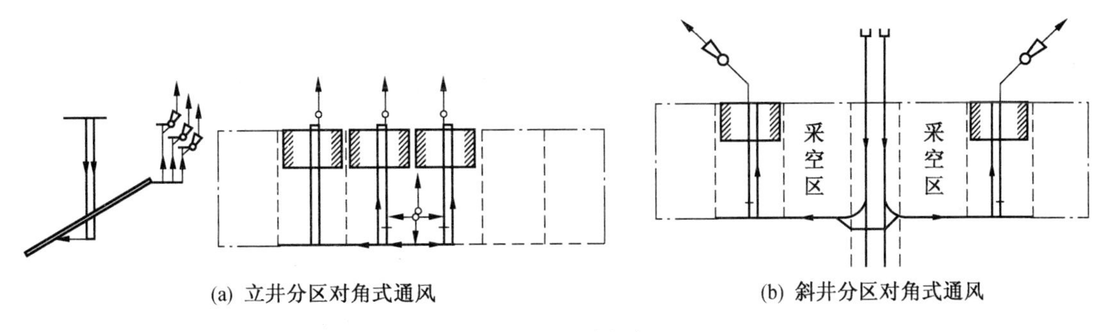


图 2－20　分区对角式通风

（三）混合式通风

混合式通风是老矿井进行深部开采时所采用的通风方式，一般进风井与出风井由 3 个以上井筒按上述各种方式混合组成，其中有中央分列与两翼对角混合式、中央并列与两翼对角混合式和中央并列与中央分列混合式等。

（四）各种通风方式的比较

中央并列式通风的优点：地面建筑集中，便于管理；两个井筒集中，便于开掘，便于延深，井筒安全煤柱少，反风容易；初期开拓工程量小，故投资少，出煤较快。其缺点是：风路较长，阻力较大，而且风压不稳定，通风电力费用较大，风机效率较低；由于进出风井距离太近，特别是井底漏风较大，容易造成风流短路，安全出口少，不适用于高瓦斯矿井、突出矿井、煤层容易自燃矿井及有热害的新建矿井。

中央边界式通风及对角式通风的优点与中央并列式通风相反。矿井的通风方式，应根据煤层赋存条件、煤层埋藏深度、井田面积、走向长度、地形条件及矿井瓦斯等级、煤层的自燃倾向性等情况，从技术上、经济上和安全上通过方案比较而定。

煤层倾角大、埋藏深，但走向长度不大（小于4 km），而且瓦斯不大、自然发火不严重，地表又无煤层露头的新建矿井，采用中央并列式通风比较合理。

煤层倾角较小、埋藏较浅，走向长度不大，而且瓦斯大、自然发火比较严重的新建矿井，适宜采用中央边界式通风。

煤层走向长度较大（超过4 km）、井型较大，煤层上部距地表较浅，瓦斯和自然发火严重的新建矿井，或者瓦斯等级低，但煤层走向较长，井型较大的新建矿井，适宜采用两翼对角式通风。

矿井瓦斯等级低，煤层自然发火性小，但山峦起伏，无法开掘总回风道，且地面小窑塌陷区严重，煤层露头多的新建矿井，适宜采用分区对角压入式通风；高瓦斯，煤层自然发火性和煤尘爆炸性均较强，地面又起伏很大的矿井，适宜采用分区对角抽出式通风。为克服因多台风机分区并联运转的不稳定性，可利用采区上山兼作本采区的进风。

煤层埋藏深，井田规模大，瓦斯较大，煤层较多的老矿井，可采用混合式通风。

## 三、通风网络

矿井风流按照生产要求在巷道中流动时，风流分合线路的结构形状，叫作通风网络，简称通风网。通风网络中井巷风流的基本连接形式有串联、并联和角联。通风网分为简单通风网与复杂通风网两种：仅由串联与并联组成的通风网，称为简单通风网或称串并联风流组成的通风网；矿井通风网络中有对角分支时，称为复杂通风网或角联通风网。

（一）串联通风及其特性

两条或两条以上的通风巷道循序地首尾互相连接在一起，中间没有风流分汇点的线路叫串联风路。风流依次流经各串联风路（巷道）且中间无分支风路（巷道）的通风方式叫串联通风。

1. 总风量和分风量的关系

由风流的连续性规律可知，串联风路的总风量等于各段风路上的分风量，即

$$Q_{串} = Q_1 = Q_2 = \cdots = Q_n \tag{2-15}$$

2. 总风压和分风压的关系

由风压叠加原理可知，串联风路的总风压等于各段风路上的分风压之和，即

$$h_{串} = h_1 + h_2 + \cdots + h_n \tag{2-16}$$

3. 总风阻和分风阻的关系

串联风路的总风阻等于各段风路上的分风阻之和，即

$$R_{串} = R_1 + R_2 + \cdots + R_n \tag{2-17}$$

4. 总等积孔和分等积孔的关系

因
$$A = \frac{1.19}{\sqrt{R}}$$

则

$$A_{串} = \frac{1}{\sqrt{\frac{1}{A_1^2} + \frac{1}{A_2^2} + \cdots + \frac{1}{A_n^2}}} \tag{2-18}$$

**【例题7】** 如图2－21所示，串联巷道的总阻力为120 Pa，通过风量为30 $m^3/s$，试求总等积孔、总风阻和耗电量。

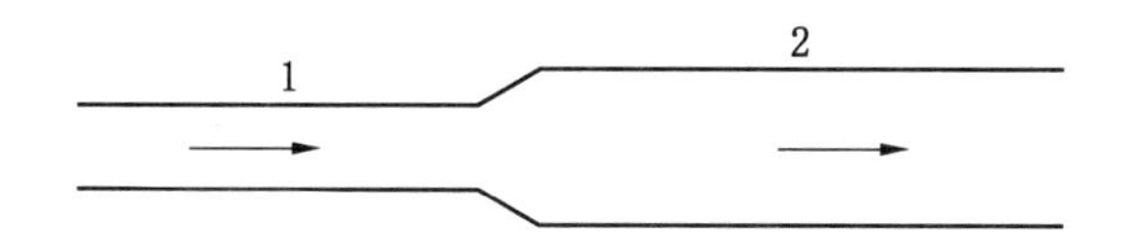


图2－21 串联巷道示意图

**解：**（1）由总等积孔 $A = 1.19\frac{Q}{\sqrt{h}}$ 可得：$A = 1.19\frac{Q}{\sqrt{h}} = 1.19 \times \frac{30}{\sqrt{120}} = 3.25$（$m^2$）。

（2）根据通风阻力定律可得：$R = \frac{h}{Q^2} = \frac{120}{30^2} = 0.1333$（$N \cdot S^2/m^8$）。

（3）根据耗电量 $N = h \cdot \frac{Q}{1000}$ 可得：$N = \frac{hQ}{1000} = \frac{120 \times 30}{1000} = 36$（kW）。

（二）并联通风及其特性

两条或两条以上的通风巷道，自空气能量（压力）相等的某一汇点分开，到另一能量（压力）相等的汇点汇合，形成一个或几个网孔，其中没有交叉通风巷道的连接形式叫并联网络，如图2－22所示。各用风地点按照并联网络的连接形式进行通风，叫作并联通风。

1. 总风量和分风量的关系

并联网络的总风量等于并联各分支风量之和，即

$$Q_{并} = Q_1 + Q_2 + \cdots + Q_n \tag{2-19}$$

2. 总风压和分风压的关系

并联网络的总风压等于任一并联分支的风压，即

$$h_{并} = h_1 = h_2 = \cdots = h_n \tag{2-20}$$

3. 总风阻和分风阻的关系

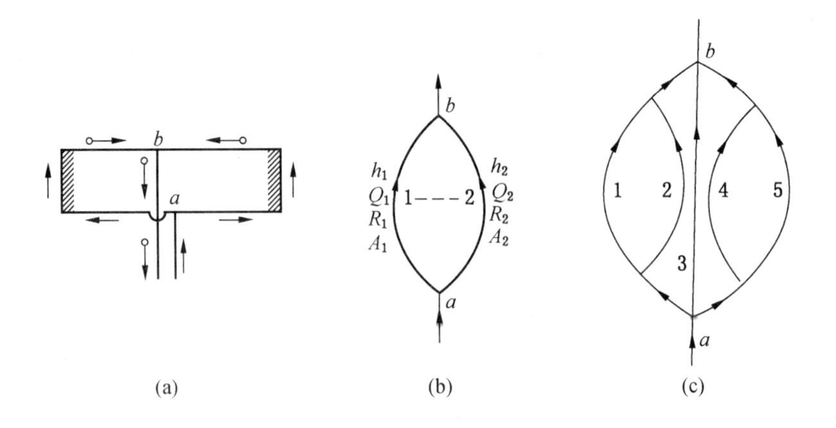


图 2-22　并联网络

$$R_{并}=\frac{h_{并}}{Q_{并}^2}=\frac{1}{\left(\sqrt{\frac{1}{R_1}}+\sqrt{\frac{1}{R_2}}+\cdots+\sqrt{\frac{1}{R_n}}\right)^2} \tag{2-21}$$

式中　$R_n$——第 $n$ 个风路风阻。

4. 总等积孔和分等积孔的关系

并联网络的总等积孔等于各条并联分支分等积孔之和，即

$$A_{并}=A_1+A_2+\cdots+A_n \tag{2-22}$$

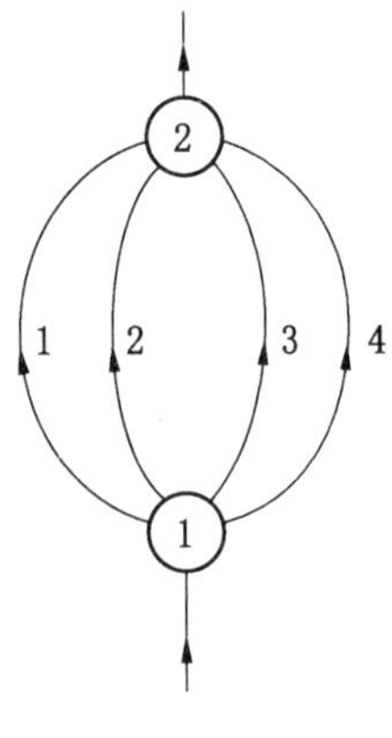

图 2-23　并联风网图

式（2-19）至式（2-22）中，当各分支的位能差不相等，或分支中存在通风机等通风动力时，并联网络中各分支的阻力不相等，风阻和等积孔的计算公式不成立。这时公式应该为

$$H_f+H_N-\sum h=0 \tag{2-23}$$

式中　$H_f$——系统中存在的通风机压力，Pa；

$H_N$——自然风压，Pa；

$\sum h$——风路总阻力，Pa。

**【例题 8】** 如图 2-23 所示并联风网，已知各风路风阻：$R_1=1.274\ kg/m^7$，$R_2=1.47\ kg/m^7$，$R_3=1.078\ kg/m^7$，$R_4=1.468\ kg/m^7$，总风量 $Q=36\ m^3/s$。求：（1）并联风网的总风阻；（2）各风路风量。

**解：** 并联风网总风阻与支路风阻的关系为 $h_{并}=R_{并}Q^2$，故 $Q=\frac{\sqrt{h_{并}}}{\sqrt{R_{并}}}$；

因 $Q=Q_1+Q_2+Q_3+Q_4$，即 $\frac{\sqrt{h_{并}}}{\sqrt{R_{并}}}=\frac{\sqrt{h_1}}{\sqrt{R_1}}+\frac{\sqrt{h_2}}{\sqrt{R_2}}+\frac{\sqrt{h_3}}{\sqrt{R_3}}+\frac{\sqrt{h_4}}{\sqrt{R_4}}$；

则 $R_{并}=\frac{h_{并}}{Q^2}=\frac{1}{\left(\sqrt{\frac{1}{R_1}}+\sqrt{\frac{1}{R_2}}+\sqrt{\frac{1}{R_3}}+\sqrt{\frac{1}{R_4}}\right)^2}=\frac{1}{\left(\sqrt{\frac{1}{1.274}}+\sqrt{\frac{1}{1.47}}+\sqrt{\frac{1}{1.078}}+\sqrt{\frac{1}{1.468}}\right)^2}$。

由此可算出总风阻 $R_{并}=0.0817$（$N\cdot s^2/m^8$）。

已知并联风网的总风量，在不考虑其他通风动力及风流密度变化时，$h_{并}=R_{并}Q^2=h_i=R_iQ_i^2$，则分支 $i$ 的风量计算式为 $Q_i=\frac{\sqrt{R_{并}}}{\sqrt{R_i}}Q$。

由此可算出 $Q_1=9.117\ m^3/s$，$Q_2=8.487\ m^3/s$，$Q_3=9.911\ m^3/s$，$Q_4=8.493\ m^3/s$。

**【例题9】** 如图2-24所示并联风网，已知各分支风阻：$R_1=1.186$，$R_2=0.794$，单位为 $N\cdot s^2/m^8$；总风量 $Q=40\ m^3/s$。求：(1) 分支1和2中的自然风量 $Q_1$ 和 $Q_2$。(2) 若分支1需风 $10\ m^3/s$，分支2需风 $30\ m^3/s$，采用风窗调节，安设调节风窗之后产生的局部风阻为多少？

**解：**(1) 因 $\frac{1}{\sqrt{R_{并}}}=\frac{1}{\sqrt{R_1}}+\frac{1}{\sqrt{R_2}}$，$Q_1=\sqrt{\frac{R_{并}}{R_1}}Q$，$Q_2=\sqrt{\frac{R_{并}}{R_2}}Q$。

代入数值，分别得 $R_{并}=0.240\ N\cdot s^2/m^8$，$Q_1=18.000\ m^3/s$，$Q_2=22.000\ m^3/s$。

(2) 由 (1) 知，回路2中风量不足，因此应在回路1中安装调节风窗。

设安设调节风窗之后产生的局部风阻为 $\Delta R_1$，并且分支1，2的风量分别变成 $Q_1'$，$Q_2'$，阻力分别变成 $h_1'$，$h_2'$，根据并联风压关系：

因 $h_1'=h_2'$，$R_2Q_2'^2=(R_1+\Delta R_1)Q_1'^2$；

故 $\Delta R_1=R_2\frac{Q_2'^2}{Q_1'^2}-R_1=0.794\frac{30^2}{10^2}-1.186=5.96$（$N\cdot s^2/m^8$）。

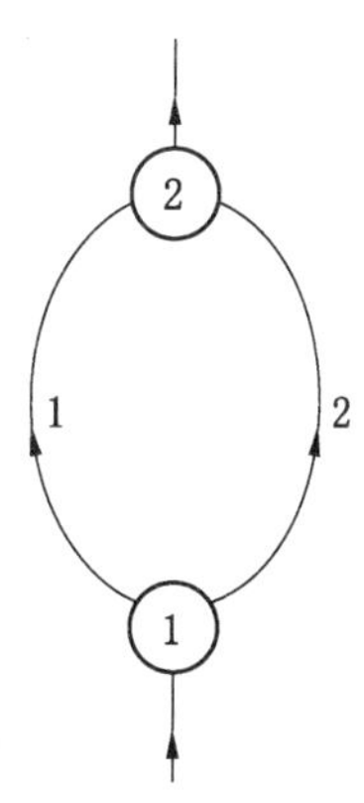

图2-24 并联风网图

（三）串联通风与并联通风的比较

由串联通风及并联通风的特性可知，并联通风的风路越多，等积孔就越大，风阻越小，通风越容易，通风动力费用也就越少；并联通风中各分支风流都较新鲜；若一条风流中发生事故，对其余风流影响较小，安全性好；此外，并联风网容易调节风量，能有效利用风量。

串联通风总风阻大，等积孔小，通风困难；前段风道的污风必然流向后段风道，后段风道难以获得新鲜风流；在串联风流中若有一个地点发生事故，容易波及整个风流；串联风流中的各工作地点不能进行风量调节，不能有效利用风量。

由此可见，并联通风经济、安全、可靠。所以《煤矿安全规程》规定，每一生产水平和每一采（盘）区，都必须实行分区通风（即并联通风）。

（四）角联通风及其特性

并联的两条风路之间，还有一条或数条风路连通的连接形式叫作角联通风。图2-25中 $BC$ 巷道称为对角巷道，其风流为对角风流。

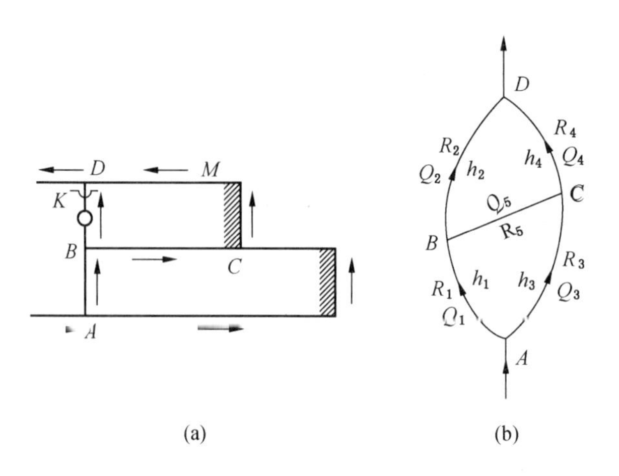


图 2-25　角联网络

对角巷道中风流方向是不稳定的，风流可能由 $B$ 流向 $C$，也可能由 $C$ 流向 $B$，或 $BC$ 巷道中无风。对角巷道中风流的变化取决于各邻近巷道风阻值的比例，这就是角联的特性。

当$\frac{R_1}{R_2}=\frac{R_3}{R_4}$时，$BC$ 巷道中无风流通过；当$\frac{R_1}{R_2}<\frac{R_3}{R_4}$时，风流由 $B$ 流向 $C$；当$\frac{R_1}{R_2}>\frac{R_3}{R_4}$时，风流由 $C$ 流向 $B$。

可以看出，通风系统中有对角巷道存在时，往往可能由于某一风门未关上使 $R_2$ 减小，或某些巷道发生冒顶或堆积材料过多使 $R_4$ 增大，而改变巷道的风阻比例关系，使对角风路中的风流方向发生变化（由 $C$ 流向 $B$）。

**【例题 10】** 某角联风网如图 2-26 所示，已知各风路风阻：$R_1=3.92\ \mathrm{kg/m^7}$，$R_2=0.0752\ \mathrm{kg/m^7}$，$R_3=0.98\ \mathrm{kg/m^7}$，$R_4=0.4998\ \mathrm{kg/m^7}$。试判断角联风路 5 的风流方向。

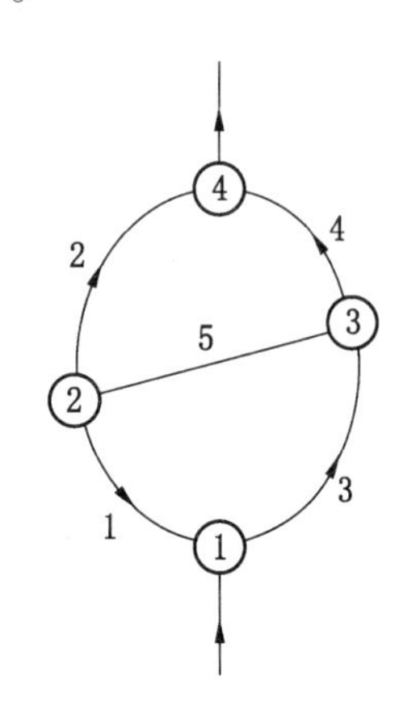


图 2-26　某角联风网图

**解：** 判断风路 5 的风流方向，因$\frac{R_1}{R_2}=\frac{3.92}{0.0752}=52.13$；$\frac{R_3}{R_4}=\frac{0.98}{0.4998}=1.96$。

由于$\frac{R_1}{R_2}>\frac{R_3}{R_4}$，故角联风路 5 的风流方向是③→②。

（五）解算通风网络的基本定律

风流在井巷中的流动，可以认为是连续的稳定流动。因此，任何通风网络都要遵守以下 3 个基本定律。

1. 通风阻力定律

一般情况下，通风网络中的风流都近似紊流状态，其流动遵循以下阻力定律，即

$$h = RQ^2 \tag{2-24}$$

2. 风量平衡定律

根据风流的连续性,在通风网络中,流进汇点或闭合风路的风量,等于流出汇点或闭合风路的风量,并规定流入为正,流出为负。风路中任一汇点或闭合风路的风量代数和等于零,即

$$\sum Q_i = 0 \tag{2-25}$$

3. 风压平衡定律

通风网络中任何一个闭合回路内的风压,一般规定顺时针为正,逆时针为负,各个风压的代数和等于零,即

$$\sum h_i = 0 \tag{2-26}$$

当闭合回路中有通风动力(通风机或自然风压)存在时,则通风动力的代数和与各风路风压的代数和相等,即

$$\sum h_{\mathrm{f}} + \sum h_{\mathrm{N}} - \sum h_{\mathrm{R}} = 0 \tag{2-27}$$

式中 $\sum h_{\mathrm{f}}$——通风机风压的代数和,其符号可以顺时针方向取正,逆时针方向取负;

$\sum h_{\mathrm{N}}$——自然风压的代数和,符号取法同上;

$\sum h_{\mathrm{R}}$——闭合回路中各风压的代数和,符号取法同上。

## 四、通风设施

因为生产的需要,井下巷道总是纵横交错,彼此贯通的。所以,为了保证风流按拟定的路线流动,就必须在某些巷道内建筑相应的通风设施对风流的流动进行控制。通风设施分两类,一类是引导风流的设施,另一类为隔断风流的设施。

(一)引导风流的设施

引导风流的设施主要有风硐、风桥等。

1. 风硐

风硐是连接通风机装置和风井的一段巷道,风硐断面如图 2-27 所示。因为通过风硐的风量很大,而且风硐内外的压力差较大,故对其设计和施工的质量要求较高;又由于风硐的服务年限长,故风硐多用混凝土、砖石等材料建筑。

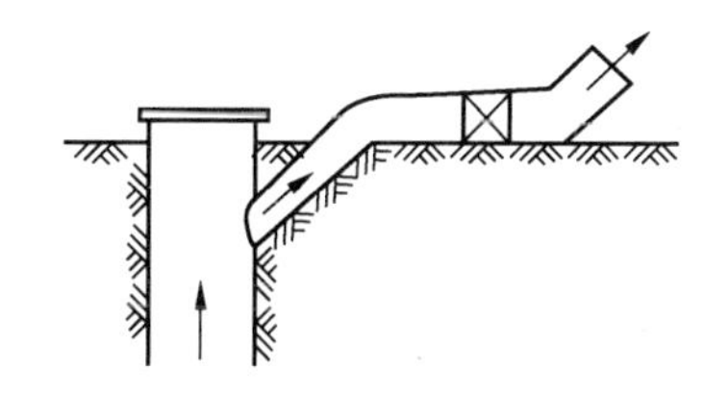

图 2-27 风硐断面

较好的风硐应符合如下条件:

(1)风硐应有足够大的断面,要求风速不超过15 m/s。

(2)风硐不宜过长,与井筒连接处要平缓,靠近通风机一段不能有直角拐弯,断面以圆形为最好,内壁要光滑,拐弯要平缓,要保持风硐内无堆积物,良好的风硐的风阻值应较小,风硐阻力不宜过大。

(3)风硐及闸门等装置结构要严密,以防止大量漏风。

2. 风桥

风桥是将两股平面交叉的新、污风流隔成立体交叉的一种通风设施,污风从桥上通

过，新风从桥下通过。根据结构特点不同，风桥可分为以下 3 种：

（1）绕道式风桥，如图 2－28 所示，当服务年限很长，通过风量在 20 $m^3/s$ 以上时，可以采用。

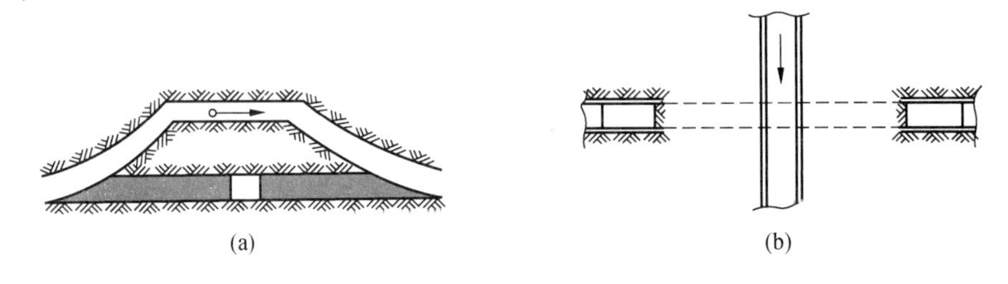


图 2－28　绕道式风桥

（2）混凝土风桥，如图 2－29 所示，当服务年限较长，通过风量为 10～20 $m^3/s$ 时，可以采用。

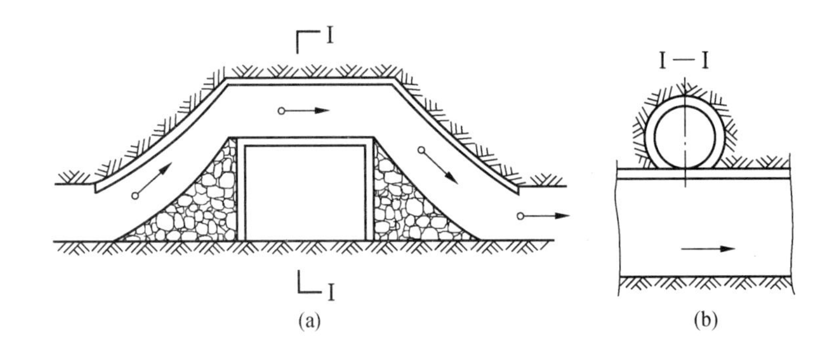


图 2－29　混凝土风桥

（3）铁筒风桥，如图 2－30 所示，一般在服务年限很短，通过风量在 10 $m^3/s$ 以下时，可以采用。

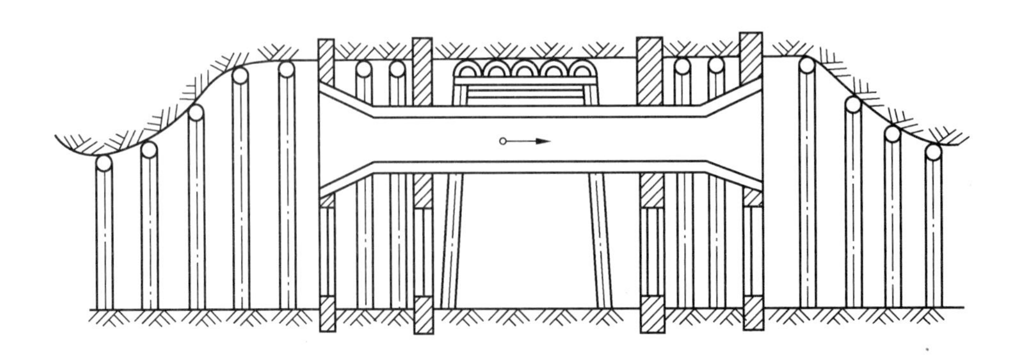

图 2－30　铁筒风桥

### （二）隔断风流的设施

隔断风流的设施主要有防爆门（盖）、挡风墙和风门。

1. 防爆门（盖）

防爆门（盖）是装有通风机的井筒为防止瓦斯爆炸冲击波毁坏通风机而安装的安全设施。当井下发生瓦斯爆炸时，防爆门（盖）即能被气浪冲开，爆炸波直接冲入大气，从而起到保护通风机的作用。此外，当通风机停止运转时，打开防爆门（盖），还可使矿井保持自然通风。

2. 挡风墙

在不允许风流通过，也不允许行人、行车的井巷，如采空区、旧巷、火区以及进风大巷与回风大巷之间的联络巷，都必须设置挡风墙，将风流截断，以免造成漏风、风流短路以及引起自然发火或火区内火势扩大、有害气体扩散等。按结构及服务年限的不同，挡风墙分为临时性挡风墙和永久性挡风墙。

临时性挡风墙一般是在立柱上钉木板，木板上抹黄泥建成。当巷道岩压不稳定，且挡风墙的服务年限不长（2 年以内）时，可用长度约 1 m 的木段和黄泥等可缩性材料建筑挡风墙。这种挡风墙的特点是可以缓冲顶板压力，使挡风墙不产生大量裂缝，从而减少漏风，但在湿度较大的巷道里（尤其是回风巷道）容易腐烂。

永久性挡风墙一般是在服务年限长（2 年以上）时使用。挡风墙材料一般用砖、石、水泥等，巷道压力大时，宜用混凝土建筑。为了便于检查密闭区内的气体成分及密闭区内发火时便于灌浆灭火，挡风墙上应设观测孔和注浆孔，密闭区内如有水时，应设放水管或放水沟以排出积水。为了防止放水管在无水时漏风，放水管一端应制成 U 形，保持水封。

3. 风门

在不允许风流通过，但需行人或行车的巷道内，必须设置风门。风门的风扇安设在挡风墙的门框上。墙垛可用砖、石、木段和水泥砌筑。按其材料的不同，风门可分为木材、金属材料、混合材料。按其结构的不同，可分为普通风门和自动风门。自动风门中按其动力的不同，又可分为撞杆式、水压式、气动式、电动式。

水压、气动、电动自动风门的电源触动开关，可采用无触点光敏电阻（光电管）或超声波电路开关，使风门的动作更加灵活、可靠。自动风门还可实行载波遥控与集中监视。

## 五、漏风及有效风量

### （一）矿井漏风及其危害性

有效风量：矿井中流至各用风地点，起到通风作用的风量。

漏风：未经用风地点而经过采空区、地表塌陷区、通风构筑物和煤岩裂隙等通道直接流（渗）入回风道或排出地表的风量。

漏风的危害：使工作面和用风地点的有效风量减少，矿井气候和卫生条件恶化，增加无谓的电能消耗，并可导致煤炭自燃等事故。减少漏风、提高有效风量是通风管理部门的基本任务。

（二）漏风的分类及原因

1. 漏风的分类

矿井漏风按其地点可分为：

（1）外部漏风（或称井口漏风）。泛指地表附近，如箕斗井井口，地面主通风机附近的井口、防爆盖、反风门、调节闸门等处向回风井硐的漏风；当井巷距离地面较近时，地面空气通过采空区、裂隙、断层等流入回风井硐的漏风也属于外部漏风。

（2）内部漏风（或称井下漏风）。指经过各种漏风通道由井下进风巷道漏入回风巷道的漏风，如通风构筑物的漏风、采空区以及煤岩裂隙等的漏风等。

2. 漏风的原因

当有漏风通路存在，并在其两端有压差时，就可产生漏风。漏风风流通过孔隙的流态，视孔隙情况和漏风大小而异。

（三）矿井漏风率及有效风量率

（1）矿井有效风量 $Q_e$ 是指风流通过井下各工作地点实际风量总和。

（2）矿井有效风量率是矿井有效风量 $Q_e$ 与各台主要通风机风量总和之比。矿井有效风量率应不低于 85%。

（3）矿井外部漏风量指直接由主要通风机装置及其风井附近地表漏失的风量总和。（可用各台主要通风机风量的总和减去矿井总回风量或总进风量）。

（4）矿井外部漏风率指矿井外部漏风量 $Q_L$ 与各台主要通风机风量总和之比。矿井主要通风机装置外部漏风率无提升设备时不得超过 5%，有提升设备时不得超过 15%。

## 六、风量调节

在生产矿井中，随着巷道的延深，工作面的推进，以及瓦斯涌出量的变化等，常常要增减矿井总风量，或重新分配某些巷道的风量，以保证采掘工作地点具备足够的新风。这就需要对矿井风量进行调节，使其按所需的风量和预定的路线流动。通常，把采区内各工作面之间、采区之间以及各生产水平之间的风量调节，叫作局部风量调节；把增减矿井总风量的调节，称为矿井总风量调节。

（一）局部风量调节

1. 增加风阻调节法

增加风阻调节法是通过在巷道中安设调节风窗等设施，增大巷道局部阻力，从而降低与该巷道处于同一通路中的风量，或增大与其并联的通路中的风量。

2. 降低风阻调节法

降低风阻调节法的实质是为了保证风量的按需分配，在风阻较大的风路中设法降低风阻，从而增大与该巷道处于同一通路中的风量，或降低与其并联的通路中的风量。

3. 各种调节方法的评价

增加风阻调节法的优点是简便易行，工程费用少。但由于它增加了矿井风阻，矿井总风量要减少，致使被调节的并联风路中，一风路减少的风量，超过另一风路增加的风量。因此，这种方法只适于在服务年限不长，调节地区的总风阻占矿井总风阻的比重不大的采区中进行风量调节。对于矿井主要风路，特别是在阻力搭配不均的矿井两翼调风，则应尽量避免采用；否则，不但不能收到预期效果，还会使全矿通风恶化。

降低风阻调节法的优点是减少了矿井总风阻，增加了矿井总风量，调风效果显著。和增加风阻调节法相比，主要通风机通风电费较低。但扩大巷道断面或修复旧巷甚至另开并联巷道，工程量较大，耗费也多，施工时间较长。

总之，上述两种风量调节方法各有特点，在运用中要根据具体情况，因地制宜选用。当单独使用一种方法不能满足要求时，可考虑上述方法的综合运用。例如，为了增加某一阻力较大的分区风量，可在这一分区减少风阻，而在另一些需要减少风量的分区安设风窗，达到调风的目的。

（二）矿井总风量调节

当单纯采用局部风量调节方法不能满足生产要求时，必须对矿井总风量进行调节。

1. 改变主要通风机特性的方法

（1）改变通风机转速。通风机的风量与转速成正比，风压与转速的平方成正比。因此，改变通风机转速，可使通风机的特性曲线发生变化，转速越大，通风机风量和风压越大。改变通风机转速的主要方法有更换电动机和改变减速器传动比。

（2）改变轴流式通风机工作轮叶片安装角。改变叶片安装角，是目前矿用轴流式通风机调节的基本方法。其实质是改变风流流向叶片的冲角，从而改变通风机的风压和风量。

（3）利用前导器调节。我国矿用离心式通风机，有的在工作轮的前面安装有前导器，可使风流在进入工作轮之前发生旋转。改变前导器叶片的角度，可改变风流旋转方向。若风流旋转方向与工作轮旋转方向相同，可使通风机压力降低；反之则增高。但前导器增压的效果较差，一般多用于降低压力。这种调节方法简单方便，但调节范围不大。矿用轴流式通风机有的也安装有前导器，可以调节风量，但因噪声过大，应用得不多。

2. 改变通风机工作风阻

改变通风机工作风阻，也可以改变通风机的工况点。对于通风阻力过大的矿井，应该采取减阻措施来改变矿井风阻特性曲线，从而达到增加矿井风量的目的。

除上述各种调节方法外，对于双级轴流式通风机，在矿井初期通风需要风量不大时，可采用对称折减工作轮叶片数的办法来进行风量调节。

## 第五节 矿井通风设计

### 一、矿井通风设计依据

进行矿井通风设计需要依据《煤炭工业矿井设计规范》《煤矿安全规程》《煤矿瓦斯抽放规范》《煤矿瓦斯抽采达标暂行规定》等相关规定，根据以下数据资料进行。

（1）矿区气象资料：常年风向，历年气温最高月、气温最低月的平均温度，月平均气压。

（2）矿区恒温带温度，地温梯度，进风井口、回风井口及井底气温。

（3）矿区降雨量、最高洪水位、涌水量、地下水文资料。

（4）井田地质地形。
（5）煤层的瓦斯风化带垂深，各煤层瓦斯含量、瓦斯压力及梯度等。
（6）煤层自然发火倾向，发火周期。
（7）煤尘的爆炸危险性及爆炸指数。
（8）矿井设计生产能力及服务年限。
（9）矿井开拓方式及采区巷道布置。
（10）主、副井及风井的井口标高。
（11）矿井各水平的生产能力及服务年限，采区及工作面的生产能力。
（12）矿井巷道断面图册。
（13）矿区电费。

## 二、矿井通风系统的要求

（1）每一矿井必须有完整的独立通风系统。

（2）进风井口应按全年风向频率，布置在不受煤尘等粉尘、有害气体和高温气体侵入的地方。

（3）箕斗提升井或装有胶带输送机的井筒不应兼作进风井，如果兼作回风井使用，必须采取措施，满足安全的要求。

（4）多风机通风系统，在满足风量按需分配的前提下，各主要通风机的工作风压应接近。

（5）每一个生产水平和每一采区，必须布置回风巷，实行分区通风。

（6）井下爆破材料库必须有单独的新鲜风流，回风风流必须直接引入矿井的总回风巷或主要回风巷中。

（7）井下充电室必须有单独的新鲜风流通风，回风风流应引入回风巷。

## 三、矿井通风设计的主要步骤

（1）对影响通风设计的自然因素进行必要的概述。
（2）提出矿井通风系统可行方案，进行技术经济比较，选择最佳通风系统。
（3）矿井风量计算和分配。
（4）矿井总负压计算。
（5）选择矿井通风机。
（6）计算矿井通风等积孔，评价矿井通风难易程度。
（7）选择井下通风构筑物，包括种类、数量及使用地点。
（8）绘制矿井通风系统示意图。
（9）编写说明书。

## 四、矿井风量计算

### （一）计算矿井需风量所需的基础资料

（1）新建、改扩建矿井和生产矿井的新水平延深时的采掘工作面、硐室和其他用风地点的配置数量、工程设计、平面布置图和地质说明书。

（2）矿井和采、掘工作面瓦斯涌出量预测资料。瓦斯涌出量可按煤层瓦斯含量预测资料、瓦斯来源和开采条件等因素进行计算；或按矿井实际瓦斯涌出量和瓦斯梯度进行计算。当设计新井瓦斯资料不足时，也可参照邻近生产矿井的瓦斯资料进行计算。

（3）采、掘工作面和通风巷道风流温度预测资料。按矿井当地的气温、地温、井下机械设备等热源、其他热源和岩石的热物理性能，计算井下各通风巷道和采、掘工作面的风流温度。

（4）每个机械硐室的装机容量和运转的电动机总功率、爆破材料库的空间总容积和充电硐室中蓄电池机车同时充电的台数和吨数。

（二）矿井需要风量计算

按照《煤矿安全规程》规定，矿井需要的风量应当按下列要求分别计算，并选取其中的最大值：按井下同时工作的最多人数计算，每人每分钟供给风量不得少于4 $m^3$；按采掘工作面、硐室及其他地点实际需要风量的总和进行计算。各地点的实际需要风量，必须使该地点的风流中的甲烷、二氧化碳和其他有害气体的浓度，风速、温度及每人供风量符合《煤矿安全规程》的有关规定。

使用煤矿用防爆型柴油动力装置机车运输的矿井，行驶车辆巷道的供风量还应当按同时运行的最多车辆数增加巷道配风量，配风量不小于4 $m^3/(min \cdot kW)$。

按照实际需要计算风量时，应当避免备用风量过大或者过小。煤矿企业应根据具体条件制定风量计算方法，至少每5年修订1次。

矿井各用风点风量计算应按照采煤工作面、备用工作面、掘进工作面、硐室及其他用风地点分别计算。

1. 采煤工作面风量计算

采煤工作面按照下列因素分别计算，取其最大值，最后按照最低风速（0.25 m/s）和最高风速（4 m/s）验算。

（1）按瓦斯涌出量计算。根据采煤工作面瓦斯涌出量，按采煤工作面回风流中瓦斯的浓度不超过1%或二氧化碳的浓度不超过1.5%进行计算。

（2）按进风流温度计算。结合采煤工作面长度、采高等因素，根据采煤工作面的平均有效断面积、风速等进行计算。

（3）按使用炸药量计算。根据不同级别炸药需风量不同，需要分别计算需风量。每千克一级煤矿许用炸药需风量25 $m^3/min$；每千克二、三级煤矿许用炸药需风量10 $m^3/min$。

（4）按工作人员数量计算。按每人需风量4 $m^3/min$，根据采煤工作面同时工作的最多人数计算。

（5）按巷道中同时运行的最多车辆数计算。配风量不小于4 $m^3/(min \cdot kW)$。

2. 备用工作面需要风量

备用工作面实际需要风量，应满足瓦斯、二氧化碳、气象条件等规定计算的风量，且最少不应低于采煤工作面实际需要风量的50%。

布置有专用排瓦斯巷的采煤工作面，根据专用排瓦斯巷回风流中的瓦斯浓度不超过2.5%、采煤工作面回风巷回风流中的瓦斯浓度不超过1%计算。

采煤工作面有串联通风时，按其中一个最大需风量计算。

3. 掘进工作面风量计算

掘进工作面按照下列因素分别计算，取其最大值，最后按照最低风速（岩巷0.15 m/s，煤巷或半煤岩巷0.25 m/s）和最高风速（4 m/s）验算。

（1）按稀释瓦斯所需风量计算。按掘进工作面回风流中瓦斯的浓度不超过1%或二氧化碳的浓度不超过1.5%进行计算。

（2）按炸药量计算。与采煤工作面按炸药计算风量方法相同。

（3）按人数计算所需要风量。按掘进工作面同时工作的最多人数、每人4 $m^3$/min计算。

（4）按巷道中同时运行的最多车辆数计算。配风量不小于4 $m^3$/(min·kW)。

4. 硐室风量计算

各个独立通风硐室的需要风量，应根据不同类型的硐室分别进行计算。

（1）爆破材料库需要风量计算。井下爆破材料库内空气每小时需要更换4次。大型爆破材料库不应小于100 $m^3$/min，中、小型爆破材料库不应小于60 $m^3$/min。

（2）充电硐室需要风量计算。按其回风流中氢气浓度不大于0.5%计算。充电硐室的供风量不应小于100 $m^3$/min。

（3）机电硐室需要风量计算。根据机电硐室中运转的电动机（或变压器）总功率（全年中最大值）计算和不同硐室内设备的降温要求进行配风计算；采区小型机电硐室，按经验值确定需要风量或取60～80 $m^3$/min；选取硐室风量，应保证机电硐室温度不超过30 ℃，其他硐室温度不超过26 ℃。

5. 其他用风点风量计算

其他用风巷道的需要风量，应根据瓦斯涌出量和风速分别进行计算，采用其最大值。

（1）按瓦斯涌出量计算。按用风巷道中风流瓦斯浓度不超过0.75%计算。

（2）按风速验算。一般巷道按最低风速0.15 m/s验算；架线电机车巷道根据有瓦斯涌出最低风速1 m/s、无瓦斯涌出巷道最低风速0.5 m/s进行计算。

（3）矿用防爆柴油机车需要风量的验算。使用矿用防爆柴油机车时，排出的各种有害气体被巷道风流稀释后，其浓度应符合《煤矿安全规程》相关规定。

## 五、矿井通风总阻力计算

### （一）矿井通风总阻力计算原则

（1）矿井通风设计的总阻力，不应超过2940 Pa。表土层特厚、开采深度深、总进风量大、通风网路长的大深矿井，矿井通风设计的后期负压可适当加大，但不宜超过3920 Pa。

（2）矿井井巷的局部阻力，新建矿井按井巷摩擦阻力的10%计算，扩建矿井宜按井巷摩擦阻力的15%计算。

（3）对于矿井通风容易时期和困难时期要分别计算。

矿井正常投产后，矿井通风系统总阻力最小、各用风地点风量配备最容易的一段时间称为矿井通风容易时期。矿井初始投产阶段，各井巷断面良好，变形少，没有采空区或废巷，漏风少，采掘引发的岩体变形也很小，加上矿井主要通风机投入运行时间不长，效率高，这个时期一般为矿井通风容易时期。

通风系统总阻力最大、用风地点风量配备最困难的时间段称为矿井通风困难时期。到了矿井生产的后期，开采范围加大，采掘工作面往往位于深水平，线路长，各类巷道数量庞大，采空区多，煤岩变形严重，采空区、裂隙漏风大，加上主要通风机长时间服务，已经衰老，能力、效率降低，使得风量配备特别是采掘工作面的风量配备比较困难，这个时期即为矿井通风困难时期。

对于通风困难和容易时期，要分别画出通风系统图。按照采掘工作面及硐室的需要分配风量，再由各段风路的阻力计算矿井总阻力。

对于设计年限较长的矿井，矿井通风困难时期可能已经超过投产初期主要通风机的服务年限，因此在计算确定矿井主要通风机的最大风压时，应该按照主要通风机服务年限内矿井通风阻力较高的时期来计算。对于大型风机，一般服务年限按照 20 ~ 25 年计算。

（二）*矿井通风总阻力计算*

矿井通风总阻力：风流由进风井口起，到回风井口止，沿一条通路（风流路线）各个分支的摩擦阻力和局部阻力的总和，简称矿井总阻力，用 $h_m$ 表示。

对于矿井有两台或多台主要通风机工作，矿井通风阻力按每台主要通风机所服务的系统分别计算。

在主要通风机的服务年限内，随着采煤工作面及采区接替的变化，通风系统的总阻力也将随之变化。当根据风量和巷道参数直接判定最大总阻力路线时，可按该路线的阻力计算矿井总阻力；当不能直接判定时，应选几条可能是最大的路线进行计算比较，然后定出该时期的矿井总阻力。

在进行矿井通风总阻力计算时，必须选择矿井达到设计产量以后，通风容易时期和通风困难时期的阻力最大风路。一般可在两个时期的通风系统图上根据采掘作业布置情况分别找出风流线路最长、风量较大的一条线路作为阻力最大的风路（应当是全开放线路，即路线上所有分支没有风门、风窗等风流控制设施）。在选定的线路上（容易和困难时期），从进风井口到回风井口逐段编号，对各段井巷进行阻力计算，然后累加起来得出这两个时期的各自井巷通风总阻力（$h_{Rmin}$、$h_{Rmax}$）。如果矿井服务年限较长，则只计算头 20 ~ 25 年的通风容易和困难两个时期的井巷通风总阻力。

通风容易时期总阻力 $h_{Rmin}$：

$$h_{Rmin} = h_{fmin} + h_e = h_{fmin} + (0.1 \sim 0.15)h_{fmin} = (1.1 \sim 1.15)h_{fmin} \tag{2-28}$$

通风困难时期总阻力 $h_{Rmax}$：

$$h_{Rmax} = h_{fmax} + h_e = h_{fmax} + (0.1 \sim 0.15)h_{fmax} = (1.1 \sim 1.15)h_{fmax} \tag{2-29}$$

式中 $h_e$——风流局部阻力，Pa，一般按摩擦阻力 $h_f$ 的 10% ~15% 计算；

## 六、矿井通风设备的选择

矿井通风设备是指主要通风机和电动机。

（一）*矿井通风设备的要求*

（1）矿井每个风井必须装设两套同等能力的主通风设备，其中一套运转，一套备用。

（2）选择通风设备应满足第一开采水平各个时期工况变化，并使通风设备长期高效率运行，风机运行效率一般均应在70%以上。当矿井各个生产时期通风工况变化较大，应根据生产时期、风机性能，分期选择主要通风机和电机，但初装电机的使用年限不宜少于10年。

（3）通风机能力应留有一定的余量。轴流式通风机在最大设计风量和负压时，叶轮运转角度应比设备最高允许值小5°；离心式通风机的设计转速不应大于设备允许最高转速的90%。

（4）选择电动机时，一般宜采用鼠笼型或绕线型异步电动机传动，但容量较大时宜采用同步电动机传动。

（5）当进、出风井井口的高差在150 m以上，或进、出风井井口标高相同，但井深400 m以上时，宜计算矿井的自然风压。

（二）主要通风机的选择

1. 计算通风机风量 $Q_f$

一般来说，在抽出式通风矿井中，由于外部漏风和风流因升温造成的体积膨胀，通过主要通风机的风量 $Q_f$ 必大于通过出风井的矿井总风量 $Q_m$，为了计算矿井的阻力，应先算出 $Q_f$：

$$Q_f = kQ_m,\ m^3/min \tag{2-30}$$

式中　$k$——漏风损失系数，风井不作提升用时取1.1；箕斗井兼作回风用时取1.15；回风井兼作升降人员用时取1.2。

2. 计算通风机风压

离心式通风机提供的大多是全压曲线，轴流式通风机提供的大多是静压曲线，在计算主要通风机风压时应把需要的静压和全压都计算出来；另外，由于实际生产矿井的主要通风机一般均装有扩散器，故应将风机装置风压计算出来，以便于进行风机工况的调节。考虑到主要通风机的适用范围应尽可能适用各种情形，必须计算出最低和最高风压。以下是矿井通风容易时期和困难时期风机风压的计算公式。

容易时期：

$$H_{tmin} = h_{Rm} + h_{Rd} + h_{vd} - H_N \tag{2-31}$$

$$H_{smin} = h_{Rm} + h_{Rd} - H_N \tag{2-32}$$

困难时期：

$$H_{tmax} = h_{Rm} + h_{Rd} + h_{vd} + H_N \tag{2-33}$$

$$H_{smax} = h_{Rm} + h_{Rd} + H_N \tag{2-34}$$

式中　$H_{tmin}$——矿井通风容易时期通风机全压；

$h_{Rm}$——通风系统的总阻力；

$h_{Rd}$——通风机附属装置（风硐和扩散器）的阻力；

$h_{vd}$——扩散器出口动能损失；

$H_N$——自然风压；

$H_{smin}$——矿井通风容易时期通风机静压；

$H_{tmax}$——矿井通风困难时期通风机全压；

$H_{smax}$——矿井通风困难时期通风机静压。

3. 初选通风机

根据计算的矿井通风容易时期通风机的 $Q_f$、$H_{smin}$（或 $H_{tmin}$）和矿井通风困难时期通风机的 $Q_f$、$H_{smax}$（或 $H_{tmax}$），在通风机特性曲线上，选出满足矿井通风要求的通风机。

4. 求通风机的实际工况点

根据通风机的工作特性曲线和阻力曲线，确定其实际工况点。

1）计算通风机的工作风阻

根据 $R = h/Q^2$，分别计算出需要的全压风阻和静压风阻。

2）确定通风机的实际工况点

在通风机特性曲线上作通风机工作风阻曲线，与风压曲线的交点即为实际工况点。$M'_{min}$、$M'_{max}$分别为主要通风机容易时期和困难时期的实际工况点，如图 2－31 所示。

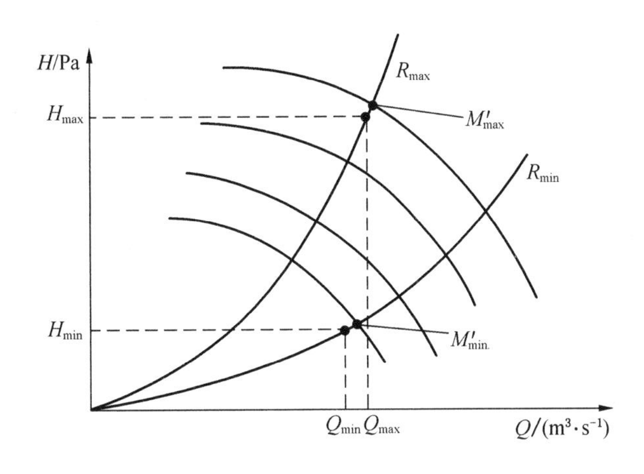


图 2－31 主要通风机工况点

5. 确定通风的型号和转速

根据通风机的工况参数（$Q_f$、$H_s$、$H_t$、$\eta$、$N$）对初选的通风机进行技术、经济和安全性比较，最后确定通风机的型号和转速。

6. 电动机选择

1）主要通风机的输入功率

通风机的输入功率按通风容易和困难时期，分别计算主要通风机所需的输入功率 $N_{min}$，$N_{max}$。

$$N_{smin} = \frac{Q_f H_{smin}}{1000\eta_s} \tag{2-35}$$

$$N_{smax} = \frac{Q_f H_{smax}}{1000\eta_s} \tag{2-36}$$

$$N_{tmin} = \frac{Q_f H_{tmin}}{1000\eta_t} \tag{2-37}$$

$$N_{tmax} = \frac{Q_f H_{tmax}}{1000\eta_t} \tag{2-38}$$

式中 $N_{smin}$——矿井通风容易时期通风机静压输入功率；

$N_{smax}$——矿井通风困难时期通风机静压输入功率；

$N_{tmin}$——矿井通风容易时期通风机全压输入功率；

$N_{tmax}$——矿井通风困难时期通风机全压输入功率。

2）电动机的台数及种类

当 $N_{min} \geqslant 0.6N_{max}$ 时，可选一台电动机，电动机功率为

$$N_e - N_{max} \cdot \frac{k_e}{(\eta_e \eta_{tr})} \tag{2-39}$$

当 $N_{min} < 0.6N_{max}$ 时，选两台电动机，其功率分别为

初期：
$$N_{emin} = \sqrt{N_{min} \cdot N_{max}} \cdot \frac{k_e}{(\eta_e \eta_{tr})} \tag{2-40}$$

式中 $\eta_e$——电机效率；

$\eta_{tr}$——传动效率。

后期：按选一台电机公式计算。

对于电机类型，$N < 200$ kW 时，宜选用低压鼠笼式（JS 系列）电动机；$N > 250$ kW 时，宜选用高压鼠笼式（JS 系列）电动机；$N > 400$ kW 时，可选用同步电动机；当可以用高压电动机时，应优先选用高压电动机；当风机有调速要求时，宜选用绕线式（JR 系列）异步电动机。

## 七、概算矿井通风费用 $W$

吨煤通风成本是通风设计和管理的重要经济指标。吨煤通风成本主要包括下列费用。

（1）吨煤通风电费 $W_1$。吨煤的通风电费为主要通风机年耗电费及井下辅助通风机、局部通风机电费之和除以年产量，计算公式为

$$W_1 = (E + E_A) \times \frac{D}{T} \tag{2-41}$$

式中 $E$——主要通风机年耗电量，kW·h；

$E_A$——局部通风机和辅助通风机的年耗电量，kW·h；

$D$——电价，元/(kW·h)；

$T$——矿井年产量，t。

（2）设备折旧费 $W_2$ 计算公式为

$$W_2 = \text{设备及安装总费} \times \text{折旧率}/T \tag{2-42}$$

（3）吨煤材料消耗费用 $W_3$。通风材料消耗总费用，包括各种通风构筑物的材料费、通风机和电动机润滑油料费等。

（4）吨煤通风工作人员工资费用 $W_4$ 计算公式为

$$W_4 = \frac{A}{T} \tag{2-43}$$

式中 $A$——矿井通风工作人员年工资总额，元；

$T$——矿井年产量，t。

（5）专为通风服务的井巷工程折旧费和维护费折算成吨煤的费用 $W_5$。

（6）吨煤通风仪表的购置和维修费用 $W_6$，指通风仪表以及设备维修的工人工资和材料消耗费。

吨煤通风成本计算公式为

$$W = W_1 + W_2 + W_3 + W_4 + W_5 + W_6 \tag{2-44}$$

# 第六节 矿井通风能力核定

## 一、矿井通风能力核定概述

矿井通风能力核定指按照矿井实际供风量核定矿井产量。其目的是贯彻落实瓦斯防治“十二字”方针，切实做到“以风定产”，防止超通风能力生产，有效遏制瓦斯事故的发生。根据《煤矿通风能力核定办法》(AQ 1056)，矿井通风能力核定应符合下列要求：

（1）煤矿企业必须按照《煤矿通风能力核定办法》(AQ 1056）每年进行一次矿井通风能力核定工作，并根据核定的矿井通风能力科学合理地组织生产，严禁超通风能力生产。

（2）矿井通风能力核定以具有独立通风系统的合法生产矿井为单位。

（3）矿井通风能力核定的程序、组织与核准，按国家有关规定执行。

（4）发生下列情形之一，造成矿井通风能力发生变化的，必须重新核定矿井通风能力，并在30日内核定完成：①通风系统发生变化；②生产工艺发生变化；③矿井瓦斯等级发生变化或瓦斯赋存条件发生重大变化；④实施改建、扩建、技术改造并经“三同时”验收合格；⑤其他影响到矿井通风能力的重大变化。

（5）国家煤矿安全监察机构、国家发展和改革委员会及各级煤炭行业管理部门，负责监督监察、组织指导全国煤矿的通风能力核定工作。

（6）从事通风能力核定工作的机构和人员，必须具备相关的专业知识。核定工作中要严格执行国家有关法律、法规和技术规范、标准，科学公正、实事求是地开展核定工作，并对核定结果负责。对在矿井通风能力核定过程中弄虚作假的，要依法追究相关人员的责任。

## 二、矿井通风能力核定方法

矿井通风能力核定必须在具有独立通风系统的合法生产矿井中进行。矿井有两个以上通风系统时，应对每一个通风系统分别进行通风自能力核定，并按照每一个通风系统所具有的通风能力合理地安排矿井的产量，每个系统的生产能力都不得超过核定的通风能力，矿井的通风能力为每一通风系统通风能力之和。

矿井通风能力核定采用总体核算法或由里向外核算法计算。

（一）总体核算法

对于产量在 $30\times10^4$ t/a 及其以下矿井，由于通风线路较短，采掘工作面数目较少，系统较为简单，通风能力核定一般采用总体核算法。

1. 低瓦斯矿井通风能力核定

对于低瓦斯矿井，由于矿井的瓦斯涌出量较少，瓦斯浓度一般不是影响和制约矿井通风能力的主要因素。因此，产量在 $30\times10^4$ t/a 及其以下的低瓦斯矿井可采用下列公式计算。

$$P=\frac{Q\times330}{qK\times10^4} \tag{2-45}$$

式中 $P$——通风能力，$10^4$ t/a；

$Q$——矿井总进风量，矿井实际总进风量必须满足矿井的总需要风量，核定时按最近一旬矿井总进风量的实际测量值计算，可以采用矿井最近一旬的矿井通风旬报表，$m^3/min$；

330——矿井一年内正常生产的天数，取 330 天；

$q$——平均日产吨煤需要的风量，指矿井实际需要风量与矿井平均日产量之比（按照矿井正常生产的天数计算），计算时应对矿井上年度供风量的安全性、合理性、经济性以及上年度生产能力安排合理性进行必要的分析评价，并考虑近 3 年来生产和矿井通风系统的变化，取其合理值，$m^3/(t\cdot min)$。

$K$——矿井通风系数，取 1.3～1.5，取值范围不得低于此取值范围，并结合当地煤炭企业实际情况恰当选取，确保瓦斯不超限。通常矿井有效风量较低、通风阻力大时，取最大值；矿井有效风量大于 85%、通风阻力合理时，取小值。

2. 高瓦斯、突出矿井和有冲击地压的矿井通风能力核定

对于高瓦斯、突出矿井和有冲击地压的矿井，应保证总回风巷的瓦斯浓度不超过 0.75%。因此，产量在 $30\times10^4$ t/a 及其以下的高瓦斯、突出矿井和有冲击地压的矿井可采用下列公式计算。

$$P=\frac{Q\times330}{0.0926\,q_{相}\sum K\times10^4} \tag{2-46}$$

式中 $q_{相}$——矿井相对瓦斯涌出量，$m^3/(t\cdot min)$。在通风能力核定时，当矿井有瓦斯抽放时，$q_{相}$ 应扣除矿井永久抽放系统所抽的瓦斯量。$q_{相}$ 取值应不小于 10，小于 10 时按 10 计算。扣减瓦斯抽放量时应符合以下要求：①与正常生产的采掘工作面风排瓦斯量无关的抽放量不得扣除（如封闭已开采完的采区进行瓦斯抽放作为瓦斯利用补充源等）；②未计入矿井瓦斯等级鉴定计算范围的瓦斯抽放量不得扣除；③扣除部分的瓦斯抽放量取当年平均值；④如本年进行完矿井瓦斯等级鉴定的，取本年矿井瓦斯等级鉴定结果，本年未进行完矿井瓦斯等级鉴定的，取上年矿井瓦斯等级鉴定的结果。

$\sum K$——综合系数，$\sum K=K_{产}\times K_{瓦}\times K_{备}\times K_{漏}$，$\sum K$ 的取值见表 2-5。

0.0926——总回风巷按瓦斯浓度不超0.75%核算为单位分钟的常数，即1/(60×24×0.75%)。

表2-5 $\sum K$ 取值

| $K$值 | 概念 | 取值 | 备注 |
|---|---|---|---|
| $K_{产}$ | 矿井产量不均衡系数 | $K_{产}=\frac{产量最高月平均日产量}{年平均日产量}$ | |
| $K_{瓦}$ | 矿井瓦斯涌出量不均衡系数 | 高矿井瓦斯矿井不小于1.2，突出矿井、冲击地压矿井不小于1.3 | |
| $K_{备}$ | 备用工作面用风系数 | $K_{备}=1.0+n_{备}\times 0.05$ | $n_{备}$ 为备用采煤工作面个数 |
| $K_{漏}$ | 矿井内部漏风系数 | $K_{漏}=\frac{矿井总进风量年平均值}{矿井有效风量年平均值}$ | |

（二）由里向外核算法

对于产量在 $30\times10^4$ t/a 及其以上矿井，由于系统比较复杂，通风能力核定一般采用由矿井各用风地点算起的由里向外核算法。

1. 生产矿井需要风量

按各采煤、掘进工作面，硐室，备用工作面及其他巷道等用风地点分别进行计算。现有通风系统必须保证各用风地点稳定可靠供风。

$$Q_{矿}=\left(\sum Q_{采}+\sum Q_{掘}+\sum Q_{硐}+\sum Q_{备}+\sum Q_{其他}\right)\times K_{矿通} \qquad (2-47)$$

式中 $Q_{矿}$——矿井总需风量，$m^3/min$；

$\sum Q_{采}$——采煤工作面实际需要风量的总和，$m^3/min$；

$\sum Q_{掘}$——掘进工作面实际需要风量的总和，$m^3/min$；

$\sum Q_{硐}$——硐室实际需要风量的总和，$m^3/min$；

$\sum Q_{备}$——备用工作面实际需要风量的总和，$m^3/min$；

$\sum Q_{其他}$——矿井除了采掘工作面、硐室以外，其他巷道需风量的总和，$m^3/min$；

$K_{矿通}$——矿井通风系数，抽出式 $K_{矿通}$ 取1.15~1.2，压入式 $K_{矿通}$ 取1.25~1.3。如果不满足上述公式条件，应严格执行《煤矿安全规程》中“以风定产”的要求，相应地减少矿井用风地点的个数，直到满足要求后，确定矿井主要通风机担负的采煤工作面数量（$m_1$）和掘进工作面数量（$m_2$）。$m_1$ 和 $m_2$ 取值必须符合《煤矿安全规程》中的有关规定。

1）采煤工作面的需要风量

每个采煤工作面的实际需要风量，应按瓦斯、二氧化碳涌出量和爆破后的有害气体产生量以及工作面气温、风速和人数等规定分别进行计算，然后取其中最大值。

（1）低瓦斯矿井的采煤工作面按气象条件或瓦斯涌出量（用瓦斯涌出量计算，采用高瓦斯计算公式）确定需要风量，其计算公式为

$$Q_{采} = Q_{基本} \times K_{采高} \times K_{采面长} \times K_{温} \quad (2-48)$$

式中　$Q_{采}$——采煤工作面需要风量，$m^3/min$；

$Q_{基本}$——不同采煤方式工作面所需的基本风量，$Q_{基本}$ = 工作面控顶距×工作面实际采高×工作面有效断面70%×适宜风速（不小于1 m/s），$m^3/min$；

$K_{采高}$——采煤工作面采高调整系数（表2-6）；

$K_{采面长}$——采煤工作面长度调整系数（表2-7）；

$K_{温}$——采煤工作面温度调整系数（表2-8）。

表2-6　采煤工作面采高调整系数$K_{采高}$取值

| 采高/m | <2.0 | 2.0～2.5 | 2.5～5.0及放顶煤面 |
|---|---|---|---|
| 采高调整系数$K_{采高}$ | 1.0 | 1.1 | 1.5 |

表2-7　采煤工作面长度调整系数$K_{采面长}$取值

| 采煤工作面长度/m | 80～150 | 150～200 | >200 |
|---|---|---|---|
| 长度调整系数$K_{采面长}$ | 1.0 | 1.0～1.3 | 1.3～1.5 |

表2-8　采煤工作面温度与对应风速调整系数$K_{温}$取值

| 采煤工作面空气温度/℃ | 采煤工作面风速/($m \cdot s^{-1}$) | 配风调整系数$K_{温}$ |
|---|---|---|
| <18 | 0.3～0.8 | 0.90 |
| 18～20 | 0.8～1.0 | 1.00 |
| 20～23 | 1.0～1.5 | 1.00～1.10 |
| 23～26 | 1.5～1.8 | 1.10～1.25 |
| 26～28 | 1.8～2.5 | 1.25～1.40 |
| 28～30 | 2.5～3.0 | 1.40～1.60 |

（2）高瓦斯矿井按照瓦斯（或二氧化碳）涌出量计算。根据《煤矿安全规程》规定，按采煤工作面回风流中瓦斯（或二氧化碳）的浓度不超过1%的要求计算：

$$Q_{采} = 100 q_{采} K_{CH_4} \quad (2-49)$$

式中　$q_{采}$——采煤工作面回风巷风流中瓦斯（或二氧化碳）的平均绝对涌出量，$m^3/min$；

$K_{CH_4}$——采面瓦斯涌出不均衡通风系数（正常生产条件下，连续观测1个月，日最大绝对瓦斯涌出量与月平均日绝对瓦斯涌出量的比值）。

（3）工作面布置有专用排瓦斯巷（俗称尾巷，且符合《煤矿安全规程》第一百三十七条的规定）的采煤工作面风量计算：

$$Q_{采} = Q_{采回} + Q_{采尾} \quad (2-50)$$

$$Q_{采回} = 100 q_{采} K_{CH_4} \quad (2-51)$$

$$Q_{采尾} = \frac{q_{CH_4尾}}{2.5\%} K_{CH_4} \quad (2-52)$$

式中　$Q_{采回}$——采煤工作面回风巷的风排瓦斯量，$m^3/min$；

$Q_{采尾}$——采煤工作面尾巷的风排瓦斯量，$m^3/min$；

$q_{CH_4尾}$——采煤工作面尾巷的风排瓦斯量，$m^3/min$。

（4）按工作面温度选择适宜的风速进行计算：

$$Q_{采}=60V_{采}S_{采} \tag{2-53}$$

式中 $V_{采}$——采煤工作面风速，m/s；

$S_{采}$——采煤工作面的平均断面积，$m^2$。

（5）按采煤工作面同时作业人数和炸药量计算需要风量：

每人供风不小于 4 $m^3/min$：

$$Q_{采}\geqslant 4N \tag{2-54}$$

一级煤矿许用炸药：

$$Q_{采}\geqslant 25A \tag{2-55}$$

二、三级煤矿许用炸药：

$$Q_{采}\geqslant 10A \tag{2-56}$$

式中 $N$——工作面最多人数；

$A$——一次爆破炸药最大用量，kg。

（6）按风速进行验算：

$$15S<Q_{采}<240S \tag{2-57}$$

式中 $S$——工作面平均断面积，$m^2$；

15——采煤工作面允许的最低风速，即 $0.25\times60$，m/min；

240——采煤工作面允许的最高风速，即 $4.0\times60$，m/min。

备用工作面亦应满足按瓦斯、二氧化碳、气温等规定计算的风量，且最少不得低于采煤工作面实际需要风量的50%。

2）掘进工作面的需要风量

（1）按照瓦斯（或二氧化碳）涌出量计算：

$$Q_{掘}=100q_{掘}K_{掘通} \tag{2-58}$$

式中 $Q_{掘}$——单个掘进工作面需要风量，$m^3/min$；

$q_{掘}$——掘进工作面回风流中瓦斯（或二氧化碳）的绝对涌出量，$m^3/min$；

$K_{掘通}$——瓦斯涌出不均衡通风系数（正常生产条件下，连续观测1个月，日最大绝对瓦斯涌出量与月平均日绝对瓦斯涌出量的比值）。

按二氧化碳的涌出量计算需要风量时，可参照瓦斯涌出量计算方法进行。

（2）按局部通风机实际吸风量计算需要风量：

$$Q_{掘}=Q_{局通}IC \tag{2-59}$$

式中 $Q_{局通}$——该掘进工作面所用局部通风机实际吸入风量，可根据所用局部通风机的型号确定，$m^3/min$；

$I$——该掘进工作面同时运转的局部通风机台数，《煤矿安全规程》规定，严禁3台以上（含3台）的局部通风机同时向一个工作面供风的，因此 $I$ 只能取1或者2；

$C$——掘进工作面防止局部通风机产生循环风的系数，一般可取1.1~1.2。

（3）按掘进工作面同时作业人数和炸药量计算需要风量：

每人供风不小于4 m³/min：

$$Q_{掘} \geqslant 4N \tag{2-60}$$

一级煤矿许用炸药：

$$Q_{掘} \geqslant 25A \tag{2-61}$$

二、三级煤矿许用炸药：

$$Q_{掘} \geqslant 10A \tag{2-62}$$

（4）按风速进行验算：

岩巷掘进最低风量 $Q_{岩掘}$：

$$Q_{岩掘} > 9S_{掘} \tag{2-63}$$

煤巷掘进最低风量 $Q_{煤掘}$：

$$Q_{煤掘} > 15S_{掘} \tag{2-64}$$

岩煤巷道最高风量：

$$Q_{掘} < 240S_{掘} \tag{2-65}$$

式中　$S_{掘}$——掘进工作面的断面积，m²。

3）井下硐室需要风量

应按矿井各个独立通风硐室实际需要风量的总和来计算：

$$\sum Q_{硐} = Q_{硐1} + Q_{硐2} + Q_{硐3} + \cdots + Q_{硐n} \tag{2-66}$$

式中　$\sum Q_{硐}$——所有独立通风硐室需要风量总和，m³/min；

$Q_{硐1}, Q_{硐2}, Q_{硐3}, \cdots, Q_{硐n}$——不同独立供风硐室需要风量，m³/min。

矿井井下不同硐室配风原则如下。

（1）井下爆炸材料库。井下爆炸材料库配风必须保证每小时4次换气量：

$$Q_{库} = 4V/60 \approx 0.07V \tag{2-67}$$

式中　$Q_{库}$——井下爆炸材料库需要风量，大型爆炸材料库不得少100 m³/min，中小型爆炸材料库不得少于60 m³/min，m³/min；

$V$——井下爆炸材料库的体积，m³。

（2）井下充电室。井下充电室应按其回风流中氢气浓度小于0.5%计算风量：

$$Q_{充} = 200q_{氢} \tag{2-68}$$

式中　$q_{氢}$——充电室在充电时产生的氢气量，但充电室的供风量不得少于100 m³/min，m³/min。

（3）机电硐室。机电硐室需要风量应根据不同硐室内设备的降温要求进行配风。

发热量大的机电硐室，按硐室中运行的机电设备发热量进行计算。

$$Q_{机i} = \frac{3600\theta \sum N}{60\rho c_{P} \Delta t} \tag{2-69}$$

式中　$Q_{机i}$——第 $i$ 个机电硐室的需风量，m³/min；

$\theta$——机电硐室的发热系数，可根据实际考察，由机电硐室内机械设备运转时的实际热量转换为相当于电器设备容量做无用功的系数确定，也可按表

2－9 选取；

$\sum N$——机电硐室中运转的电动机（变压器）总功率（按全年中最大值计算），kW；

$\rho$——空气密度，$kg/m^3$，一般取 1.2 $kg/m^3$；

$c_P$——空气的定压比热，一般取 1 kJ/(kg·K)；

$\Delta t$——机电硐室进、回风流的温度差，℃；

3600——热功当量，1 kW·h＝3600 kJ。

表 2－9 机电硐室发热系数 $\theta$ 取值表

| 机电硐室名称 | 发热系数 $\theta$ |
| --- | --- |
| 空气压缩机房 | 0.2～0.23 |
| 水泵房 | 0.01～0.03 |
| 变电所、绞车房 | 0.02～0.04 |

采区变电所及变电硐室可按经验值确定需风量，一般为 60～80 $m^3/min$。选取硐室风量，必须保证机电硐室温度不超过 30 ℃，其他硐室温度不超过 26 ℃。

4）其他井巷实际需要风量

应按矿井各个其他巷道用风量总和计算：

$$\sum Q_{其他} = Q_{其1} + Q_{其2} + Q_{其3} + \cdots + Q_{其n} \quad (2-70)$$

式中 $Q_{其1}$，$Q_{其2}$，$Q_{其3}$，…，$Q_{其n}$——各其他井巷风量，$m^3/min$。

（1）按瓦斯涌出量计算：

$$Q_{其i} = 100 q_{CH_4} K_{其通} \quad (2-71)$$

式中 $Q_{其i}$——第 $i$ 个其他井巷实际用风量，$m^3/min$；

$q_{CH_4}$——第 $i$ 个其他井巷最大绝对瓦斯涌出量，$m^3/min$；

$K_{其通}$——其他井巷瓦斯涌出不均衡系数，取 1.2～1.3；

100——其他井巷中风流瓦斯浓度不超过 1% 所换算的常数。

（2）按其风速验算：

$$Q_{其i} > 9 S_{其i}, m^3/min \quad (2-72)$$

（3）架线机车巷中的风速验算：

$$Q_{其i} > 60 S_{其i},\ m^3/min$$

式中 $S_{其i}$——第 $i$ 个其他井巷断面，$m^2$。

2. 矿井通风能力计算

根据矿井总进风量与矿井各用风地点的需风量（有效风量），采用“试凑法”对矿井总进风量进行合理地分配。若矿井总需风量大于矿井总进风量，应相应减少采掘工作面数目，最后确定合理的矿井采掘工作面个数。

根据最后确定的矿井采掘工作面个数，以及当年度每个采掘工作面的计划产量，计算矿井通风能力：

$$P = \sum_{i=1}^{m_1} P_{采i} + \sum_{j=1}^{m_2} P_{掘j} \tag{2-73}$$

式中 $P_{采i}$——第 $i$ 个采煤工作面正常生产条件下的年产量，$10^4$ t/a；

$P_{掘j}$——第 $j$ 个掘进工作面正常掘进条件下的年进尺换算成煤的产量，$10^4$ t/a；

$m_1$——采煤工作面的数量；

$m_2$——掘进工作面的数量，$m_1$、$m_2$ 应符合合理采掘比。

**【例题 11】** 已知某普采工作面采高为 1.5 m，工作面平均断面积为 2.7 m²，该工作面使用一级煤矿许用炸药，工作面空气温度为 20 ℃，平均绝对瓦斯涌出量为 2.1 m³/min，工作面同时工作的最多人数为 30 人，一次爆破的最大炸药消耗量为 8 kg，试确定该工作面所需风量。（采面瓦斯涌出不均衡通风系数取 1.8）

**解：**（1）按瓦斯涌出量计算：$Q_{采} = 100q_{采} K_{CH_4} = 100 \times 2.1 \times 1.8 = 378$（m³/min）。

（2）按工作面气温计算：

当工作面气温为 20 ℃时，其适宜的风速为 1.0 m/s，所以 $Q_{采} = 60V_{采} S_{采} = 60 \times 1.0 \times 2.7 = 162$（m³/min）。

（3）按炸药消耗量计算：$Q_{采} \geqslant 25A = 25 \times 8 = 200$（m³/min）。

（4）按人数计算：$Q_{采} \geqslant 4N = 4 \times 30 = 120$（m³/min）。

（5）按风速进行验算：

① 按最低风速进行验算，工作面的最小风量为：$Q_{采} = 15 \times 2.7 = 40.5$（m³/min）。

② 按最高风速进行验算，工作面的最大风量为：$Q_{采} = 240 \times 2.7 = 648$（m³/min）。

即工作面风量应满足：40.5（m³/min）$\leqslant Q_{采} \leqslant$ 648（m³/min）。

综上，取最大值，所以确定该采煤工作面的实际需要风量为 378 m³/min。

**【例题 12】** 已知某岩巷掘进工作面绝对瓦斯涌出量为 2.0 m³/min，巷道断面积为 8 m²，该工作面使用一级煤矿许用炸药，一次爆破的最大炸药消耗量为 9 kg，工作面同时工作的最多人数为 15 人，该矿有若干台 11 kW 的 JBT 系列局部通风机（吸入风量为 200 m³/min）。试确定该工作面的供风量。（瓦斯涌出不均衡通风系数取 1.7，掘进工作面防止局部通风机产生循环风的系数取 1.2）

**解：**（1）按瓦斯涌出量计算：$Q_{掘} = 100q_{掘} K_{掘通} = 100 \times 2.0 \times 1.7 = 340$（m³/min）。

（2）按炸药量计算：$Q_{掘} \geqslant 25A = 25 \times 9 = 225$（m³/min）。

（3）按人数计算：$Q_{掘} \geqslant 4N = 4 \times 15 = 60$（m³/min）。

（4）按局部通风机的实际吸入风量计算：

以上计算的风量中 340 m³/min 为最大，掘进工作面实际需要风量至少为 340 m³/min，故选用 2 台 11 kW 的 JBT 系列局部通风机向该掘进工作面供风，因此：$Q_{掘} = Q_{局通} IC = 200 \times 2 \times 1.2 = 480$（m³/min）。

（5）按风速进行验算：

① 按最低允许风速验算，该掘进工作面的最小风量为：$Q_{岩掘} \geqslant 9S_{掘} = 9 \times 8 = 72$（m³/min）。

② 按最高允许风速验算，该掘进工作面的最大风量为：$Q_{掘} \leqslant 240S_{掘} = 240 \times 8 = 1920$（m³/min）。

即该掘进工作面的风量应满足：72（$m^3/min$）≤$Q_{掘}$≤1920（$m^3/min$）。

综上，该掘进工作面的供风量为480（$m^3/min$）。

### 三、矿井通风能力验证

（1）矿井通风动力的验证：主要是根据AQ 1011—2005《煤矿在用主通风机系统安全检测规范》，对矿井的主要通风机进行现场测定，按照矿井主要通风机的实际特性曲线对通风能力进行验证，主要通风机实际运行工况点应处于安全、稳定、可靠、合理的范围内。

（2）通风网络能力验证：可进行通风网络解算验证矿井通风能力的企业，在进行通风能力核定中，可按下限选取有关系数。通风网络解算时，要对矿井所有巷道进行阻力测定，利用矿井通风阻力测定的结果对矿井通风网络进行解算，验证通风阻力与主要通风机性能是否匹配，能否满足安全生产实际需要。矿井通风阻力应根据《矿井通风阻力测定办法》（MT/T 440—2008）进行测定。

（3）用风地点有效风量验证：采用矿井内采区有效风量验证用风地点的供风能力，核查矿井内各用风地点的有效风量是否满足风量需要，井巷中风流速度、温度应符合《煤矿安全规程》规定。

（4）稀释瓦斯能力验证：利用瓦斯等级鉴定结果以及矿井瓦斯安全监测仪器仪表检测的结果，验证矿井通风稀释排放瓦斯的能力，使各地点瓦斯浓度符合《煤矿安全规程》的有关规定。

### 四、矿井通风能力核定结果计算

在矿井通风能力核定中，进行风量计算、稀释瓦斯能力验证、通风网络和通风能力验证后，可能忽略矿井通风系统中一些不符合《煤矿安全规程》的通风问题。因此，通风能力核定的最后一道程序就是对照《煤矿安全规程》检查，凡不符合《煤矿安全规程》有关规定的，以及有下列情况的，应从矿井通风能力中扣减相应部分的通风能力，扣减后的通风能力为最终矿井核定通风能力（表2－10）。

表2－10　矿井通风能力核定表

| 项　目 | | 单位 | ××系统 | ××系统 |
|---|---|---|---|---|
| 通风现状主要技术特征 | 矿井通风方式 | | | |
| | 矿井总进风量 | $m^3/min$ | | |
| | 矿井总回风量 | $m^3/min$ | | |
| | 矿井总有效风量 | $m^3/min$ | | |
| | 矿井实际需要风量 | $m^3/min$ | | |
| | 矿井上年实际平均日产量 | t/d | | |
| | 矿井上年平均吨煤需风量 | $m^3/t$ | | |
| | 矿井等积孔 | $m^2$ | | |
| | 矿井瓦斯等级 | | | |

表2-10（续）

| 项　　目 | | 单位 | ××系统 | ××系统 |
|---|---|---|---|---|
| 通风现状主要技术特征 | 矿井瓦斯相对涌出量 | $m^3/t$ | | |
| | 矿井漏风系数 | | | |
| | 主要通风机详细型号 | | | |
| | 主要通风机电动机型号及功率 | | | |
| | 瓦斯抽放量 | $m^3/min$ | | |
| 核定采用数据 | 公式一、公式二或方法一、方法二 | | | |
| | 矿井总进风量 | $m^3/min$ | | |
| | 平均日产吨煤需要风量 | $m^3/t$ | | |
| | 平均日产吨煤瓦斯涌出量 | $m^3/t$ | | |
| | 矿井通风系数 $K$（公式） | | | |
| | 产量不均衡系数 | | | |
| | 瓦斯涌出不均衡系数 | | | |
| | 备用工作面用风系数 | | | |
| | 矿井内部漏风系数 | | | |
| | 采煤工作面需风量 | $m^3/min$ | | |
| | 掘进工作面需风量 | $m^3/min$ | | |
| | 井下硐室需风量 | $m^3/min$ | | |
| | 其他井巷实际需风量 | $m^3/min$ | | |
| | 采掘比 | | | |
| | 采煤工作面个数 | 个 | | |
| | 掘进工作面个数 | 个 | | |
| | 矿井实测最大通风负压 | Pa | | |
| | 高突矿井无专用回风巷扣能力 | Mt/a | | |
| | 采掘通风不合理扣能力 | Mt/a | | |
| 上次矿井综合能力核定中通风能力 | | Mt/a | | |
| 本次复核矿井分系统通风能力 | | Mt/a | | |
| 本次复核矿井通风能力 | | Mt/a | | |

（1）高瓦斯矿井、突出矿井没有专用回风巷的采区，没有形成全风压通风系统，没有独立完整通风系统的采区的通风能力；采掘工作面通风系统不完善、不合理，没有形成全风压通风系统的采煤工作面和没有独立完整通风系统的掘进工作面的通风能力，其能力应从矿井通风能力中扣减。

（2）存在不符合有关规定的串联通风、扩散通风、采空区通风的用风地点的通风能力，其能力应从矿井通风能力中扣减。

# 第三章　矿井瓦斯灾害治理

煤矿生产过程中，瓦斯一直是矿井生产最主要的一个危险源，其危害则是煤矿中最严重的灾害之一。瓦斯突出不仅能摧毁井巷设施，破坏矿井通风系统，造成人员窒息、煤流埋人，甚至会引起瓦斯爆炸与火灾事故，一旦发生爆炸极易引发巷道冒顶片帮等二次灾害，造成更严重损失。

煤矿井下一次死亡人数多的重大事故主要是瓦斯爆炸和煤与瓦斯突出事故，因此瓦斯灾害治理成为矿井灾害防治最重要的任务之一。

## 第一节　瓦斯来源及其危害

瓦斯是指地下矿山中主要由煤层气构成的以甲烷为主的有害气体，通常所指的是甲烷（$CH_4$），主要来自煤层和煤系地层，在成煤作用过程中产生。

### 一、煤矿瓦斯的性质

瓦斯是一种无色、无味、无臭的气体。在标准状态(温度为0 ℃,大气压为101325 Pa)下，瓦斯密度为0.7168 $kg/m^3$，相对空气的密度为0.554，由于瓦斯比较轻，故常常积聚在巷道顶部、上山掘进工作面、顶板冒落空洞中。瓦斯难溶于水，在20 ℃、101325 Pa条件下，溶解度为3.5 L/100 L水。瓦斯扩散性很强，扩散速度是空气的1.34倍，在空气中会很快地扩散。瓦斯本身无毒，但当空气中瓦斯含量大于50%时，极易造成人员缺氧而窒息死亡。瓦斯本身不燃烧、不爆炸，但当与空气混合达到一定含量后，遇到高温火焰时能够燃烧或爆炸。

### 二、瓦斯的生成及其影响因素

#### （一）瓦斯的生成

瓦斯的生成与煤的成因息息相关，从植物死亡、堆积到转变为煤，这一系列演变过程都伴随着烃类、二氧化碳、氢和稀有气体的产生。大体可以将成煤过程分为两个造气时期，即生物化学造气时期和煤化变质作用造气时期。

1. 生物化学造气时期瓦斯的生成

这一时期是成煤作用的第一阶段（泥炭化或腐泥化阶段），在温度不超过65 ℃条件下，成煤原始物质经厌氧微生物分解成瓦斯。其化学反应式为

$$4C_6H_{10}O_5 \longrightarrow 7CH_4 + 8CO_2 + 3H_2O + C_9H_6O$$

或

$$2C_6H_{10}O_5 \longrightarrow CH_4 + 2CO_2 + 5H_2O + C_9H_6O$$

此阶段，泥炭层埋深浅，上覆盖层的胶结固化不好，生成的瓦斯通过渗透和扩散容易

排放到古大气中，一般不会保留在现有煤层内。随后泥炭层下沉，上覆盖层变厚，在一定的温度和压力作用下泥炭转化为褐煤，逐渐进入变质作用阶段。

2. 煤化变质作用造气时期瓦斯的生成

这一时期是成煤作用的第二阶段，是泥炭、腐泥在一定的温度和压力作用下变化为煤的过程。该阶段褐煤层进一步沉降，在高温及其相应压力作用下有机质分解生成二氧化碳、瓦斯和水。随着变质作用的加深，瓦斯的含量越来越大。

（二）瓦斯生成的影响因素

由于煤层中的瓦斯主要是煤化作用的产物，所以瓦斯含量的多少和煤岩组分、煤化作用程度等因素有关。

1. 煤岩组分

煤岩显微组分是组成煤的基本岩石学单元，可分为镜质组、惰质组、壳质组。在同一煤化作用阶段，相对于惰质组而言，镜质组含碳量少，含氢量多，挥发分产率高，瓦斯生成量大，而壳质组在整个成煤过程中都产生瓦斯，挥发分和烃产率最高，但在煤中所占比例小。

煤岩组分与瓦斯吸附量之间存在密切关系，吸附程度的差异引起瓦斯含量的差异。瓦斯的吸附量随着煤化作用阶段的不同而存在差异，经分析发现，镜质组在肥煤阶段瓦斯吸附量最小，此后吸附量迅速增加，并在焦煤、瘦煤中间的某一阶段超过惰质组。惰质组瓦斯吸附量随着煤化程度提高而缓慢增加。

2. 煤化作用程度

在煤化作用过程中，随着煤化程度的提高，煤的气体渗透率下降，储气能力提高，气体向地表运移能力减弱，煤层中微孔或超微孔所占比例提高进而煤的吸附力增强，最终累积产生的瓦斯量就越多。

## 三、瓦斯的赋存及其影响因素

（一）瓦斯赋存状态

瓦斯在煤层中的赋存状态主要有两种：游离状态（自由状态）和吸附状态（结合状态）。

1. 游离状态

游离状态的瓦斯存在于煤体或围岩的较大裂缝、空隙或空洞中，其多少取决于储存空间的容积、瓦斯压力、围岩温度等因素，且该状态的瓦斯服从理想气体状态方程。

2. 吸附状态

按照结合形式的不同，吸附又分为吸着和吸收两种状态。吸着状态是瓦斯气体分子与煤粒固体分子相互作用被吸着在煤体孔隙的内表面上的状态；吸收状态是瓦斯分子进入煤体胶粒结构内部与煤分子结合而呈现的状态。吸附状态瓦斯含量主要取决于煤的结构特点、炭化程度等。

实测表明，在目前开采深度下（1000～2000 m 以内）煤层吸附瓦斯量占 70%～95%，而游离瓦斯量占 5%～30%。其实游离状态和吸附状态的瓦斯并不是固定不变的，而是处于不断交换的动态平衡中，一旦条件破坏，平衡就会破坏。在压力降低、温度升高、煤体结构遭遇破坏时就会发生解吸，即吸附状态瓦斯转化为游离状态瓦斯，反之则会吸附，即游离状态瓦斯转化为吸附状态瓦斯。

（二）影响煤层瓦斯赋存的因素

影响煤层瓦斯赋存的因素主要有煤层埋藏深度、煤层和围岩透气性、煤层倾角、煤层露头、煤化作用程度及煤系地层的地质史。

1. 煤层埋藏深度

当煤层埋藏深度不大时，煤层瓦斯含量随着埋深的增大基本呈线性规律增加，当埋深达到一定数值后，煤层瓦斯含量将趋于常量。

2. 煤层和围岩透气性

煤系地层岩性组合及其透气性对煤层瓦斯含量有重大影响，透气性越大，瓦斯越容易流失，煤层瓦斯含量就越小；反之，瓦斯易于保存，煤层瓦斯含量就高。

3. 煤层倾角

在同一埋深及条件相同的情况下，煤层倾角越小，煤层瓦斯含量就越高，因为煤层透气性一般大于围岩，煤层倾角越小，顶板岩性密封条件好的情况下，瓦斯不易透过煤层排出，煤体中的瓦斯容易储存，故而瓦斯含量高。

4. 煤层露头

煤层露头是瓦斯向地面排放的出口，露头存在的时间越长，瓦斯排放就越多。

5. 煤化作用程度

煤化作用程度越高，其储存瓦斯的能力就越强。在相同深度下，随着煤化作用程度的提高，瓦斯含量增加，瓦斯含量梯度也大（高煤化作用的无烟煤除外）。

6. 煤系地层的地质史

成煤有机物沉积后到煤化阶段，要经历漫长的地质年代，地层多次下降或上升、覆盖层加厚或遭受剥蚀、地质构造运动破坏等使得煤层瓦斯含量的大小受到影响。例如，海陆交替相含煤岩系的岩性和岩相在横向比较稳定，沉积物粒度细，形成的煤系地层透气性差，瓦斯含量较高。

## 四、瓦斯的危害

瓦斯有四大危害：瓦斯喷出、瓦斯燃烧爆炸、煤与瓦斯突出、瓦斯窒息。这 4 种危害并非单一出现，往往一种灾害会成为另一种灾害的诱因，例如通风不足，瓦斯含量达到一定程度后发生瓦斯爆炸，继而带来矿井火灾，在爆炸和燃烧过程中含有大量有害气体，容易出现瓦斯窒息事故。

（一）瓦斯喷出

瓦斯喷出是指从煤体或岩体裂隙、孔洞或炮眼中大量瓦斯异常涌出的现象。实际研究表明，在 20 m 巷道范围内，涌出瓦斯量大于或等于 10 $m^3$/min，且持续时间在 8 h 以上时，该采掘区域即可定为瓦斯喷出危险区域。根据瓦斯喷出裂隙显现的不同原因，可以将瓦斯喷出分为沿原生地质构造裂隙喷出和沿采掘地压生成裂隙喷出。

1. 沿原生地质构造裂隙喷出

该类喷出大多数发生在地质破坏带，石灰岩溶洞裂缝区，背斜或向斜轴部、储瓦斯区以及其他一些储瓦斯构造与原始裂缝相通的区域。其特点是一般情况下喷出的瓦斯流量较大，持续的时间较长，无明显的地压显现征兆，且掘进巷道的瓦斯喷出一般在工作面周围。

2. 沿采掘地压生成裂隙喷出

该类喷出不仅与地质构造有关而且还与采掘地压有关。该类瓦斯喷出在濒临发生时，往往伴随着地压显现效应，出现多种显著征兆。

1）喷出原因

（1）内因。煤层或岩层的构造裂缝中储存有大量瓦斯。

（2）外因。采掘过程中，由于爆破穿透、机械振动、地压活动使得煤体卸压，造成裂隙，构成瓦斯喷出的通道。

2）喷出规律

（1）瓦斯喷出往往发生在地质变化带，瓦斯喷出前往往有先兆。

（2）易发生在煤层顶底板岩层中有溶洞、裂隙发育的石灰岩。

（3）具有明显的喷出口或裂缝。

（4）瓦斯喷出量有大有小，喷出时间从几分钟到几年甚至几十年。

3）喷出预兆

瓦斯喷出预兆为矿压活动显现强烈，煤壁片帮严重，底板突然鼓起，支架承载力加大甚至破坏，煤层变软、潮湿等。

4）喷出危害

瓦斯喷出在时间上往往表现为突然性，在空间上又具有集中性，往往造成局部地区甚至采区或矿井的一翼充满高含量的瓦斯，导致人员窒息，遇有火源时还可能引起瓦斯爆炸或火灾事故。

（二）瓦斯燃烧爆炸

瓦斯是一种可燃性气体，当其含量达到一定值后遇一定能量适当的点火源就会发生爆炸，具有燃烧和爆炸性。

1. 瓦斯燃烧爆炸区间

按照瓦斯含量在空气中发生燃烧的状态差异分为以下区间：

（1）助燃区间：瓦斯含量大于0小于爆炸下限5%。瓦斯在点燃源附近发生氧化燃烧反应，但无法形成持续火焰只能起到助燃作用。

（2）爆炸区间：瓦斯含量在爆炸界限内5%～16%。该区间内瓦斯遇到一定能量的点火源会形成可自动加速的燃烧锋面，该锋面在瓦斯－空气混合气体内加速传播，形成强烈爆炸。

（3）扩散燃烧区间：瓦斯含量大于爆炸上限16%。该区间内瓦斯、空气混合气体无法直接被点燃，当其与新鲜空气混合时，在混合界面上被点燃形成稳定火焰即扩散燃烧。

2. 瓦斯爆炸条件

瓦斯爆炸必须具备3个条件：

（1）瓦斯含量在爆炸界限内5%～16%。

（2）混合气体中氧气含量不低于12%。

（3）有足够能量的点火源，温度不低于650 ℃，能量大于0.28 mJ，持续时间大于爆炸感应期。

3. 瓦斯爆炸的原因

矿井瓦斯爆炸大都发生在煤层的采掘工作面附近，其中掘进工作面居多，具体原因如下：

（1）掘进工作面大多采用局部通风机通风，供风量有限，通风能力不足。

（2）风筒末端距离工作面较远，送到工作面的风量不足以扰动风流，排出瓦斯和粉尘。

（3）风筒质量低劣，吊挂高低不平，漏风严重，工作面有效风量不足。

（4）局部通风机没有专用电源，未实行“三专”，经常停电停风，局部通风不稳定。

（5）掘进工作面场所狭窄，条件差，是瓦斯、煤尘的发生地和聚集地。

（6）掘进工作面除了使用煤电钻打眼等电气设备外还有爆破作业。

4. 瓦斯燃烧和爆炸的区别

瓦斯燃烧是可燃物和助燃物只在较小的面积上接触，瓦斯爆炸是可燃物和助燃物充分接触。瓦斯爆炸有一定的浓度范围，我们把在空气中瓦斯遇火后能引起爆炸的浓度范围称为瓦斯爆炸界限，瓦斯爆炸界限为5% ~16% 。当瓦斯浓度低于5% 时，遇火不爆炸，但能在火焰外围形成燃烧层；当瓦斯浓度为9.5% 时，其爆炸威力最大（氧和瓦斯完全反应）；瓦斯浓度在16% 以上时，失去其爆炸性，但在空气中遇火仍会燃烧。

5. 瓦斯爆炸的危害

瓦斯爆炸的主要危害是产生爆炸冲击波、火焰锋面和有害气体，这三方面都会对人员、井下巷道、仪器设备等造成危害。

1）爆炸冲击波

在爆炸发生时，首先到达的是爆炸冲击波，其传播速度可达1000 m/s，其峰值压力最高可达20 个大气压，造成的危害主要是人员的创伤、巷道支架的毁坏、冒顶、井下设备设施的摧毁等。冲击波会扬起沉积在巷道的煤尘或破坏通风系统，形成新的瓦斯、煤尘爆炸源而引起二次爆炸。

2）火焰锋面

火焰锋面是巷道中运动着的化学反应区和高温气体，其速度快、温度高。从正常的燃烧速度（1 ~2.5 m/s）到爆轰式传播速度（2500 m/s），火焰锋面温度可高达2150 ~2650 ℃。火焰锋面经过之处，人被烧死或大面积烧伤，可燃物被点燃而发生火灾烧坏井下设备、电缆等。

3）有害气体

瓦斯爆炸后的气体成分：$O_2$ 含量为6% ~10% ，$N_2$ 含量为82% ~88% ，$CO_2$ 含量为4% ~8% ，CO 含量为2% ~4% ，其中有害气体成为井下人员伤亡的主要因素之一。

（三）煤与瓦斯突出

煤与瓦斯突出是指在地应力和瓦斯的共同作用下，破碎的煤和瓦斯由煤体或岩体内突然向采掘空间抛出的异常动力现象。煤与瓦斯突出具有突发性、极大破坏性和瞬间携带大量瓦斯（二氧化碳）和煤（岩）冲出等特点，能摧毁井巷设施、破坏通风系统、造成人员窒息，甚至引起瓦斯爆炸和火灾事故，是煤矿最严重的灾害之一。

煤与瓦斯突出的机理有许多种假设，但基本公认的是综合假说，即煤与瓦斯突出是由地应力、瓦斯和煤的物理力学性质三者综合作用的结果。

1. 突出发生条件

煤和瓦斯突出是地应力、煤中的瓦斯及煤的结构和力学性质综合作用的动力现象。地应力、瓦斯压力是发生和发展煤和瓦斯突出的动力，煤的结构、力学性质则是突出发生的阻碍因素。

2. 突出的预兆

煤与瓦斯突出的预兆分为无声预兆和有声预兆。

1）无声预兆

（1）煤层结构变化，层理紊乱，煤层由硬变软、由薄变厚，倾角由小变大，煤由湿变干，光泽暗淡，煤层顶底板出现断裂，煤岩严重破坏等。

（2）工作面煤体和支架压力增大，煤壁外鼓、掉碴、煤块迸出等。

（3）瓦斯增大或忽小忽大，煤尘增多。

2）有声预兆

出现煤爆声、闷雷声、深部岩石或煤层破裂声、支柱折断声等。

3. 突出的一般规律

（1）突出危险性随采掘深度的增加而增加。

（2）突出危险性随煤层厚度的增加而增加，尤其是软分层厚度。

（3）石门揭煤工作面平均突出强度最大，煤巷掘进工作面突出次数最多，爆破作业最易引发突出，采煤工作面突出防治技术难度最大。

（4）突出多数发生在构造带、煤层遭受严重破坏的地带、煤层产状发生显著变化的地带、煤层硬度系数小于0.5的软煤层中。

（5）突出发生前通常有地层微破坏、瓦斯涌出变化、煤层层理紊乱、钻孔卡钻夹钻、煤壁温度降低、散发煤油气味、煤层产状发生变化等预兆。

（6）突出按动力源作用特征可分为3种类型：突出、压出和倾出。按突出物分类可分为4种类型：煤与瓦斯突出、煤与二氧化碳突出、岩石与瓦斯突出、岩石与二氧化碳突出。

4. 突出的发展过程

突出的发展过程一般分为4个阶段：准备阶段、激发阶段、发展阶段、终止阶段。

1）准备阶段

该阶段的特点：在工作面附近的煤壁内形成高的地应力与瓦斯压力梯度。该阶段会显现出多种有声的与无声的突出预兆。

2）激发阶段

该阶段的特点：地应力状态突然改变，即极限应力状态的部分煤体突然破坏，卸压并发生巨响和冲击。

3）发展阶段

该阶段具有两个互相关联的特点：突出从激发点向其内部连续剥离并破碎煤体；破碎

的煤在不断膨胀的承压瓦斯风暴中边运送、边粉碎。

4）终止阶段

突出终止分为两种情况：

（1）在剥离和破碎煤体的扩散中遇到了较硬的煤体或地应力与瓦斯压力降低不足以破坏煤体。

（2）突出孔道被堵塞，其孔壁由突出物支撑建立起新的拱平衡。

5. 煤与瓦斯突出预测

我国煤与瓦斯突出预测分为区域性预测和工作面预测两类。

1）区域性预测

主要有两种方法：

（1）瓦斯压力和瓦斯含量法。根据煤层瓦斯压力和瓦斯含量进行区域预测的临界值应当由具有煤与瓦斯突出鉴定资质的机构进行试验考察。

（2）煤层瓦斯参数结合瓦斯地质分析的方法。根据已开采区域确切掌握的煤层赋存特征、地质构造条件、突出分布规律和对预测区域煤层地质构造的探测、预测结果，采用瓦斯地质分析的方法划分出突出危险区。

也可以采用其他经试验证实有效的方法，区域预测新方法的研究试验应当由具有煤与瓦斯突出鉴定资质的机构进行。

2）工作面预测

工作面预测的任务是确定工作面附近煤体的突出危险性，即该工作面继续向前推进时有无突出危险。

（1）石门揭煤突出危险性预测。石门揭煤突出危险性预测的方法主要有：

① 复合指标法。在石门向煤层至少打 2 个测压孔，测定煤层瓦斯压力，并在打钻过程中采样，测定煤的坚固性系数和瓦斯放散初速度，按综合指标进行预测。

② 钻屑指标法。在距煤层最小垂距 3 ~ 5 m 时至少向煤层打 3 个预测钻孔，用 1 ~ 3 mm 的筛子筛分钻屑，测定钻屑瓦斯解吸指标。钻屑瓦斯解吸指标的临界值应根据现场实测数据确定。

（2）煤巷突出危险性预测。煤巷突出危险性预测的方法主要有：钻屑指标法、复合指标法、$R$ 值指标法、其他经试验证实有效的方法。

① 钻屑指标法。预测钻孔从第 2 m 深度开始，每钻进 1 m 测定该 1 m 段的全部钻屑量 $S$，每钻进 2 m 至少测定 1 次钻屑瓦斯解吸指标 $K_1$ 或者 $\Delta h_2$ 值。

各煤层采用钻屑法预测煤巷掘进工作面突出危险性的指标临界值应当根据试验考察确定，在确定前可暂按表 3 – 1 的临界值进行预测。

表 3 – 1　钻屑指标法预测煤巷掘进工作面突出危险性的参考临界值

| 钻屑瓦斯解吸指标 $\Delta h_2$/Pa | 钻屑瓦斯解吸指标 $K_1$/[mL·(g·min$^{1/2}$)$^{-1}$] | 钻屑量 | |
|---|---|---|---|
| | | $S$/(kg·m$^{-1}$) | $S$/(L·m$^{-1}$) |
| 200 | 0.5 | 6 | 5.4 |

实测得到的指标 $S$、$K_1$ 或 $\Delta h_2$ 的所有测定值均小于临界值，并且未发生其他异常情况，则该工作面预测为无突出危险工作面，否则为突出危险工作面。

② 复合指标法。预测钻孔从第 2 m 深度开始，每钻进 1 m 测定该 1 m 段的全部钻屑量 $S$，并在暂停钻进后 2 min 内测定钻孔瓦斯涌出初速度 $q$。测定钻孔瓦斯涌出初速度时，测量室的长度为 1.0 m。

各煤层采用复合指标法预测煤巷掘进工作面突出危险性的指标临界值应当根据试验考察确定，在确定前可暂按表 3－2 的临界值进行预测。

表 3－2　复合指标法预测煤巷掘进工作面突出危险性的参考临界值

| 钻孔瓦斯涌出初速度 $q/(L\cdot min^{-1})$ | 钻屑量 | |
|---|---|---|
| | $S/(kg\cdot m^{-1})$ | $S/(L\cdot m^{-1})$ |
| 5 | 6 | 5.4 |

实测得到的指标 $q$、$S$ 的所有测定值均小于临界值，并且未发生其他异常情况，则该工作面预测为无突出危险工作面，否则为突出危险工作面。

③ $R$ 值指标法。预测钻孔从第 2 m 深度开始，每钻进 1 m 收集并测定该 1 m 段的全部钻屑量 $S$，并在暂停钻进后 2 min 内测定钻孔瓦斯涌出初速度 $q$。测定钻孔瓦斯涌出初速度时，测量室的长度为 1.0 m。

$R$ 值计算公式为

$$R=(S_{max}-1.8)(q_{max}-4) \tag{3-1}$$

式中　$S_{max}$——每个钻孔沿孔长的最大钻屑量，L/m；

$q_{max}$——每个钻孔的最大钻孔瓦斯涌出初速度，L/min。

判定各煤层煤巷掘进工作面突出危险性的指标临界值应当根据试验考察确定，在确定前可暂按以下指标进行预测：当所有钻孔的 $R$ 值小于 6 且未发现其他异常情况时，则该工作面预测为无突出危险工作面，否则为突出危险工作面。

（四）瓦斯窒息

瓦斯矿井生产过程中，要连续不断地释放瓦斯，利用通风的方法由风流排出井巷和工作面，最终排出矿井。如果井巷、工作面一旦停风或不通风，瓦斯则会聚集，虽然瓦斯本身无毒，但是井巷中瓦斯含量很高时会使得氧气含量大大降低，人员一旦进入，可因缺氧而造成窒息事故。

当空气中瓦斯含量较高时就会相对降低空气中氧气含量，影响人体健康，严重时会造成人缺氧窒息死亡。

当空气中瓦斯含量达到 25% ~30% 时，可引起头疼、头晕、乏力、注意力不集中、呼吸和心跳加速、步态不稳，若不及时脱离现场可导致窒息死亡。

当空气中瓦斯含量达到 43% 时，氧气含量就会降低到 12% ，人会呼吸困难。

当空气中瓦斯含量达到 57% 时，氧气含量就会降低到 9% ，短时间内人会失去知觉，几分钟内若不及时抢救则会因为缺氧窒息死亡。

瓦斯中含有的一氧化碳为有毒气体，经呼吸道进入人体后与血红蛋白结合使得红细胞失去携氧能力造成组织缺氧，会有头晕、耳鸣、心悸、恶心、呕吐、皮肤黏膜成樱红色、大小便失禁、肺水肿等，若不及时进行抢救治疗会即时死亡。

# 第二节　煤层瓦斯参数测定及矿井瓦斯涌出

煤层瓦斯参数包括瓦斯含量、煤层瓦斯压力、煤层透气性、煤的坚固性系数、瓦斯涌出量等，了解瓦斯各参数的测定方法有利于对瓦斯事故进行有效防治。

## 一、煤层瓦斯含量及其测定

煤层瓦斯含量是指在天然条件下，单位质量或体积的煤体中含有瓦斯的量（一般用 $m^3/t$ 或 $m^3/m^3$ 表示）。煤层在天然条件下，未受采动影响时的瓦斯含量称原始含量；受采动影响，已有部分瓦斯排出后剩余在煤层中的瓦斯量称残存瓦斯含量。煤层瓦斯含量是煤矿开采和煤矿安全生产过程中一项重要的参数，可用于瓦斯涌出量的计算、确定矿井瓦斯等级、通风设计、产量配产、瓦斯储量、瓦斯抽放和利用、煤与瓦斯突出危险性鉴定等工作，其含量大小决定于成煤过程中生成的瓦斯量及围岩保存瓦斯的条件。

### （一）煤层瓦斯含量测定方法

煤层瓦斯含量测定方法目前主要有地勘钻孔测定法、实验室间接测定法和井下快速直接测定法 3 种。

#### 1. 地勘钻孔测定法

地勘钻孔测定法是煤田地质勘探和煤层瓦斯地面开发时最常用的方法。早期的密闭罐法、集气法成功率和可靠性高，但是测值仍有较大误差。

#### 2. 实验室间接测定法

实验室间接测定法主要用于生产矿井煤层瓦斯含量测定，有时也用于地勘期间煤层瓦斯含量测定。通过实测煤层瓦斯压力，实验测定煤样可燃基的瓦斯吸附常数，用朗格缪尔方程计算煤的可燃基瓦斯含量，并通过水分、灰分、温度、压力等校正得到原煤的瓦斯含量。该方法计算基础都是来自实测值，其计算模型得到理论证明，可信度高。

#### 3. 井下快速直接测定法

井下快速直接测定法是在地勘钻孔测定法基础上进行的改进，先在煤层打钻孔，采集钻屑然后测定采集的煤屑样在空气介质中的瓦斯解吸规律，最后根据漏失瓦斯量、解吸瓦斯量、残存瓦斯量和煤样质量计算煤层原始瓦斯含量。

### （二）煤层瓦斯含量计算

由于煤层瓦斯含量包括游离瓦斯含量和吸附瓦斯含量，在计算中应该分别计算。

#### 1. 煤层游离瓦斯含量计算

煤层游离瓦斯含量按照气体状态方程计算，公式为

$$x_y = \frac{VpT_0}{Tp_0\xi} \tag{3-2}$$

式中　$x_y$——煤层游离瓦斯含量，$m^3/t$；

$V$——单位质量煤的孔隙容积，$m^3/t$；

$p$——瓦斯压力，MPa；

$T_0$——标准状态下的绝对温度（273 K）；

$T$——瓦斯的绝对温度，$T=273+t$；

$t$——瓦斯的温度,℃；

$\xi$——瓦斯压缩系数，以甲烷压缩系数代替；

$p_0$——标准状态下的压力（0.101 MPa）。

2. 煤层吸附瓦斯含量计算

煤层吸附瓦斯含量一般采用朗格缪尔方程计算，同时考虑煤中水分、可燃物百分比、温度的影响等，计算公式为

$$x_x=\frac{abp}{1+bp}e^{n(t_0-t)}\cdot\frac{1}{1+0.31W}\cdot\frac{100-A-W}{100}\tag{3-3}$$

式中　$x_x$——煤层吸附瓦斯含量，$m^3/t$；

$t_0$——实验室测定煤的吸附常数时的实验温度,℃；

$t$——煤层温度,℃；

$n$——经验系数，一般按照$n=\frac{0.02}{0.993+0.07p}$计算；

$p$——煤层瓦斯压力，MPa；

$a$——煤的极限吸附瓦斯量，$m^3/t$；

$b$——吸附系数，1/MPa；

$A$——煤中灰分,%；

$W$——煤中水分,%。

## 二、煤层瓦斯压力

煤层瓦斯压力是存在于煤层孔隙中的游离瓦斯分子热运动对煤壁所表现的作用力。煤层瓦斯压力是决定煤层瓦斯含量的一个主要因素，不论是煤层中的游离瓦斯量还是吸附瓦斯量，皆与瓦斯压力密切相关。煤层瓦斯压力是用间接法计算瓦斯含量的基础参数，也是衡量煤层瓦斯突出危险性的重要指标。测定方法主要有直接测定法和间接测压法。

## 三、煤层透气性

煤层透气性常用煤层透气性系数和渗透率来衡量。煤层透气性主要取决于：煤体孔隙结构分布及大小，煤层层理、节理、裂隙发育程度，地应力大小及采动影响等。

煤层透气性系数是衡量瓦斯等气体在煤层内流动难易程度的物理量。煤层透气性系数在我国常用的单位为$m^2/(MPa^2\cdot d)$，其物理意义是在1 m长的煤体上，当压力平方差为1 $MPa^2$时，通过1 $m^2$煤体的断面，1昼夜流过的瓦斯量（单位为$m^3$）。煤层透气性系数越大，表明煤层透气性越好，瓦斯流动越容易。可通过实际测定获得煤层透气性系数。

渗透率是指在一定的压差下，煤（岩石）允许流体通过的能力。渗透率的单位是长度的平方，称之为达西（D），达西的定义是：当液体的黏滞系数为0.01 $dyn\cdot s/cm^2$，压力差为1个大气压（0.1 MPa）的情况下，通过面积为1 $cm^2$，长度为1 cm的煤体（岩石）样品的流量为1 $cm^3/s$，此时介质的渗透率为1 D。达西是一个相对较大的单位，因此常用的单位是毫达西（mD，1 D=1000 mD）。

## 四、煤的坚固性系数

煤的坚固性用坚固性系数的大小来表达。其测定方法较多，常用的是落锤破碎测定法，简称落锤法。这种测定方法建立在脆性材料破碎遵循面积力能说的基础上。

## 五、瓦斯涌出量

瓦斯涌出量是指在矿井建设和生产过程中从煤与岩石中涌出的瓦斯量，其表达方法有两种：绝对瓦斯涌出量和相对瓦斯涌出量。

绝对瓦斯涌出量指单位时间内涌出的瓦斯量，单位是 $m^3/min$ 或 $m^3/d$。

相对瓦斯涌出量指平均日产 1 t 煤同期涌出的瓦斯量，单位是 $m^3/t$。

绝对瓦斯涌出量（$Q_{CH_4}$）与相对瓦斯涌出量（$q_{CH_4}$）的关系为

$$q_{CH_4} = \frac{Q_{CH_4}}{A} \tag{3-4}$$

式中　$A$——日产煤量，t/d。

### （一）矿井瓦斯涌出形式及矿井瓦斯等级

开采煤层时，煤体受到破坏或受采动影响，储存在煤体内的部分瓦斯就会离开煤体而涌入采掘空间，这种现象称为瓦斯涌出。

#### 1. 瓦斯涌出形式

矿井瓦斯涌出形式可分为普通涌出和特殊涌出。

普通涌出是矿井瓦斯涌出的主要形式，是指瓦斯从采落的煤炭、煤层和岩层的暴露面上通过细小的孔隙缓慢而长时间地释放。主要涌出地点是煤壁及采空区，其特点是范围广、数量大。

特殊涌出是指煤层中含有大量瓦斯，采掘时，瓦斯在极短时间内突然大量涌出，可能还伴有煤粉、煤块或岩石等的现象。特殊涌出包括瓦斯喷出和煤（岩）与瓦斯（二氧化碳）突出、倾出、压出等几种形式。这种涌出形式的特点是：发生在局部地点；喷出时间有长有短，短的几个小时到几天，长的几个月甚至数年；喷出量大。

#### 2. 影响矿井瓦斯涌出量的主要因素

影响矿井瓦斯涌出量的因素主要有自然因素和开采技术。

自然因素包括煤层及围岩的瓦斯含量、开采深度、地面大气压力变化。

开采技术因素包括开采顺序与回采方法、回采速度与产量、落煤工艺、基本顶来压步距、通风压力、采空区密闭质量、采场通风系统等。

#### 3. 矿井瓦斯等级及其划分

根据矿井相对瓦斯涌出量、矿井绝对瓦斯涌出量、工作面绝对瓦斯涌出量和瓦斯涌出形式，将矿井瓦斯等级划分为煤（岩）与瓦斯（二氧化碳）突出矿井（以下简称突出矿井）、高瓦斯矿井、低瓦斯矿井。

1）突出矿井

具备下列条件之一的矿井为突出矿井：

（1）在矿井井田范围内发生过煤（岩）与瓦斯（二氧化碳）突出的煤（岩）层。

（2）经鉴定、认定为有突出危险的煤（岩）层。

（3）在矿井的开拓、生产范围内有突出煤（岩）层的矿井。

2）高瓦斯矿井

具备下列条件之一的矿井为高瓦斯矿井：

（1）矿井相对瓦斯涌出量大于 10 $m^3/t$。

（2）矿井绝对瓦斯涌出量大于 40 $m^3/min$。

（3）矿井任一掘进工作面绝对瓦斯涌出量大于 3 $m^3/min$。

（4）矿井任一采煤工作面绝对瓦斯涌出量大于 5 $m^3/min$。

3）低瓦斯矿井

同时满足下列条件的矿井为低瓦斯矿井：

（1）矿井相对瓦斯涌出量不大于 10 $m^3/t$。

（2）矿井绝对瓦斯涌出量不大于 40 $m^3/min$。

（3）矿井任一掘进工作面绝对瓦斯涌出量不大于 3 $m^3/min$。

（4）矿井任一采煤工作面绝对瓦斯涌出量不大于 5 $m^3/min$。

低瓦斯矿井必须每 2 年进行瓦斯等级和二氧化碳涌出量的鉴定工作。高瓦斯矿井和突出矿井不再进行周期性瓦斯等级鉴定工作，但应当每年测定和计算矿井、采区、工作面瓦斯和二氧化碳涌出量。经鉴定或者认定为突出矿井的，不得改定为低瓦斯矿井或高瓦斯矿井。

（二）矿井瓦斯涌出量预测方法和计算

1. 分源预测法

1）矿井瓦斯涌出构成关系

矿井瓦斯涌出构成关系如图 3－1 所示。

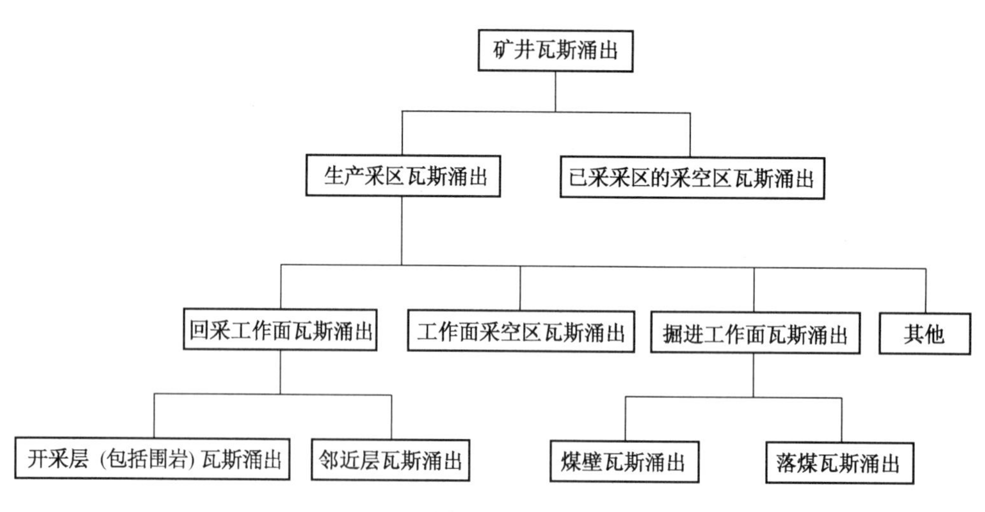


图 3－1　矿井瓦斯涌出构成关系

2）回采工作面瓦斯涌出量

回采工作面瓦斯涌出量预测用相对瓦斯涌出量表达，以 24 h 为一个预测圆班进行计算，计算公式为

$$q_{采} = q_1 + q_2 \tag{3-5}$$

式中 $q_{采}$——回采工作面相对瓦斯涌出量，$m^3/t$；

$q_1$——开采层相对瓦斯涌出量，$m^3/t$；

$q_2$——邻近层相对瓦斯涌出量，$m^3/t$。

3）掘进工作面瓦斯涌出量

掘进工作面瓦斯涌出量预测用绝对瓦斯涌出量表达，计算公式为

$$q_{掘} = q_3 + q_4 \tag{3-6}$$

式中 $q_{掘}$——掘进工作面绝对瓦斯涌出量，$m^3/min$；

$q_3$——掘进工作面巷道煤壁绝对瓦斯涌出量，$m^3/min$；

$q_4$——掘进工作面落煤绝对瓦斯涌出量，$m^3/min$。

4）生产采区瓦斯涌出量

生产采区瓦斯涌出量计算公式为

$$q_{区} = \frac{K'\left(\sum_{i=1}^{n} q_{采i}A_i + 1440\sum_{i=1}^{n} q_{掘i}\right)}{A_0} \tag{3-7}$$

式中 $q_{区}$——生产采区相对瓦斯涌出量，$m^3/t$；

$K'$——生产采区内采空区瓦斯涌出系数；

$q_{采i}$——第 $i$ 个回采工作面相对瓦斯涌出量，$m^3/t$；

$A_i$——第 $i$ 个回采工作面的日产量，t；

$q_{掘i}$——第 $i$ 个掘进工作面绝对瓦斯涌出量，$m^3/min$；

$A_0$——生产采区平均日产量，t。

5）矿井瓦斯涌出量

矿井瓦斯涌出量计算公式为

$$q_{井} = \frac{K''\left(\sum_{i=1}^{n} q_{区i}A_{0i}\right)}{\sum_{i=1}^{n} A_{0i}} \tag{3-8}$$

式中 $q_{井}$——矿井相对瓦斯涌出量，$m^3/t$；

$q_{区i}$——第 $i$ 个生产采区相对瓦斯涌出量，$m^3/t$；

$A_{0i}$——第 $i$ 个生产采区平均日产量，t；

$K''$——已采采空区瓦斯涌出系数。

2. 矿山统计法

采用矿山统计法必须具备所要预测的矿井或采区煤层开采顺序、采煤方法、顶板控制、地质构造、煤层赋存、煤质等与生产矿井或生产区域相同或类似的条件。矿山统计法预测瓦斯涌出量外推范围沿垂深不超过 200 m，沿煤层倾斜方向不超过 600 m。

（三）瓦斯涌出治理

矿井瓦斯涌出治理技术包括瓦斯抽放、分源治理、分级和分类治理、综合治理。

1. 瓦斯抽放

1）瓦斯抽放方法

瓦斯抽放系统主要由瓦斯抽放泵、瓦斯抽放管路、阀门、瓦斯抽放钻孔或巷道、钻孔或巷道密封等组成。

根据抽放瓦斯的来源，瓦斯抽放可以分为本煤层瓦斯预抽、邻近层瓦斯抽放、采空区瓦斯抽放以及几种方法结合的综合抽放。

2）瓦斯抽放指标

（1）反映瓦斯抽放难易程度的指标包括煤层透气性系数、钻孔瓦斯流量衰减系数、百米钻孔瓦斯涌出量。

（2）反映瓦斯抽放效果的指标有瓦斯抽放量、瓦斯抽放率。

3）瓦斯抽放主要设备设施

（1）瓦斯抽放泵。瓦斯抽放泵是进行瓦斯抽放最主要的设备。

（2）瓦斯抽放管路。瓦斯抽放管路是进行瓦斯抽放必备也是使用量最大的材料。

（3）瓦斯抽放施工用钻机。绝大多数的瓦斯抽放工程都需要利用钻孔进行瓦斯抽放，因此，钻机是进行瓦斯抽放的地下矿山使用最多的设备。

（4）瓦斯抽放参数测定仪表。煤矿瓦斯流量测定仪表主要有孔板流量计、均速管流量计、皮托管、涡街流量计等。

（5）瓦斯抽放钻孔的密封。封孔是确保抽放效果的重要环节，采用先进的封孔技术和加强封孔的日常施工管理，是提高封孔质量的主要途径。

2. 分源治理

分源治理，就是针对瓦斯来源个数、各源瓦斯涌出量的大小及其涌出变化规律，通过方案优化，选取经济适用、简便可靠的控制技术进行治理。

1）掘进工作面瓦斯涌出治理技术

并不是所有掘进工作面均需要进行瓦斯治理，如果不考虑煤层有煤与瓦斯突出危险性，单纯从通风能力小于稀释瓦斯所需风量，而且再加大风量已变得不经济、不合理时，才需要采取控制瓦斯涌出的技术措施。下式成立时，才需要进行瓦斯治理。

$$Q_{掘} \geq 0.6SvC/K \tag{3-9}$$

式中　$Q_{掘}$——掘进工作面瓦斯涌出量，$m^3/min$；

$S$——掘进巷道有效通风断面积，$m^2$；

$v$——《煤矿安全规程》允许的掘进工作面最大风速，m/s；

$C$——《煤矿安全规程》允许的掘进工作面回风流最高瓦斯浓度，%；

$K$——瓦斯涌出不均衡系数。

有时，掘进工作面的瓦斯涌出量虽然小于其通风能力所能稀释的瓦斯量，但由于煤层有突出危险性，此时也需要对掘进工作面进行瓦斯治理。治理掘进工作面瓦斯涌出的常见技术措施有掘前预抽、边掘边抽、双巷掘进等。

2）回采工作面瓦斯涌出治理技术

当回采工作面所开采的煤层有突出危险性或在给定的日产量条件下工作面的绝对瓦斯涌出量大于通风所允许的瓦斯涌出时，必须采取瓦斯治理技术措施。瓦斯涌出治理的必要性判定指标（单从通风稀释瓦斯角度考虑）为

$$Q_{回} \geqslant 0.6SvC/K \tag{3-10}$$

或

$$q_{回} \geqslant 864SvC/(KA) \tag{3-11}$$

式中　$Q_{回}$——回采工作面绝对瓦斯涌出量，$m^3/min$；

$q_{回}$——回采工作面相对瓦斯涌出量，$m^3/t$；

$S$——回采面最小有效通风断面积，$m^2$；

$v$——《煤矿安全规程》允许的回采工作面最大风速，m/s；

$C$——《煤矿安全规程》允许的回采工作面回风流最高瓦斯浓度，%；

$K$——瓦斯涌出不均衡系数；

$A$——日产量，t。

治理回采工作面瓦斯涌出的常见技术措施有本煤层采前预抽、本煤层边采边抽、上下邻近层卸压瓦斯抽放等。

3）采空区瓦斯涌出治理技术

（1）加强采空区密闭，减少采空区瓦斯的涌出量（对已采空的采区和工作面而言）。

（2）提高工作面采出率，减少采空区遗煤。

（3）改变通风系统，防止采空区漏风。

（4）抽放采空区瓦斯等。

4）回采工作面上隅角瓦斯超限治理技术

治理上隅角瓦斯积聚的常用方法有风障或风帘法、尾巷法、改变采空区的漏风方向、上隅角抽排瓦斯等。

3. 分级和分类治理

所谓分级和分类治理就是指对采掘工作面、采空区按瓦斯涌出量大小和瓦斯危险程度进行分级和分类治理的措施。例如，对划分出的特别危险的采掘工作面，可以加大瓦斯治理的力度，提高技术人员和作业人员的责任心。

危险程度分级和分类：在所有采掘工作面中，把在掘进爆破或采煤过程或意外停风后，或在遇到构造、煤厚突然剧增时，瓦斯很可能达到危险程度的采掘工作面挑选出来，作为特别危险工作面进行治理；而对危险程度稍低一点的作为威胁工作面进行治理，其余依次类推。

4. 综合治理

综合治理是指以消除采掘工作面瓦斯危险为目标，确保生产过程中人身安全为宗旨，采取包括瓦斯涌出量预测、瓦斯危险程度评价、瓦斯治理技术措施编制与实施、措施效果检测以及意外危险出现时人身安全保障措施在内的瓦斯治理综合安全系统措施。

## 第三节　瓦斯灾害防治

对于瓦斯的四大灾害，根据其发生规律、特点采取相应的预防措施，使其危险程度降低到最低状态，以确保安全生产，保障人员人身安全。

## 一、瓦斯喷出危害的防治

对于瓦斯喷出的治理必须根据瓦斯喷出的特点和分类分别进行治理，包括沿原生地质构造裂隙喷出和沿采掘地压生成裂隙喷出的防治。

（一）沿原生地质构造裂隙喷出的防治

（1）加强地质工作，在预测有瓦斯喷出的危险区域，在采掘施工前一定要探明地质情况，通过打前探钻孔查明采掘区域前方地质构造、溶洞裂缝的位置分布及其瓦斯储量。

（2）根据瓦斯压力、瓦斯含量和地质采掘条件制定防治瓦斯喷出的设计与安全措施。

（3）利用封堵喷出缝口、引排抽放瓦斯、加强通风等综合方法治理瓦斯喷出。当喷出量小或裂缝不大时可用罩子或铁风筒等设施将喷出的裂缝封堵好，加盖水泥密封并通过管路把瓦斯引排到抽放管路、回风巷或地面。

（二）沿采掘地压生成裂隙喷出的防治

（1）做好地质工作，查清地质构造，掌握层间岩性与厚度变化，邻近层的瓦斯压力与瓦斯含量，地压大小，顶底板的活动规律等。

（2）根据初期卸压面积估算卸压瓦斯量，以确定抽放卸压钻孔的数量及孔位。

（3）加强职工业务培训，掌握瓦斯喷出预兆，配备隔绝式自救器，安设压气自救系统，熟悉避灾路线和仪器使用方法。

（4）做好顶板控制，加强支架质量检查，悬顶过长而不卸压时采取人工卸压措施，以防止大面积突然卸压造成强烈瓦斯喷出。

（5）加强工作面维护，加强通风管理，加大瓦斯检查力度，掌握瓦斯涌出动态与抽放瓦斯动态，以便做好瓦斯喷出预报和预防工作。

## 二、瓦斯爆炸危害的防治

矿井瓦斯爆炸的防治主要有防治瓦斯积聚与超限，防治瓦斯引燃及爆炸，防治瓦斯爆炸事故扩大。

（一）防治瓦斯积聚与超限

瓦斯积聚是指局部空间的瓦斯浓度达到2%，其体积超过0.5 $m^3$ 的现象。防治瓦斯积聚的方法如下：①保证工作面的供风量。所有没有封闭的巷道、采掘工作面和硐室必须保持足以稀释瓦斯规定界限的风量和风速，使瓦斯不能达到积聚的条件。采煤工作面必须保持风路畅通。每个掘进工作面必须有合理的进风和回风路线，避免形成串联通风。对瓦斯涌出量大的煤层或采空区应采取瓦斯抽放措施。②处理采煤工作面回风隅角的瓦斯积聚。在采煤过程中，采煤工作面回风隅角容易积聚瓦斯，应及时有效地处理该区域积聚的瓦斯。处理的方法有挂风障引流法、风筒导风法、移动泵站抽放法、尾巷排放瓦斯法。③处理掘进工作面局部的瓦斯积聚。掘进工作面的供风量一般都比较小，出现瓦斯局部积聚的可能性较大，应特别注意防范，加强监测工作。对于瓦斯涌出量大的掘进工作面尽量使用双巷掘进，每隔一定距离开掘联络巷，构成全负压通风，以保证工作面的通风量。④处理通风异常或瓦斯涌出异常。煤与瓦斯突出常造成短时间内涌出大量瓦斯，易形成高瓦斯区，应注意防范；抽放瓦斯系统停止工作时，必须及时采取增加供风、加强监测直至停产撤人的措施；采煤工作面大面积落煤也会造成大量的瓦斯涌出，应适当限制一次爆破的落煤量和采煤机连续工作的时间。

针对具体地点的瓦斯积聚防治措施如下。

1. 防治盲巷瓦斯积聚

（1）防止产生盲巷，加强地质工作和掘进工作面的通风，保证掘进工作面正常通风，不形成不通风的盲巷。

（2）掘进工作面使用局部通风机，实行“四专”，即专用开关、专用电缆、专用变压器和专人看管。

（3）局部通风机，特别是用于高瓦斯、煤与瓦斯突出或瓦斯涌出异常的掘进工作面的局部通风机，要安装风压遥信自动检测装置。

（4）明确责任，落实到人，实行“三级”排放瓦斯管理制度，并且采取控制瓦斯浓度等一系列措施来防治瓦斯积聚和超限。

2. 防治高冒顶积聚瓦斯

（1）加强通风，稀释局部积聚瓦斯。根据冒顶的高度和范围、积聚的瓦斯量、瓦斯涌出速度等分别采取导风板法、分支导风管法等。

（2）进行充填置换。在冒顶范围比较大并有自然发火危险时，采用此法用惰性物质将冒顶空间充填起来不给瓦斯积聚留有空间。

（3）隔离抽放。在瓦斯涌出量大且速度较快的高冒顶处采用，将冒落空间与巷道用木板隔离，并用专用抽放瓦斯管路从高冒顶处引入矿井抽放系统中进行抽放。

3. 防治采煤工作面瓦斯积聚

（1）进行通风稀释。根据不同的矿井实际情况选择合适的通风方式进行通风。

（2）采用引导风流法进行处理。将不含有瓦斯的风流引入瓦斯积聚的地点，把局部积聚的瓦斯或把瓦斯涌出点涌出的瓦斯流加以稀释冲淡并带走。

（3）采用钻孔抽放法抽放瓦斯防止某区域超限。

4. 防治采煤工作面上隅角瓦斯积聚

（1）当采空区瓦斯涌出量（$<2\sim3\ m^3/min$）上隅角瓦斯浓度超限不多时，通过迫使一部分风流经过工作面上隅角，将该处积聚的瓦斯冲淡排出。

（2）对于没有自燃的煤层，通过合理改变采空区的漏风方法防治瓦斯积聚超限。

（3）改变采煤工作面的风流方向，实行下行通风排除上隅角瓦斯。

5. 防治综合机械化采煤工作面瓦斯积聚

（1）加大工作面的进风量。

（2）适当提高工作面回风流中的瓦斯允许浓度。

（3）降低瓦斯涌出的不均匀性。

（4）对于局部瓦斯积聚的地方如采煤机附近可在采煤机的切割部位安装水力引射器，冲淡瓦斯。

（二）防治瓦斯引燃及爆炸

1. 防治原则

防治瓦斯引燃及爆炸的原则是，对一切非生产必需的热源，要坚决禁绝；严格管理和限制生产中可能发生的火源和热源。引燃瓦斯的火源有明火、爆破、电火花及摩擦火花4种。

2. 防治瓦斯引燃措施

（1）严禁使用明火。井口房、通风机房和抽放瓦斯泵站附近20 m内，不得有烟火等明火；井下和井口房内不得从事电焊、气焊、喷灯焊接等工作，如果必须在井下主要硐室、主要进风巷和井口房内进行电焊、气焊和喷灯焊接等工作，必须遵守《煤矿安全规程》等相关规定。

（2）防止爆破火源。煤矿井下的爆破必须使用符合《煤矿安全规程》规定的煤矿许用炸药；有爆破作业的工作面必须严格执行“一炮三检”的瓦斯检查制度，保证爆破前后的瓦斯浓度在规定界限内；禁止裸露爆破等。

（3）防止电气火源和静电火源。井下电气设备的选用应符合防爆要求，井下严禁带电检修、搬迁电气设备。井下防爆电气在入井前需由专门的防爆设备检查员进行安全检查，合格后方可入井。井下要有接地装置，要坚持使用局部通风机风电闭锁、瓦斯电闭锁装置。井下使用的高分子材料如塑料、橡胶等，其表面电阻应低于其安全限定值。

（4）防止摩擦和撞击火花。随着井下机械化程度的日益提高，机械摩擦、冲击引燃瓦斯的危险性也相应增加。为防止摩擦和撞击火花，在摩擦发热的装置上应安设过热保护装置和温度检测报警断电装置；工作面遇到坚硬夹石时，不能强行截割，应爆破处理。

3. 防治瓦斯爆炸措施

瓦斯本身不燃烧、不爆炸，但它与空气混合达到一定浓度后，遇火能燃烧、爆炸。瓦斯爆炸时会产生3个致命的因素：爆炸火焰锋面、爆炸冲击波和有毒有害气体。瓦斯爆炸不仅造成大量的人员伤亡，而且还会严重摧毁地下矿山设施、中断生产。瓦斯爆炸往往引起煤尘爆炸、火灾、井巷坍塌和顶板冒落等二次灾害。预防瓦斯爆炸技术措施包括4个方面：

（1）防止瓦斯积聚和超限。

（2）严格执行瓦斯检查制度。

（3）采取防止瓦斯引燃的措施。

（4）采取防止瓦斯爆炸灾害扩大的措施。

（三）防治瓦斯爆炸事故扩大

矿井通风系统不合理、通风设施不可靠，矿井自救系统不健全、不完善等将导致瓦斯爆炸事故进一步扩大。应从以下几个方面进行防治：

（1）保证通风系统稳定、合理、可靠。

（2）建立完善可靠的防（隔）爆设施及自救系统，将灾害造成的损失降到最低。

① 用岩粉阻隔爆炸的蔓延。岩粉是不燃性细散粉末，定期将岩粉撒布在积存煤尘的工作面和巷道中，可以阻碍煤尘爆炸的发生和瓦斯煤尘爆炸的传播；

② 用水预防和阻隔爆炸。在巷道中架设水棚的作用和岩粉棚的作用相同，只是用水槽或水袋代替岩粉板棚。水的比热比岩粉高5倍，汽化时吸热并能降低氧的浓度，在爆炸作用下比岩粉飞散快，隔爆效果更好；

③ 自动式抑爆棚。使用压力或温度传感器，在爆炸发生时探测爆炸波的传播，及时

将预先放置的水、岩粉、氮气、二氧化碳等喷洒到巷道中，从而达到自动、准确、可靠地扑灭爆炸火焰，防止爆炸蔓延的目的。

（3）加强管理，严格遵守各项规定。

## 三、煤与瓦斯突出危害的防治

### （一）防治突出的技术措施

防治突出的技术措施主要分为区域性措施和局部性措施。

区域性措施是针对大面积范围消除突出危险性的措施。目前区域性措施主要有 2 种，即开采保护层和预抽煤层瓦斯。

局部性措施主要在采掘工作面执行，对采掘工作面前方煤岩体一定范围消除突出危险性。局部性措施有许多种，如卸压排放钻孔、深孔或浅孔松动爆破、卸压槽、煤体固化、水力冲孔等。

### （二）“四位一体”综合防治突出措施

突出矿井的防突工作必须坚持区域综合防突措施先行、局部综合防突措施补充的原则。严格落实执行区域和局部“四位一体”综合防突措施。区域“四位一体”综合防突措施包括区域突出危险性预测、区域防突措施、区域防突措施效果检验和区域验证等内容。局部“四位一体”综合防突措施包括工作面突出危险性预测、工作面防突措施、工作面防突措施效果检验和安全防护措施等内容。

### （三）安全防护措施

安全防护措施是控制突出危害程度的措施，也就是说即使发生突出，也要使突出强度降低，对现场人员进行保护不致危及人身安全，如采取避难硐室、远距离爆破等措施，使用反向防突风门、压风自救装置、隔离式自救器等。

## 四、瓦斯窒息危害的防治

瓦斯窒息是由于瓦斯积聚超限导致氧气含量下降，人员进入瓦斯含量高的缺氧巷道而引起窒息事故。对于瓦斯窒息危害的防治，必须从减少瓦斯含量、防止其过量方面采取措施。

（1）矿井必须有完整的独立通风系统。

（2）矿井必须按照《煤矿安全规程》规定，设计、供给用风地点的风量，严禁风量不足时作业和超通风能力生产。

（3）采区必须有独立的回风巷道实现分区通风。在准备采区时，必须在采区构成通风系统后方可开掘其他巷道。采煤工作面必须构成全风压通风系统后方可开采。

（4）采煤工作面和掘进工作面都应实行独立通风。

（5）全矿各单位及井下作业人员必须协助通风部门做好矿井通风工作，保护矿井通风设施，严禁不经通风部门同意私自拆除通风设施或风门闭锁装置，严格按规定开启和关闭风门，防止风流短路，造成瓦斯积聚。

（6）对员工进行定期培训，让其熟悉瓦斯窒息的危害和自救措施。

## 第四节 瓦 斯 检 测

瓦斯检测实际上是指甲烷检测，主要检测甲烷在空气中的体积浓度。地下矿山瓦斯检测方法有实验室取样分析法和井下直接测量法两种。使用便携式瓦斯检测报警仪，可随时检测作业场所的瓦斯浓度，也可使用瓦斯传感器连续实时地监测瓦斯浓度。

煤矿常用的瓦斯检测仪器，按检测原理分类有光学式、催化燃烧式、热导式、气敏半导体式等，可以根据使用场所、测量范围和测量精度等要求，选择不同检测原理的瓦斯检测仪器。

### 一、光干涉瓦斯检定器

光干涉瓦斯检定器主要用于检测甲烷和二氧化碳浓度，检测范围为0～10%、0～40%和0～100%。

### 二、热催化瓦斯检测报警仪

热催化瓦斯检测报警仪主要检测低浓度甲烷，检测范围为0～5%。

### 三、智能式瓦斯检测记录仪

智能式瓦斯检测记录仪主要检测甲烷浓度，以单片机为核心，以载体催化元件及热导元件为敏感元件，用载体催化元件检测低浓度甲烷、热导元件检测高浓度甲烷，实现0～99%甲烷的全量程测量，并能自动修正误差。

### 四、瓦斯、氧气双参数检测仪

瓦斯、氧气双参数检测仪装有检测甲烷和氧气两种敏感元件，同时连续检测甲烷和氧气浓度。最新研制出四参数检测仪，同时测定甲烷、氧气、一氧化碳和温度。一氧化碳测量范围为0～0.0999%，甲烷测量范围为0～4%，氧气检测范围为0～25%，温度检测范围为0～40 ℃。

### 五、瓦斯报警矿灯

在矿灯上附加一个瓦斯报警电路，即为瓦斯报警矿灯。仪器以矿灯蓄电池为电源，具有照明和瓦斯超限报警两种功能。现有数十种不同结构形式的产品，从报警电路的部位看，早期产品将电路装于蓄电池内，近期产品则将电路置于头灯或矿帽上。有的装在矿帽前方，有的装在矿帽后部，还有的装在矿帽两侧。

一氧化碳检测报警仪能连续或点检测作业环境的一氧化碳浓度，仪器开机即可检测，检测范围为0～0.2%。

# 第四章　矿井火灾防治

## 第一节　矿井火灾基础知识

矿井火灾是指发生在矿井地面或井下，威胁矿井生产，造成损失的一切非控制性燃烧。例如，矿井工业场地内的厂房、仓库、储煤场、井口房、通风机房、井巷、采掘工作面、采空区等处的火灾均属矿井火灾。

### 一、矿井火灾的分类及特点

矿井火灾的分类，根据发火性质、发火地点、燃烧物的种类和热源的不同，有不同的分法。按发生的地点不同，可将矿井火灾分为地面火灾和井下火灾。按发火性质不同，可将矿井火灾分为原生火灾和次生火灾。按发火地点和对矿井通风的影响大小不同，可将矿井火灾分为上行风流火灾、下行风流火灾和进风流火灾。按燃烧物不同，可将矿井火灾分为煤炭燃烧火灾、坑木燃烧火灾、炸药燃烧火灾、机电设备（电缆、胶带、变压器、开关、风筒）火灾、油料火灾及瓦斯燃烧火灾等。按热源不同，可将矿井火灾分为内因火灾和外因火灾。这里主要按热源的不同对矿井火灾进行分类，介绍内因火灾和外因火灾及其特点。

（一）内因火灾

内因火灾也叫自燃火灾，是指一些易燃物质（主要指煤炭）在一定条件和环境下（破碎堆积并有空气供给），自身发生物理化学变化聚集热量、温度升高而导致着火所形成的火灾。

内因火灾的主要特点如下：

（1）一般都有预兆。有烟、有味道，烟雾多呈云丝状，有煤油味、焦油味；作业场所温度升高；一氧化碳或二氧化碳浓度升高，作业人员感觉头痛、恶心、四肢无力等都是内因火灾的预兆。

（2）多发生在隐蔽地点。内因火灾大多数发生在采空区、终采线、遗留的煤柱、破裂的煤壁、煤巷的高冒处、人工顶板下及巷道中任何有浮煤堆积的地方。

（3）持续燃烧的时间较长。

（4）发火率较高。开采一些容易自燃或自燃煤层时会经常发火。尽管内因火灾不具有突发性、猛烈性，但由于发火次数较多，且较隐蔽，因此，更具有危害性。

（二）外因火灾

外因火灾也叫外源火灾，是指由于明火、爆破、电气、摩擦等外来热源引起的火灾。

外因火灾的主要特点如下：

（1）发生突然、来势凶猛，如发现不及时，处理不当，往往会酿成重大事故。

（2）往往在燃烧物的表面进行，因此容易发现，早期的外因火灾较易扑灭。要求井下作业人员发现外因火灾时，必须及时采取有效措施进行灭火，不要等到火势较大后再进行灭火，那样困难就大得多。

（3）多数发生在井口房、井筒、机电硐室、爆炸材料库、安装机电设备的巷道或采掘工作面等地点。

## 二、内因火灾的预防

### （一）煤炭自燃的条件

煤炭自燃是一个复杂的物理化学过程，是矿井火灾控制管理中的一个重要方面，煤炭自燃是煤长期与空气中的氧接触，发生的一个自加速的氧化放热反应，氧分子首先在煤表面形成物理、化学吸附热，使煤体温度缓慢上升，而温度的升高促使氧分子克服势阻与煤分子表面活性官能团发生深度氧化分解反应，生成小分子气体，并释放大量反应热，这些热量在煤体内部积聚起来，最终导致了煤炭的自燃。一般来说，只有同时具备了下列4个基本条件煤炭自燃才会发生。

1. 煤具有自燃倾向性

煤炭自燃倾向性是煤的一种自然属性，它取决于煤在常温下的氧化能力，是煤层发生自燃的基本条件。《煤矿安全规程》第二百六十条规定，煤的自燃倾向性分为容易自燃、自燃、不易自燃3类。新设计矿井应当将所有煤层的自燃倾向性鉴定结果报省级煤炭行业管理部门及省级煤矿安全监察机构。生产矿井延深新水平时，必须对所有煤层的自燃倾向性进行鉴定。

2. 有连续的通风供氧条件

氧气的存在是煤发生自燃的必要条件，只有含氧量较高的风流持续稳定的情况下（一般认为氧含量至少12%），煤自燃过程才能够持续并最终可能造成自燃，煤矿经常采用的注浆防灭火措施主要作用就是隔绝氧气。

3. 破碎状态堆积热量积聚

煤氧化产生的热量能否积聚主要取决于破碎状态的煤堆积的厚度和是否有有利于热量积聚的合适风流速度（一般认为风速为0.1～0.24 m/min）。

4. 持续一定的时间

影响煤自然发火期的因素有很多，比如煤的内部结构和物理化学性质、被开采后的堆积状态参数（分散度）、裂隙或空隙度、通风供氧、蓄热和散热等，因而实现其准确测定难度较大，现场记录该值一般为十几天、几个月甚至长达十几个月。

### （二）煤炭自然发火及其特点

1. 自然发火的定义

在理论上，自然发火是指有自燃倾向性的煤层被开采破碎后在常温下与空气接触，发生氧化，产生热量使其温度升高，出现发火和冒烟的现象。出现下列现象之一的为自然发火：①煤因自燃出现明火、火炭或烟雾等现象；②由于煤炭自热而使煤体、围岩或空气温度升高至70℃以上；③由于煤炭自热而分解出CO、$C_2H_4$（乙烯）或其他指标气体，在空气中的浓度超过预报指标，并呈逐渐上升趋势。

2. 煤层自然发火期

从（火源处的）煤层被开采破碎、接触空气之日起，至出现上述定义的自燃现象或温度上升到自燃点为止，所经历的时间叫煤层的自然发火期，以月或天为单位。煤的自然发火期是对煤矿矿井某一煤层自然发火观察和记录的数据中的一个最短时间值，故也称最短自然发火期。煤的自然发火期是煤的内在条件与外在条件的综合反映，取决于煤的内部结构和物理化学性质、被开采破坏后的堆积状态参数（分散度）、裂隙或空隙率、通风供氧、蓄热和散热等外部环境因素。

3. 煤自然发火的征兆

（1）温度升高。通常表现为煤壁温度升高、自燃区域的出水温度升高和回风流温度升高，这是由于煤氧化自燃进入自热阶段放热所致。

（2）湿度增加，通常表现为煤壁“出汗”、支架上出现水珠等，这是因为煤在自燃氧化过程中生成和蒸发出一些水分，遇温度较低的空气或介质重新凝结形成水珠或雾气；出现煤焦油味，这是因为火源中心点的水分蒸发殆尽后，由于供氧不足而进入干馏阶段，释放出具有煤焦油味的气体所致。

（3）人体感到不适或出现某些症状。自然发火过程中释放出大量的 CO、$SO_2$、$H_2S$ 等有害气体，人们吸入后往往感到头痛、疲乏、昏昏欲睡、四肢无力等症状。

（4）出现烟雾或明火。自然发火发展到一定程度时，会出现烟雾或明火，此时处理措施一定要谨慎、得当，以免引燃、引爆瓦斯，造成非常严重的后果。

4. 采空区三带划分

U 形通风采煤工作面（一源一汇）的采空区，按漏风大小和遗煤发生自燃的可能性，采空区可分为三带：散热带Ⅰ（宽度为 $L_1$）、自燃带Ⅱ（宽度为 $L_2$）和窒息带（不自燃带）Ⅲ，如图 4－1 所示。

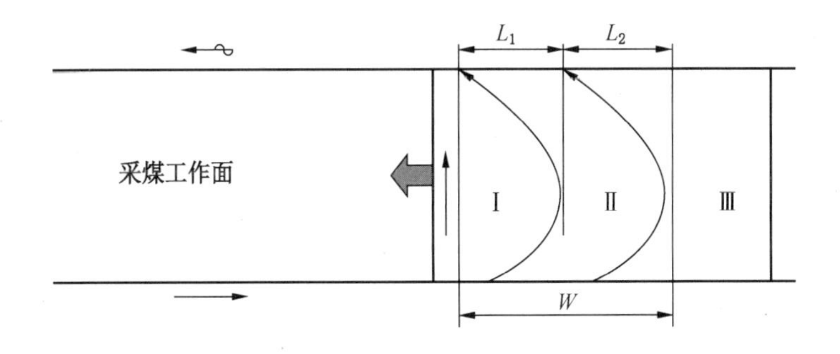


图 4－1 采空区散热、自燃、窒息三带分布示意图

靠近工作面的采空区内垮落岩石处于自由堆积状态，空隙率大、漏风大、散热条件好，遗煤的氧化生热不能蓄积，叫散热带，其宽度大约 5～20 m。自燃带Ⅱ中岩石的空隙率较小，因而漏风小，蓄热条件较好，如果该带的条件保持时间超过其自然发火期，就可能自燃，故此带称为自燃带。其宽度取决于顶板岩性、工作面推进速度、漏风压差等，一

般宽度为 20 ~ 70 m。从自燃带再向采空区深部延伸，便是窒息带Ⅲ。由于该带距工作面较远，漏风甚小或消失，氧浓度低，不具备自燃条件。故此带处于惰化状态，已经发生自燃的遗煤也能窒息，故叫窒息不自燃带。

理论上，一些研究者提出确定划分三带的指标有 3 种：

（1）采空区漏风风速 $v$。$v > 0.9$ m/s 为散热带Ⅰ；$0.9\ \text{m/s} \geqslant v \geqslant 0.02$ m/s 为自燃带Ⅱ；$v < 0.02$ m/s 为窒息带Ⅲ。

（2）采空区氧浓度（$C$）分布。$C < 8\%$ 为窒息带Ⅲ；$C \geqslant 8\%$ 为自燃带Ⅱ。

（3）采空区遗煤温升速度。$\Delta t > 1$ ℃/$d$ 为自燃带Ⅱ。

由于缺少深入的理论研究和试验结果，此指标目前尚难以应用。

采空区三带划分的指标值随煤层变质程度、厚度、倾角、开采工艺等因素的不同而变化，需根据矿井具体条件实测获得。

5. 煤的自燃过程及其特点

煤炭的自燃过程按其温度和物理化学变化特征，分为潜伏（准备）期、自热期、燃烧期三个阶段，如图 4 -2 所示。图中虚线为风化进程线。

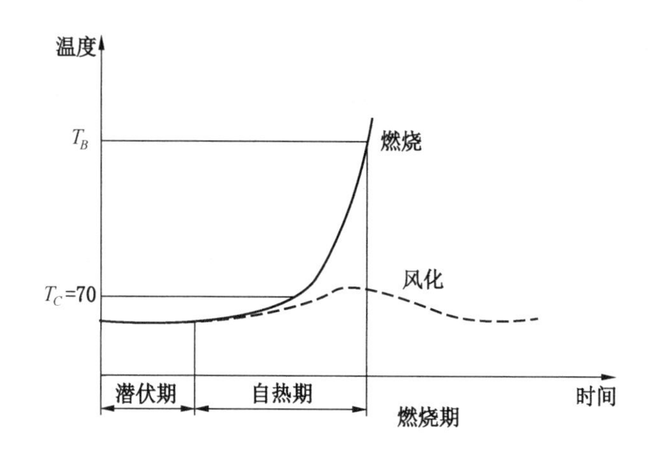


图 4 -2 煤自燃过程温度与时间关系

1）潜伏（准备）期

自煤层被开采、接触空气起至煤温开始升高的时间区间称为潜伏期。在潜伏期，煤与氧的作用是以物理吸附为主，放热很小，无宏观效应；经过潜伏期后煤的燃点降低，表面的颜色变暗。

潜伏期长短取决于煤的分子结构、物化性质。煤的破碎和堆积状态、散热和通风供氧条件等改善这些条件可以延长潜伏期。

2）自热期

从煤温开始升高至其温度达到燃点 $T_B$ 的过程叫自热期。自热过程是煤氧化反应自动加速、氧化生成热量逐渐积累、温度自动升高的过程。其特点是：①氧化放热较大，煤温及其环境（风、水、煤壁）温度升高；②产生 CO、$CO_2$ 和碳氢类（$C_mH_n$）气体产物，并散发出煤油味和其他芳香气味；③有水蒸气生成，火源附近出现雾气，遇冷会在巷道壁面上凝结成水珠，即出现所谓“挂汗”现象；④微观结构发生变化。

在自热期，若改变了散热条件，使散热大于生热，或限制供风，使氧浓度降低至不能满足氧化需要，则自热的煤温降低到常温，称之为风化，如图4－2中的虚线部分。风化后煤的物理化学性质发生变化，失去活性，不会再发生自燃。

3）燃烧期

煤温达到其燃点 $T_B$ 后，若能得到充分的供氧（风），则发生燃烧，出现明火，这一时期称为燃烧期。这时会生成大量白的高温烟雾，其中含有 $CO$、$CO_2$ 以及碳氢类化合物。若煤温达到自燃点，但供风不足，则只有烟雾而无明火，此为干馏或阴燃。煤炭干馏或阴燃与明火燃烧稍有不同，$CO$ 多于 $CO_2$，温度也较明火燃烧要低。

（三）煤炭自燃的预测预报

1. 预测预报指标

我国的煤炭自燃的预测预报主要采用气体分析法。最新研究成果表明，可以使用 $CO$、$C_2H_4$ 及 $C_2H_2$ 等指标预测预报煤炭自燃情况。煤炭自燃分为3个阶段：缓慢氧化阶段、加速氧化阶段和出现明火的激烈氧化阶段。其中，由于煤在低温缓慢氧化过程中 $CO$ 生成量与煤温之间有十分密切的关系，因此一般以地下矿山风流中只出现 $10^{-6}$ 级的 $CO$ 作为主要检测早期自然发火的指标气体。随着煤的继续升温，煤炭自燃进入加速氧化阶段时，$10^{-6}$ 级的烯烃气体 $C_2H_4$ 逐渐由煤体氧化分解产生。当 $10^{-6}$ 级的 $C_2H_2$ 产生时，表明煤已进入发生高温裂解的激烈氧化阶段，常常出现明火。

2. 束管监测系统

井下煤层自然发火直接影响煤矿安全生产，瓦斯矿井煤层自然发火严重时可能会引起矿井瓦斯爆炸。如何准确监测、预报煤层自然发火，为煤矿防灭火提供科学依据，是当前煤炭安全生产的重要任务之一。

束管监测系统是一套能自动对井下环境中 $O_2$、$N_2$、$CO$、$CO_2$、$CH_4$、$C_2H_4$、$C_2H_2$、$C_2H_6$ 等气体含量的变化实现24 h连续、循环监测的系统，通过烷烯比、链烷比的计算，从而实现煤炭自燃早期检测和预测预报，为煤矿自燃火灾和矿井瓦斯事故的防治提供科学依据。

束管监测系统利用真空泵，通过一组空心塑料管将井下监测地点的空气直接抽至分析单元中进行检测。束管监测系统主要由采样系统（除尘器、接管箱、放水器、抽气泵）、气体采样控制器、气体分析单元、微机系统等组成。

（1）采样系统。采样系统主要由抽气泵、管路组成。管路一般采用聚乙烯塑料管，在采样管的入口装有干燥粉尘和水汽捕集器等净化和保护单元。在管路的适当位置装有贮放水器，以排除管中的冷凝水，整个管路要绝对严密，管路上装有真空计指示管路的工作状态。

（2）气体采样控制器。气体采样控制器由微机系统控制实现井下采样点进行循环采样。

（3）气体分析单元。气体分析单元一般使用气相色谱仪、红外气体分析仪等仪器。

（4）微机系统。微机系统控制井下气体采样、存储并处理气体分析仪发送来的数据，控制输出设备。

束管监测系统采用束管采样，色谱分析，无须任何电化学传感器；检测气体种类多、精度高，可及时准确地预测火源温度变化情况；系统自动控制、连续循环监测；运用数据库技术，可对历史数据进行分析比较，并且可实现分析数据共享。

最早的ASZ系列束管监测系统的抽气泵、采样控制系统和分析单元都在井上，井下监测点的气样必须抽至地面才能进行分析，监测距离通常小于10 km。对于井田范围较大的矿井，该系统管路接头多，抽气负压大，管路系统维护困难，容易造成漏气，使采集的气样失真，影响煤炭自燃预测预报的准确性。为了解决这一问题，近年来研制出的正压束管监测系统，将束管检测和煤矿环境监测相结合，将抽气泵、采样控制系统、分析单元移至井下较近的硐室，井下分析单元的分析结果和其他检测信号通过变送器发送至地面中心监测站或集中检测中心，这种系统有力地解决了原来的监测系统故障率高、管理维护困难的问题。

(四) 煤炭自燃的预防技术

自燃火灾多发生在风流不畅通的地点，如采空区、压碎的煤柱、巷道顶煤、断层附近、浮煤堆积处等，给煤矿安全生产带来极大的影响。预防自燃火灾的措施主要有开拓开采技术措施、灌浆防灭火、阻化剂防灭火、凝胶防灭火、均压防灭火、惰性气体防灭火、防止漏风等。

1. 开拓开采技术措施

研究和总结我国煤矿自燃火灾发生的规律发现，由于开采技术和管理水平的不同，会导致开采自燃倾向性相同的煤层的不同矿井，或同一矿井的不同采区，甚至同一采区的不同工作面，自然发火次数有明显的不同。矿井的开拓方式、采区巷道的布置方式、回采方法、回采工艺、通风系统选择以及技术管理水平等因素，对煤层的自燃起着决定性的作用。防止自燃火灾对于开拓开采的要求是：提高采出率，减少煤柱和采空区遗煤，破坏煤炭自燃的物质基础；加快回采速度，回采后及时封闭采空区，缩短煤炭与空气接触的时间，减少漏风，消除自燃的供氧条件，破坏煤炭自燃的过程。

2. 灌浆防灭火

灌浆就是将不燃性材料和水按一定比例配成浆液，利用高度差产生的静压或水泵加压，将浆液经输浆管路输送至可能发生自燃的采空区。浆液中的固体物沉降下来，水则经巷道排出。这种预防采空区遗留煤炭自燃的措施，叫作预防性灌浆，是我国目前广泛采取的一种预防煤炭自燃的措施。

预防性灌浆的方法很多，按灌浆与回采在时间上的关系，可分为采前预灌、随采随灌和采后封闭灌浆3种。

(1) 采前预灌。采前预灌是在工作面尚未回采之前对其上部的采空区进行灌浆。这种灌浆方法适用于开采特厚煤层，以及采空区多且极易自燃的煤层。

(2) 随采随灌。随采随灌即在回采的同时向采空区灌浆，用来防止工作面后方采空区遗留煤炭的自燃，它适用于自燃倾向性强的长壁工作面。随采随灌可分为埋管灌浆、插管灌浆、向采空区洒浆和钻孔灌浆等方法。随采随灌的优点是灌浆及时，效果好，故适用于自然发火期短的煤层。但泥浆有可能流到工作面而影响生产，在运输巷中常积水，恶化工作环境。

（3）采后封闭灌浆。当煤层的自然发火期较长时，为避免采煤、灌浆工作互相干扰，可在一个区域（工作面、采区、一翼）采完后，封闭上下出口进行灌浆，即为采后灌浆。采后灌浆的目的：一是充填最易发生自燃火灾的终采线空间，二是封闭整个采空区。

3. 阻化剂防灭火

采用灌浆预防煤层自燃，在矿区水、土（或其他浆材）资源充裕的条件下，是一种较好的方法。但对缺土少水的地区，灌浆用水无法得到保证，阻化剂防灭火就具有十分重要的意义。

阻化剂是抑制煤氧结合、阻止煤氧化的化学药剂。阻化剂防灭火就是将阻化剂喷洒于煤壁、采空区或压注入煤体之内，以抑制或延缓煤炭的氧化，达到防止自燃的目的。

目前所使用的阻化剂，多数为吸水性很强的无机盐类，如氯化钙、氯化镁、氯化锌等，它们附着在煤的表面时，能够吸收空气中的水分，在煤的表面形成含水的液膜，使煤体表面不与氧气接触，起到阻化的作用。同时，这些吸水性很强的盐类能使煤炭长期保持含水潮湿状态，水分的蒸发可吸收热量降温，使煤体在低温氧化时的温度不能升高，从而抑制了煤的自热和自燃。由此可见，阻化剂防灭火实际上是进一步扩大和利用了“以水防火”的作用。

4. 凝胶防灭火

凝胶防灭火是20世纪90年代在我国煤矿广泛应用的新型防灭火技术。矿井防灭火常用的凝胶是以水玻璃为基料，以碳酸氢铵为促凝剂，两种材料的水溶液混合后，经化学反应形成的胶体。凝胶在成胶前是液体，具有流动性，可渗入煤体缝隙中；成胶后充填空洞、裂隙，包裹松散煤体，隔绝空气，预防煤炭自燃；胶体含有大量的水，可吸热降温，且遇高温不易消失，也无毒。因此，胶体材料是一种比较理想的防灭火材料。

凝胶主要由基料和促凝剂组成，凝胶基料在井下起防灭火的作用。一般硅凝胶最符合煤矿井下煤层自燃防治的要求。硅是无机材料，硅凝胶是 $SiO_2 \cdot H_2O$ 的胶体，在高温下失水成为 $SiO_2$ 和水蒸气，吸收大量的热，无毒无害，不污染环境，对设备没有腐蚀性，热稳定性好，并且可以形成 $Si(OH)_4$，因此煤矿上应用较为广泛。一般以水玻璃作为硅胶的基料，水玻璃的化学名称为硅酸钠（俗称泡花碱），它的化学分子式为 $Na_2O \cdot nSiO_2$ 或 $Na_2SiO_2$，它是氧化钠和二氧化硅按一定比例在高温下结合而形成的非单一化合物。水玻璃有固态和液态两种，固态水玻璃必须在高温高压下才能溶化成液态，故井下只能采用液态水玻璃。促凝剂的作用是使水玻璃的水溶液能快速生成 $Si(OH)_4$ 胶体，这样才能用于井下防灭火。

5. 均压防灭火

均压防灭火即设法降低采空区区域两侧风压差，从而减少向采空区漏风供氧，达到抑制和窒息煤炭自燃。实践证明，均压防灭火技术与其他防灭火措施（阻化剂、灌浆、惰气、密闭等）相比具有以下特点：可以在不影响工作面生产的前提下实施及采用；均压通风加强了密闭区的气密性，减少了采空区的漏风，从而加速了密闭区（或采空区）空气的惰化；工程量小、投资少、见效快。

均压防灭火的原理：在建立科学合理的通风网络的基础上和保持矿井主要通风机运转

工况合理的条件下，通过对井下风流有意识地进行调整，改变相关巷道的风压分布，均衡火区或采空区进回风两侧的风压差，减少或杜绝漏风，使火区或自燃隐患点处的空气不产生流动和交换，减弱或断绝氧气的供给，达到惰化、窒息火区或自燃隐患点，抑制煤炭自然发火的目的。均压防灭火的实质是通过风量合理分配与调节，达到降压减风、堵风防漏、管风防火、以风治火的目的。

6. 惰性气体防灭火

可以被用作矿井防灭火的惰性气体主要有氮气（$N_2$）、二氧化碳（$CO_2$）和燃烧产生的惰性气体。

1）氮气防灭火技术

氮气是一种无毒的不可燃气体，在标准状态下，密度为 1.25 kg/m$^3$，相对空气密度为 0.97；无腐蚀性，化学性质稳定，－195.8 ℃时可液化成液态氮。液氮与氮气相比，具有体积小（0 ℃时两者体积比为 1/647）、运输量小等优点。

煤的自然发火是一个氧化反应的过程，充足的氧气供给是煤自然发火发生和持续发展的必要条件。当氧气浓度小于 3% 时，任何物质的燃烧将不能持续进行。氮气防灭火技术就是将氮气送入拟处理区，使该区域内空气惰化，氧气浓度小于煤自然发火的临界氧浓度，从而防止煤氧化自燃，或使已经形成的火区窒息的防灭火技术。

与传统的灌浆、河砂充填防灭火方法相比，氮气防灭火的优点是：工艺简单，操作方便，易于掌握；惰化区域广，对火区内的设备无腐蚀和损坏；灭火速度快，启封容易，设备撤出方便，恢复生产早，成本低；可节省管材、木材和人力。

氮气防灭火存在的问题如下：

（1）氮气注入防治区后容易泄漏，不像注浆和注砂那样可长期滞留于防治区，隔氧性较差，因此在注氮防灭火的同时，应采取堵漏措施。

（2）氮气热容量小，吸热降温效果差，扑灭火灾后，火区温度仍然很高，随着氮气的泄漏，复燃的可能性很大，使火区完全熄灭时间相当长。

（3）氮气是一种窒息性气体，采煤工作面采空区注氮防灭火泄漏量过大，会引起工作面氧气下降，发生人员窒息事故。因此，注氮防火的工作面应安装束管检测系统。

目前，世界各国制取氮气均以空气作为原料气，这种原料气的供给是无限量的，而且不计成本。制取氮气的方法主要是采用空分技术，即将空气中的氮气和氧气分离而得到较高浓度的氮气。我国制取氮气主要有深冷空分、变压吸附和膜分离 3 种方法。深冷空分制氮装备庞大，固定资产投资较高，需要较大的固定厂房，因而逐步被变压吸附和膜分离的方法所代替。

2）二氧化碳防灭火技术

二氧化碳的密度相对于空气是 1.529，密度为 1.976 kg/m$^3$（0 ℃，1 个大气压），利用其密度大的特点可以用来应对矿井中发生在位置比较低时的火灾。在熄灭底部的火时，可快速沉入底部而挤出氧气形成致密保护层和堆积层，且二氧化碳的抑爆性能优于氮气；但缺点是二氧化碳易溶于水和比较容易吸附于煤体上，因此会加大气态二氧化碳的损失。

煤炭吸附二氧化碳的能力和速度都是大大优于吸附其他气体的，在井下多种气体同时存在的条件下，二氧化碳可以更多更快地吸附于煤炭，对煤体形成包裹，进而对煤氧复合起到有效的阻化作用，抑制煤炭氧化自燃。比较惰性气体二氧化碳和氮气，前者吸附于煤的能力和速度是远优于后者的，所以二氧化碳的阻化性能更好，从而更多地被用于煤炭自燃火灾防治实践中。

在常温、常压条件下，二氧化碳为气态，在一定临界压力以上是液态，在灭火系统贮存容器中的二氧化碳是以液气两相共存，其压力随着温度的升高而增加。

此外，当二氧化碳从贮存容器中释放出来，压力会骤然下降，二氧化碳迅速由液态转化为气态，又因焓降的关系，温度会急剧下降，当其温度在 -56 ℃以下时，气态的二氧化碳有一部分会转变成微细的固体粒子，也就是干冰，它的温度一般为 -78 ℃。干冰吸取其周围的热量而升华，即产生冷却燃烧的作用。所以，在实际的矿井火灾防治过程中，一般采用注入液态二氧化碳的方式。将二氧化碳注入火区后，可降低氧气含量，使火区因缺氧而窒息。此外，液态二氧化碳和固态二氧化碳在气化和升华过程中会吸收大量的热，使火区温度下降，加快火区的熄灭。因此，液态二氧化碳用于煤层火灾防治实践中，除具有惰气防灭火作用的共性外，还具有以下特点：

（1）二氧化碳比空气的密度大，当其从贮存系统中喷放并汽化后，在熄灭底部火灾时，可快速沉入底部而挤出氧气，并在火区内扩散充满其空间，使火区内氧气浓度急速下降，此时防灭火效果比氮气更好。

（2）液态二氧化碳内没有氧气，纯度可以达到100%，而氮气最高达到97%，含氧3%以上，因此向煤层自燃高温火区内压注二氧化碳时，防灭火效果优于氮气，可完全避免在注入惰气时可能带入氧气而造成的不利影响。

（3）液态二氧化碳温度低，到达防灭火地点后，注入高温火区的二氧化碳气体，不仅具有对火区惰化和抑爆的能力，而且气化可以吸收大量的热，从而降低火区温度，利于灭火。此外，二氧化碳产气系统易具有模块化、组合式结构，气体产量多，可达 1000 ~ 2000 $m^3/h$ 以上，灌注速度极快，能快速发挥防灭火作用。

基于以上原因，二氧化碳在防灭火实践工作中起到了良好的效果。

3）燃烧产生的惰性气体防灭火技术

将火区封闭后，火区内的氧气将被消耗而成为烟气。烟气的主要成分是二氧化碳、氮气和水蒸气，这样的混合气体可看作窒息火区的惰性气体，会使火区惰化，使火熄灭。但是，这样的混合气体可能含大量的可燃性气体，如果有新鲜空气进入，就可能发生爆炸。

直接利用火灾气体灭火，因实际使用困难，很少采用，但可采用燃油燃烧的惰气灭火。目前，国内外矿山救护队一般装备有用燃油燃烧的惰气发生装置，该装置已成为扑灭受限空间火灾的重要技术装备之一。惰气发生装置的特点是产生的惰气量大，如燃烧煤油的喷气式发动机，当燃烧速率为 0.7 kg/s 时，会产生 30 $m^3/s$ 的惰性烟气，发动机在产生大量烟气的同时，还会产生约 30 MW 的电力，可以做其他用途。为使惰气发生装置灭火性能更优，需用水对烟气进行冷却处理，经冷却的湿式惰气注入火区，可快速控制火势、窒息火区。

7. 防止漏风

矿井漏风是影响矿井安全生产的隐患之一。它不仅浪费通风能量，降低矿井有效通风量，使用风地点供风不足，而且在有煤层自然发火危险的矿井中，连续供氧可加速采空区、密闭区等处煤的氧化，容易造成这些地点的煤炭自燃、有害气体侵入、瓦斯异常涌出等事故。因此，有效检测矿井的漏风分布，以便采取针对性的措施消除或减少漏风，是保证矿井安全生产的重要手段。

煤矿井下漏风状况极其复杂多样，国内外学者经过大量的研究、试验，得以将示踪剂技术应用于矿井漏风检测中。目前普遍采用的是 $SF_6$ 示踪气体，通过分析，在可能的漏风源处，释放一定量的 $SF_6$ 示踪气体，通过检测沿途风流中 $SF_6$ 示踪气体浓度的变化情况，计算出漏风量的大小，从而进一步找出矿井漏风分布规律。

通过示踪气体检测到漏风情况后，根据分析结果进行堵漏。堵漏就是人为地增加漏风通道的风阻，以减少或防止漏风。常用的堵漏方法有挂帘堵漏、夹缝密闭墙堵漏、水泥砂浆喷涂堵漏、注砂堵漏、粉煤灰充填堵漏、隔绝堵漏、泡沫堵漏、高水速凝材料堵漏等。

## 三、火灾事故处理

矿井火灾发展到明火阶段时，可能出现一些特殊现象，这些现象可扰乱矿井的正常通风，可使全矿或局部的风向、风量发生变化，对安全工作威胁很大，对火灾处理造成很大困难。为了防止这些现象的发生或者在这些现象发生后尽量地避免或减少人员伤亡，必须控制风流，在相应的条件下改变风向和风量。

处理火灾时的控风方法有正常通风、减少风量、增加风量、火烟短路、反风、停止主要通风机运转。处理矿井火灾时，要根据火源位置，火灾波及范围，遇险及受威胁人员所处的位置等具体情况合理控风。

### （一）地下矿山火灾事故救护原则

处理地下矿山火灾事故时，应遵循以下基本技术原则：控制烟雾的蔓延，不危及井下人员的安全；防止火灾扩大；防止引起瓦斯、煤尘爆炸；防止火风压引起风流逆转而造成危害；保证救灾人员的安全，并有利于抢救遇险人员；创造有利的灭火条件。

### （二）风流控制技术

#### 1. 正常通风

当火灾发生在比较复杂的通风网络中，救灾人员难以摸清火区的具体情况，或者矿井火灾发生在回风大巷中，改变通风方法可能会造成风流紊乱，增加人员撤退的困难，也可能出现瓦斯积聚等后果，此时应正常通风，即保持原有的通风系统、保持原有的风向及风量，稳定风流，否则会出现意想不到的后果。除此之外，在以下几种情况下都应保持正常通风：

（1）当火源的下风侧有遇险人员尚未撤出或不能确定遇险人员是否已遇难时。

（2）当采掘工作面发生火灾，并且实施直接灭火时。

（3）当改变通风方法可能造成火灾从富氧燃烧向富燃料燃烧转化时。

#### 2. 减少风量

处理火灾时，一般不要轻易减少火区的供风量，也不能停止向火区供风，这是处理火灾事故应遵循的基本原则。因为此时会导致富燃料类火灾的出现，产生火源烟流滚退现象，增加了气体可燃物爆炸的危险和救灾的难度。但是，处理火灾的最终目的是扑灭火灾、减少人员伤亡、尽快恢复生产，在具体行动上主要目的一是要保证救灾人员的安全，二是尽量避免出现富燃料燃烧，在某些特殊的环境下，当采用其他控风方法会使火势扩大，现场可燃气体浓度增加时，也可考虑减少风量的办法，但要慎用，且必须采取相应的安全措施。如灾区范围内要停产撤人，设专人严密监视瓦斯等气体变化情况，特别是瓦斯。在减少风量的过程中，若发现瓦斯浓度上升，应立即停止使用减少风量的办法，恢复正常通风，必要时还可增加风量，以冲淡和排出瓦斯。

3. 增加风量

增加风量和减少风量一样，也应慎重考虑，否则会适得其反。但在以下几种情况下应首先考虑增加风量：

（1）火区内或其回风流中瓦斯浓度升高。

（2）火区内出现火风压，呈现风流可能发生逆转现象。

（3）在处理火灾过程中发生瓦斯爆炸后，灾区内遇险人员未撤出时。

4. 火烟短路

火烟短路就是利用通风设施进行风流调节，把火烟和一氧化碳直接引入回风，减少人员伤亡。火烟短路也是处理火灾中常用的方法，最常用的实现火烟短路的方法是打开进回风井巷间的风门。

5. 反风

反风分为全矿性反风和局部反风两种。

全矿性反风一般适用于当矿井进风井口、井筒、井底车场、中央石门等地点，或者距矿井入风井口较近的地区出现火灾时。

局部反风主要用于采区内发生火灾时，主要通风机仍保持正常运行，通过调整采区内预设风门的开关状态，实现采区内部部分巷道风流的反向。如果火灾发生在某一采区或工作面的进风侧，应当采用局部反风措施，防止烟流进入人员汇集的工作地点，减少灾害损失。

反风是一项技术性很强的决定，应慎重考虑反风后果，特别是多回风井通风的矿井涉及问题很多。如果决定反风，首先要撤出原进风系统的人员，并让全体救灾人员知道，同时设法通知井下人员，井口要设置安全岗哨，控制入井人员。

（三）火灾的常用扑救方法

（1）直接灭火方法。用水、惰性气体、高倍数泡沫灭火器、干粉、砂子（岩粉）等，在火源附近或离火源一定距离直接扑灭地下矿山火灾。

（2）隔绝灭火方法。是在通往火区的所有巷道内构筑防火墙，将风流全部隔断，阻止空气的供给，使地下矿山火灾逐渐自行熄灭。

（3）综合灭火方法。先用密闭墙将火区大面积封闭，待火势减弱后再逐步缩小火区范围，然后打开密闭墙用直接灭火方法进行直接灭火。

## 四、火区封闭、管理和启封

（一）火区封闭

当防治火灾的措施失败或因火势迅猛来不及采取直接灭火措施时，就需要及时封闭火区，防止火灾势态扩大。火区封闭的范围越小，维持燃烧的氧气越少，火区熄灭也就越快，因此火区封闭要尽可能地缩小范围，并尽可能地减少防火墙的数量。

火区封闭只有在确保已没有任何人留在里面时才可以进行。在多风路的火区建造防火墙时，应根据火区范围、火势大小、瓦斯涌出量等情况来决定封闭火区的顺序。一般是先封闭对火区影响不大的次要风路的巷道，然后封闭火区的主要进回风巷道。

火区进回风口的封闭顺序很重要，它不仅影响控制火势的速度，更重要的是关系到救护人员的安全。火区封闭的顺序，通常都是采用进、回风同时封闭的工艺，条件不允许时则采用变通工艺，即先进风后回风的工艺，或者先回风后进风。高瓦斯矿井火区封闭，鉴于爆炸威胁，大都采用在一定防爆措施掩护下进回风同时封闭的工艺。

（二）火区管理

火区封闭以后，在火区没有彻底熄灭之前，应加强火区管理。火区管理技术工作包括对火区的资料分析、整理以及对火区的观测检查等工作。

绘制火区位置关系图，标明所有火区和曾经发火的地点，并注明火区编号、发火时间、地点、主要监测气体的成分和浓度等。每一个火区都要按形成的先后顺序编号并建立火区管理卡片，包括火区登记表、火区灌注灭火材料记录表和防火墙观测记录表等。

（三）火区启封

火区启封是一项危险的工作，启封过程中因决策或方法上的失误，可能导致火区复燃和重新封闭，甚至造成火区的爆炸而产生重大伤亡事故。只有经取样化验分析证实，同时具备下列条件时，方可认为火区已经熄灭，准予启封：

（1）火区内温度下降到 30 ℃以下，或与火灾发生前该区的空气日常温度相同。

（2）火区内空气中的氧气浓度降到 5% 以下。

（3）火区内空气中不含有乙烯、乙炔，一氧化碳浓度在封闭期间内逐渐下降，并稳定在 0.001% 以下。

（4）火区的出水温度低于 25 ℃，或与火灾发生前该区的日常出水温度相同。

（5）以上 4 项指标持续稳定的时间在 1 个月以上。

启封火区时，应当逐段恢复通风，同时测定回风流中一氧化碳、甲烷浓度和风流温度。发现复燃征兆时，必须立即停止向火区送风，并重新封闭火区。启封火区和恢复火区初期通风等工作，必须由矿山救护队负责进行，火区回风风流所经过巷道中的人员必须全部撤出。在启封火区工作完毕后的 3 天内，每班必须由矿山救护队检查通风工作，并测定水温、空气温度和空气成分。只有在确认火区完全熄灭、通风等情况良好后，方可进行生产工作。

## 第二节 火灾防治技术

### 一、煤矿防灭火系统

煤矿防灭火系统是煤矿井下防火灭火的基础设施与必备物质的完整系列的简称。根据《煤矿安全规程》第二百四十九条规定：“矿井必须设地面消防水池和井下消防管路系统。

井下消防管路系统应当敷设到采掘工作面，每隔100 m设置支管和阀门，但在带式输送机巷道中应当每隔50 m设置支管和阀门。地面的消防水池必须经常保持不少于200 $m^3$ 的水量。消防用水同生产、生活用水共用同一水池时，应当有确保消防用水的措施。开采下部水平的矿井，除地面消防水池外，可以利用上部水平或者生产水平的水仓作为消防水池。”第二百六十条规定，开采容易自燃和自燃煤层的矿井，必须编制矿井防灭火专项设计，采取综合预防煤层自然发火的措施。其中，综合预防措施包括开采技术措施，主要涉及开拓方式、巷道布置、开采方法、回采工艺、通风方式等。

每一矿井均必须按《煤矿安全规程》的要求设计和建立灭火供水系统，并在矿井、水平和采区投产同时使用，并保证送到用水点时，管中水压不低于39.2 kPa（4 $kg/cm^2$），水量不小于0.6 $m^3/min$。

消防水管路的下列地点必须设置三通和阀门：

（1）所有竖井、斜井和平硐井口。

（2）井底车场附近的主要硐室内。

（3）井底车场内每隔100 m处。

（4）主要石门、岩石大巷每隔400～600 m处。

（5）主要煤层大巷每隔200 m。

（6）倾斜巷道每隔100 m。

（7）皮带运输巷道每隔50 m处，皮带机头、机尾附近15 m以内。

（8）采用可燃性支护材料的巷道内每50 m处。

（9）回采工作面进回风巷口40 m以内。

（10）掘进工作面进口处。

（11）其他易发生火灾的地点。

三通和阀门的位置应便于使用和检修，必须有明显易辨的标志，其出口禁止对着电机车架线及其他电气设备。

每一矿井均须建立井上、下消防材料库，库存备用品的种类与数量由矿长确定。

## 二、灌浆防灭火系统

灌浆防灭火技术就是将水与不燃性的固体材料按适当的配比，制成一定浓度的浆液，利用输浆管道送至可能发生或已经发生自燃的地点，以防止发生自燃或扑灭火灾。浆液充填于碎煤或岩石缝隙之间，沉淀的固体物质可以充填裂隙并包裹浮煤，起到隔氧堵漏的作用；同时，泥浆对已经自热的煤炭有冷却散热的作用。

### （一）制浆材料的选择

制浆用的材料应满足以下要求：

（1）加入少量水即可成浆。

（2）浆液渗透力强，收缩率小，来源广泛，成本低。

（3）不含可燃、助燃成分。

（4）泥浆要易于脱水，且具有一定的稳定性，一般要求含砂量为25%～30%。

（5）泥土粒度不大于2 mm，细小粉粒（粒度小于1 mm）应占75%以上。

(6) 主要物理性能指标：密度为 2.4 ~ 2.8 t/m³，塑性指数为 9 ~ 14，胶体混合物为 25% ~30%，含砂量为 25% ~30%。

(二) 泥浆的制备

1. 泥浆的制备工艺

泥浆制备可分为水力直接制浆和机械制浆两种方法，前者是用高压水枪直接冲刷地表或预先堆积的黄土成浆，经输浆沟送达注浆管路。这种方式工序简单，但浆液质量难以保证，因此一般采用机械制浆方法。

地面灌浆站如图 4 -3 所示，用高压水枪冲下泥浆流入集中浆沟，经过滤网过滤，除去杂物后流入泥浆搅拌池，经搅拌机搅拌，按一定的水土比成浆，然后输入注浆管路，送至井下。或在取土场将黄土、黑黏土装车，经轻便轨道输送至泥浆搅拌池，机械搅拌成泥浆后经管路送至井下。

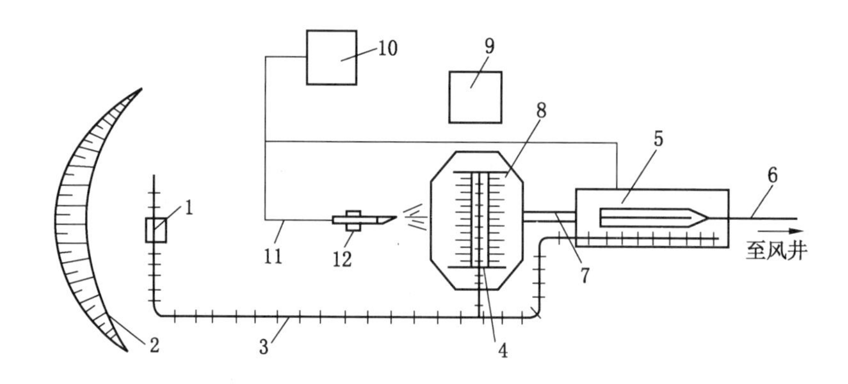


1—取土矿车；2—取土场；3—轨道；4—栈桥；5—搅拌池；6—灌浆管；7—泥浆沟；8—贮土场；9—绞车房；10—水泵房；11—输水管；12—水枪

图 4 -3 人工或机械取土地面灌浆站

2. 泥浆的水土比

泥浆的水土比是反映泥浆浓度的指标，是指泥浆中水与土的体积之比。水土比的大小影响着灌浆的效果和泥浆的输送。泥浆的水土比小，则泥浆浓度大，隔绝和包裹效果好，但流动性差，输送困难，在输浆倍数和管径一定的条件下，泥浆输送的沿程阻力大，泥浆在管道中的流速降低，泥浆中的固体颗粒容易沉降，造成堵管事故。泥浆的水土比大，则输送相同体积的土所用的水量大，包裹和隔绝效果不好。

3. 灌浆量的确定

根据灌浆的作用和目的，合理的灌浆量应能够使沉积的泥浆充填碎煤裂隙和包裹灌浆区暴露的遗煤。灌浆量受灌浆形式、开采方法及地质条件等因素的影响，比如同样的条件下，工作面灌浆要比采后灌浆用泥浆量要少。目前，采空区的灌浆量依据灌浆开采空间、采煤方法及地质情况计算得到。

用土量 $Q_{土}$ 为

$$Q_{土} = KLMHC \tag{4-1}$$

式中　$M$——煤层开采厚度，m；

$L$——灌浆区的走向长度，m；

$H$——灌浆区的倾斜长度，m；

$C$——煤炭采出率,%；

$K$——灌浆系数，即泥浆的固体材料体积与灌浆区空间容积之比，一般取 0.03～0.15。

用水量 $Q_w$ 为

$$Q_w = K_w Q_土 \delta \tag{4-2}$$

式中　$K_w$——考虑冲洗管路用水量时的备用系数，一般为 1.10～1.25；

$\delta$——水土比，一般取 2～5。

（三）泥浆的输送

泥浆的输送一般采用泥浆的静压力作为输送动力，制成的泥浆由地面注浆站经过注浆主管到支管送到用浆地点。注浆管道根据注浆压力的大小选取，压力小于 1.6 MPa 时，可选取普通水管；压力大于 1.6 MPa 时，应选用无缝钢管。

灌浆管道直径应根据管内泥浆流速加以选择，管内泥浆的实际流速应大于临界流速。所谓泥浆的临界流速，就是为保证泥浆中的固体颗粒在管道输送时不沉淀或堵管的最小平均流速。其值与固体材料颗粒的形状、粒径、密度、泥浆浓度和颗粒在静水中的自由沉降速度等因素有关。当采用密度为 2.7 $t/m^3$ 的黏土作为泥浆中固体材料时，在土水比为 1∶3～1∶10 的情况下，泥浆在管道中的临界流速为 1.1～2.2 m/s。

灌浆管道内径按下式计算：

$$d = \sqrt{\frac{4Q_h}{3600\pi v}} = \frac{1}{30}\sqrt{\frac{Q_h}{\pi v}} \tag{4-3}$$

式中　$d$——灌浆管道内径，m；

$Q_h$——每小时灌浆量，$m^3/h$；

$v$——管内泥浆的实际流速，m/s。

现场灌浆干管直径一般为 100～150 mm，支管直径为 75～100 mm，工作面胶管直径为 40～50 mm，管壁厚度为 4～6 mm。

从地面灌浆站到井下灌浆点的管线长度与垂高之比叫作泥浆的输送倍线，即

$$N = \frac{L}{Z} \tag{4-4}$$

式中　$L$——进浆管口至灌浆点的距离，m；

$Z$——进浆管口至灌浆点的垂高，m。

输送倍线是表示灌浆系统的阻力与静压动力之间关系的参数，若其数值过大，则静压动力不足，泥浆输送困难；若其数值过小，则泥浆出口的压力过大，不利于浆液的均匀分布。按照现场经验，泥浆的输送倍线一般控制在 3～8。过大时应加压，过小时容易发生裂管跑浆事故，综合考虑管径、流量与输浆倍线，可在适当的位置安装闸阀进行增阻。

## 三、注氮防灭火系统

（一）制氮方式

目前，在煤矿自燃火灾防治中，特别是“边采、边注、边防火”用的惰气，主要是氮气。根据制氮原理，制氮方式可分为深冷空分、变压吸附和膜分离3种。

（二）注氮工艺

1. 注氮防灭火工艺系统

矿用氮气一般是以空气为原料，通过空分设备精馏分离出氮气，再通过低压储罐，经加压机送至输氮管路，并通过管路连续不断地送至井下各注氮地点进行注氮防灭火。注氮防灭火工艺系统如图4-4所示。

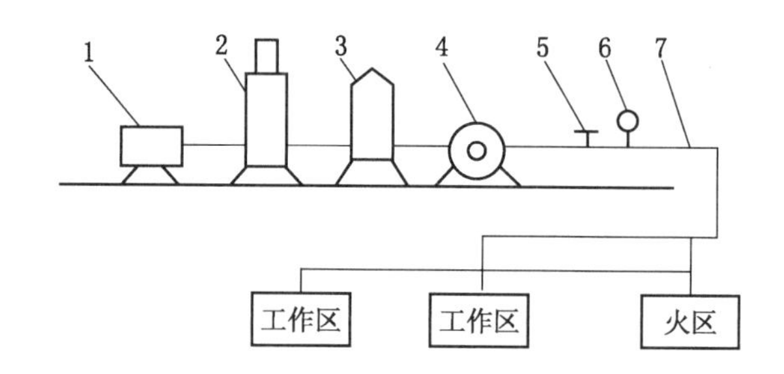


1—空分机；2—精馏塔；3—低压储罐；4—加压机；5—阀门；6—流量计；7—输氮管

图4-4 注氮防灭火工艺系统

2. 注氮方式

（1）按用途，划分为采空区预防性防火注氮和火区注氮两种方式。在防灭火注氮工作中，应贯彻“预防为主，防灭兼顾”的原则，合理确定注氮量，以保证防治区域内氮气及氧气浓度达到各自惰化指标的规定值。

（2）按输氮时间，划分为连续式注氮和间歇式注氮两种方式。可根据采空区预测预报数据合理选取。

（3）按输氮通道，划分为采空区埋管注氮和钻孔注氮两种方式。实践中应结合矿井开拓、开采布置情况，经两种方式对比择优选定。

3. 注氮工艺

（1）一次采全高注氮工艺。氮气防灭火技术的实质是向工作面采空区注入氮气，使采空区氧化自燃带惰化，其空气中氧气的体积浓度降至7%以下，抑制采空区煤炭氧化自燃，从而达到防治自然发火的目的。

一般采取沿巷道埋管方式进行注氮防火。可在工作面进风巷道外侧巷帮敷设无缝钢管，并埋入采空区内，管路采用法兰盘联结。如采空区埋管兼做注浆管时，则该埋管分别通过三通与注氮、注浆管相连，根据需要，通过埋管注氮。

采空区埋管管路每隔一定距离预设氮气释放口，其位置应高于煤层底板，一般高出20~30 cm，并采用石块或木垛加以妥善保护，以免孔口被堵塞。

为控制注氮地点，提高注氮效果，可采用拉管移动式注氮方法。即采用回柱绞车将埋管向外牵移，埋管移动周期大体与工作面推进速度保持同步，使注氮孔始终在采空区氧化自燃带内注入氮气。

（2）分层开采注氮工艺。当采用分层开采法时，上分层“两道两线”容易发生煤炭自燃，对下分层开采威胁较大，因此可采用钻孔注氮方式。通过钻孔注入氮气，不仅使生产工作面后方采空区惰化，并且可以根据需要控制注入氮气的位置，从而起到较好的防火作用。通过进风巷道底板进入的氮气，经采空区流入回风巷道，有利于防止“两道”自然发火。分层开采时，注氮管路可铺设在岩石集中巷中，沿工作面推进方向每隔 30 m 左右布置一个钻孔，将注氮管路由钻孔引至进风巷道。

（三）注氮量的确定

1. 采空区防灭火耗氮量计算

采空区防灭火耗氮量分别按产量、吨煤注氮量、瓦斯含量、氧化带内氧含量计算，并按作业场所氧含量计算允许最大注氮量。

（1）按产量计算。按产量计算方法实质上就是注入氮气充满采煤空间体积，且其氧气浓度降低至惰化指标需要的耗氮量，可按下式计算：

$$q=\frac{A}{\gamma t\eta_1\eta_2}\left(\frac{C_1}{C_2}-1\right) \tag{4-5}$$

式中　$q$——注氮量，$m^3/h$；

$A$——年产量，$10^4$ t；

$t$——年工作日，d；

$\gamma$——煤的密度，$t/m^3$；

$\eta_1$——管路输氮效率，可取 0.9；

$\eta_2$——采空区注氮效率，可取 0.55；

$C_1$——空气中的氧含量，可取 21%；

$C_2$——采空区防火惰化指标，可取氧含量 5%。

（2）按每吨煤注氮量 5 $m^3$ 计算：

$$q=5\times\frac{A}{300\times 24}\times k \tag{4-6}$$

式中　$q$——注氮量，$m^3/h$；

$k$——采煤产量占总产量的比例。

（3）按瓦斯含量计算：

$$q=60\times\frac{QC}{1-C} \tag{4-7}$$

式中　$q$——注氮量，$m^3/h$；

$Q$——工作面风量，$m^3/min$；

$C$——工作面回风巷道中的瓦斯含量，%。

（4）按氧化带内氧含量计算。按采空区氧化带内氧含量及惰化指标计算注氮量，其方法较合理，符合注氮防火的实际情况。

$$q = 60 \times Q_{漏}(C_1 - C_2 - C_3)/C_3 \tag{4-8}$$

式中　$q$——注氮量，$m^3/h$；

$Q_{漏}$——采空区氧化带漏风量，$m^3/min$；

$C_1$——采空区氧化带内初始氧含量，%；

$C_2$——采空区氧化带内二氧化碳、甲烷等气体含量，%；

$C_3$——采空区氧化带惰化指标规定的氧含量，可取10%。

（5）按作业场所氧含量计算允许最大注氮量：

$$q \leqslant 60 \times \frac{Q(C_1 - C_2)}{C_2} \tag{4-9}$$

式中　$q$——按工作面回风道允许氧含量19%计算的采空区允许最大注氮量，$m^3/h$；

$Q$——工作面风量，$m^3/min$；

$C_1$——工作面初始氧含量，可取20%；

$C_2$——据文献记载，采掘作业场所允许氧含量为19%。

实际计算时，应按采空区注氮量全部泄漏到工作面和回风巷计算出允许最大注氮量。

2. 火区灭火注氮量计算

采空区或巷道火灾灭火所需的耗氧量，主要取决于火区的规模、火源的大小、燃烧时间的长短、火区漏风量等因素。

（1）扑救巷道明火所需的耗氮量。巷道火灾绝大部分是外因火灾，火势发展快、危险性大，易酿成恶性事故，应迅速扑灭。据国外文献报道，扑救巷道明火所需注氮量为巷道空间体积的3倍以上。

（2）扑灭采空区火灾所需的耗氮量。扑灭采空区火灾，在灭火工艺上要比处理巷道火灾复杂得多，而且扑灭火灾所需的耗氮量也相当多。按漏风量考虑，采空区灭火用注氮量可按下式计算：

$$q = 60 \times Q_{漏}(C_1 - C_2 - C_3)/C_3 \tag{4-10}$$

式中　$q$——采空区灭火用注氮量，$m^3/h$；

$Q_{漏}$——采空区周围所有密闭漏风量，$m^3/min$；

$C_1$——发生火灾前采空区初始氧含量，%；

$C_2$——采空区二氧化碳、甲烷等气体含量，%；

$C_3$——采空区灭火惰化指标规定的氧含量，可取3%。

无论扑救巷道明火或扑救采空区火灾，其灭火耗氮量均可按下式计算：

$$q = \frac{V(C_2 - C_1)/C_1}{t} + Q_{漏}\frac{C_3}{C_1} \tag{4-11}$$

式中　$q$——注氮量，$m^3/h$；

$Q_{漏}$——火区漏风量，$m^3/h$；

$V$——火区体积，$m^3$；

$t$——注氮时间，h；

$C_1$——氮气纯度，%；

$C_2$——氮气惰化指标，可取97%；

$C_3$——火区氮气含量，%。

根据以上计算公式，当火区内氮气含量达到惰化指标 $C_1 = C_2$ 时，则氮气补给量与火区的氮气泄漏量持平即可。

## 四、矿井火灾监测

矿井火灾监测分为外因火灾监测和内因火灾监测。

（一）外因火灾监测

我国煤矿外因火灾以带式输送机火灾最为严重，因此对外因火灾的监测主要集中在对带式输送机火灾的监测上。

我国先后研制开发了以 PN 结测温电缆和光纤为技术依托的缆式温度在线实时监测系统，该系统不仅测点容量大，监测范围广，定位准确，而且可以实时掌握各测点的温度变化趋势，使带式输送机火灾早期定位预测预报成为可能。

KJS5000A 型带式输送机火灾监测系统以 PN 结半导体作为温度传感元件，采用 PN 结组合接法加工成测温电缆，利用分时供电检测技术实现众多测点温度的在线实时监测。该系统具有体积小、线性好、互换性强、灵敏度高、反应速度快、成本低、实用性强等优点。测温电缆的 PN 结温度传感器沿矿用带式输送机在所有托辊和滚筒上布置，连续实时监测、显示各托辊、滚筒的温度和位置，在监测基站上可直接显示设定的 10 个最高温度点的点号和温度值，并依其结果作出声光报警等控制。地面总站可以对接收到的数据进行二次处理，显示所有测点的温度值、位置及报警信息。系统安装使用方便、测温结果可靠、管理集中，对带式输送机正常运转和维护毫无影响。

1. KJS5000A 型带式输送机火灾监测系统原理

系统主要由井下基站、井下分站、测温电缆、本安电源和地面总站等组成。每段测温电缆最多可以接 56 个传感器，最大长度 250 m；每个井下分站可接 2 段测温电缆，分站间采用积木式叠加串联，每个井下基站最多可接 14 台分站，而地面总站可同时管理 8 台井下基站，这样整个系统最多可具有 12544 个测点。KJS5000A 型带式输送机火灾监测系统原理如图 4－5 所示。

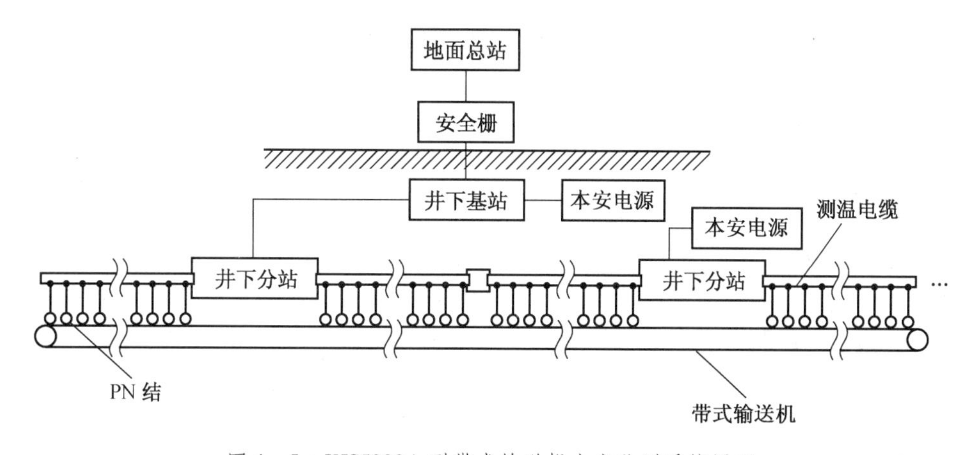


图 4－5　KJS5000A 型带式输送机火灾监测系统原理

各部分主要功能如下：

（1）井下基站：接收并显示各井下分站测点的温度，设定报警温度值，进行声光报警（三级报警），将数据发送给地面总站或便携式温度数据采集器。

（2）井下分站：采集所监测的两段测温电缆各测点的温度值，发送给井下基站；接收并发送下部分站发送的数据，起中继作用。

（3）测温电缆：由温度传感器、通信线和电源线组成。

（4）本安电源：给井下基站和井下分站供电。

（5）地面总站：接收井下基站发送的数据，进行二次处理，显示温度值、温度曲线和走势曲线，点对点设定报警值，进行多级报警（二级），打印报表。

2. KJS5000A 型带式输送机火灾监测系统的测点布置

测温电缆沿带式输送机架铺设。PN 结温度传感器的安装分为 3 种：一是安装在各滚筒的表面附近、滚筒表面法向距离 3 mm 处，主要用于监测主动滚筒、压紧滚筒表面的温度变化，探测由于输送带卡死、滚筒打滑等引起的火灾；二是安装在托辊的轴上，主要用于监测托辊的温度变化，探测由于托辊卡死后与输送带摩擦等引起的火灾；三是安装在带式输送机巷道的风流中，主要用于监测环境温度的变化，以消除日温差和季节温差造成的影响。

3. KJS5000A 型带式输送机火灾监测系统的主要技术指标及技术特点

| | |
|---|---|
| 测温范围 | 0～150 ℃ |
| 温度显示精度 | 0.1 ℃ |
| 绝对误差 | ±1.5 ℃ |
| 最大测点数 | 12544 个 |
| 最大监测距离 | 5000 m |
| 基站至总站最大通信距离 | 10 km |
| 巡检时间（=12544 点） | ＜90 s |
| 电源 | AC660/127 V |
| 本安输出 | DC18 V，250 mA（每台 2 组） |

4. 报警级别及报警方式

（1）报警级别。带式输送机火灾的报警级别确定为三级，即Ⅰ级、Ⅱ级和Ⅲ级。Ⅰ级为预警，提示监测点可能存在异常情况，需引起注意；Ⅱ级为险警，告诫监测点异常情况已经升级，如不及时处理可能酿成灾害；Ⅲ级为火警，紧急通报某监测点已经出现火情，需采取紧急处理措施。

（2）报警方式。报警方式分绝对温度报警和相对温度报警两种。绝对温度报警主要是从监测点的绝对温度出发，根据输送带摩擦生热时所经历的磨损、剥落、软化、熔断和燃烧过程确定其相应的报警温度值和报警等级。相对温度报警主要是考虑了环境温度对报警动作的影响，根据监测点温度与环境参考点的温度之差作出相应的报警判断。

（二）内因火灾（煤自然发火）监测

煤自然发火监测方法和监测系统也可分为两类：一类以温度检测为手段，通过煤氧化的温度及其变化进行监测；另一类通过监测煤氧化过程中产生的物质实现煤自然发火的早期检测和预测预报。

1. 束管监测系统

束管监测系统是利用真空泵，通过一组空心塑料管将井下监测地点的空气直接抽至分析单元中进行监测。束管监测系统原理框图如图 4－6 所示。束管监测系统由采样器、接管箱、放水器、除尘器、抽气泵、采样控制柜和分析单元组成。早先的 ASZ 系列束管监测系统的抽气泵、取样控制单元和分析单元都在井上，井下检测点的气样必须抽至地面才能进行分析，检测距离通常小于 10 km。这样由于大部分矿井井田范围比较大，检测地点距分析室较远，管路接头多，抽气负压大，管路系统维护困难，容易造成漏气，使采集的气样失真，自然发火检测的功能失效。近年来，通过改进形成了第二代 KJF 系列束管监测系统，它将束管检测和煤矿环境监测相结合，将抽气泵、取样控制单元、分析单元移至井下较近的硐室，井下分析单元的分析结果和其他检测信号通过变送器发送到地面中心监测站或集中检测中心，克服了老系统维护困难和故障率高的弊病。

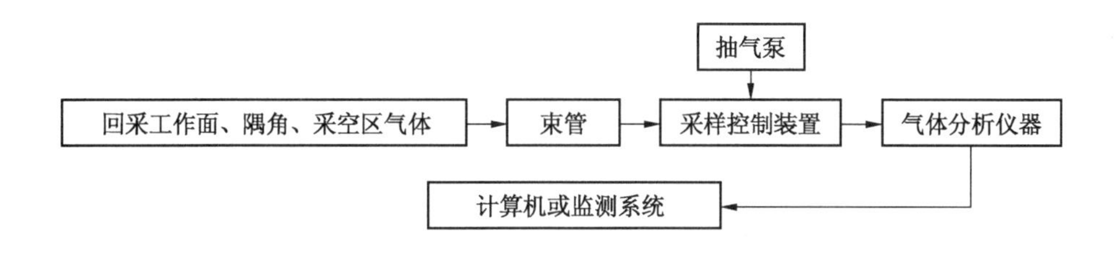


图 4－6　束管监测系统原理框图

（1）KJF 系列束管监测系统。KJF 系列束管监测系统主要参数为：

① 传输距离：地面站至井下分站为 10 km，监测点到井下分站为 5 km。

② 分站输入模拟量（200 ~ 1000 Hz）为 8，输入开关量为 8。

③ 分站气路数为 4。

④ 组分及测量范围：CO 测量范围为 $0 \sim 500 \times 10^{-6}$，$CO_2$ 测量范围为 0 ~ 5%，$CH_4$ 测量范围为 0 ~ 4%，$O_2$ 测量范围为 0 ~ 21%。

（2）KHY 系列束管监测系统。KHY 系列束管监测系统主要由气体采集、气体分析和数据处理 3 部分组成。通过 $\phi 6 \sim 8$ mm 聚氯乙烯管将工作面回风巷上隅角、采空区等处的气体抽吸到分析仪器，由分析仪器完成对自然发火标志气体的分析，微机对采集分析仪器的输出信号进行数据处理后提出预测预报。该系统能对 CO、$CO_2$、$CH_4$、$C_2H_4$ 等多种气体进行实时监测，可计算格拉哈姆系数及呼吸系数等自然发火参量，绘制出发火趋势图表，提出自然发火报警，打印报表等。KHY 系列束管监测系统分为地面和地下两种形式。KHY－1 型、KHY－2 型为地面式，均为独立的监测系统；KHV 型为井下隔爆式，需要与环境监测系统联网才能将信号送到地面。

（3）KSS 系列束管正压输气监测系统。KSS 系列束管正压输气监测系统包括井下正压输气、气体分析和数据分析系统，可以解决束管负压采样气体易受污染造成监测结果不准确的难题。它具有以下特点：

① 确保气样纯正：正压输送气样，束管管内压力大于管外环境压力，即使因束管轻微漏气，气体只会向外漏而外界气体不会进入管内污染气样，保证了气样纯正。

② 自动除水：井下束管输气泵站具有高效除水功能，解决了井下束管易水堵问题。

③ 输气速度快：比负压方式输送样气速度提高 5 ~ 10 倍。

④ 输送距离远：普通负压方式输气因管径流量限制，造成输送距离有限，正压输气传输距离比负压传输更远。

⑤ 远程自动控制：实现远距离监控泵站工作。

⑥ 易检漏：正压输气向外漏气，更容易查找束管破损漏气位置。

该装置已被广泛应用。

2. 色谱监测系统

气相色谱仪是所有气体分析方法中最精确、最可靠的分析仪器之一，但由于它高温加热单元多、分析需要多种载气以及仪器的防震要求高等原因，难以制成井下防爆或隔爆型，只能用于地面，因此其使用范围受到一定限制。我国研制成功了以色谱分析仪取代束管系统分析单元的 GC－8500 型矿井火灾多参数色谱监测系统。

GC－8500 型矿井火灾多参数色谱监测系统由自动取样器、专用色谱仪、数据处理工作站以及束管采样单元等组成，如图 4－7 所示。自动取样器具有 12 路束管接口，数据处理工作站可控制自动取样器，循环采集各路束管的气样进行分析，同时，还留有手动进样口，可以分析人工采集的任何地点的气样。专用色谱仪可分析 $O_2$、$N_2$、CO、$CO_2$、$CH_4$、$C_2H_6$、$C_2H_4$、$C_3H_6$、$C_3H_8$、$C_2H_2$、$C_4H_{10}$等多种常量、微量气体组分。

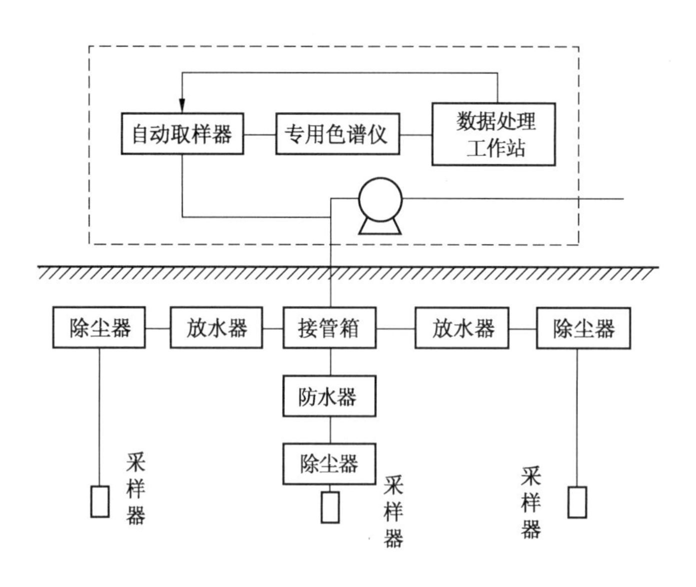


图 4－7　GC－8500 型矿井火灾多参数色谱监测系统

数据处理工作站具有三大功能：一是对色谱仪检测器的输出信号进行 A/D 转换，并作相应的数据处理、数字积分，求出各组分的浓度；二是按设定要求控制自动取样器的时间程序，实现自动取样；三是利用火灾预测预报的专用软件，根据分析检测结果进行火灾预测预报分析、提示、报警等。

### 五、井下消防系统

井下消防系统即煤矿井下所配备的防灭火设施装置系统的统称，主要装备包括：

（1）防灭火供水系统。

（2）井下机电硐室、爆炸材料库、风动工具清洗硐室的出口装设向外开的防火门。

（3）自燃矿井的回采工作面进回风巷口以及可能发生自燃的巷道或硐室必须预先砌筑的防火门套，并在附近贮放足够数量的材料。

（4）采用带式输送机的矿井，应装设带式输送机火灾报警装置和自动洒水灭火装置。

（5）井底车场、机电硐室、爆炸材料库、风动工具清洗硐室等火灾隐患严重的地点，配备足够数量的灭火器材。

（6）所有矿井在井上、井下建立的消防材料库。

（7）所有矿井建立的矿井反风系统（包括主通风机反风设施和井下反风设施）。

（8）矿井防灭火灌浆系统，灌浆系统必须配套包括制浆、输浆和灌浆以及供料、供水等设备。

（9）开采自燃煤层的矿井或矿区建立的气体分析化验室及配备的仪器仪表。

（10）所有矿井以矿井调度室为中心建立的井上、井下灾变紧急通信联络网系统。

# 第五章　矿井水害防治

## 第一节　矿井水害管理

凡影响生产、威胁采掘工作面或矿井安全的、增加吨煤成本和使矿井局部或全部被淹没的矿井水，都称为矿井水害。根据水源分类，我国矿井水害分为若干类型（表5－1），作为防治矿井水害时的参考。

表5－1　矿井水害特征

<table>
<tr><th colspan="2">类　别</th><th>水　　源</th><th>水源进入矿井的途径或方式</th></tr>
<tr><td colspan="2">地表水水害</td><td>大气降水、地表水体（江、河、湖泊、水库、沟渠、坑塘、池沼、泉水和泥石流）</td><td>井口、采空冒裂带、岩溶地面塌陷坑或洞、断层带及煤层顶底板或封孔不良的旧钻孔充水或导水</td></tr>
<tr><td colspan="2">老空水水害</td><td>古井、小窑、废巷及采空区积水</td><td>采掘工作面接近或沟通时，老空水进入巷道或工作面</td></tr>
<tr><td colspan="2">孔隙水水害</td><td>第三系、第四系松散含水层孔隙水、流砂水或泥砂等，有时为地表水补给</td><td>采空冒裂带、地面塌陷坑、断层带及煤层顶底板含水层裂隙及封孔不良的旧钻孔导水</td></tr>
<tr><td colspan="2">裂隙水水害</td><td>砂岩、砾岩等裂隙含水层的水，常常受到地表水或其他含水层水的补给</td><td>采后冒裂带、断层带、采掘巷道揭露顶板或底板砂岩水，或封孔不良的旧钻孔导水</td></tr>
<tr><td rowspan="3">岩溶水水害</td><td>薄层灰岩水水害</td><td>主要为华北石炭二叠系煤田的太原群薄层灰岩岩溶水(山东省一带为徐家庄灰岩水),并往往得到中奥陶系灰岩水补给</td><td>采后冒裂带、断层带及陷落柱，封孔不良的旧钻孔，或采掘工作面直接揭露薄层灰岩岩溶裂隙带突水</td></tr>
<tr><td rowspan="2">厚层灰岩水水害</td><td>煤层间接顶板厚层灰岩含水层，并往往受地表水补给</td><td>采后冒裂带、采掘工作面直接揭露或地面岩溶塌陷坑吸收地表水</td></tr>
<tr><td>煤系或煤层的底板厚层灰岩水[在我国煤矿区主要是华北的中奥陶系厚层(500～600 m)灰岩水和南方晚二叠统阳新灰岩水],对煤矿开采威胁最大,也最严重</td><td>采后底鼓裂隙、断层带、构造破碎带、陷落柱或封孔不佳的旧钻孔和地面岩溶塌陷坑吸收地表水</td></tr>
</table>

注：1. 表中矿井水害类型系指按某一种水源或某一种水源为主命名的。然而，多数矿井水害往往是由2～3种水源造成的，单一水源的矿井水害很少。

2. 顶板水或底板水只反映含水层水与开采煤层所处的相对位置，与水源丰富与否、水害大小无关。同一含水层水，既可以是上覆煤层的底板水，又同时是下伏煤层的顶板水。

3. 断层、旧钻孔、陷落柱等都可能成为地表水或地下水进入矿井的通道（水路），它们可以含水或导水，但是以它们命名的水害，既不能反映水源的丰富程度，又不能表明对矿井安全危害和威胁的严重性。因为由它们导水造成的矿井水害有大有小，有的造成不了水害。其危害或威胁程度，决定于通过它们的水的来源丰富与否。

根据井田内受采掘破坏或者影响的含水层及水体、井田及周边老空（火烧区）水分布状况、矿井涌水量、突水量、开采受水害影响程度和防治水工作难易程度，将矿井水文地质类型划分为简单、中等、复杂和极复杂4种类型。

## 一、矿井突水水源及涌水特征

矿井突水是指矿井开拓和开采时，煤层上覆盖含水层或底板含水层的水，在水压、矿压等因素作用下，克服煤层和含水层间相对隔水层的岩体强度及断层、节理等结构面的阻力，以突然方式涌入矿井的现象。

矿井突水一般可归纳为两种情况，一种是突水量小于矿井的最大排水能力，地下水形成稳定的降水漏斗，迫使矿井长期大量排水；另一种是突水量超过矿井的最大排水能力，造成矿井淹没。

分析矿井突水水源的方法很多，主要有：

（1）直观分析法，即通过观察突水点的突水现象及突水特征确定突水水源。

（2）水文地质条件分析法，即通过分析突水的水文地质条件来进行判断水源的。

（3）水化学试验法，即通过查清不同含水层地下水的水质差别，判别出水水源。

（4）水质判别模型法，即利用不同含水层水化学成分的横向差异判断突水水源。

（5）地下水动态分析法，即根据突水前后地下水动态变化来推断突水水源。

不同的水源具有不同的特点和影响因素，相应会给矿山带来不同的突水模式和灾害强度。

### （一）大气降水及其涌水特征

大气降水是矿井水的重要补给来源，所有矿床充水都直接或间接地与大气降水有关。特别在开采地形低洼且埋藏较浅的煤层时，大气降水是矿井充水的主要水源。当开采高于河谷处的地表下煤层时，大气降水往往是唯一的水源。

这类矿井煤层埋藏分布的特点是：煤层埋藏较浅；主要充水岩组裸露，或覆盖层很薄；露天矿；主采煤层处于分水岭或地下水位变幅带内。涌水量与降水量呈现较为同步的变化规律。

大气降水渗入量的多少，与各地区的气候、地形、岩性、构造等因素有关。当大气降水成为矿井主要充水水源时，矿井充水程度有以下特点：

（1）与降水特征有关。包括降水量大小、降水性质、强度及延续时间，强降水量和长时间的小雨有利于入渗，相应矿井涌水量也大。一般来说，我国南方矿区受降水的影响大于北方矿区。

（2）与季节变化有关。雨季矿井涌水量大，旱季矿井涌水量小，而且涌水量的高峰期往往比降水滞后一定时间，浅部1～2天，随深度的增加滞后时间延长。

（3）与开采深度有关。同一矿井不同的开采深度，降水对矿井涌水量的影响程度差别很大。

### （二）地表水及其涌水特征

地表水包括江河水、湖泊水、海洋水、水库水等。除了海洋水外，其他类型的地表水具有季节性，即在雨季积水或流水，在旱季干涸无水，这种现象在我国北方及西北地区非常常见。当开采位于地表水体影响范围内的煤层时，如存在沟通水体与矿井之间的导水途径，地表水便会涌入巷道形成矿井充水水源。

地表水能否进入井下，主要取决于巷道与水体的距离、巷道与水体之间的地层及构造条件和所采用的开采方法。以地表水为主要充水水源时，矿井充水程度有以下特点：

（1）与距地表水体的距离有关。采掘巷道距离地表水体越近，矿井充水越严重，矿井涌水量越大；如果煤层上覆岩层透水性差且没有断裂构造破坏时，凡是采掘巷道与地表水体之间的垂直距离大于煤层厚度50倍时，地表水对煤层开采的影响会逐渐消失。

（2）与地表水体的大小、性质有关。若常年性水体为矿井充水水源，水体越大，矿井涌水量越大，并且较稳定，且淹井时不易恢复；季节性水体的影响程度则随季节变化。

（3）与地表水体下地层渗透性有关。矿井涌水量的大小直接受该处地层渗透性强弱的控制。水体下地层如果有一定厚度的隔水层，且开采时隔水层的隔水性不会遭到破坏，则地下水不会造成矿井涌水。相反，如果具有良好的渗透性，就有可能引发矿井淹井事故。

（三）岩溶含水层水及其涌水特征

岩溶含水层在我国华北和华南许多煤矿区较为常见，岩溶含水层极不均一，且多为底板充水矿床，水文地质勘探和矿井防治水难度较大；岩溶充水矿井水文地质条件多比较复杂，一般水量大、水压高（取决于埋藏条件和补给区位置）、来势猛、水量稳定、不易疏干，矿床涌水量一般较大，疏排地下水可能出现的问题（如地面塌陷、地表水及浅层地下水源枯竭等）也多，影响范围较广；其充水程度与岩溶发育程度有密切关系。岩溶水淹井在矿井水害中是最突出的问题，在煤矿开采中，因岩溶水而发生淹井的次数最多，损失也最大。

（四）裂隙含水层水及其涌水特征

坚硬岩层裂隙充水水源，往往在采掘工作面揭露其含水层时进入巷道和工作面，其特点是水量较小，运动速度较慢，但水压往往很大。当裂隙水与其他水源无水力联系时，在多数情况下，涌水量将逐渐减小，易被疏干。

裂隙含水层的充水特征，取决于裂隙的发育程度以及裂隙的成因和性质。不同成因的裂隙具有不同的分布特征，但其含水性与导水性随着埋藏深度的增大而减弱。断层、构造裂隙在平面上和剖面上均呈带状分布，且一般发育较强，往往能形成较强的含水带或导水带，并能沟通各含水层间的水力联系；区域构造裂隙则比较均匀地分布于各种岩层中，尤以坚硬脆性岩层中发育较强。

（五）孔隙含水层水及其涌水特征

孔隙含水层主要出现在煤系本身以含孔隙水为主的第三纪褐煤矿床，煤层露头部位或其浅部直接上覆有孔隙含水层的煤矿床，在巨厚新生界含水层组覆盖下的煤矿床。三者各有其不同的充水特征。

孔隙含水层一般埋藏较浅，易于得到大气降水和地表水的补给，它与地表水体的关系和大气降水的渗入强度往往是决定矿井充水量大小和变化过程的重要因素。孔隙含水层的富水性一般较裂隙含水层和岩溶含水层要均一，它多以比较均一的入渗形式向矿井充水，有时也造成流砂溃入矿井。在开采松散岩层下伏煤层时常会遇到上覆厚层松散层底部的砂砾石孔隙充水水源，其矿井涌水主要特点是不但有水流入矿井，而且常伴有流砂溃入。

（六）老窑积水及其涌水特征

老窑是指煤层已被采空或由于涌水量过大等原因而停采已久的老井或巷道。由于老窑长时间停止排水，被水充满，好像一个地下水库，分布在煤层的浅部或上部，威胁着下部煤层的开采。当巷道接触到这些水体时，积水就会溃入巷道，造成突水事故。这种水源突水的特点如下：

（1）水量大、来势猛、时间短，具有很大的破坏性。突水量以静储量为主且储量与采空区分布范围有关；当老窑水与其他水源有水力联系时，可造成量大而稳定的涌水，危害性极大。

（2）老窑水为多年积水，水循环条件差，多为酸性水，对井下设备具有很强的腐蚀性，且含有大量硫化氢气体，对人体危害性也较大。

## 二、水害排查与预报

（一）水害排查

煤矿水害排查是在对煤矿突（涌）水的充水条件进行充分分析的基础上，对可能的各种致灾因素进行排查的过程，排查的结果取决于对矿井充水条件的认识程度。水害隐患排查工作可以遵循以下流程，如图 5－1 所示。

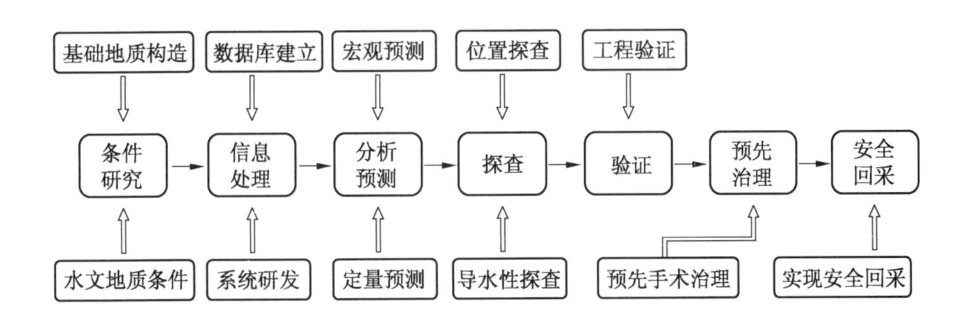


图 5－1　煤矿水害隐患排查流程

实际上水害隐患排查的过程就是矿井在建设或生产过程中进行的水文地质补充勘探工作，是对已有矿区区域水文地质勘探的继续与深入。

1. 井巷地质、水文地质条件调查与分析

（1）井巷地质现象与水文地质现象素描。

（2）矿井构造与裂隙测量、地质统计与地质作图。

（3）井下突水点水量、水压、水温、水化学组成及动态变化规律的观测与分析。

（4）矿压及其他动力地质现象的观测与分析。

2. 水文地质动态监测

（1）矿井受水害威胁区水文地质动态变化情况。

（2）矿井所在地区降水量、矿井不同区域涌水量及其变化情况。

（3）矿井各含水层和积水区水位水压变化情况。

在这方面，可以采用水位水压遥测系统、水位水压自记仪和水量监测仪（电磁流量仪）等自动化监测仪器设备。

3. 建立和完善水文地质观测网

水文地质观测孔的布置原则如下：

（1）以矿内为重点，内外结合，即观测孔重点布置于井田内部，兼顾矿外，了解井田边界断层的导水性。

（2）一孔多用，即既是水文地质观测孔又是地应力探查孔，既作为放水孔又作为井下供水孔，既观测水位又探查和观测水温。

（3）分层观测，重点控制，比如华北型煤田从上到下要观测松散层含水层、顶板砂岩含水层、薄层灰岩含水层、奥灰和寒武系灰岩各含水层，重点控制太灰和奥灰含水层。

（4）尽量减小钻孔的深度，即充分利用井下巷道，尽量将钻孔布置在井下，以减少费用。

（5）钻孔易于施工和观测。

（6）经久耐用，不被采矿破坏。

4. 钻探技术

最近十几年来，国内外钻探技术飞速发展。适用于地面、井下探放水，探查构造及不良地质体（陷落柱、岩溶塌洞），水文地质勘查，注浆堵水成孔等用途的地面钻机、坑道钻机，能力和性能均有极大加强，同时定向钻进技术随着钻孔测斜技术的提高也逐步走向成熟。现在，不管是地面用钻机还是井下坑道钻机均可实现“随钻测斜、自动纠偏”，现有钻探技术已能很好地满足水文地质探查中对钻探手段的技术要求。

钻探是矿井排查水害隐患时最常用的手段之一，分为地面钻孔和井下钻孔两类。最近，利用定向钻进技术在井下施工大面积加固和改造隔水底板，在一些矿区已经有了成功实例。

定向钻孔进行底板注浆加固时，先利用常规回转钻进施工大倾角下斜钻孔，到预定层位并下入设计规格和强度的套管。然后以先进的随钻测量技术为依托，利用随钻定向钻进技术进行造斜钻进，通过对实钻钻孔轨迹的实时准确测量和精确控制，使钻孔在欲加固的层位内延伸，并可在需加固的工作面进行分支钻进。成孔后高压注浆，将目的层位和钻孔遇到的导水裂隙填满，形成隔水层。由于其施工钻孔长，可在工作面巷道未施工前加固煤层底板，从而实现工作面煤层底板超前注浆加固。

5. 矿井地球物理勘探方法

地球物理勘探技术经过多年的发展，在地质、水文地质探查中的地位和作用越来越明显，越来越重要。加上其方便、快捷的优势，近几年在煤矿防治水领域得到了极大推广和应用。常用的效果比较好的方法有以下几种：

（1）地震勘探技术：包括二维和三维地震勘探，是弹性波地面探查构造及“不良地质体”的最有效方法。

（2）瞬变电磁（TEM）探测技术：观测的是二次场，对低阻体特别灵敏，是地面、井下探测含水层及其富水性、构造及其含水情况、老窑及其积水情况的主要手段。

（3）高密度高分辨率电阻率法探测技术：使用单极－偶极装置，通过连续密集地采集测线的电响应数据，实现了地下分辨单元的多次覆盖测量，具有压制静态效应及电磁干扰的能力，对施工现场适应性强。该法使直流电法在探测小体积孤立异常体方面取得了突破，可准确直观地展现地下异常体的赋存形态，是地面、井下探测岩溶、老窑及其他地下洞体的首选方法。

（4）直流电法探测技术：属于全空间电法勘探，可在地面及井下使用。

（5）音频电穿透探测技术：由于探测深度的限制，一般只应用于井下。

（6）瑞利波探测技术：探测对象是断层、陷落柱、岩浆岩侵入体等构造和地质异常体，以及煤层厚度、相邻巷道、采空区等，探测距离 80～100 m，其优点是可进行井下全方位超前探测。

（7）钻孔雷达探测技术：通过钻孔（单孔或多孔）探查岩体中的导水构造、富水带等。

（8）地震槽波探测技术：可探明煤层内小断层的位置及延伸展布方向，陷落柱的位置及大小，煤层变薄带的分布，进行井下高分辨率二维地震勘探，探测隔水层厚度、煤层小构造及导水断裂等。

另外，还有其他一些地球物理勘探方法，如超长波被动遥感技术，超前机载雷达、建场法多道遥测探测技术等。

不同的物探手段在水害探查中的侧重点不同。矿井物探技术特点见表 5－2。

表 5－2　矿井物探技术特点

| 物探手段分类 | 装置形式 | 主要研究对象 |
| --- | --- | --- |
| 巷道顶底板电测深法 | 三极电测深、对称四极测深 | 划分煤层底板含水层、隔水层，确定其厚度及埋深；调查底板灰岩岩溶及其发育影响范围；圈定底板断层、裂隙发育带等垂直异常水通道 |
| 矿井地震法 | | 探测底板、侧帮及掘进工作面前方断层、裂隙发育带的位置，探测煤层小构造，对构造反应敏感 |
| 多方位矿井瞬变电磁法 | 偶极方式、中心方式 | 对煤层顶底板、左右两帮及巷道超前富水性探测，对水反应敏感 |
| 高密度电阻率法 | | 探测底板突水构造，评价岩层含水性；划分底板含水层；调查灰岩岩溶发育情况 |
| 直流电透视法（音频电透视） | | 探测工作面内小构造，探测工作面顶底板一定范围内的小构造，评价构造含水性 |
| 矿井地质雷达法 | | 探测所探测方向上断层构造，对构造进行精细探测 |

物探工作布置、参数确定、检查点数量、重复测量误差、资料处理及解释应符合国家现行有关标准的规定。根据勘探区的水文地质条件、被探测地质体的地球物理特征和不同的工作目的等因素确定勘探方案。可采用多种物探方法进行综合探测。物探工作结束后，

应提交相应的综合成果图件。物探成果应与其他勘探成果相结合，相互验证后可作为矿井采掘设计的依据。

6. 矿井地球化学勘探方法

矿井地球化学勘探方法主要通过水质化验、示踪试验等方法，利用不同时间、不同含水层的水质差异，确定突水水源，评价含水层水文地质条件，确定各含水层之间的水力联系。主要的技术方法有以下几种：

（1）水化学快速检测技术：用于井下出水点、钻孔水样水质的快速检测。

（2）透（突）水水源快速识（判）别技术：通过水化学数据库，利用水质判别模型快速判别突水水源。

（3）连通试验：是查明含水层内部、含水层之间、地下水与地表水之间相互联系的一种见效快、成本低的试验手段。它对判断矿井充水水源、分析含水层之间的水力联系等都具有很重要的意义。该方法通常在放水试验过程中使用。

7. 专门水文地质试验

水文地质试验技术的基本方法是以水文地质理论为基础，以水文地质钻探、抽（放）水试验、底板岩石力学试验为主要手段，探查含水层及其富水性，主要含水层水文地质边界条件，各含水层之间的水力联系等，并获取建立水文地质概念模型的相关资料。同时探查煤层底板隔水层岩性、厚度、结构及阻水能力。在钻探过程中测试承压水原始导升高度，通过采取岩芯测试岩石物理力学性质等。

抽（放）水试验是水文地质勘探最核心的方法，它不仅能为水文地质计算提供资料，而且重要的是抽（放）水试验过程本身就能反映含水层的水文地质特性。因此，抽（放）水试验是水文地质勘探有效和首选的技术方法之一，但该方法的缺点是历时长、费用高。20 世纪 80 年代中后期引入脉冲干扰试验法，在一定的条件下可以替代抽（放）水试验。

脉冲干扰试验是一项新的水文地质连通测试技术，其原理是通过水文地质观测点对地下水流场进行脉冲激发，根据波的衍射、叠加与消减等原理，计算水文地质参数，评价水文地质条件。该方法快捷、准确、工程量小、时间短、费用低，可弥补抽（放）水试验时因钻孔出水量小而不能反映水文地质条件的弊端。

8. 矿井涌水量预测

不同生产阶段应该及时进行各类涌水量的预测，以便修正和完善现有的防、排水系统。涌水量包括以下几类：

（1）井筒涌水量：在煤矿建井阶段中，由于基岩段中含水层发育、渗透系数较大、含水量丰富，井筒在施工过程中基岩段井筒的涌水量（上部松散层常会采用冻结造孔技术）。

（2）矿井正常涌水量：开采系统达到某一水平或阶段时，正常状态下保持相对稳定的总涌水量，通常为平水年的涌水量。

（3）矿井最大涌水量：正常状态下开采系统在丰水年雨季的最大涌水量。

（4）开拓井巷涌水量：开拓各类井巷过程中的涌水量。

（5）疏干工程排水量：在设计疏干时间内，将水位降至某规定标高时的疏干排水量。

有条件时，还应对可能发生突水的地段进行突水量的预测。

涌水量预测方法有两类：一类为确定性数学模型法，其中具有代表性的方法为水均衡法、解析法、数值法；另一类为统计分析法，如水文地质比拟法、涌水量降深曲线方程法、相关分析法、时间序列分析法等。确定性数学模型法和不确定性方法相结合的方法将是矿井涌水量预测计算的主要发展方向。

目前，最常用的涌水量预测方法是解析法中的“大井法”，用于预测矿井生产范围内的涌水量。

当水文地质资料丰富，或有大型抽放水实验资料时，可以使用数值法预测涌水量。有限差分法和有限单元法是两种常用的数值法，数值法摆脱了解析法求解微分方程时对水文地质条件的严格要求，能灵活地适应各种非均质地质结构和复杂边界条件下的矿井涌水量计算。采用数值法计算矿井涌水量的前提是拥有丰富的水文地质勘探资料，最好有大型的抽放水资料。

实际工作中，涌水量预测方法的选择要与矿山实际情况相结合，可以用几种方法进行相互验证。

（二）水害预报

水害预报非常重要，是煤矿水害防治工作的基础。每年初，根据年度采掘接续计划，结合矿井水文地质资料，全面分析水害隐患，提出水害分析预测表及水害预测图。在采掘过程中，对预测图、表要逐月进行检查，不断补充和修订。发现水患险情，应及时发出水害通知单，并报告矿调度室，通知可能受水害威胁地点的人员撤到安全地点。采掘工作面年度和月度水害预测资料应及时报送矿总工程师及生产安全部门。

水害预测探测手段有钻探、物探、化探和巷探等，应用中可选择一种或多种手段综合利用。经过实践验证，在水害预测中多种探查手段综合应用较成功的模式是：以地震法查构造，以电磁法查富水性异常，以化探查含水层间或不同水体之间的水力联系，以钻探进行验证和确认，前3种均为物探手段。在物探基础上，钻探对低阻异常区打钻验证。物探是突水水源探查技术的辅助手段，而钻探是突水水源探查技术的根本手段。

目前，针对不同的监测内容和目标，水害监测预报系统技术发展很快，主要有以下几种：

（1）煤矿水害监测预警系统：对水位水压实时监测，突水预警预报。通过监测突水前兆因素的变化，经过突水发生标准模型的识别，对突水发生与否作出判断，并及时发出预警信号。系统工作流程：确定监测指标和最佳位置→安装传感器→监测特定位置的温度、水压、特征离子、应力、应变或位移、渗透压力、声发射→监测信息上传→预测、预报水情→专家系统分析→远程监测预警→启动防灾紧急预案。

（2）基本水文地质监测：主要仪器设备包括水位水压遥测系统、水位水压自记仪和水量监测仪（电磁流量仪）。主要监测内容有：

① 矿井各含水层和积水区水位水压变化情况。

② 矿井所在地区降水量、矿井不同区域涌水量及其变化情况。

③ 矿井受水害威胁区水文地质动态变化情况。

④ 矿井防排水设施运行状况。

⑤ 地面钻孔水位、水温监测等。

（3）煤层底板或防水煤（岩）柱突水监测：主要设备为底板突水监测仪。通过埋设在钻孔中的应力、应变、水压、水温传感器监测工作面回采过程中应力、应变、水压、水温的变化情况，数据传送到地面中心站后，利用专门的数据处理软件判断是否发生突水。该技术主要用于具有底板突水危险的工作面回采过程中的突水监测。

（4）原位地应力测试：主要设备是原位应力测试仪，是一种以套筒致裂原理为基础的原位地应力测试仪器。通过监测工作面回采前、回采过程中的地应力变化，应用专门数据处理软件判断是否发生突水。该技术主要用于底板突水监测。

（5）岩体渗透性测试：主要设备是多功能三轴渗透仪。通过调节岩体的三向应力状态，测试不同应力状态下的水压、水量变化，以反映岩体渗透性随应力的变化规律。

## 三、井下探放水

井田内常存在老空区积水区、强含水层、含水断层以及导水陷落柱，当采掘工程接近或接触这些水体时，容易产生水害。因此，巷道掘进之前，必须采用钻探、物探、化探等方法查清水文地质条件，在探明水情的基础上，将水放出或采取其他防治措施。

采掘工作面遇有下列情况之一时，应当立即停止施工，确定探水线，实施超前探放水，经确认无水害威胁后，方可施工：①接近水淹或者可能积水的井巷、老空或者相邻煤矿时；②接近含水层、导水断层、暗河、溶洞和导水陷落柱时；③打开隔离煤柱放水前；④接近可能与河流、湖泊、水库、蓄水池、水井等相通的导水通道时；⑤接近有出水可能的钻孔时；⑥接近水文地质条件不清的区域时；⑦接近有积水的灌浆区时；⑧接近其他可能突（透）水的区域时。

### （一）小窑老空水的探放

#### 1. 探水起点的确定

为了保证采掘工作和人身安全，防止误穿积水区，应将水淹区的积水范围、水位标高、积水量等资料填绘在采掘工程图上，并经过分析划出3条界线（图5－2）：

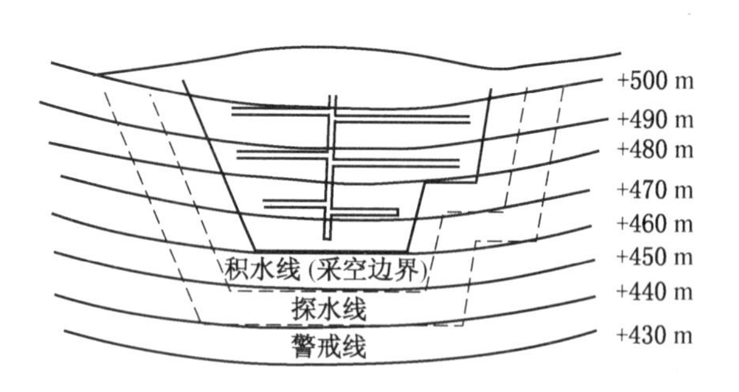


图5－2 小窑老空区“三线”示意图

（1）积水线。积水边界线（小窑采空区范围）即为积水线，其深部界线应根据小窑或老窑的最深下山划定。

（2）探水线。根据积水区的位置、范围、工程地质及水文地质条件及其资料可靠程度、采空区和巷道受矿山压力破坏情况等因素确定。具体规定如下：①针对采掘工作造成的老空、老巷、硐室等积水区，如边界准确、水文地质条件清楚、水压不超过 10 kPa 时，探水线至积水区的最小距离为煤层中不得小于 30 m，岩层中不得小于 20 m；②针对虽有图纸资料，但不能确定积水区边界位置的积水区，探水线至推断积水区边界的最小距离不得小于 60 m；③石门揭开含水层前，探水线至含水层的最小距离不得小于 20 m。

（3）警戒线。从探水线再外推 50 ~ 150 m（上山掘进时指倾斜距离）为警戒线。巷道进入此线后，应警惕积水的威胁，注意掘进工作面的变化，如发现有透（突）水征兆应提前探水。

2. 老窑积水量的估算

划定积水线后，可按下式初步估算老空区积水量：

$$Q_j = \sum Q_c + \sum Q_h \qquad Q_c = \frac{KMF}{\cos\alpha} \qquad Q_h = WLK \tag{5-1}$$

式中　$Q_j$——相互连通的各积水区总水量，$m^3$；

$\sum Q_c$——有水力联系的煤层采空区积水量之和，$m^3$；

$\sum Q_h$——与采空区连通的巷道积水量之和，$m^3$；

$K$——采空区或巷道的充水系数，与采煤方法、采出率、煤层倾角、顶底板岩性及其碎胀程度、采后间隔时间等因素有关，一般取 0.5 ~ 0.8，岩巷取 0.8 ~ 1.0；

$M$——采空区平均采高或煤厚，m；

$F$——采空积水区的水平投影面积；

$\alpha$——煤层倾角，(°)；

$W$——积水巷道原有断面面积，$m^2$；

$L$——积水巷道长度，m。

1）探放水钻孔的布置原则

探放水钻孔的布置以不漏掉老空、保证生产安全和探水工作量最小为原则。探放水钻孔布置的参数有超前距、允许掘进距离、帮距和钻孔密度等，如图 5 – 3 所示。

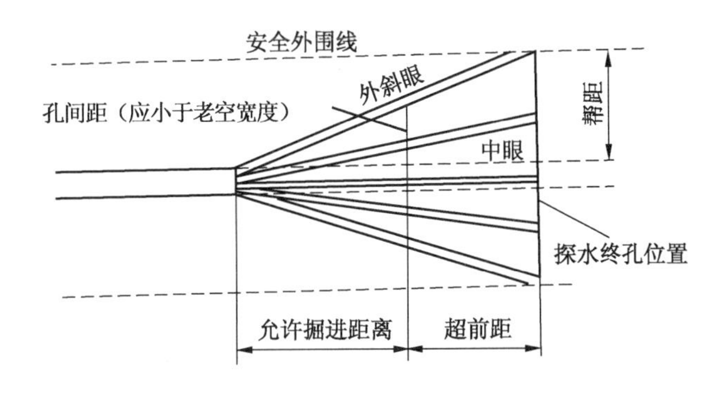


图 5 – 3　探放水钻孔布置

（1）超前距。实际上，钻孔一次打透积水的情况极少，多数是探放水钻孔与掘进巷道相结合，探后再掘、掘后再探，依次循环进行。在此过程中，探放水钻孔的终孔位置应始终保持超前巷道一段距离，这段距离称为超前距，可用下式计算：

$$a = 0.5AL\sqrt{\frac{3p}{K_p}} \tag{5-2}$$

式中 $a$——超前距（或帮距），m；

$A$——安全系数，一般取2～5；

$L$——巷道的跨度（宽或高取其大者），m；

$p$——水头压力，MPa；

$K_p$——煤的抗拉强度（可由试验测定或按本区经验值），MPa。

（2）允许掘进距离。探水后，证实前方无透水危险、可以安全掘进的长度。

（3）帮距。探放水钻孔中最外侧斜孔到巷道帮的距离，实际上指示了最外侧斜孔所控制的范围，其值应与超前距相同。帮距大多采用20 m，薄煤层可以适当减少至8 m。帮距一般与相同条件下的超前距相同，有时可略比超前距小1～2 m。

（4）钻孔密度。允许掘进距离的终点横剖面线上探水钻孔之间的距离，又叫孔间距。间距大小视具体情况而定，一般不得超过3 m。

2）探放水钻孔的布置方式

探放水钻孔的布置方式和巷道类型、煤层厚度和产状有关。一般情况下，钻孔之间的平面夹角为7°～15°，主要布置方式有扇形布置和半扇形布置两种。

（1）扇形布置。主要应用在巷道处于三面受水威胁的地区，需要进行搜索性探放水的情况。该布置方式可以使巷道前方、左右两侧需要保护的煤层空间均处于钻孔控制之中。

（2）半扇形布置。主要应用在积水区确定位于巷道一侧的条件。该布置方式可以使巷道前方和一侧需要保护的煤层空间均处于钻孔控制之中。

（二）断层水的探放

断层是矿井充水的主要通道之一。据统计，矿井突水点90%以上出现在断层带及其附近。因此，查明断层的位置、性质、规模、导水情况、富水性、水头压力，断层两侧含水层的富水性、水压及含水层与开采煤层的相对位置，并采取必要的措施（疏放、留设防水隔离煤柱或封堵）加以预防和治理，对防治断层突水、确保矿井安全是十分重要的。

由于断层同样是影响地质条件的重要因素，因此探断层水的钻孔应与探断层的构造孔相结合，在查明断层对煤层赋存条件影响的同时，探明断层及其两盘含水层的赋存条件及富水性。

断层水探明后，应根据水的来源、水压和水量采取不同措施。若断层水是来自强含水层，则要注浆封闭钻孔，按规定留设煤柱；已进入煤柱的巷道要加以充填或封闭。若断层含水性不强，可考虑放水疏干。

（三）含水层水的探放

探放含水层水基本有3种情况：一是探放影响采掘工作面顶板的强含水层水，二是探放影响采掘工作面底板的强含水层水，三是巷道（如石门）穿越强含水层（富水区）前的探放水。

对于水文地质条件简单的矿井，可在井上下水文地质调查、观测的基础上，于井下布置、施工探放水孔（主要针对顶板含水层）直接进行疏放。对于水文地质条件复杂的矿井（特别是底板承压富含水层），应采取地面、井下相结合，物探、钻探、化探与放水试验、连通试验相结合的综合探查方法，查明条件后采取相应的防治水措施。物探富水异常区超前钻探工程布置如图 5－4 所示。

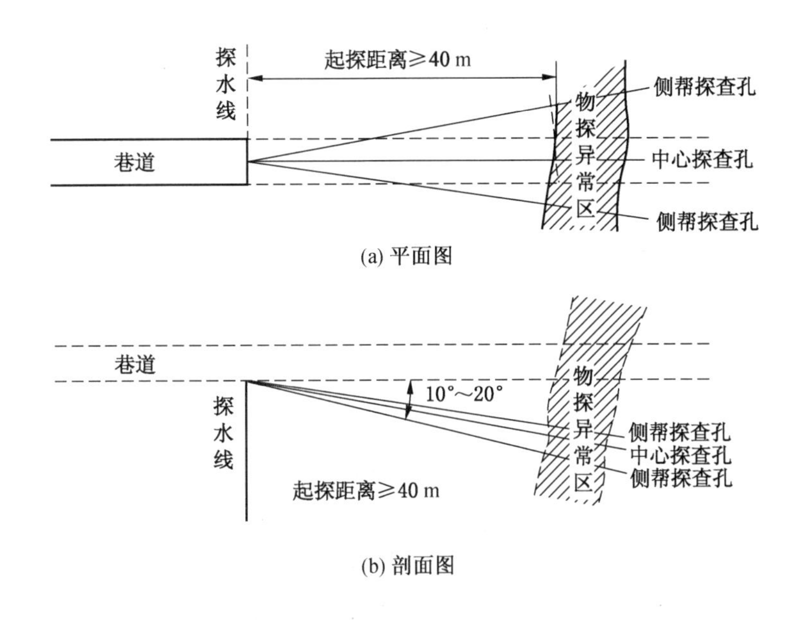


图 5－4 物探富水异常区超前钻探工程布置

（四）陷落柱水的探放

在探放岩溶陷落柱导水性钻孔的布置和施工中，水压大于 1 MPa 的岩溶陷落柱原则上不沿煤层布孔，而应布置在煤层底板岩层中，因为沿煤层埋设的安全止水套管很可能被高承压水突破，如确实需要在煤层中布孔的，可以先构筑防水闸墙，并在闸墙外向内探放水。陷落柱及其富水性的探放水如图 5－5 所示。

## 四、排水设施管理

矿井排水系统是煤矿防止透水事故的重要措施之一，也是煤矿生产的基本环节。大多数矿井都是将井下各出水点和疏放出的水经过排水沟或管道系统汇集于水仓，用水泵排至地面。矿井排水通常有常规排水、抗灾排水、抢险保矿和复矿排水。

矿井排水方式有直接排水、分段排水和混合排水 3 种。可根据矿井涌水量、疏水量的大小、井型、开采水平的数量和深度、排水设备的能力、矿井水的腐蚀性等具体条件确定排水的方式。

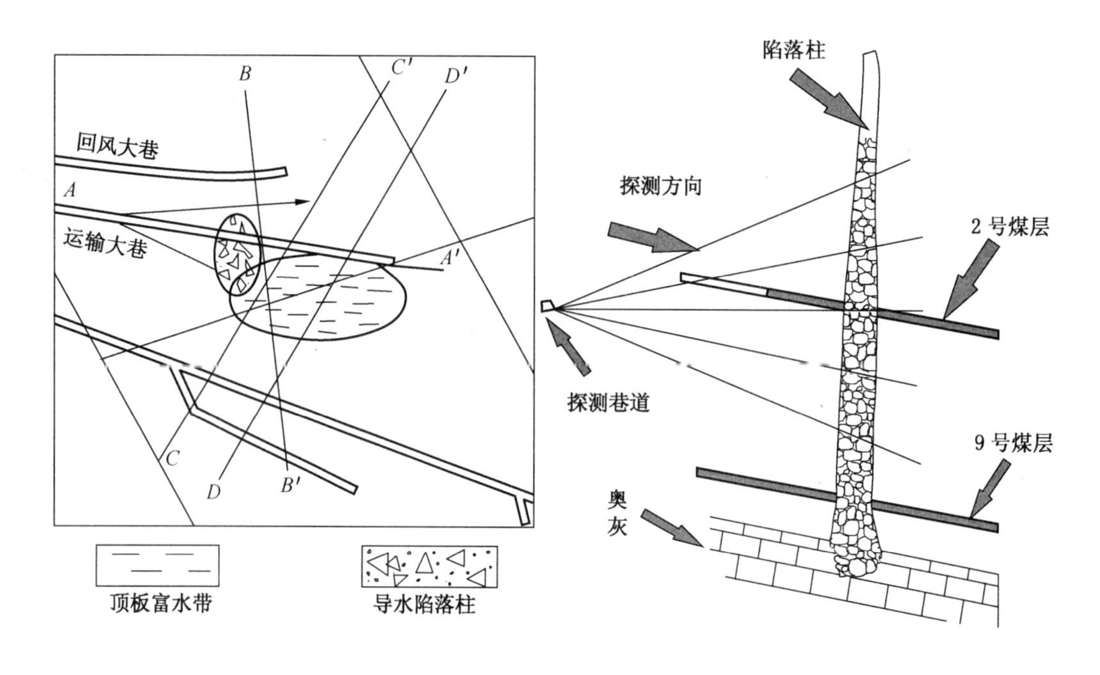


图5－5　陷落柱及其富水性的探放水

排水系统由排水沟、水仓、泵房和排水管路等构成。

## 第二节　水害防治技术

矿井水害防治工作是在矿井充水条件分析和矿井涌水量预测的基础上，根据涌水水源、通道和水量大小的不同，分别采取不同的防治措施。防治水工作总体要求如下：①煤矿企业、矿井必须在探放水工作中做到“三专”，即专门探放水队伍、专业技术人员、专用探放水设备。水文地质条件复杂、极复杂的煤矿要设立专门防治水机构；②应坚持“预测预报、有疑必探、先探后掘、先治后采”十六字原则，落实“探、防、堵、疏、排、截、监”等综合治理措施；③应在查明矿井地质、水文地质条件的基础上，因地制宜地采取措施加以防治；④应坚持先易后难，先近后远，先地面后井下，先重点后一般，地面与井下相结合，重点与一般相结合；⑤应注意矿井水的综合利用，实现排、供结合，保护矿区地下水资源和环境。

### 一、透水预兆

（一）一般预兆

（1）煤层变潮湿、松软；煤帮出现滴水、淋水现象，且淋水由小变大；有时煤帮出现铁锈色水迹。

（2）工作面气温降低，或出现雾气或硫化氢气味。

（3）有时可听到水的“嘶嘶”声。

(4) 矿压增大，发生片帮、冒顶及底鼓。

(二) 工作面底板灰岩含水层突水预兆

(1) 工作面压力增大，底板鼓起，底鼓量有时可达500 mm以上。

(2) 工作面底板产生裂隙，并逐渐增大。

(3) 沿裂隙或煤帮向外渗水，随着裂隙的增大，水量增加，当底板渗水量增大到一定程度时，煤帮渗水可能停止，此时水色时清时浊，底板活动使水变浑浊，底板稳定使水色变清。

(4) 底板破裂，沿裂隙有高压水喷出，并伴有“嘶嘶”声或刺耳水声。

(5) 底板发生“底爆”，伴有巨响，地下水大量涌出，水色呈乳白色或黄色。

(三) 冲积层水的突水预兆

(1) 突水部位发潮、滴水且滴水现象逐渐增大，仔细观察可以发现水中含有少量细砂。

(2) 发生局部冒顶，水量突增并出现流砂，流砂常呈间歇性，水色时清时浊，总的趋势是水量、砂量增加，直至流砂大量涌出。

(3) 顶板发生溃水、溃砂，这种现象可能影响到地表，致使地表出现塌陷坑。

(四) 陷落柱与断层突水征兆

(1) 与陷落柱有关的突水，一般先突黄泥水，后突出黄泥和塌陷物；断层沟通奥灰顶部溶洞的突水多是先突黄泥水，后突出大量的溶洞中高黏度黄泥和细砂或水夹泥砂同时突出；而断层沟通奥灰强含水层发生的突水，很少有突出大量黄泥的现象。

(2) 与陷落柱有关的突水，来势猛、突水量大，突出物总量很大且岩性复杂；这种冲出大量突出物的现象，对断层突水来说，一般是极其少见的。

(3) 与陷落柱有关的突水，塌陷物突出过程一般都是先突煤系中的煤、岩碎屑，后突奥灰碎块。在突水点附近巷道或采场的突出物剖面上，常见下部是煤、岩碎屑，上部或表面是徐灰或奥灰的碎块，突出物常表现出与地下水活动有关的特征。

上述为典型预兆，在具体突水过程中并不一定全部表现出来，应当细心观察，认真分析、判断，做到有备无患。

## 二、底板灰岩水防治

我国北方和南方煤矿在开采下组煤时，普遍会面临底板中奥陶统灰岩含水层和茅口组灰岩含水层的突水隐患。底板水的防治是一个非常重要、非常复杂、难度很大、涉及面很广而又耗资巨大的问题，因此应遵循容易解决的先解决，暂难解决的往后放，等到条件成熟时再解决的一般步骤，同时要整体研究，逐块分析，因地制宜。长期理论研究和工程实践总结出了以下防治水措施。

(一) 利用底板隔水层带压开采

我国北方的太原组煤层与中奥陶统灰岩含水层之间，南方的龙潭组煤层与茅口灰岩之间，都存在着不同厚度的隔水层或相对隔水层。对于隔水层（或相对隔水层）厚度普遍大于临界厚度值的矿区、井田或采区，无须进行任何防治底板水的工作就可以安全开采。对于隔水层厚度等于或略小于临界厚度值的矿区、井田或采区，可通过疏水降压，将下伏含水层水头压力降至临界水压值以下，也可安全开采。此项疏水降压工程一般比较简单，只需在采煤准备巷道中打可控式底板放水钻孔，进行超前降压即可安全采煤。利用底板放水孔超前降压如图5－6所示，利用疏水巷超前降压如图5－7所示。

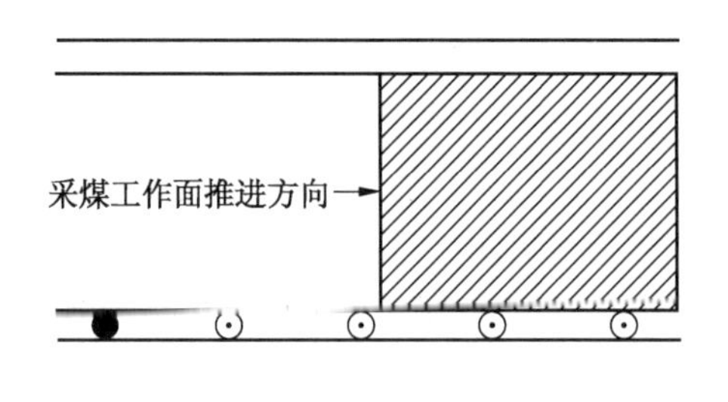


图5－6 利用底板放水孔超前降压

采后（在巷道塌毁以前）将钻孔关闭，以减少排水费用。随着采煤工作面的前进，放水孔排也不断向前推移。当下伏含水层的水头压力过高（大于4～5 MPa）时，井下放水钻孔施工就很困难，此法不宜采用。

（二）加厚和加固隔水底板

通过条件探查，确定的地质构造薄弱带如煤层底板裂隙网络构造带、滑动构造薄弱带、开拓巷道通过的构造薄弱带等，均可采取预注浆加固的办法解决因构造薄弱而发生突水的隐患。可以在地面建注浆站，将地面的浆液用管子输送到井下进行预注浆。为节约成本，注浆材料可采用黏土水泥浆。

当隔水底板厚度明显小于临界厚度值，就必须大流量大幅度降低水压，井下放水很困难或费用太高时，可用底板注浆的办法将下伏含水层顶部的岩溶、裂隙封闭，使其变为相对隔水层，以加厚隔水底板使其大于临界厚度值，从而达到安全采煤的目的。这一方法的效果，取决于事先对下伏含水层顶部的岩溶、裂隙分布情况是否有比较清楚的了解以及注浆工艺是否恰当。所以，事先宜用物探方法查明下伏含水层顶部的岩溶、裂隙分布情况，并在此基础上制定适当的注浆工艺，注浆才能达到预期的效果。

断层众多、裂隙非常发育的碎裂底板，不仅其岩体抗张强度极低，而且底板本身就是一个与下伏岩溶含水层有密切联系的裂隙含水层。煤层开采时，在水压与矿压的联合作用下，原有的含水层与导水裂隙进一步扩大，导致下伏岩溶含水层中的水大量突入矿井。对这类底板，必须采取超前探水和注浆，既可以封闭导水裂隙，又可以加大底板岩体强度，达到安全采煤的目的。值得注意的是，注浆深度必须超过矿压破坏带的深度，否则随着采煤工作面的推进，已经注浆加固的部分又会被矿压重新破坏，达不到加固的目的。

（三）利用构造切割，分区治理

当底板隔水层的厚度很薄，而下伏含水层的含水性又很强，分布也很广时，疏水降压工程势必非常浩大，甚至在技术不可行或经济上不合理。但如存在断层纵横切割，将本来

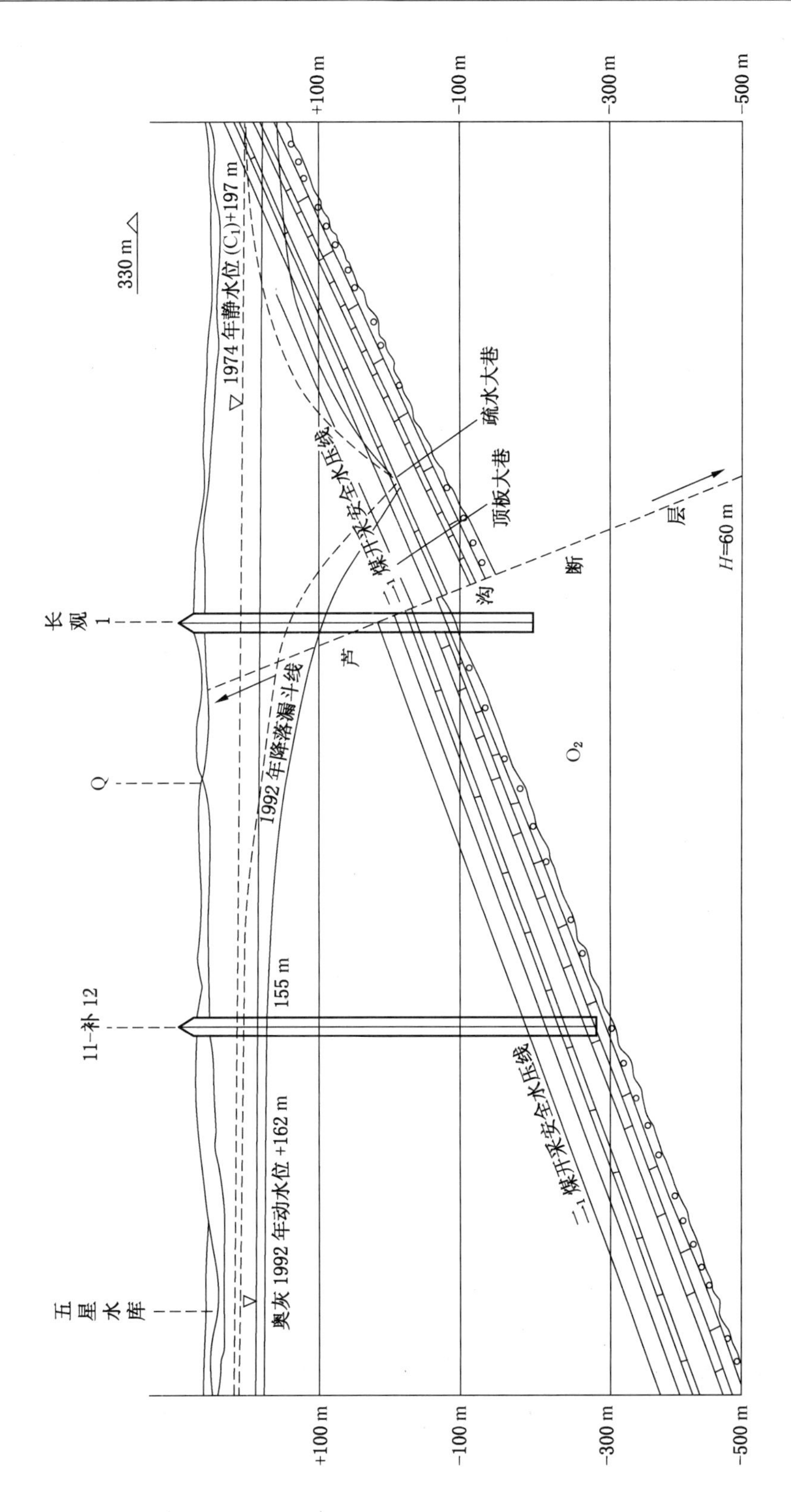


图 5-7　利用疏水巷超前降压

分布很广的含水层分割为若干四周封闭或基本封闭的块段，情况就大为有利了。即使下伏含水层的岩溶很发育，导水性很强，也会由于补给条件差，每个块段内的水量总是有限的，可以利用这个条件，对某个或某些封闭或基本封闭的块段进行疏水降压，将收到事半功倍的效果。

（四）用注浆帷幕封堵缺口

对于那些四周大部封闭，尚未完全封闭的块段，可用钻孔注浆，形成地下防水帷幕，以封堵缺口，使其变为全封闭的块段，然后在其中进行疏水降压，水量就会小得多，水压降低也快得多。但事先必须确切查清缺口的具体位置、宽度、深度、厚度、岩溶裂隙的发育情况及水动力条件，选择适当的注浆工艺，才能达到预期的效果。

帷幕注浆截流有很多具体技术问题尚待深入研究。例如，帷幕注浆截流工程规模一般较大，需用的钻孔和消耗的材料多，施工工期长，同时还要研究帷幕注浆截流的应用条件、效果和评价方法以及注浆过程中的有关参数的选择等。所有以上各方面研究的进展，都会把帷幕注浆截流这一矿山治水方法推向一个新的阶段。

（五）留设防水煤柱

正确留设防水煤柱是预防水害的重要措施。对于突水系数严重超限、具有突水危险又不能进行疏降开采和构造复杂地段，灰岩含水层岩溶发育、灰岩富水性强、受水威胁严重的地段也可采取留设防水煤柱的方法进行处理。当断层下降盘一侧的煤层与上升盘一侧的含水层直接接触或相距很近时，可沿断层带留设一定宽度的防水煤柱，使采煤工作面至断层的最短距离乘以强度降低率后仍大于临界厚度，即可安全开采。留设断层防水煤柱如图5－8所示。

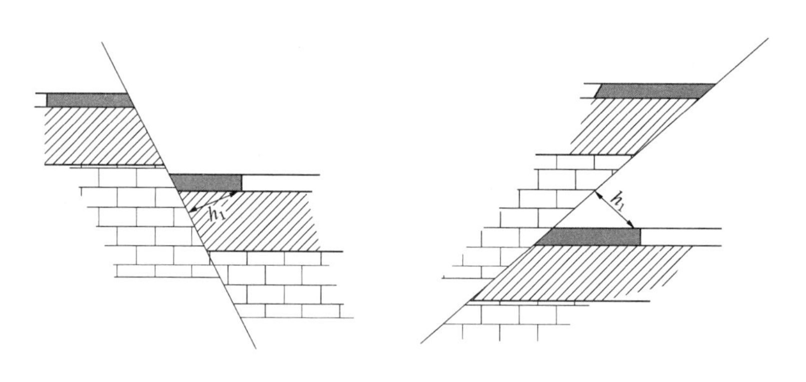


图5－8　留设断层防水煤柱

（六）局部注浆止水

如底板隔水层的厚度已大于临界厚度，在正常情况下可以安全开采。当在掘进或回采中遇到了个别断层或陷落柱突水，此时可在查清断层或陷落柱的基础上，进行局部注浆止水。但必须注意，这一办法不宜用于隔水底板的正常厚度小于临界厚度时的突水。

（七）地面防渗堵漏

在煤层底板下伏岩溶含水层的露头部位，如有地面水流（河流、水渠）通过时，地面水往往大量漏失而灌入矿井。如河流水很大，漏失段不是很长时，进行河床防渗堵漏工作，往往能使矿井涌水量显著减小。此外，在有季节性水流的地段，如果存在岩溶漏斗、岩溶洼地等，在雨季往往导致地表降水大量汇入矿井，使矿井涌水量骤增。进行地面填堵工作，将会有效地减小雨季的矿井涌水量。

（八）改变采煤方法

对于隔水底板厚度较薄，突水威胁严重，而又无其他有效防治办法的矿井或采区，如改用适当的采煤方法，往往能化险为夷。例如，短壁开采、房柱式开采、砌充填带充填法采矿，都能减小矿压和提高隔水底板抵抗水压的能力；快速回采、人工放顶，则能缩短悬顶时间，避免或减少底板岩体因蠕变而降低其力学强度的危险。但短壁开采、房柱式开采会降低采煤效率，损失煤炭资源；充填法采矿会增加采煤成本。

（九）深降强排或多井联合疏降

当底板隔水层的厚度虽很薄，但下伏含水层的规模不大，补给水量有限时，可以考虑加大矿井的排水能力，进行深降强排，将下伏含水层的水头降至临界水压以下。但如果下伏含水层的分布规模较大，补给水量很丰富时，用一个矿井进行强排是无济于事的，而且经济上也不合理。此时，如无别的可供选择的防治水方法，可考虑几个矿井同时联合疏降的办法。深降强排的办法对地下水资源破坏很大，一般不宜采用，尤其缺水地区应予禁用。

在疏排水的过程中，为了预防意外的发生，还可考虑建立强有力的排水设施、设置防水闸门，并及时对险区设备进行维护，做好预警及应急措施。

## 三、老空（窑）水防治

积存在煤层采空区和废井巷中的水，尤其是年代久远缺乏足够资料的老窑积水，是煤矿生产建设中非常危险的水患之一。虽然老窑水一般存储量较小，只有几吨或几十吨，但一旦意外接近或溃出，往往造成人身伤亡并摧毁溃水所流经的井巷工程，造成巨大的经济损失。

老空（窑）水害的主要防治对策就是严格执行探放水制度，以根除水患。在特定条件下可先隔后放，如老窑水与地表水体或强充水含水层存在密切的水力联系，探放后可能给矿区带来长期的排水负担和相应的突水危险时，则可先行隔离，留待矿井后期处理，但隔离煤柱留设必须绝对可靠，并要注意沿煤层顶底板岩层的裂隙水绕流问题。

防治老窑积水要解决好以下 7 个方面的问题。

（一）克服麻痹侥幸心理，避免疏忽大意

必须采取严肃慎重和一丝不苟的工作态度，坚持“全面分析，逐头逐面排查，多找疑点，有疑必探”的基本原则。老窑水害严重矿区的防治经验如下：

（1）探放水作业必须专人负责。

（2）有疑必探，采掘工程没有把握必须探水，如探水工作影响了采掘工程，可采取其他补救措施，但决不能放松这一工作。

（3）老窑水小也不可大意，应严格按照规章制度施工，把水放出来才可生产。

（二）认真分析老窑积水的调查资料

对老窑积水资料的调查，一定要严肃认真，深入细致，确切地加以记录，并且要反复分析核实，判别可靠程度，指出疑点和问题。最后，必须依据资料的可靠程度，本着"留有余地，以防万一"的原则，在有关图纸上圈出积水线、警戒线和探水线，应用时仍要随时警惕，不能绝对化、盲目自信，而要根据现场的新情况，及时重新分析判断或补充调查。

许多实例说明，老窑积水的调查一定要全面，记录要清楚，有多少线索尽量访问多少，并且要询问清楚被访对象在现场的起止年月，当时的工种和现场情况，以便仔细分析和相互对证。对于老图纸，一定要注意核定成图或填图的截止时间，要充分估计有关误差。即使资料被认为是相当可靠，使用时也要随时警惕，不能绝对化。

（三）制定合理有效的防治对策

老窑和地方矿井多为复杂的矿区，分管安全的领导和技术负责人必须了解掌握本矿井周围的老窑积水分布情况、各片积水与本矿井各采区之间的隔离情况，并组织有关人员编制有关图件，全盘安排开拓部署和采掘工程。简单地讲，老窑积水的主要防治方法就是探放。但放与不放，何时探放，怎样探放，这些都是值得探讨研究的课题，需要从安全生产的全局出发，根据矿井和老窑积水的具体条件，权衡利弊，作出战略性决策和安排。

（四）严密组织探水掘进

老窑积水有分散、孤立和隐蔽的特点，水体的空间分布几何形态非常复杂，往往很不确切。防治老窑积水的唯一有效手段就是探水掘进。在有足够帮距、超前距和控制密度的钻孔掩护下，掘进巷道逐步接近老窑积水，达到发现老窑积水的目的。然后利用钻孔将老窑积水放出来。但是，如果意外接近它们，老窑积水的突然溃出就会酿成水害事故。

根据积水层的赋存条件和采掘巷道的相互关系，探水钻孔必须在巷道的前方、两帮和顶底都有布置，保证有足够的掩护距离和密度，防止从探水钻孔之间漏过老窑。

（五）特别注意近探近放和贯通积水巷道或积水区

当积水位置很明确或通过探水掘进确已接近积水并进行近距离探放水时，有些问题需要特别注意。情况复杂的积水就在身边，稍有不慎，水害可能立即发生。

许多水害案例表明，近探近放积水和贯通积水巷道极不安全，必须确保积水及煤泥浆确已放尽才可行。发现近距离探到积水，必须迅速加固钻孔周围及巷道顶帮，另选安全地点，在较远处打孔放水或扫孔冲淤。通捣清淤时要制定防钻孔刷大、突然来压顶出钻杆等安全措施。

在老窑边缘，积水形状是变化多端、极不规则的，老巷或宽或窄，或高或低，可能留顶撇底，左右拐弯或多条巷道交错，可能局部冒落阻水或积存淤泥，使积水始终放不尽或重新积水。因此，在掘透老窑区时，必须在放水孔周围补打钻孔，保证在平面和剖面上都不漏掉积水巷道，各钻孔都能保证进出风，证明确无积水和有害气体后，方可沿钻孔标高以上掘透。

（六）重视自采自掘采空区废巷积水的探放

这是一个普遍问题，不能认为资料相对可靠就掉以轻心，必须做到以下几个方面：

（1）对原不积水的区域要分析重新积水的条件和可能，经常圈定积水区。

（2）要分析测绘精度和误差，注意可能少填、漏填的硐子。

（3）不过分自信，盲目进行近探近放。

（七）钻探、物探结合

老窑积水的探放，工作量很大，尤其是探水掘进耗工耗时，应该积极采用物探手段，帮助圈定积水区，减少超前探水的工作量，开展探水孔顶端的孔间透视，以减少钻孔密度。但是钻探、物探结合，必须以钻探为主，物探资料要有钻孔验证。

## 四、孔隙及裂隙水防治

孔隙、裂隙水主要为煤层开采的顶板含水层水，所以，这个问题又可以转化为顶板水害的防治。

若煤层顶板受开采破坏后，“上三带”发育高度决定了对顶板含水层的破坏程度，尤其是导水裂隙带，一旦其发育高度波及范围内存在强含水层（体）时，含水层水会通过裂隙带进入采空区。当煤层顶板有含水层和水体存在时，应当观测“上三带”发育高度，进行专项设计，确定安全合理的防水煤（岩）柱厚度。当导水裂隙带范围内的含水层水影响安全掘进和采煤时，应当超前进行钻探，待彻底疏放水后，方可进行掘进回采。

当煤层顶板至地表水体或含水层的底板之间的隔水层厚度满足不了要求时，应根据具体的水文地质条件，因地制宜地采取适应的防治水措施，才能安全开采。

（一）留设防水煤（岩）柱

当煤层露头部位或浅部被地表水体、新生界含水层或逆掩断层含水推覆体等所切割或覆盖时，则煤层开采时应在煤层露头部位或浅部留设必要的防水煤（岩）柱。

留设防水煤（岩）柱的原则主要包括：

（1）在有突水威胁但又不宜疏放的地区采掘时，必须留设防水煤（岩）柱。

（2）在安全可靠的基础上把煤柱的宽度或高度降低到最低限度，以提高资源利用率。

（3）留防水煤（岩）柱必须与地质构造、水文地质条件、煤层赋存条件、围岩的物理力学性质、煤层的组合结构方式等自然因素密切结合，与采煤方法、开采强度、支护形式等人为因素互相适应。

（4）一个井田或一个水文地质单元的防水煤（岩）柱应该在它的总体开采设计中确定。

（5）在多煤层地区，各煤层的防水煤（岩）柱必须统一考虑确定，以免某一煤层的开采破坏另一煤层的煤（岩）柱，致使整个防水煤（岩）柱失效。

（6）留设防水煤（岩）柱所需要的数据必须在本地区获得，邻区或外地的数据只能参考；如果需要采用，应适当加大安全系数。

（7）防水岩柱中必须有一定厚度的黏土质隔水岩层或裂隙不发育、含水性极弱的岩层，否则防水岩柱将无隔水作用。

（8）防水煤（岩）柱一经留设不得破坏，巷道必须穿过煤柱时，必须采取加固巷道、修建防水闸门和其他的防水设施，保护煤（岩）柱的完整性。

留设防水煤（岩）柱的总厚度应视具体的水文地质条件而定：

（1）在基岩裸露地区，当煤层露头部位或浅部被河流切割，且河床下缺乏或基本缺

乏第四系沉积物（厚度小于5 m），基岩风化裂隙又比较发育时，防水煤（岩）柱的总厚度应满足

$$h_{安} \geqslant h_{裂} + h_{保} + h_{风} \tag{5-3}$$

式中 $h_{安}$——安全采煤所需的顶板隔水保护层厚度，m；

$h_{风}$——风化裂隙带的厚度，m；

$h_{裂}$——导水裂隙带的最大高度，m；

$h_{保}$——导水裂隙带以上的隔水保护层厚度，m。

如风化裂隙不发育或风化裂隙带的导水性很小，不会导致河水大量进入矿井时，在防水煤（岩）柱的总厚度中也可不考虑风化裂隙带，但必须考虑煤层开采后地表将会出现的张开裂隙深度。此时，防水煤（岩）柱的总厚度应为

$$h_{安} \geqslant h_{裂} + h_{保} + h_{张} \tag{5-4}$$

式中 $h_{张}$——煤层回采后地表所出现的张开裂隙深度，一般为10～15 m。

（2）当煤层露头部位或浅部被新生界松散含水砂层、砂砾层覆盖时，不论其上有无地表水体，煤层露头部位或浅部均须留设防水煤（岩）柱。如基岩风化裂隙带的导水性较强时，应用式（5－3）来计算防水煤（岩）柱的总厚度；如基岩风化裂隙带不发育、导水性很弱时，则用 $h_{安} \geqslant h_{裂} + h_{保}$ 来计算防水煤（岩）柱的总厚度。

如新生界含水层的底部有较厚的（大于5 m）黏土或砂质黏土层时，则此黏土或砂质黏土层可作为保护层 $h_{保}$，借以阻止其上的地表水或含水砂层、砂砾层中的水大量下渗。用 $h_{安} \geqslant h_{裂} + h_{保}$ 计算防水煤（岩）柱的总厚度，从而使基岩中的煤（岩）柱厚度可减小到等于 $h_{裂}$。

如黏土层或砂质黏土层的厚度较大（30 m以上）时，即使位于采动导水裂隙带的高度以内，也不易产生导水裂隙。即使上面有地表水或水量丰富的含水砂砾层，也不会向采区大量充水。因此，基岩中的煤（岩）柱厚度可进一步减小到大于垮落带高度，即可安全开采。

（3）在逆掩断层含水推覆体下、老窑积水区下采煤时，均须留设必要的防水煤（岩）柱，使采区顶板至含水推覆体的底板或老窑积水区的底部之间的隔水层厚度满足 $h_{安} \geqslant h_{裂} + h_{保}$ 的要求。

（二）改变采煤方法

上述垮落带高度、导水裂隙带高度、防水煤（岩）柱厚度及其各项计算公式，都是指采用全部垮落采矿法时的情形。如采用充填采矿法或房柱采矿法，可以不产生垮落带，导水裂隙带的高度也随之大为降低。这对防止顶板水的下灌是非常有利的。但充填采矿法的成本高，房柱采矿法的效率低、资源损失大，只有在不得已的情况下才采用。

（1）当顶板含水层距煤层顶板普遍接近，其间的隔水层厚度满足不了 $h_{安} \geqslant h_{裂} + h_{保}$ 的要求，且顶板含水层的水量很大，不易疏干时，改用充填法或房柱法就可以降低导水裂隙带的高度，不触动含水层的底板，从而实现安全开采。

（2）当煤层露头部位及浅部被地表水体或新生界强含水层所覆盖，煤层倾角又比较平缓，按全部垮落法采煤要求须留设的防水煤（岩）柱损失煤炭资源过大时，如改用充填法或房柱法就可以大量缩短煤柱，减少资源损失。

（3）在逆掩断层含水推覆体下或老窑积水区下采煤时，为了减少资源损失和确保安全生产，必要时也可采用充填或房柱法开采。

此外，对于厚煤层还可采用分层间歇开采法，以减少垮落带和导水裂隙带的高度；对于急倾斜煤层，则可采用长走向小阶段间歇开采法，必要时还采用人工强制放顶的办法，以防止煤柱抽冒；对于那些采取了各种措施仍然难以完全解除顶板水威胁的煤层，还可以采用先远后近、先深后浅、先简单后复杂、先探后采的试探性开采方法，以及用防水闸门分区隔离的开采方法等。

（三）超前疏干

对于那些距煤层顶板很近而补给量又不太大的含水层，可先进行疏干然后回采。根据含水层的具体条件，可因地制宜地采取以下几种疏干措施。

（1）地面井群疏干。此种方法适用于含水层埋藏较浅时的情形，常用于露天疏干以及矿井局部地段的疏干或截流。其特点是疏干井排列随着采煤工作面的前进而不断向前推移或延伸，疏干效果则取决于疏干范围内含水层水位的有效降深能否达到或接近含水层的底板，残余水头能否给采煤造成危害。这就要求井排的深度不能过大（即含水层底板深度不宜过大），否则工程量过大、费用过高、疏干效果差。

（2）开凿专门疏干平巷。此法适用于某一固定部位（如露天矿的非工作帮）的疏干或断面截流。如疏干对象是松散砂层，则疏干巷道应开在砂层底板基岩中，然后用直通式过滤器或打入式过滤器疏干巷道顶部的含水砂层。如疏干对象是基岩含水层（如石灰岩），则疏干巷道可直接开凿在基岩含水层中。在条件允许时还可以利用运输巷道或通风巷道兼做疏干巷道。这种疏干方法的优点在于水位降低大、疏干效果好、管理费用低，一次建成后长期有效，且不受含水层埋藏深度的限制。缺点是一次性投资较大，且不能随着采煤工作面的推进而移动。

（3）利用采煤准备巷道超前疏干。此法适用于采区工作面的疏干。根据超前疏干时间的需要，提前掘进采煤准备巷道，在工作面前方巷道中打顶板放水钻孔群，先疏干顶板含水层，然后进行采煤。随着工作面的推进，疏干巷道和放水钻孔群也不断超前延伸。这种方法简单易行、效果可靠，费用也较低，故广泛应用于采区顶板含水层及顶板流砂层的疏干。

（4）多井联合疏干。如顶板含水层分布范围较广，补给水量较大，一井疏干难以奏效，且水量过大难以承受时，可同时开拓几个矿井，进行联合疏干，既可以取得满意的疏干效果，每个井的排水量又不至于过大。

（四）注浆堵水

注浆堵水是防治水的重要手段之一，只要选用得当，常取得良好的效果。

（1）当顶板含水层或含水层的某一区段被隔水边界基本包围呈半封闭状态，只有一个或两个宽度不大的缺口与外部联通时，可在这些缺口打密集钻孔排，灌注水泥、水泥砂浆或其他浆液材料，形成一道地下隔水帷幕，封住缺口，隔断或基本隔断区内与区外的水力联系，区内的含水层便成为“一潭死水”，易于疏干。

（2）当含水层与煤层顶板之间的相对隔水岩层的厚度已大于安全厚度 $h_{安}$，在正常情况下对煤层开采没有影响，但由于存在导水断裂带，使煤层开采时含水层中的水能沿断裂带进入采区。此时可在煤层开采以前从地面打钻孔，对断裂带进行注浆，以防止含水层的水进入采区。但必须注意，断裂带注浆部位必须是在采区导水裂隙带的顶部与含水层底板之间，高了不起止水作用，低了会被煤层开采后所产生的导水裂隙带或垮落带所破坏而失去其止水作用。

（3）注浆堵水的对象是溶洞或大型裂隙时，应首先大量注砂石或其他填料，然后注水泥浆胶结，以免浆液大量流失，达不到止水目的。

（4）注浆堵水工作应力争做在井下突水以前，在地下水流速不太大的情况下，浆液不易流失，易于取得成功；一旦井下突水，不仅造成损失很大，而且注浆堵水工作也将更加复杂。

## 五、地表水及雨季洪水防治

地面防治水是一项复杂的任务，往往需要采取综合防治的方法才能达到安全开采的目标。根据矿井实际条件，可以采用改变采煤方法、留设煤柱、巷道充填等综合方法控制地面沉降变形，配合地面截、堵、疏、排、跨、移等措施，实现地面防治水。

一般情况下，当煤层露头或浅部直接被地表水体所覆盖，或者地表水是顶板含水层的补给水源时，在条件允许的情况下，进行地面防治水往往可以收到事半功倍的效果。

（1）合理选择井口位置。矿井井口和工业场地内建筑物的地面标高必须高于当地历年最高洪水水位；如低于当地历年最高洪水位，必须修筑堤坝、沟渠或采取其他可靠防御洪水的防排水措施，不能采取可靠措施的，应当封闭填实该井口。

（2）河流改道。在地形条件允许的情况下将流经煤层露头部位或浅部的河流改道到煤层露头以外或煤层埋藏深度较大（大于 $h_{安}$）的地段流过，达到不影响或基本不影响煤层开采的目的。但此法只能用于小型河流，对于大型河流则工程过于浩大，不宜采用。河流改道如图 5－9 所示。

（3）地面防渗、堵漏。在基岩裸露地区，当河流或山间沟谷局部位于煤层露头或煤层浅部之上，或者与顶板含水层有密切的水力联系时，可先将这些能产生渗漏的河段、沟段的河床、沟底加以清理和平整，然后用水泥砂浆、黏土、石块等材料对河床、沟底进行铺砌或堵塞，以防止渗漏，隔断地面水与地下的联系。这种方法对于防山间沟谷或溪流渗漏效果非常显著，但对于大型河流则难以采用。整铺河床如图 5－10 所示。

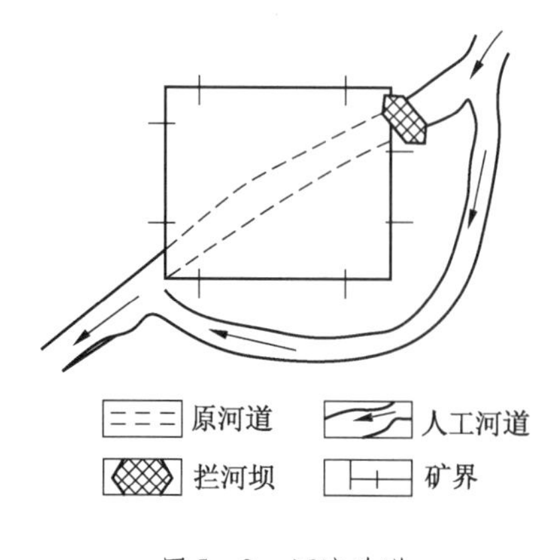


图 5－9 河流改道

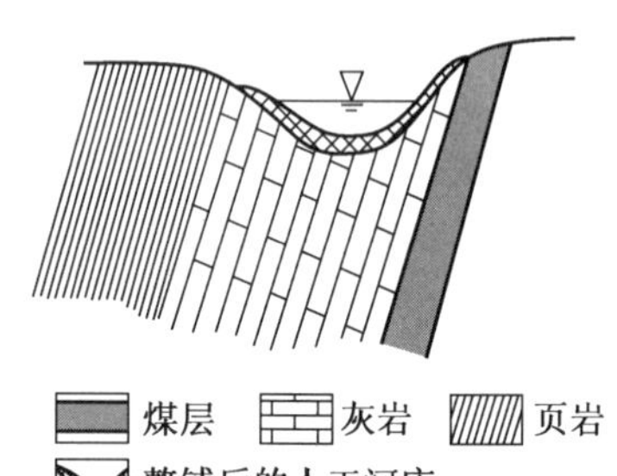


图 5－10 整铺河床

如煤层顶板为岩溶含水层而且裸露于地表时，在地表封堵暗河入口及地形低凹处的开口溶洞、裂隙，以减少地表水及降水的灌入和补给，是减少矿井涌水量有效措施之一。当浅部煤层开采导致地表垮落塌陷坑时，应及时予以填堵，以免成为地表水及降水灌入井下的通道。充填塌陷坑如图 5－11 所示。

（4）排干积水，填平洼地。如在采区导水裂隙带高度范围以内存在地面积水（如池塘、小型水泊、季节性积水洼地等），且地面积水下又无隔水的塑性黏土层时，应予以排干和填平，因为积水能沿导水裂隙带及垮落带直接灌入井下造成灾害。但对于那些位于导水裂隙带高度范围以外或其下有隔水黏土层的地面积水，以及采空区上面所出现的弯沉洼地积水，则不必排干和填平。

（5）修筑排（截）水沟（渠）。位于山麓或山前平原的矿区，雨季常有山洪或潜流等侵袭，可淹没露天矿坑、井口和工业广场，或沿采空区塌陷区、含水层露头等大量渗漏造成矿井涌水。在矿区上方特别是严重渗漏地段的上方，垂直水流方向开挖大致沿地形等高线布置的排（截）洪沟，利用自然坡度将水引出矿区。排（截）洪沟布置如图 5－12 所示。也可以采用防洪堤拦洪或修建水库进行蓄洪。此外，在地表容易积水的地点，修筑泄水沟渠，或者建排洪站专门排水，杜绝积水渗入井下。

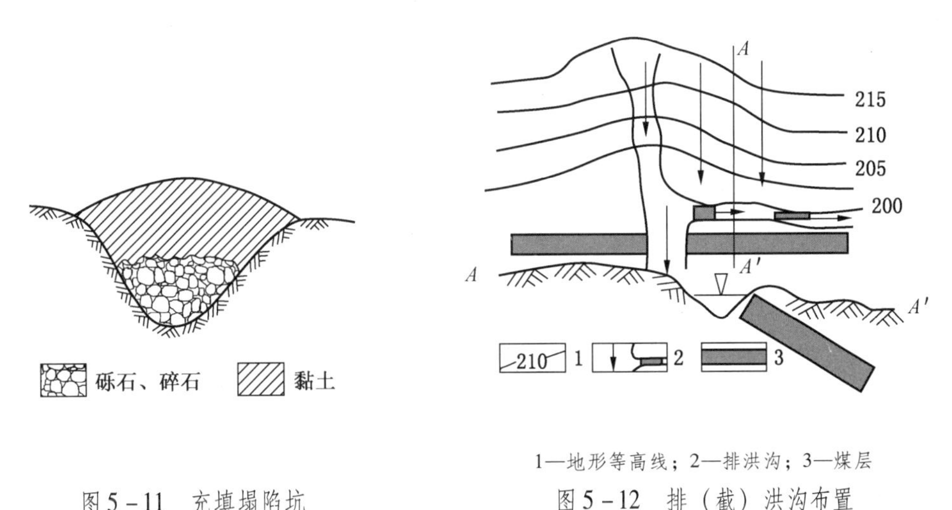


1—地形等高线；2—排洪沟；3—煤层

图 5－11　充填塌陷坑

图 5－12　排（截）洪沟布置

对于煤层顶板薄、埋藏浅的地段，地面防治水除采取上述方法外，还可以采取以下措施：

（1）井下布置防治水工程。利用井下浅部巷道或者采空区截排，增强井下排水能力，使排水能力达到抗洪标准，排出地面的井下水用管引到下游。

（2）提高支护阻力。为避免浅埋煤层薄顶板开采工作面发生溃水灾害，可以从提高支架支护阻力防止基本顶沿煤壁切落、降低采高以阻碍基本顶破断岩块的回转失稳两个方面着手；为避免降低采高造成煤炭的损失量，可以改用充填采空区来阻碍基本顶的回转失稳，而且当采空区充填满时，可以分担支架的载荷，从而不用提高或者少提高支架的支护阻力；为了避免综采工作面回采时顶板切断式垮落，对两巷采取架棚挂网、打锚索及加钢梁等加固措施，并在支架掩护梁前加土工布和铺网，以防水砂溃入。

（3）地面打孔注浆。局部基岩最薄处或者裂隙发育带实施顶板预先注浆加固改造，增强顶板抗变形能力。

（4）降低采高及加快回采速度。过沟时工作面回采适当降低采高，留部分顶煤，及时移架，采至河沟边缘时加快回采推进速度。在万不得已时，采取“跳采搬家”的办法通过河沟薄基岩地段。

任何一种防治水方法，都有一定的适应条件，既有一定的优点，也有一定的局限性，都只能在一定的条件下起到一定的作用。要想做好一个煤田、一个矿区、一个矿井以至小到一个采区的防治水工作，都必须综合研究各方面的情况和条件，做好全面规划，因地制宜地采用多种方法，有机配合。

# 第六章　矿井顶板灾害防治

## 第一节　顶板灾害的概念及成因

### 一、矿（地）压的概念

在矿体没有开采之前，岩体处于平衡状态。当矿体开采后，形成了地下空间，破坏了岩体的原始应力，引起岩体应力重新分布，并一直延续到岩体内形成新的平衡为止。在应力重新分布过程中，使围岩产生变形、移动、破坏，从而对工作面、巷道及围岩产生压力。通常把由开采过程引起的岩移运动对支架围岩所产生的作用力，称为矿（地）压。

在矿（地）压作用下所引起的一系列力学现象，如顶板下沉和垮落、底板鼓起、片帮、支架变形和损坏、充填物压缩下沉、煤岩层和地表移动、露天矿边坡滑移、冲击地压、煤与瓦斯突出等现象，均称为矿（地）压显现。因此，矿（地）压显现是矿（地）压作用的结果和外部表现。

### 二、矿（地）压灾害的分类

矿（地）压灾害的常见类型主要有采掘工作面或巷道的冒顶片帮、采场（采空区）顶板大范围垮落和冲击地压（岩爆）。按照矿（地）压灾害的力源，可以分以下几种。

（一）压垮型冒顶

由于垂直层面方向的顶板压力破坏支架而导致的顶板灾害，称为压垮型冒顶，包括：

（1）基本顶来压时的压垮型冒顶。

（2）厚层难垮落顶板的大面积冒顶。

（二）漏冒型冒顶

漏冒型冒顶是由于已破碎顶板没有得到防护，受重力作用冒落而导致的冒顶，包括：

（1）大面积漏垮型冒顶。

（2）局部漏冒型冒顶：靠煤壁附近的局部冒顶、工作面两端的局部冒顶、放顶线附近的局部冒顶、地质破坏带附近漏垮型冒顶。

（三）推垮型冒顶

推垮型冒顶是由平行于层面方向的顶板力推倒支架而导致的冒顶，包括：

（1）金属网下的推垮型冒顶。

（2）复合顶板推垮型冒顶。

（3）大块孤立顶板旋转推垮型冒顶。

（4）冲击推垮型冒顶。

（四）综合类冒顶（其他类型冒顶）

除以上 3 种类型之外的冒顶，称为综合类冒顶（其他类型冒顶）。

（五）冲击地压

冲击地压是指井巷或工作面周围岩体，由于弹性变形能的瞬时释放而产生突然剧烈破坏的动力现象，常伴有煤（岩）体抛出、巨响及气浪等现象。

## 三、矿（地）压灾害的预兆

矿（地）压灾害发生前，有发生煤壁片帮，顶板下沉速度急剧增加、支柱载荷急剧增大，靠煤壁顶板断裂、掉碴，煤炮密集等征兆。

（一）煤壁片帮

在采高较大、煤质较软、顶板破碎的回采工作面，靠煤壁侧的顶板由煤壁支撑，在支承压力的作用下，煤帮容易片落，导致破碎顶板在煤壁侧失去支撑，进而容易引起顶板大面积冒落。

（二）顶板下沉速度急剧增加、支柱载荷急剧增大

顶板下沉量一般是指煤壁到采空区边缘裸露的顶底板相对移近量，其下沉速度是指单位时间内顶底板移近量，以 mm/h 计算。在没有来压之前基本顶主要靠前方煤壁以及采空区后方垮落的矸石支撑，处于缓慢下沉状态，来压时基本顶断裂导致下沉速度急剧增加，此时，上方岩层的重量主要靠支柱承担，导致支柱载荷急剧增大。

（三）靠煤壁顶板断裂、掉碴

顶板断裂、掉碴一般发生在煤层和厚度较薄的直接顶之上有较高强度、厚度大、整体性强的坚硬顶板，煤层开采后在采空区可大面积悬露，不易发生自然垮落。当这种顶板发生破断时，顶板内大量弹性能突然释放并发生震动，导致煤壁与煤巷附近煤体产生应力集中，造成矿（地）压灾害。

（四）煤炮密集

煤炮现象是煤层中发生的剧烈声响，是煤体中积聚的能量瞬间释放所产生的动力现象。巷道掘进过程中，由于围岩强度较低，围岩变形破坏时所释放的能量较小，不足以引发矿（地）压灾害。只有当煤炮在围岩大范围密集发生时才是矿（地）压灾害的征兆。

## 四、矿（地）压灾害的致因

在采矿生产活动中，采掘工作面或巷道的冒顶片帮、采场（采空区）顶板大范围垮落是最常见的事故。

（一）地压灾害诱因分析

1. 自然地质因素

（1）岩层层理的影响。当存在薄及中厚的较弱岩（煤）层交互组成复合顶板时，围岩整体稳定性差，发生顶板灾害的概率增多。

（2）镶嵌型围岩结构的影响。由于沉积或构造运动的影响，岩层内包含小包裹体镶嵌型结构，多为锅底形、人字形、升斗形和鱼背形等不规则形状，且层面光滑、黏聚力小，发生突然坠落，导致无预兆顶板事故的可能性大。

（3）岩层节理裂隙及破碎带影响。由于地质构造运动的影响，岩层节理发育，多组节理互相切割，尤其是陷落柱影响区、风化带、断层破碎带、层间错动带、褶皱破碎带和岩浆侵入的挤压破碎带等，易造成顶板事故。

（4）地下水影响。水对岩石有弱化作用,尤其对含泥岩的岩石,甚至可发生体积膨胀和崩解;水还可能使岩层间摩擦系数下降,使裂隙产生张力作用,对岩体的稳定性有不利影响。

2. 工程质量因素

（1）支架支护质量差。支架安设不合理（如安设在浮矸上），预紧力不足；支架与围岩之间没有背实，导致支架阻力未能及时发挥作用，围岩松动破坏范围增大，容易发生顶板事故。

（2）支架稳定性差。支架连接性不好，横向稳定性差，尤其在倾斜巷道，易发生多架倾倒的大型顶板事故。

（3）爆破作业不合理。爆破钻孔布置不当，装药量过大，掘进后围岩破坏强烈，容易引发顶板事故。

（4）锚杆支护失效。锚杆支护不适用于围岩条件，或锚杆参数选择不当，锚固力失效，造成顶板事故。

（5）掘进期间，未严格按照操作规程施工，工程质量检查制度不严，或整改措施未能及时落实，造成顶板事故。

3. 采掘工程影响

巷道与采场在空间位置和时间关系不同，受到采动引起的岩层运动和支承压力的影响，围岩破坏范围扩大，容易导致顶板事故。

4. 未严格执行顶板安全制度

采掘过程中，未按照安全规程要求及时进行顶板安全检查，未及时发现和处理破坏或松动的围岩，缺乏有效的临时支护，也是发生这类事故的重要原因。

（二）顶板灾害的分类机理分析

按照顶板事故分类，各种顶板灾害的详细诱因分析如下。

1. 巷道冒顶事故的致因

巷道顶板死亡事故 80% 以上发生在掘进工作面及巷道交岔点。

（1）掘进工作面冒顶事故。第一，掘进破岩后，巷道或硐室顶部存在即将与岩体失去联系的岩块，如果支护不及时，该岩块可能与岩体失去联系而冒落。第二，掘进工作面附近已支护部分的顶部存在与岩体完全失去联系的岩块，一旦支护失效，就会冒落造成事故。

（2）巷道交岔点处的冒顶事故。巷道交岔点处冒顶事故往往发生在巷道分岔的时候。由于分岔口需要架设抬棚替换原巷道棚子的棚腿，如果分岔处巷道顶部存在与岩体失去联系的岩块，并且围岩正向巷道挤压，而新支设抬棚的强度不够，或稳定性不够，就可能造成冒顶事故。

2. 回采工作面冒顶事故致因

1）压垮型冒顶诱因

（1）基本顶来压时的压垮型冒顶：直接顶比较薄，其厚度是煤层采高的 1/3 ~ 1/2，冒落后不能充填满采空区；直接顶上面的基本顶分层厚度小于 5 ~ 6 m，初次来压步距为

20～30 m或更大一些。工作面中，当支柱的初撑力较低时，基本顶断裂在煤壁之内。当工作面推进到基本顶断裂线附近时，顶板出现台阶下沉，这时基本顶岩块的重量全部由采场支架承担。

（2）厚层难冒顶板大面积冒顶：整体厚层硬岩层顶板（如砂岩、砂砾岩、砾岩等其分层厚度大于5～6 m）大面积悬露后，其弯曲应力（或剪应力）超过其强度，导致顶板在极短时间内断裂并大面积冒落，不仅由于重量的作用会产生严重的冲击破坏力，而且更严重的是会把已采空间的空气瞬时挤出，形成巨大的暴风，破坏力极强。

2）漏冒型顶板诱因

（1）大面积漏垮型冒顶：煤层倾角较大，直接顶又异常破碎，采场支护系统中如果某个地点失效发生局部漏冒，破碎顶板就有可能从这个地点开始沿工作面往上全部漏空，造成支架失稳，导致漏垮工作面。

（2）靠煤壁附近的局部冒顶：煤层的直接顶中常存在多组相交裂隙，这些相交裂隙容易将直接顶分割成游离岩块，极易发生脱落，在采煤机采煤或爆破落煤后，如果支护不及时，这类游离岩块可能突然冒落砸人，造成局部冒顶事故。此外，采高过大，在基本顶来压期间，煤壁片帮，扩大了无支护空间，或是采用放顶煤开采，顶煤破碎，均有可能导致煤壁附近的局部冒顶。

（3）采场两端的局部冒顶：采场两端机头、机尾处顶板暴露的面积大，支承压力叠加集中，加剧了巷道周边的变形与破坏。加之需经常进行机头、机尾的移置工作，在拆除老支柱、支设新支柱时，破碎顶板可能进一步松动冒落；而随着回采工作面的推进，拆除原巷道支架的一个棚腿，换用抬棚支承棚梁时，破碎顶板也可能冒落。

（4）放顶线附近的局部冒顶：主要发生在单体支柱工作面，放顶线上支柱受力不均匀，当人工回拆"吃劲"的柱子时，往往柱子一倒下顶板就冒落，进而造成顶板事故。此外，当顶板中存在被断层、裂隙、层理等切割而形成的大块游离岩块时，回柱后游离岩块旋转，可能推倒采场支架导致局部冒顶；在金属网假顶下回柱放顶时，由于网上有大块游离岩块，也可能发生上述因游离岩块旋转而推倒支架的局部冒顶。

（5）地质破坏带附近的局部冒顶：地质破坏带及附近的顶板裂隙发育、破碎，断层面间充填物多为粉状或泥状物，泥质胶结；断层面比较尖滑，使上下盘之间的岩石黏结力极小，尤其是断层面成为导水裂隙时，更是彼此分离。当工作面推至断层附近时，岩层的破坏剧烈，自稳性差，发生漏顶、孤立岩块失稳等，从而导致局部冒顶。

3）推垮型冒顶诱因

（1）复合顶板推垮型冒顶：复合顶板又称离层型顶板，由下"软"上"硬"不同岩性的岩层组成；"软""硬"岩层间有煤线或薄层软弱岩层；下部"软"岩层的厚度较小，一般介于0.5～3.0 m之间。当支柱的初撑力小时，软硬岩层下沉不同步，软快而硬慢，从而导致软岩层与其上部硬岩层离层；下位软岩断裂形成六面体；六面体的相邻部分已冒空或为采空区，并有一定倾角；六面体因自重向自由空间的推力大于总阻力。满足上述4个条件，极有可能发生推垮型冒顶。

（2）金属网下推垮型冒顶：顶板某位置支护失效，下部破碎岩石在顶板金属网的相应区域形成网兜；当网兜的破碎矸石与上部岩层有空隙，或上位断裂的大块硬岩离层，造成网下支护体失稳，在倾角和顶板压力的双重作用下，导致推垮型冒顶。

4）其他类型冒顶诱因

（1）大块孤立顶板旋转推垮型冒顶：当存在断层、裂隙、层理或薄软岩层切割形成的大面积孤立顶板时，该顶板可能旋转而下，将工作面支架推向煤壁，导致推垮型冒顶。

（2）冲击推垮型冒顶：又称为砸垮型冒顶，下位顶板岩层先离层后，上位岩层掉落的大块岩石断裂冲击或急剧下沉冲击下位岩层，导致推垮型冒顶。

（3）采空区冒矸冲入采场推垮型冒顶：煤层之上为坚硬岩层，呈现为大块采空区垮落形态。大块垮落的岩石有可能沿已垮落矸石堆冲入工作面，导致推垮型冒顶。

3. 冲击地压事故及致因

1）冲击地压现象及特征

冲击地压是压力超过煤岩体的强度极限，聚积在巷道周围煤岩体中的能量突然释放，在井巷发生爆炸性事故，动力将煤岩抛向巷道，同时发出强烈声响，造成煤岩体震动和煤岩体破坏、支架与设备损坏、人员伤亡、部分巷道垮落破坏等。冲击地压还会引发或可能引发其他矿井灾害，尤其是瓦斯、煤尘爆炸以及火灾、水灾、干扰通风系统等。

冲击地压具有明显的显现特征：

（1）突发性。冲击地压一般没有明显的宏观前兆而突然发生，难于事先准确确定发生的时间、地点和强度。

（2）瞬时震动性。冲击地压发生过程急剧而短暂，伴随有巨大的声响和强烈的震动，震动波及范围可达几千米甚至几十千米，地面有地震感觉，但一般震动持续时间不超过几十秒。

（3）巨大破坏性。冲击地压发生时，顶板可能有瞬间明显下沉，但一般并不冒落；有时底板突然开裂鼓起甚至接顶；常常有大量岩块突然破碎被抛出，堵塞巷道，破坏支架。从后果来看，冲击地压常常造成惨重的人员伤亡和巨大的生产损失。

（4）复杂性。在自然地质条件上，除揭煤以外的各种开采都记录有冲击地压现象，采深从200 m到1000 m，地质构造从简单到复杂，煤层从薄煤层到特厚煤层，倾角从近水平到急斜，顶底板岩性包括砂岩、灰岩、油母页岩等都发生过冲击地压。

2）冲击地压分类

根据应力状态、显现强度、震级强度和抛出的煤量、发生的地点和位置的不同，冲击地压有如下几种分类方法。

（1）根据原岩（煤）体应力状态不同，冲击地压分为3类：

① 重力型冲击地压：主要受重力作用，没有或只有极小构造应力影响的条件下引起的冲击地压。

② 构造应力型冲击地压：若构造应力远远超过岩层自重应力时，主要受构造应力的作用引起的冲击地压。

③ 中间型或重力－构造型冲击地压：受重力和构造应力的共同作用引起的冲击地压。

（2）根据冲击的显现强度，冲击地压分为4类：

① 弹射：一些单个碎块从处于高压应力状态下的煤或岩体上射落，并伴有强烈声响，属于微冲击现象。

② 矿震：煤、岩内部的冲击地压，即深部的煤或岩体发生破坏，煤、岩并不向已采空间抛出，只有片帮或塌落现象，但煤或岩体产生明显震动，伴有巨大声响，有时产生煤尘，较弱的矿震称为微震，也称为煤炮。

③ 弱冲击：煤或岩石向已采空间抛出，但破坏性不是很大，对支架、机器和设备基本上没有损坏，围岩产生震动，一般震级在 2.2 级以下，伴有很大声响，产生煤尘，在瓦斯煤层中可能有大量瓦斯涌出。

④ 强冲击：部分煤或岩石急剧破碎，大量向已采空间抛出，出现支架折损、设备移动和围岩震动，震级在 2.3 级以上，伴有巨大声响，形成大量煤尘并产生冲击波。

（3）根据震级强度和抛出的煤量，冲击地压分为 3 级：

① 轻微冲击（Ⅰ级）：抛出煤量在 10 t 以下，震级在 1 级以下的冲击地压。

② 中等冲击（Ⅱ级）：抛出煤量在 10 ~ 50 t，震级在 1 ~ 2 级的冲击地压。

③ 强烈冲击（Ⅲ级）：抛出煤量在 50 t 以上，震级在 2 级以上的冲击地压。

（4）根据发生的地点和位置，冲击地压分为两类：

① 煤体冲击：发生在煤体内，根据冲击深度和强度又分为表面冲击、浅部冲击和深部冲击。

② 围岩冲击：发生在顶底板岩层内，根据位置又分为顶板冲击和底板冲击。

3）冲击地压致因

冲击地压发生机理极其复杂，发生条件多种多样，但有两个基本条件是一致的：一是“矿体—围岩”系统平衡状态失稳破坏；二是主要发生在采掘活动形成的应力集中区域，或应力集中影响的地质构造区。目前，冲击地压发生机理主要有能量理论、刚度理论和冲击倾向性理论。其中，强度条件是煤岩体的破坏准则，而能量准则和冲击倾向性是突然破坏准则，3 个准则同时满足，是发生冲击地压的充分必要条件。

强度准则为

$$\frac{\sum_{i=1}^{n}\sigma_i}{R} \geqslant 1 \tag{6-1}$$

式中　$\sigma_i$——地压力；

　　　$R$——煤岩极限强度。

能量准则为

$$\frac{\alpha\left(\frac{\mathrm{d}U_E}{\mathrm{d}t}\right)+\beta\left(\frac{\mathrm{d}U_s}{\mathrm{d}t}\right)}{\frac{\mathrm{d}U_p}{\mathrm{d}t}} \geqslant 1 \tag{6-2}$$

式中　$U_E$——围岩变形能；

　　　$U_s$——煤体变形能；

　　　$U_p$——消耗煤岩的能量；

　　　$\alpha$——围岩能量释放系数；

　　　$\beta$——煤体能量释放系数。

冲击准则为

$$\frac{K}{K^*} \geqslant 1 \tag{6-3}$$

式中　$K$——煤岩冲击倾向指数；

$K^*$——冲击倾向指数极限值。

鉴于生产条件的不同，冲击地压发生的具体原因可分为3类，即自然的、技术的和组织管理方面的。

（1）自然因素。最基本的因素是原岩应力，主要由岩体的重力和构造残余应力组成。井巷周围岩体的应力由采深决定，而构造残余应力则很难预计。此外，断层附近也会出现相当大的水平应力，褶曲的轴部附近的情况也可能如此。

在一定的采深条件下，比较强烈的冲击地压一般会出现在地层中具有高强度的岩层情况下，特别是在顶板中有坚硬厚层砂岩的情况下。

冲击地压危险的倾向是由岩层的特性决定的。总的来说，岩（煤）层的强度大，整体性好，冲击地压的倾向性就高。但并不是说，强度小和弹性差的岩（煤）层不会发生冲击地压。

（2）技术因素。首先是开采引起局部应力集中，当开采系统不完善，或者具有坚硬的顶板、较大的悬顶时，造成较大的应力集中；或者是由于开采历史造成的，如煤柱终采线造成的应力集中，传递到邻近的煤层。

生产的集中化程度越高，应力集中越凸显，越容易发生冲击地压。

开采设计或防治措施实施不到位，也是冲击地压危险增加的因素之一。尤其是在多煤层开采情况下，煤层群开采的相互影响及煤柱的应力集中叠加，是导致冲击地压的主要诱因。

（3）管理因素。如采矿作业措施未到位，支架和技术装备未到位，没有选择有效的冲击地压预报仪器和防治的装备等，导致冲击地压发生。

## 第二节　顶板灾害防治技术

防治采掘工作面或巷道的冒顶片帮、采场（采空区）顶板大范围冒落事故的发生，必须严格遵守安全技术规程，从多方面采取综合预防措施。

### 一、掌握地质资料与开采条件

应通过地质钻孔、岩层柱状图和其他勘探或检测手段及途径，掌握采掘工作面经过区域的地质构造、顶板结构、岩性变化和水文地质情况等。了解采掘工作面的空间位置关系和时间关系，分析采动影响程度，采取有针对性的安全技术措施。

#### （一）巷道掘进工作面

对巷道掘进工作面，重点掌握地质构造及围岩结构特征、岩体物理力学性质变化、水文地质情况及裂隙发育带的位置、产状、层厚等，了解采矿方法、煤（岩）柱尺寸等。

布置巷道时，应尽可能遵循以下原则：

（1）在时间和空间上尽量避开采掘活动的影响，最好将巷道布置在煤层开采后所形成的应力降低区域内。

（2）如果难以避开采动支承压力的影响，应尽量避免支承压力叠加的强烈作用，或尽量缩短支承压力影响时间，避免在遗留煤柱下方布置巷道等。

（3）在采矿系统允许的距离范围内，选择稳定的岩层或煤层布置巷道，尽量避免水与松软膨胀岩层直接接触。

（4）巷道通过地质构造带时，巷道轴向应尽量垂直断层构造带或向斜构造、背斜构造。

（5）相邻巷道或硐室之间选择合理的岩柱宽度。

（6）巷道的轴线方向尽可能与构造应力方向平行，避免与构造应力方向垂直。

（二）回采工作面

对回采工作面，充分掌握顶板岩层的结构变化及煤层群开采的相互影响，掌握直接顶、基本顶的类型及运动规律。

直接顶是指直接位于煤层之上的易垮落岩层。煤矿直接顶稳定性分类主要以直接顶初次垮落步距为主要指标，将直接顶分为不稳定、中等稳定、稳定和非常稳定4类，见表6－1。基本顶是位于直接顶之上较硬或较厚的岩层。基本顶压力显现分为4级，即基本顶来压不明显、来压明显、来压强烈和来压极强烈，见表6－2。

表6－1　直接顶分类指标及参考指标

| 类　别 | 1类<br>不稳定顶板 | | 2类<br>中等稳定顶板 | | 3类<br>稳定顶板 | 4类<br>非常稳定顶板 |
|---|---|---|---|---|---|---|
| | 1a | 1b | 2a | 2b | | |
| 直接顶平均初次垮落步距 $\tau_r$ | $\tau_r \leqslant 4$ | $4 < \tau_r \leqslant 8$ | $8 < \tau_r \leqslant 12$ | $12 < \tau_r \leqslant 18$ | $18 < \tau_r \leqslant 28$ | $28 < \tau_r \leqslant 50$ |
| 岩性和结构特征 | 泥岩、泥页岩、节理裂隙发育或松软 | 泥岩、炭质泥岩、节理裂隙发育 | 致密泥岩、粉砂岩、砂质泥岩、炭质泥岩、节理裂隙不发育 | | 砂岩、石灰岩、节理裂隙很少 | 致密砂岩、石灰岩、节理裂隙极少 |

表6－2　基本顶分级指标

| 级别 | Ⅰ | Ⅱ | Ⅲ | Ⅳ | |
|---|---|---|---|---|---|
| 基本顶来压显现 | 不明显 | 明显 | 强烈 | 极强烈 | |
| | | | | Ⅳa | Ⅳb |
| 基本顶初次来压当量 $P_e$ | $P_e \leqslant 895$ | $895 < P_e \leqslant 975$ | $975 < P_e \leqslant 1075$ | $1075 < \tau_r \leqslant 1145$ | $\tau_r > 1145$ |

注：$P_e = 241.3\ln(L_f) - 15.5N + 52.6h_m$，kPa；$L_f$ 为基本顶初次来压步距，$N$ 为直接顶充填系数（$N = h_i/h_m$，$h_i$ 为直接顶厚度），$h_m$ 为煤层采高。

## 二、制订合理支护方案

针对顶板事故的压、漏、推3个基本类型，支架应具备支、护、稳的特点，实现支架对顶板的支得起、护得好、稳得住。

（一）预防压垮型冒顶

（1）支柱或支架的工作阻力应能支撑开采区域上方垮落带岩层的重量（支）。

（2）支柱或支架的初撑力能限制顶板岩层之间的离层（切）。

（3）支柱或支架能适应顶板的适当下沉（让）。

（4）对难冒厚层坚硬顶板，应实施松动措施（挑）。

（二）预防漏冒型冒顶

（1）选择支撑掩护或掩护式支架，适当缩小端面距，采用及时支护，必要时采取临时支护措施。

（2）支柱顶梁必须背严背实。

（3）遇到断层破碎带等围岩松动区域时，应考虑采用临时围岩加固措施，如化学加固、注浆加固、锚注加固等。

（三）预防推垮型冒顶

（1）支柱或支架的初撑力应能限制顶板岩层的离层，并具有足够的切顶能力，限制岩层间的滑动。

（2）支柱或支架的初撑力应保证网兜高度不超过 150 mm。

（3）尽可能采用整体支架，或支柱连锁。

## 三、坚持正规循环作业，严格顶板监测制度，加强支护质量管理

生产过程中，严格执行安全规程，选择合理的生产技术，严格按照作业规程施工，加强支护质量管理，是防治顶板事故的主要措施。

（1）巷道掘进前及掘进期间，应进行巷道围岩稳定性监测，包括巷道围岩应力监测、巷道周边位移监测（巷道表面位移监测）、巷道围岩深部位移监测、巷道围岩松动圈监测等。常用的围岩稳定性监测方法有木楔法、标记法、声波探测法、地震波法、微震法等。还可以采用钻孔电视（钻孔窥视仪）、顶板结构探测仪器、顶板离层仪、锚杆及锚索测力计、液压枕、钻孔应力计、地音仪等观测顶板及地压活动。

（2）开采前及开采过程中，应进行围岩的压力监测、位移量监测、支柱的工作阻力监测等。常用的监测包括顶底板移近量监测（测杆、测枪等）、顶底板相对移近速度监测（顶板动态仪等）、多点位移计、支柱或支架工作阻力监测（在线监测系统、圆图记录仪、测压注液枪等、压力销）、支承压力监测（钻孔应力计）、端面顶板破碎度监测等。其中，综采工作面须进行工作面支架工作阻力监测（包括初撑力、最大工作阻力、时间加权平均工作阻力、初次及周期来压步距、动载系数等），充分掌握支架的工况及顶板来压特点，对顶板压力和围岩结构的变化提供预警和预报。

## 四、井巷支护及维护技术

井巷支护是掘进工作面和井巷防治地压灾害事故的主要技术手段。井巷支护的方式主要有以下几种。

（一）锚杆支护、锚喷支护与锚注支护

1. 锚杆支护

锚杆支护是单独采用锚杆的支护。掘进后即向巷道围岩钻孔，然后在孔中安装锚杆，目的是使锚杆与围岩共同作用进行巷道支护。

常用的锚杆支护的作用机理如下：

（1）悬吊作用：锚杆将顶板较软弱岩层悬吊在上部稳定岩层上，增强软弱岩层的稳定性。

（2）组合梁作用：如果顶板岩层中存在若干分层时，锚杆可将各岩层组合到一起，形成较厚的岩层，从而增加岩层的强度和抗破坏能力，避免岩层间水平滑动和出现离层现象。

（3）组合拱作用：在拱形巷道围岩的破裂区中安装预应力锚杆，从杆体两端起形成圆锥形分布的压应力区，各锚杆形成的压应力区相交，在岩体中形成一个压缩带，即压缩拱，压缩拱内的围岩受力状态得到改善，强度提高。

（4）围岩强度强化作用：锚杆与锚固的围岩形成统一承载体，锚杆的作用是改变围岩的应力状态，增加围压，从而提高围岩的承载能力。

（5）最大水平应力理论：锚杆可以沿轴向限制岩层的膨胀，并限制岩层的剪切错动。

（6）松动圈支护理论：锚杆支护的作用是限制围岩松动圈形成过程中碎胀力所造成的有害变形。

目前，锚杆支护普遍与锚索支护、金属网支护结合在一起使用，称为锚杆锚索支护或锚网索支护。对于围岩破坏特别严重，或构造复杂区域，还可以使用锚网梁支护、桁架锚杆支护与桁架锚索支护（锚杆或锚索之间用拉杆连接，成为整体支架）。

2. 锚喷支护

锚喷支护又称喷锚支护，是联合使用锚杆和喷射混凝土或喷浆的支护。从广义上讲可以将除锚杆支护以外的其他与锚杆联合的支护形式都纳入此范围，如喷浆支护、喷混凝土支护、锚网支护、锚喷网支护、锚梁网（喷）支护等。锚喷支护可以阻断暴露岩层与空气（主要是水）的接触，对遇水膨胀的软岩有较好的效果，可有效减少巷道的表面位移。

3. 锚注支护

锚注支护是锚杆锚索支护与注浆支护的结合。通过不同长度注浆锚杆锚索与注浆（水泥或化学浆）的配合实施，可以有效堵塞和封闭巷道围岩的深部裂隙，控制围岩的深部离层或变形。

### （二）混凝土及钢筋（管）混凝土支护

混凝土支护是用预制混凝土块或浇筑混凝土砌筑的支架所进行的支护。钢筋（管）混凝土支护是用预制钢筋混凝土构件或浇筑钢筋（管）混凝土砌筑的支架所进行的支护。这两种支护是立井井筒、运输大巷及井底车场常用的支护方式。

### （三）棚状支架支护

根据支护物横截面形状的不同，棚状支架支护主要有U型钢和工字钢金属支架支护；根据巷道断面形状不同，可分为曲线形支护和折线形支护。

1. U型钢金属支护

U型钢金属支护主要用于曲线形巷道支护，常用拱形可缩性支架。一般由预制件

（顶梁、柱腿等）、连接件、架间拉杆、背衬材料等组成。其关键部件为可缩性连接件，既决定支架的可缩性能，又影响支架的工作阻力。

连接件锁紧后，预制件节间连接段受到挤压，产生预紧力；围岩变形后，连接件受弯矩影响，与预制件之间的压力和摩擦力增加，产生附件压紧力；围岩变形越大，附加预紧力越大。

目前我国常用的U型钢金属支护有U29、U36两种类型。

2. 工字钢金属支护

工字钢金属支护主要用于折线形巷道支护，尤其是梯形断面巷道的支护。一般采用一梁两柱和加设中柱的基本形式。

## 五、采场顶板事故防治技术

煤矿采场矿山压力控制主要根据直接顶稳定性和基本顶来压强度选择合理的支护方式和支护强度，对于不同的顶板条件，顶板灾害的类型不同，支护方式的要求也有所区别。

（一）压垮型顶板灾害防治技术及措施

压垮型顶板灾害防治的关键是削弱顶板载荷，特别是基本顶来压的附加载荷。因此，在支架设计选型时，应使支架具有足够的支撑力和可缩量，要选用大流量安全阀，支架应具有较强的切顶能力；对于坚硬厚层顶板，可以采用超前钻孔预爆破法（循环浅孔爆破法或步距式深孔爆破法）、高压注水弱化法等强制放顶措施，使顶板垮落并尽可能充分充填采空区，缓解顶板破断的压力作用。

（二）漏冒型顶板灾害防治技术及措施

漏冒型顶板灾害防治的关键是“及时”与“护”的配合。在选择支护技术与确定支护方案时，要求支柱或支架具有良好的顶板封闭性能，支柱的初撑力大；爆破作业时应控制装药量，减少对围岩的破坏；安排工艺环节时，应进行及时支护，必要时可进行超前支护，防止出现支护不及时导致的局部冒顶，尤其是在工作面端面附近区域；工作面端头应制定专门的支护设计，优先选用端头支架，提高支护强度；通过断层破碎带等地质异常区时，除制订加强的支护方案外，必要时应进行围岩加固措施（注浆等）。

（三）推垮型顶板灾害防治技术及措施

推垮型顶板灾害防治的关键是限制顶板上下位岩层之间的离层。选择合理的支护方法，提高支柱的初撑力及支护系统刚度，加强支柱或支架的稳定性；可适当布置锚杆，将上位硬岩与下位软岩组合为一个整体；当有大块孤立顶板岩块或坚硬岩层时，须采用挑顶措施，也可采用墩柱或特种支柱切断顶板。

此外，合理控制工作面端面距离，采高稳定，保证工作面的快速推进，也是防治顶板灾害的有效技术措施。

## 六、冲击地压（岩爆）防治技术

（一）冲击地压的防治技术体系

冲击地压是严重危害矿井安全的动力灾害，必须采取综合的预测和防治措施，包括如下内容：

（1）冲击地压危险性评定和预测预报。

（2）选择防治和限制冲击地压危险性的措施和方法。

（3）冲击地压防治措施的实施。

（4）检查和评定冲击地压防治措施的有效性，检测冲击地压危险状态降低与否，如没有降低，则继续采取其他防治和解危措施。

冲击地压预测及评价方法有3种：

（1）岩石力学方法，以钻屑法为主。

（2）地球物理方法，以地音、微震等技术为主。

（3）经验类比法，通过分析地质、生产技术条件，根据实际经验判别冲击危险程度。

冲击地压的防治方法立足于两个方面：一是降低应力集中程度，或使应力高峰转移至煤（岩）体深部，消除大量弹性能积聚和释放的条件；二是改变煤（岩）体的结构和力学性能，减弱其积聚和释放能量的能力，减缓其破坏时释放能量的强度和速率。

常用的冲击地压防治措施有2种：区域性防范措施和局部性保护解危措施。一般要求采取综合性防治措施，但必须优先考虑区域性防范措施。

（二）煤岩体的冲击倾向性指标及判据

有下列情况之一的，应当进行煤岩冲击倾向性鉴定：

（1）有强烈震动、瞬间底（帮）鼓、煤岩弹射等动力现象的。

（2）埋深超过400 m的煤层，且煤层上方100 m范围内存在单层厚度超过10 m的坚硬岩层的。

（3）相邻矿井开采的同一煤层发生过冲击地压的。

（4）冲击地压矿井开采新水平、新煤层的。

煤岩体的冲击倾向性是其固有属性，其中煤岩的结构类型、流变特性起重要影响作用。在我国采用3项指标鉴定煤岩的冲击倾向性，煤的冲击倾向鉴定指标值见表6－3。

表6－3　煤的冲击倾向鉴定指标值

| 指　　标 | 强冲击 | 弱冲击 | 无冲击 |
|---|---|---|---|
| 弹性能量指数 $W_{ET}$ | ≥5.0 | 5.0～2.0 | <2.0 |
| 冲击能量指数 $K_E$/kJ | ≥5.0 | 5.0～1.5 | <1.5 |
| 动态破坏时间 $DT$/ms | ≤50 | 50～500 | >500 |

（1）弹性能量指数 $W_{ET}$：煤试件在单轴压缩状态下，当受力达到某一值时（破坏前）卸载，其弹性变形能与塑性变形能（耗损变形能）之比。

（2）冲击能量指数 $K_E$：煤试件在单轴压缩状态下，在应力应变全过程曲线中，峰值前积蓄的变形能与峰值后耗损的变形能之比。

（3）动态破坏时间 $DT$：煤试件在单轴压缩状态下，从极限强度到完全破坏所经历的时间。

（三）冲击地压的预测预报技术

冲击地压的预测预报是冲击地压防治工作的基础。目前，冲击地压的预测主要围绕冲击地压发生的强度条件和能量条件进行。通过对煤（岩）体中应力高低、分布状态及能量积聚和转化的监测，在时空上判断煤（岩）体破坏形式、规模和释放能量的大小，进行冲击地压的预测。

冲击地压预测的方法有区域危险性预测和局部危险性预测两种。区域危险性预测与局部危险性预测可根据地质与开采技术条件等，优先采用综合指数法确定冲击危险性。

1. 综合指数法

综合指数法就是在分析各种采矿地质影响冲击地压发生因素的基础上，确定各种因素的影响权重，综合分析以进行冲击地压危险性预测。该方法用于冲击地压危险程度分析与早期预警。

依据冲击地压危险状态的决定因素，如岩体应力（由采深、构造及开采历史造成，其中残留煤柱和终采线上的应力集中将长期作用，而采空区卸压在一定时间后会消失）、岩体特性（特别是形成高能量震动的倾向，主要来自高强度的厚顶板岩层）、煤层特征（主要是在超过某个压力标准值时的动力破坏倾向性）等，通过统计、模糊数学等方法的分析研究，按冲击地压危险状态等级评定的综合指数法定量化地分为 5 个等级，见表 6－4，并针对不同的危险级别，采取相应的措施。

表 6－4　冲击地压危险状态等级评定的综合指数

| 冲击地压危险等级 | 井巷中冲击地压危险状态 | 冲击地压危险指数 $W_t$ |
|---|---|---|
| A | 无冲击危险 | $<0.25$ |
| B | 弱冲击危险 | 0.25～0.5 |
| C | 中等冲击危险 | 0.5～0.75 |
| D | 强冲击危险 | 0.75～0.95 |
| E | 不安全 | $>0.95$ |

然后依据影响冲击地压的主要因素，如地质方面的因素（如开采深度、煤层的物理力学特性、顶板岩层的结构特征、地质构造等）、开采技术方面的因素（如上覆煤层的终采线、残采区、采空区、煤柱、老巷、开采区域的大小等），确定采掘工作面周围采矿地质条件的每个因素对冲击地压的影响程度以及确定各个因素对冲击地压危险状态影响的指数，形成冲击地压危险状态等级评定的综合指数法。

$$W_t = \max\{W_{t1}, W_{t2}\} \tag{6-4}$$

式中　$W_t$——某采掘工作面的冲击地压危险状态等级评定综合指数，以此可以圈定冲击地压危险程度；

$W_{t1}$——地质因素对冲击地压的影响程度及冲击地压危险状态等级评定的指数；

$W_{t2}$——采矿技术因素对冲击地压的影响程度及冲击地压危险状态等级评定的指数。

2. 钻屑法

钻屑法是通过在煤层中打直径 42～50 mm 的钻孔，根据排出的煤粉量及其变化规律和有关动力效应鉴别冲击危险的一种方法。该方法为局部监测方法，其基础理论是钻出煤粉量与煤体应力状态具有定量的关系。当单位长度的排粉率增大或超过标定值时，表示应力集中程度增加和冲击危险性提高。

钻屑法的检测指标包括钻屑量、深度和动力效应。钻屑量是每米钻孔所排出的煤粉量（kg/m）；深度指从煤壁至所测煤粉量的钻孔长度（m），或可折算为煤层采高的倍数；动力效应是钻孔过程中产生的声响、震动孔内冲击、卡钻和粒度变化等。

钻屑法具有一般规律：当钻孔进入煤壁一定距离处，钻孔周围煤体过渡到极限压预测预警应力状态，并伴随出现钻孔动力效应；应力越大，过渡到极限应力状态的煤体越多，钻孔周围的破碎带不断扩大，排粉量不断增多；钻屑量的变化曲线和支承压力分布曲线十分相似。

钻屑法的优缺点是：操作方便、直接，便于现场施工人员掌握，但工作量大，占用人员多，进度慢，对生产活动影响较大；使用时不能以一个孔的指标确定危险区域，应该有一个连续的检测长度。

3. 微震法

煤岩体在受力变形和破坏过程中会发生破裂震动，传出震波或声波，当震波或声波的强度和频率达到一定数值时，会出现煤岩体的突然破坏，发生冲击地压。微震法就是利用安设在煤岩体内的探测仪器接收、放大并记录采矿震动的能量，确定和分析震动的方向以及对震中定位来评价和预测冲击地压。该方法是一种区域性监测和预测预报的方法。

从煤矿发生的动力现象、震动来看，岩体中发生的震动都是由于地下开采引起的，是岩体断裂破坏的结果。而冲击地压则是煤岩体结构突然、猛烈破坏的结果。冲击地压可能出现在震动中心。若在震动中心没有发生动力过程，则不会在震中发生冲击地压，而在有动力过程的地点发生。即冲击地压的地点可能是震动中心，也可能是发生在距震中很远的地方。因此震动和冲击地压的基本关系为：①冲击地压是矿山震动的事件集合之一；②冲击地压是岩体震动集合中的子集；③每一次冲击地压的发生都与岩体震动有关，但并不是每一次岩体震动都会引发冲击地压。

矿山微震观测的主要任务之一是确定震动中心的位置，而岩体震动中心位置的确定主要是以微震的观测站观察、记录到的地震波为基础的。采矿中，确定矿山震动中心位置的方法主要有以下几种：

（1）近似确定震源位置。强度法：以人的感觉或环境破坏的程度，做出等震线，其最高值的中心即为震动源。方位角法：在微震观测中，布置两个三维地震仪观测站，根据地震波纵波首次进入的振幅来预计其运动方向和近似确定中心位置。

（2）震动中心定位法。纵、横波首次进入时间差法：根据纵、横波传播时间的不同，从而确定其中心位置。纵波首次进入时间法：根据纵波从震动中心传播到各个观测站首次进入时间的不同，确定震动中心的位置。

（3）相对定位法。在震源附近，采用人工激发的方法进行修正，以便精确定位。

般情况下，微震活动的频度和能级出现急剧增加，持续2～3天后，会出现大的震动；或微震活动保持一定水平，突然出现平衡期，持续2～3天后，会出现大的震动和冲击地压。

4. 声发射（地音）法

采矿活动引发的动力现象分为两种：强烈的，属于采矿地震的范畴；较弱的，如声响、振动、卸压等则为采矿地音，也称为岩石的声发射。其理论基础是：岩石破坏的不稳定阶段是岩石中裂缝扩展的结果，而地音现象则是微扩张（岩体中出现的破裂和零量裂隙缝）超过界限的表征，该现象的进一步发展则表明岩石的最终断裂。最终断裂可引发高能量的震动，也可引发冲击地压。

声发射法是在监测区内布置地音探头，由监测装置连续自动采集地音信号，经实时处理加工成报告、图表。通过对数据进行整理分析，并判断监测区域的冲击危险程度。

采矿声发射法主要用来确定正在掘进的巷道或正在开采的采煤工作面的冲击地压危险，即确定采矿巷道或煤层部分的冲击地压危险状态，连续监测冲击地压危险状态的变化，冲击矿压防治措施的评价及其效果的控制。

一般情况下，地音活动集中在采区某一位置，且地音事件的强度逐渐增加时，预示着冲击地压危险性增大。

5. 电磁辐射法

煤岩在载荷作用下变形破裂时，将会产生电磁辐射现象。电磁辐射是煤体等非均质材料在受载情况下发生变形及破裂的结果，是由煤体各部分的非均匀变速变形引起的电荷迁移和裂纹扩展过程中形成的带电粒子变速运动而形成的。煤体中应力越高，变形破裂过程越强烈，电磁辐射信号越强。

该方法是局部监测和预测方法。通过监测煤岩体的电磁辐射脉冲数及其幅值的变化，进行冲击地压危险性的预测。电磁辐射与声发射间具有很好的相关性。

一般情况下，冲击地压发生前后电磁辐射变化有明显的规律：冲击地压发生前电磁辐射值较高，之后有一段时间相对较低，但均达到、接近或超过临界值。

（四）冲击地压的防范措施

对于冲击地压采区区域性防范措施，在大范围内降低应力集中程度、减轻大量弹性能积聚和释放的外部条件，以及从煤岩体结构和力学性质入手，消除或削弱其积聚和突然释放变性能的内部条件。

1. 采用合理的开拓布置和开采方式

新建矿井和冲击地压矿井的新水平、新采区、新煤层有冲击地压危险的，必须编制防冲设计。防冲设计应当包括开拓方式、保护层的选择、采区巷道布置、工作面开采顺序、采煤方法、生产能力、支护形式、冲击危险性预测方法、冲击地压监测预警方法、防冲措施及效果检验方法、安全防护措施等内容。

（1）对于煤层群开采，其正确的开采顺序与煤层冲击倾向性、煤层群的保护层开采等紧密相关。应首先开采无冲击危险或冲击危险小的煤层作为保护层，且优先开采上保护层。

（2）冲击地压煤层应当严格按顺序开采，不得留孤岛煤柱。在采空区内不得留有煤柱，如果必须在采空区内留煤柱时，应当进行论证，报企业技术负责人审批，并将煤柱的位置、尺寸以及影响范围标在采掘工程平面图上。开采孤岛煤柱的，应当进行防冲安全开采论证；严重冲击地压矿井不得开采孤岛煤柱。

（3）开采冲击地压煤层时，在应力集中区内不得布置2个工作面同时进行采掘作业。2个掘进工作面之间的距离小于150 m时，采煤工作面与掘进工作面之间的距离小于350 m时，2个采煤工作面之间的距离小于500 m时，必须停止其中一个工作面。相邻矿井、相邻采区之间应当避免开采相互影响。严重冲击地压厚煤层中的巷道应当布置在应力集中区外。冲击地压煤层双巷掘进时，2条平行巷道在时间、空间上应当避免相互影响。

（4）地质构造区域应采取避免或减缓应力集中和叠加的开采程序。褶皱构造区应从轴部开始回采；盆地构造应从盆底开始回采；断层或采空区附近时，应从断层或采空区开始回采。

（5）开拓巷道不得布置在严重冲击地压煤层中，永久硐室不得布置在冲击地压煤层中。煤层巷道与硐室布置不应留底煤，如果留有底煤必须采取底板预卸压措施。

（6）尽可能采用长壁开采。缓倾斜、倾斜厚及特厚煤层采用综采放顶煤工艺开采时，直接顶不能随采随冒的，应当预先对顶板进行弱化处理。

2. 开采保护层

开采保护层是防治冲击地压的有效和根本性区域性防范措施。具备开采保护层条件的冲击地压煤层，应当开采保护层。

一个煤层（或分层）先采，使邻近煤层得到一定时间的卸载，称为开采保护层。先采的保护层必须是无冲击危险性或弱冲击危险性的煤层。实施时必须保证开采的时间和空间有效性。不得在采空区中保留煤柱。开采保护层的间隔时间不能太久，一般的有效解压期限为：用全部垮落法开采保护层时为3年，用全部充填法开采保护层时为2年。

煤层群开采时，可以采用上行、下行或混合开采顺序，在层间距合适的前提下，优先考虑采用下保护层，但不能破坏上层煤的结构和开采条件。

保护层开采的卸压带结构尺寸，在垂直于保护层方向上的最大卸压距离取决于开采深度、采空区宽度及处理方式、保护层厚度、围岩条件等；在平行于保护层方向上的最大卸压距离取决于采空区形状、煤层倾角和卸压角等。各参数选取可依据具体情况而定。

开采保护层后，仍存在冲击地压危险的区域，必须采取防冲措施。

3. 煤层预注水

煤层预注水是在采掘工作前，对煤层进行长时间压力注水。目的是通过改变煤的物理化学性质，改变煤的力学特性，降低煤的冲击倾向性。该方法是一种积极主动的区域性冲击地压防范措施。

注水前，须根据实验确定合理含水率增加值与消除冲击地压的关系，而后根据钻孔承担的润湿煤量计算注水量。

煤层注水有3种布置方式。

1）长钻孔注水法

根据具体条件，可以布置与工作面平行、垂直或斜交穿层的多类钻孔，对煤层进行高压注水，钻孔长度应覆盖整个工作面范围。

注水钻孔之间的距离应为10～20 m，具体取值取决于注水时的渗透半径。一般情况下，注水区应在工作面前方60 m外进行。

长钻孔注水法的优点是工作面前方区域内注水均匀，注水工作不影响采煤作业；注水工作可在冲击危险区域外进行。注水的超前时间不宜过早，因为随着时间的推移，注水效果就会降低。一般情况下，注水的有效时间为3个月。长钻孔注水法缺点是某些情况下很难进行钻孔作业，特别是薄煤层更加困难。

2）短钻孔注水法

短钻孔注水法将注水钻孔布置在工作面煤壁处，钻孔通常垂直煤壁，而且在煤层中线附近。注水时，依次在每一个钻孔中放入注水枪，水压力通常为20～25 MPa。比较有效的注水孔间距为6～10 m，注水钻孔的深度不小于10 m。

短钻孔注水法的优点是容易钻孔注水，可以在煤层的任意部分进行，并可在难布置长钻孔的薄煤层进行注水，以及在其他不方便施工的条件下用短钻孔注水。

短钻孔注水法的缺点是注水工作影响采煤，注水工作须在冲击最危险的区域进行，注水影响的范围小。

3）联合注水法

联合注水法是上述两种方法的综合，采煤工作面部分区域采用长钻孔注水，部分区域采用短钻孔注水，注水压力不小于10 MPa。

无论采用何种布置方法，注水钻孔应远离断层破碎带；注水压力和流量应根据实验条件确定，并控制注水时间。此外，注水效果也与封孔质量密切相关。

为了提高注水效果，还可以采用间歇注水、脉动注水、孔内爆破和添加化学药剂（增湿剂）等方法。

4. 厚层坚硬顶板预处理

顶板坚固难冒，煤层也很坚硬，形成顶板—煤体—底板三者组合的刚度很高的承载体系，具有聚集大量弹性能的条件。当岩体载荷超过其强度就发生冲击地压。

目前，针对该类条件的冲击地压比较有效的防范措施主要有注水软化顶板和爆破断顶。

注水软化技术如前所述。

爆破断顶措施是通过顶板巷道对顶板进行深孔爆破，人为切断顶板，进而促使采空区顶板冒落、削弱采空区与待采区之间的顶板连续性，减小顶板来压时的强度和冲击性。

5. 冲击地压安全防护措施

有冲击地压危险的采掘工作面，供电、供液等设备应当放置在采动应力集中影响区外。对危险区域内的设备、管线、物品等应当采取固定措施，管路应当吊挂在巷道腰线以下。

冲击地压危险区域的巷道必须加强支护，采煤工作面必须加大上下出口和巷道的超前支护范围和强度。严重冲击地压危险区域，必须采取防底鼓措施。

有冲击地压危险的采掘工作面必须设置压风自救系统，明确发生冲击地压时的避灾路线。

（五）冲击地压的解危措施

1. 爆破卸压

爆破卸压是对已形成冲击地压危险的煤岩体，用爆破方法减缓其应力集中程度的一种解危措施。主要采用深孔爆破方法，钻孔深度应达到支承压力峰值区。装药位置越靠近支承压力峰值区，爆破卸压的效果越好。

爆破卸压可以局部消除冲击地压发生的强度条件和能量条件，使煤岩体在采掘工作面附近形成裂隙密集的卸压保护带。目前，根据我国多数矿区的实践经验，在采掘工作面围岩中，要保持足够宽度（3 倍采高，一般为 5 ~ 10 m）的卸压保护带，可以有效防止冲击地压的发生。

实施爆破卸压措施前后，均须进行钻屑法检测。

2. 钻孔卸压

钻孔卸压是利用钻孔方法消除或减缓冲击危险性的解危措施。其原理是基于钻孔及其周边围岩形成破碎区，若干钻孔的破碎区互相接近后，使煤岩破裂卸压。其实质是利用积聚的变形能破坏钻孔周边的围岩，达到卸压、释放能量和消除冲击危险的目的。

钻孔直径越大，卸压效果越好；钻孔长度根据具体情况而定，一般回采工作面的钻孔长度为 3 倍采高；钻孔尽可能布置在高压区。

该方法的优点是钻孔深入高压区，卸压效果好，布置灵活简便；施工时的排粉还可以作为钻屑法指标。缺点是钻孔工程量大，与生产的相互干扰大。

3. 定向水力裂缝法

定向水力裂缝法就是人为地在岩层中预先制造一个裂缝，从而简单、有效、低成本地改变岩体的物理力学性质。在高压水的作用下，岩体的破裂半径范围可达 15 ~ 25 m，甚至更大。

实施定向水力裂缝法时，可采用水压力的变化和声发射的脉冲进行检验。当水压力突然下降或突然出现大量的声发射时，说明有较大的裂缝产生。还可采用声发射法确定裂缝的范围。

4. 诱发爆破

诱发爆破是在监测到有冲击地压危险的情况下，利用较多炸药进行爆破，人为诱发冲击地压，使之发生在一定的时间、地点和范围内，避免更大灾害的一种解危措施。

诱发爆破作为辅助手段，只有存在严重冲击危险性，而其他方法无效或无法实施时应用。

# 第七章 粉 尘 防 治

## 第一节 粉尘的产生、性质及危害

### 一、矿尘的产生及分类

（一）粉尘的概念

粉尘是一种微细固体物的总称，其大小通常在100 μm以下。常把悬浮于空气中的粉尘称为浮尘（或飘尘），从空气中沉降下来的粉尘称为落尘（或积尘）；浮尘和落尘在不同的风流环境下是可以相互转化的，落尘在受外力作用时，能再次飞扬并悬浮于空气中，称为二次扬尘。除尘技术的主要研究对象是浮尘和二次扬尘。

在生产过程中产生并形成的，能够较长时间呈悬浮状态存在于空气中的固体微粒称为生产性粉尘。矿尘指在采矿过程中所产生的细小矿物颗粒，它是矿山在建设和生产过程中所产生的煤尘、岩尘和其他有毒有害粉尘的总称。煤尘一般指粒径在75～100 μm以下的煤炭颗粒，岩尘一般指粒径在10～45 μm以下的岩粉颗粒。

（二）矿尘的产生

1. 采煤工作面产尘源

采煤工作面的主要产尘工序有采煤机落煤、装煤、液压支架的移架、输送机转载、输送机运煤、人工攉煤、爆破及放煤口放煤等。

非煤矿山回采工作面主要产尘工序有凿岩、爆破、铲装、放矿、运输和破碎等。

回采工作面各产尘工序的产尘机理一般可分为摩擦和抛落两种，前者产生的大颗粒粉尘较多，后者产生的呼吸性粉尘较多。

2. 掘进工作面产尘源

掘进工作面的主要产尘工序有机械破岩（煤）、装岩、爆破、煤矸运输转载及锚喷等。一般而言，掘进工作面各工序产生的粉尘含游离二氧化硅成分较多，对人体危害大，操作人员很有必要进行个体防护作为其他粉尘控制措施的补充。

3. 其他粉尘源

采场支护、顶板冒落或冲击地压，通风安全设施的构筑等，巷道维修、锚喷现场、矿物装卸点等都会产生高浓度的粉尘，尤其是矿物装卸处的瞬时粉尘浓度甚至达到煤尘爆炸浓度界限。

此外，地面矿物运输、矿堆、矸石山、排土场和尾矿库等由于风力作用也产生大量的粉尘，使矿区周边空气环境受到严重的污染。

不同矿井由于煤岩地质条件和物理性质的不同，以及采掘方法、作业方式、通风状况和机械化程度的不同，矿尘的生成量有很大的差异。即使在同一矿井里，产尘的多少也因地因时发生着变化。

（三）影响矿尘生成量的主要因素

矿尘生成量的多少主要取决于下列因素：

（1）地质构造及煤层赋存条件。在地质构造复杂、断层褶曲发育并且受地质构造破坏强烈的地区开采时，矿尘产生量较大；反之则较小。井田内如有火成岩侵入，矿体变脆变酥，产尘量也将增加。对于煤矿来说，开采急倾斜煤层比开采缓倾斜煤层的产尘量要大，开采厚煤层比开采薄煤层的产尘量要高。

（2）煤岩的物理性质。通常，节理发育且脆性大的煤易碎，结构疏松而又干燥坚硬的煤岩在采掘工艺相近的条件下产尘既细微又量大。

（3）环境的温度和湿度。矿岩本身水分低、岩壁干燥且环境相对湿度低时，作业时产尘量会相对增大；若岩体本身潮湿，矿井空气温度又大，虽然作业时产尘较多，但由于水蒸气和水滴的湿吸作用，矿尘悬浮性减弱，空气中矿尘含量会相对减少。

（4）采矿方法。不同的采矿方法，产尘量差异很大。例如煤矿，急倾斜煤层采用倒台阶开采比水平分层开采产尘量要大，全部垮落采煤法比水砂充填法的产尘量要大。

（5）产尘点的通风状况。矿尘浓度的大小和作业地点的通风方式、风速及风量密切相关。当井下实行分区通风、风量充足且风速适宜时，矿尘浓度就会降低；如采用串联通风，含尘污风再次进入下一个作业地点，或工作面风量不足、风速偏低时，矿尘浓度就会逐渐增高。保持产尘点的良好通风状况，关键在于选择最佳排尘风速。

（6）采掘机械化程度和生产强度。煤矿采掘工作面的产尘量随着采掘机械化程度的提高和生产强度的加大而急剧上升。在地质条件和通风状况基本相同的情况下，炮采工作面干爆破时矿尘浓度一般为300～500 $mg/m^3$，机采工作面割煤时矿尘浓度为1000～3000 $mg/m^3$，而综采工作面割煤时矿尘浓度一般为4000～8000 $mg/m^3$，有的甚至更高。在采取煤层注水和喷雾洒水防尘措施后，炮采工作面矿尘浓度为40～80 $mg/m^3$，机采工作面矿尘浓度为30～100 $mg/m^3$，而综采工作面矿尘浓度为20～120 $mg/m^3$。采用的采掘机械及其作业方式不同，产尘强度也随之发生变化。如综采工作面使用双滚筒采煤机组时，产尘量与截割机构的结构参数及采煤机的工作参数密切相关。

（四）粉尘分类

对粉尘的分类目前还没有统一的方法，按粉尘的性质和形态，可以分为以下几类。

1. 按粉尘的成分划分

（1）无机粉尘：矿物性粉尘（如石英、石棉、滑石、黏土粉尘等）、金属性粉尘（铅、锌、铜、铁等）和人工无机性粉尘（水泥、石墨、玻璃等）。

（2）有机粉尘：植物性（棉、麻、烟草、茶叶粉尘等）、动物性粉尘（毛发、角质粉尘等）和人工有机性粉尘（有机染料等）。

（3）混合性粉尘：上述两种或多种粉尘的混合物，如铸造厂的混砂机，既有石英粉尘，又有黏土粉尘；如砂轮机磨削金属时，既有金刚砂粉尘，又有金属粉尘。

2. 按粉尘的粒径划分

（1）粗尘：粒径大于40 μm，相当于一般筛分的最小粒径，在空气中极易沉降。

（2）细尘：粒径为 10～40 μm，在明亮的光线下，肉眼可以看到，在静止空气中作加速沉降。

（3）微尘：粒径为 0.25～10 μm，用光学显微镜可以观察到，在静止空气中呈等速沉降。

（4）超微粉尘：粒径小于 0.25 μm，用电子显微镜才能观察到，在空气中作布朗扩散运动。

3. 按粉尘的生产工序划分

（1）粉尘：各种不同生产工序的使用或生产不同的物料的过程中而生成的微细颗粒，如采矿、岩石破碎等。

（2）烟尘：由燃烧、氧化等伴随着物理化学变化过程所产生的固体微粒，粒径一般很小，多在 0.01～1 μm，可长时间悬浮于空气中，如锅炉厂、水泥厂、爆破等。

4. 按测定粉尘浓度的方法划分

（1）全尘：各种粒径在内的矿尘总和，在实际工作中，通常把粉尘浓度近似作为全尘浓度。

（2）呼吸性粉尘：对人体危害最大的粒径小于 7.07 μm 的粉尘，是粉尘控制的主要对象。

5. 按矿尘中游离 $SiO_2$ 含量划分

（1）矽尘：游离 $SiO_2$ 含量在 10% 以上的矿尘，它是引起矿工硅肺病的主要因素。煤矿中的岩尘一般多为矽尘。

（2）非矽尘：游离 $SiO_2$ 含量在 10% 以下的矿尘。煤矿中的煤尘一般均为非矽尘。

国内外矿山粉尘浓度标准的确定，均以矿尘中游离 $SiO_2$ 含量多少为依据。我国《煤矿安全规程》中规定作业场所空气中粉尘浓度要求见表 7－1。

表 7－1　作业场所空气中粉尘浓度要求

| 粉尘种类 | 游离 $SiO_2$ 含量/% | 时间加权平均容许浓度/($mg \cdot m^{-3}$) | |
|---|---|---|---|
| | | 总　尘 | 呼　尘 |
| 煤尘 | ＜10 | 4 | 2.5 |
| 矽尘 | 10～50 | 1 | 0.7 |
| | 50～80 | 0.7 | 0.3 |
| | ≥80 | 0.5 | 0.2 |
| 水泥尘 | ＜10 | 4 | 1.5 |

注：时间加权平均容许浓度是以时间加权数规定的 8 h 工作日、40 h 工作周的平均容许接触浓度。

6. 其他分类

（1）按物料种类，可分为煤尘、岩尘、石棉尘、铁矿尘等。

（2）按有无毒性物质，可分为有毒、无毒、放射性粉尘等。

（3）按爆炸性，可分为易燃、易爆和非燃、非爆炸性粉尘。

（4）从卫生学角度，可分为分呼吸性粉尘和非吸入性粉尘。

（5）从环境保护角度，可分为飘尘和降尘。

## 二、矿尘的性质

### （一）粉尘中游离二氧化硅的含量

粉尘中游离二氧化硅的含量是危害人体的决定因素，含量越高，危害越大。游离二氧化硅是引起硅肺病的主要因素。

### （二）粉尘的安置角

将粉尘自然地堆放在水平面上，堆积成圆锥体的锥体角叫作静安置角或自然堆积角，一般为35°~50°。粉尘的安置角是评价粉尘流动特性的一个重要指标，它与粉尘的粒径、含水率、尘粒形状、尘粒表面光滑程度、粉尘的黏附性等因素有关，是设计除尘器灰斗或料仓锥度、除尘管道或输灰管道倾斜度的主要依据。

### （三）比表面积

物料被粉碎为微细粉尘，其比表面积显著增加。单位质量（或单位体积）粉尘的总表面积称为比表面积。粉尘的比表面积与粒径成反比，粒径越小，比表面积越大。由于粉尘的比表面积增大，它的表面能也随之增大，增强了表面活性，这对研究粉尘的湿润、凝聚、附着、吸附、燃烧和爆炸等性能有重要作用。

### （四）凝聚与附着

细微粉尘增大了表面能，即增强了尘粒的结合力，一般尘粒间互相结合形成一个新的大尘粒的现象叫作凝聚，尘粒和其他物体结合的现象叫作附着。粉尘的凝聚与附着是在粒子间距离非常近时，由于分子间引力的作用而产生的。一般尘粒间距较大，需要有外力作用使尘粒间碰撞、接触，促进其凝聚和附着。这些外力有粒子热运动（布朗运动）、静电力、超声波、紊流脉动速度等。尘粒的凝聚有利于对粉尘的捕集分离。

### （五）湿润性

湿润现象是分子力作用的一种表现，是液体（水）分子与固体分子间的互相吸引力造成的。它可以用湿润接触角的大小来表示，湿润角小于60°的，表示湿润性好，为亲水性的；湿润角大于90°时，说明湿润性差，属憎水性的。

在除尘技术中，粉尘的湿润性是选用除尘设备的主要依据之一。对于湿润性好的亲水性粉尘（中等亲水、强亲水），可选用湿式除尘器。对于某些湿润性差（即湿润速度过慢）的憎水粉尘，在采用湿式除尘器时，为了加速液体（水）对粉尘的湿润，往往要加入某些湿润剂以减少固液之间的表面张力，增加粉尘的亲水性。

### （六）粉尘的磨损性

粉尘的磨损性是指粉尘在流动过程中对器壁的磨损程度。硬度大、密度高、粒径大、带有棱角的粉尘磨损性大。粉尘的磨损性与气流速度的2~3次方成正比。在高气流速度下，粉尘对管壁的磨损显得更为重要。

### （七）粉尘的荷电性

粉尘粒子可以带有电荷，其来源是煤岩在粉碎中因摩擦而带电，或与空气中的离子碰撞而带电，尘粒的电荷量取决于尘粒的大小并与温湿度有关，温度升高时荷电量增多，湿度增高时荷电量降低。

（八）黏性

黏性是粉尘之间或粉尘与物体表面之间力的表现。由于黏性力的存在，粉尘的相互碰撞会导致尘粒的凝并，这种作用在各种除尘器中都有助于粉尘的捕集。在电除尘器和袋式除尘器中，黏性力的影响更为突出，因为除尘效率在很大程度上取决于从收尘极或滤料上清除粉尘（清灰）的能力。粉尘的黏性对除尘管道及除尘器的运行维护也有很大的影响。

（九）光学特性

粉尘的光学特性包括粉尘对光的反射、吸收和透明度等。由于含尘气流的光强减弱程度与粉尘的透明度、形状、粒径的大小和浓度有关，尘粒大于光的波长和小于光的波长对光的反射的作用是不相同的，所以，在通风除尘中可以利用粉尘的光学特性来测定粉尘的浓度和分散度。

（十）爆炸性

许多固体物质在一般条件下是不易引燃或不能燃烧的，但成为粉尘时，在空气中达到一定浓度，并在外界高温热源作用下，有可能发生爆炸。能发生爆炸的粉尘称为可爆粉尘。爆炸是急剧的氧化燃烧现象，产生高温、高压，同时产生大量的有毒有害气体，对安全生产有极大危害，特别是对矿井危害更严重，应特别注意预防。

有爆炸性的矿尘主要是硫化矿尘和煤尘，尤其是煤尘的爆炸性很强。影响煤尘爆炸的因素很多，如煤中挥发分的含量、煤尘中水分的含量、灰分、粒度、瓦斯的存在等。

## 三、矿尘的危害

（一）粉尘对人体的影响

粉尘对人体的影响是很严重的，是造成尘肺、硅肺病的根源。影响尘肺病的发生发展的因素主要有粉尘的化学成分、粒径、分散度以及接触时间、劳动强度和个人身体健康状况等。

粒径不同的粉尘在呼吸道各部位的沉积情况各不相同。粗粉尘（$>5$ μm）在通过鼻腔、喉头、气管上呼吸道时，被这些器官的纤毛和分泌黏液所阻留，经咳嗽、喷嚏等保护性反射作用而排出。细粉尘（$<5$ μm）则会深入和滞留在肺泡中，部分粒径在0.4 μm以下的粉尘可以在呼气时排出。有人研究硅肺病死者肺中尘粒的百分比，发现粒径在1.6 μm以下者占86%，3.2 μm以下者占100%。粉尘越细，在空气中停留时间越长，被吸入的机会也就越多。

（二）对生产的影响

空气中的粉尘落到机器的转动部件上，会加速转动部件的磨损，降低机器工作的精度和寿命。有些小型精密仪表，若掉进粉尘会使部件卡住而不能正常工作。粉尘对油漆、胶片生产和某些产品（如电容器、精密仪表、微型电机、微型轴承等）的质量影响很大。这些产品一经污染，轻者重新返工，重者降级处理，甚至全部报废。尤其是半导体集成电路，元件最细的引线只有头发直径的1/20或更细，如果落上粉尘就会使整块电路板报废。粉尘弥漫的车间，降低了可见度，影响视野，妨碍操作，降低劳动生产率，甚至造成事故。

(三) 粉尘的自燃和爆炸

粉尘的自燃是由于粉尘的氧化而产生的热量不能及时散发，而使氧化反应自动加速造成的。粉尘的爆炸是指粉尘（如煤尘）达到一定浓度时，在引爆热源的作用下，可以发生猛烈的爆炸，对井下作业人员的人身安全造成严重威胁，并且可瞬间摧毁工作面及生产设备。

## 第二节 矿山粉尘防治技术

根据我国多年来防尘工作的实践证明，在多数情况下，单靠某一种方法是难以解决粉尘危害问题的。要切实做好防尘工作，使工人工作地点的含尘浓度达到卫生标准的规定，就必须采取综合防尘措施。综合防尘措施包括技术措施和组织措施两个方面，其内容包括通风排尘、湿式作业、密闭尘源与净化、个体防护、改革工艺及设备以减少产尘量、科学管理、建立规章制度、加强宣传教育、定期进行测尘和健康检查等。

### 一、通风排尘

通风排尘是稀释和排出矿井巷道和作业地点空气中悬浮粉尘，防止其过量积聚的有效措施。许多矿井的经验证明，做好通风工作，是取得良好防尘效果的重要环节。

(一) 排尘风速

排除井巷中的浮尘要有一定的风速，能促使对人体最有危害的微小粉尘（呼吸性粉尘）保持悬浮状态并随风流运动而排出的最低风速，称为最低排尘风速。《煤矿安全规程》规定，掘进中的岩巷最低风速不得低于0.15 m/s，掘进中的煤巷和半煤岩巷不得低于0.25 m/s，不高于4 m/s。

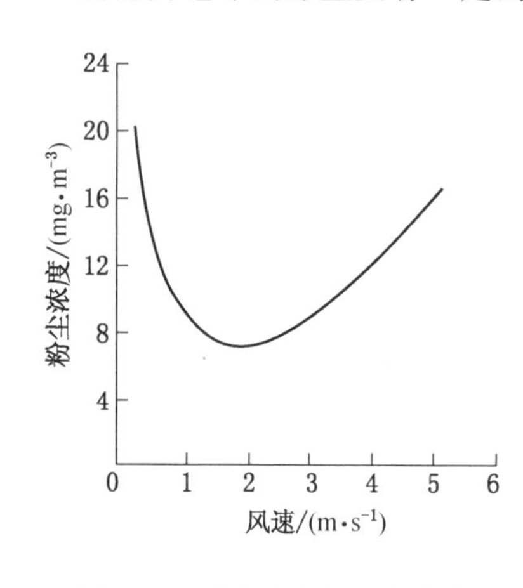

图7-1 粉尘浓度与风速关系

提高排尘风速，粒径稍大的尘粒也能悬浮被排走，同时增强了稀释作用。在产尘量一定的条件下，矿尘浓度将随之降低。当风速增到一定值时，作业地点的矿尘浓度将降到最低值，此时风速称最优排尘风速；风速再增高时，将扬起沉降的矿尘，使风流中含尘浓度增高。一般说来，掘进工作面的最优风速为0.4～0.7 m/s，机械化采煤工作面的最优风速为1.5～2.5 m/s。粉尘浓度与风速关系如图7-1所示。

(二) 扬尘风速

沉积于巷道底板、周壁以及矿岩等表面上的矿尘，当受到较高风速的风流作用时，可能再次被吹扬起来而污染风流，此风速称为扬尘风速。扬尘风速除与矿尘粒径与密度有关外，还与矿尘湿度、巷道潮湿状况、附着状况、有无扰动等因素有关。据试验，在干燥巷道中，在不受扰动情况下，赤铁矿尘的扬尘风速为3～4 m/s，煤尘的扬尘风速为1.5～2.0 m/s；在潮湿巷道中，扬尘风速可达到6 m/s以上。粉尘二次扬尘，成为次生矿尘，能严重污染矿井空气，除控制风速外，及时清除积尘和增加矿尘湿润程度是常用的除尘方法。所以，《煤矿安全规程》规定采掘工作面的最高允许风速为 4 m/s。

## 二、湿式作业

湿式作业是利用水或其他液体，使之与尘粒相接触降低矿尘的方法。它是矿井综合防尘的主要技术措施之一，具有所需设备简单，使用方便，费用较低和除尘效果较好等优点；缺点是增加了工作场所的湿度，恶化了工作环境，会影响原煤质量。除缺水和严寒地区外，湿式作业一般矿山应用较为广泛。我国矿山较成熟的经验是采取以湿式凿岩为主，并配合喷雾洒水、水炮泥、水封爆破以及矿床注水等防尘技术措施。

水能湿润矿尘，增加尘粒重力，并能将细散尘粒聚结为较大的颗粒，使浮尘加速沉降，落尘不易飞扬。因此，按除尘机理可将其分为两种方式：用水湿润、冲洗初生或沉积的矿尘，用水捕捉悬浮于空气中的矿尘。

用水湿润、冲洗初生矿尘，常见于湿式凿岩、湿式钻眼等作业；用水湿润、冲洗沉积矿尘，俗称洒水降尘，多用于煤岩的装运作业和井巷的防爆措施。

用水捕捉悬浮于空气中的矿尘，目前多采用喷雾捕捉浮尘，俗称喷雾洒水，主要用于采掘机械内外喷雾洒水和井巷定点喷雾降尘。

### （一）用水湿润矿尘

#### 1. 粉尘湿润机理

粉尘湿润是液体将尘粒表面气体挤出后在其表面铺展的过程。在这一过程中，固－气界面消失，形成固－液界面和液－气界面，所以湿润过程也就是固－液－气三相界面上表面能变化的过程。粉尘的湿润性是决定喷雾洒水降尘效果的重要因素，它取决于液体的表面能（表面张力）和尘粒的湿润边角。水对尘粒的湿润边角是反映水分子与尘粒分子之间吸引力大小的物理力。根据湿润边角可以确定粉尘表面湿润的难易和毛细作用的大小。水分子与尘粒分子间的吸引力越大，湿润边角越小，越易于湿润；相反，如水分子之间的吸引力增大，即水的表面张力系数增大，则湿润边角变大，使粉尘难于湿润。

粉尘的湿润能力是指尘粒与水接触时是否容易被水所湿润，决定于水与粉尘的湿润边角和水的表面张力系数。在相同的表面张力系数条件下，不同的粉尘有不同的湿润边角；在相同的粉尘条件下，由于水的表面张力系数不同，也有不同的湿润边角。因此，可以用湿润边角作为表征粉尘湿润能力的指标。水对煤的湿润边角关系如图 7－2 所示。

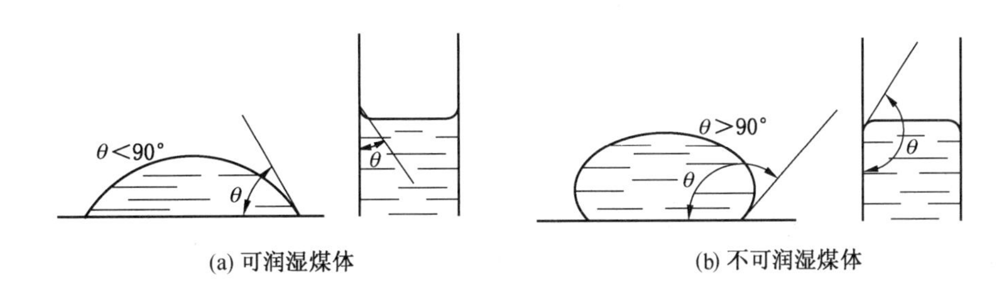


图 7－2 水对煤的湿润边角关系

2. 洒水降尘

洒水降尘是用水湿润沉积于煤堆、岩堆、巷道周壁、支架等处的矿尘。当矿尘被水湿润后，尘粒间互相附着凝集成较大的颗粒。同时，因矿尘湿润增强了附着性，而能黏结在巷道周壁、支架煤岩表面上，这样在煤岩装运等生产过程中或受到高速风流时，矿尘不易飞起。

在炮采炮掘工作面爆破前后洒水，不仅有降尘作用，而且还能消除炮烟、缩短通风时间。

矿山井下洒水，可采用人工洒水或喷雾器洒水。对于生产强度高、产尘量大的设备和地点，要设自动洒水装置。

实践证明，一般的洒水降尘（即低压洒水，水压小于 2943 kPa），存在着喷嘴易于堵塞，降尘效率难以提高，特别是对呼吸性粉尘的降尘效果差、耗水量大等技术问题。因而出现了高压洒水（水压大于 9810 kPa）的新工艺，使洒水降尘措施更加完善。

3. 湿式凿岩

根据相关规程规定，在矿井采掘过程中，为了大量减少或基本消除粉尘在井下飞扬，必须采取湿式凿岩、水封爆破等生产技术措施。在有条件的矿井还应通过改进采掘机械结构及其运行参数等方法减少采掘工作面的粉尘产生量。

湿式凿岩就是在凿岩过程中，将压力水通过凿岩机送入并充满孔底，以湿润、冲洗和排出产生的粉尘。它是凿岩工作普遍采用的有效防尘措施。

据实测，湿式凿岩的除尘率可达 90% 左右，并能将凿岩速度提高 15% ~25% 。由于掘进过程中的矿尘主要来源于凿岩和钻眼作业，因此湿式凿岩、钻眼能有效降低掘进工作面的粉尘量。

4. 湿式钻眼

湿式钻眼主要是针对使用煤电钻钻眼的煤巷、半煤岩巷掘进防尘而言的。

湿式钻眼就是用湿式煤电钻在煤层中钻眼，它具有良好的水密封性能，能有效地控制煤层掘进工作面和回采工作面的煤尘。

我国生产的各种湿式煤电钻都是在原干式煤电钻的基础上改制成的。尽管外形结构有所差异，但其作用原理相同，即在原干式煤电钻减速器前增加一个水套，压力水通过中空的麻花钻杆和湿式钻头到达孔底，以湿润煤体并冲洗煤尘，达到湿式钻眼降尘的目的。

（二）用水捕捉悬浮矿尘

把水雾化成微细水滴并喷射到空气中，使之与尘粒相接触碰撞，使尘粒被捕捉而附于水滴上或者被湿润尘粒相互凝集成大颗粒，从而提高其沉降速度，加之采取必要的通风措施，这种措施在高浓度作业地点会大大提高对矿尘的捕集及稀释排出，全面提高降低粉尘浓度的效果。

1. 水滴捕尘机理

（1）惯性碰撞。尘粒和水滴之间的惯性碰撞是湿式除尘最基本的除尘作用。如图 7－3 所示，直径为 $D$ 的水滴与具有相对速度的含尘气流在运动过程中相遇，水滴会改变气流方向，绕过物体进行运动，运动轨迹由直线变为曲线，其中细小的尘粒随气流一起绕流，粒径较大和质量较大的尘粒具有较大的惯性，便脱离气流的流线保持直线运动，从而与水滴相撞。由于尘粒的密度较大，因惯性作用而将保持其运动方向，在一定粒径范围的尘粒出于惯性与水滴碰撞并黏附于水滴上。相对速度越大，所能捕获的尘粒粒径范围越大，1 μm 以上的尘粒，主要是靠惯性碰撞作用捕获。

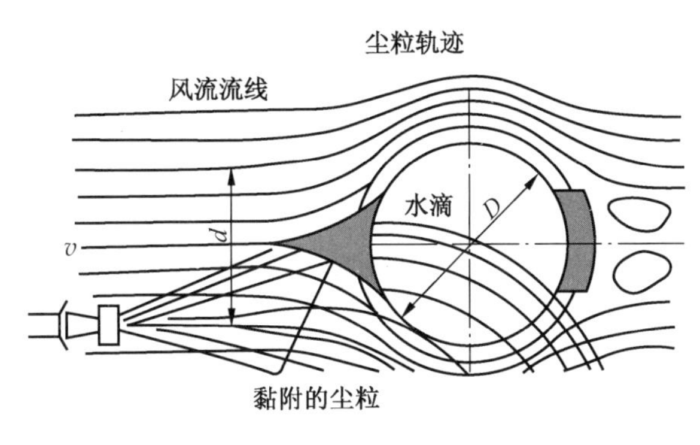


图 7－3 水滴捕尘作用

（2）截留。尘粒到液滴的距离小于尘粒的半径时，在流动过程中被液滴所捕获。

（3）扩散作用。通常尘粒粒径 0.3 μm 以下的粉尘，质量很小，随风流而运动，在气体分子的撞击下，微粒像气体分子一样，做复杂的布朗运动。但其扩散运动能力较强，在扩散运动过程中，可与水滴相接触而被捕获。

（4）凝集作用。凝集有两种情况：一种是以微小尘粒为凝结核，由于水蒸气的凝结使微小尘粒凝聚增大；另一种是由于扩散漂移的综合作用，使尘粒向液滴移动凝聚增大，增大后的尘粒通过惯性的作用加以捕集。另外水滴与尘粒的荷电性也促进尘粒的凝集。

2. 喷雾洒水

喷雾洒水是将压力水通过喷雾器（又称喷嘴）在旋转或冲击作用下，使水流雾化成细微的水滴喷射于空气中，如图 7－4 所示。

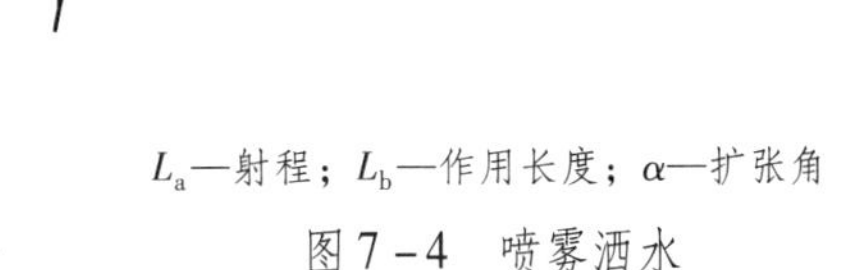


$L_a$—射程；$L_b$—作用长度；α—扩张角

图 7－4 喷雾洒水

1）喷雾洒水的捕尘作用

（1）在雾体作用范围内，高速流动的水滴与浮尘碰撞接触后，尘粒被润湿，在重力作用下下沉。

（2）高速流动的雾体将其周围的含尘空气吸引到雾体内湿润下沉。

（3）将已沉落的尘粒湿润黏结，使之不易飞扬。

（4）增加沉积粉尘的水分，预防粉尘爆炸事故的发生。

2）影响喷雾洒水捕尘效率的主要因素

（1）雾体的分散度。雾体的分散度（即水滴的大小与比值）是影响捕尘效率的重要因素。低分散度雾体水粒大，水滴数量少，尘粒与大水滴相遇时，会因旋流作用而从水滴边绕过，不被捕获。过高分散度的雾体，水滴十分细小，容易汽化，捕尘率也不高。据实验，用直径 0.5 mm 的水滴喷洒粒径为 10 μm 以上的粉尘时，捕尘率为 60%；当尘粒直径为5 μm时，捕尘率为23%；当尘粒直径为1 μm时，捕尘率只有1%。将水滴直径减小到0.1 mm，雾体速度提高到30 m/s时,对2 μm尘粒的捕尘率可提高55%。因此,矿尘的分散度越高,要求水滴的直径也越小。一般说来,水滴直径为10～15 μm时的捕尘效果最好。

（2）水滴与尘粒的相对速度。相对速度越高，两者碰撞时的动量越大，有利于克服水的表面张力而将尘粒湿润捕获。但因风流速度高，尘粒与水滴接触时间缩短，也降低了捕尘效率。

（3）水压。喷雾洒水降尘的过程，是尘粒与水滴不断发生碰撞、湿润、凝聚、增重而不断沉降的过程。当提高供水压力（如采用高压洒水）时，由于在很大程度上提高了雾化程度，增加了雾滴密度和雾滴的运动速度，以及增加了射体涡流段的长度，无疑大大增加了尘粒与雾粒之间的碰撞机会和碰撞能量，使微细粉尘易于捕捉。同时，高压洒水能使射体雾滴增加带电性，产生静电凝聚的效果。这一综合作用，加速了尘粒与雾滴碰撞、湿润、凝聚的效果而提高了降尘效率。有研究表明，在掘进机上采用低压洒水时降尘率为43%～78%，采用高压喷雾时降尘率达到75%～95%；在炮掘工作面采用低压洒水时降尘率为51%，而采用高压喷雾时降尘率达到72%，且对微细粉尘的抑制效果明显。

高压喷雾产生的雾粒粒度的大小，与高压喷雾方法有关。喷雾方法有脉冲洒水和恒压洒水两种，脉冲洒水压力的变化不小于最大压力的20%～30%，恒压洒水压力的变化不超过最大压力的5%。通常，脉冲洒水的雾滴粒度比恒压洒水的雾滴粒度小得多，其降尘效果要比恒压洒水高。测定各种喷嘴直径和各种洒水压力所产生的雾粒粒度可参考相关参考资料。

（4）耗水量。单位体积空气的耗水量越多，捕尘效率越高，所用动力也随之增加。使用循环水时，需采取净化措施，如水中微细粒子增加，将使水的黏性增加，且使分散水滴粒径加大，降低效率。

（5）粉尘密度。粉尘密度大则易于捕集，空气中含尘浓度越高，总捕集效率越高，排出的粉尘浓度也随之增高。

（6）粉尘的湿润性。粉尘的湿润性是影响喷雾洒水降尘效果的一个重要因素。不易湿润的粉尘与水滴碰撞时，能产生反弹现象，难于捕获。尘粒表面吸附空气形成气膜或覆盖油层时，都难被水滴捕获。向水中添加表面活性剂降低水的表面张力或使之荷电，均可提高湿润效果。

喷雾洒水除尘简单方便，广泛用于采掘机械切割、爆破、装载、运输等生产过程中，缺点是对微细尘粒的捕集效率较低。雾体的分散度、作用范围和水滴运动速度，决定于喷雾器的构造、水压和安装位置，应根据不同生产过程中产生的粉尘分散度选用合适的喷雾器，才能达到较好的降尘效果。

因此，喷雾洒水在矿岩的装载、运输和卸落等生产过程和地点以及其他产尘设备和场所都需进行。矿尘湿润后，尘粒间相附着、凝集成较大尘团，同时增强了对巷道周壁或矿岩表面的附着性，从而抑制矿尘飞扬，减少产尘强度。例如，某矿实测装岩过程洒水防尘效果：不洒水、干装岩时，工作地点矿尘浓度大于10 $mg/m^3$；装岩前进行一次洒水，工作地点矿尘浓度约为5 $mg/m^3$；分层多次洒水，工作地点矿尘浓度小于2 $mg/m^3$。

洒水要利用喷雾器进行，这样喷洒均匀，湿润效果好，耗水量少。洒水量应根据矿岩的数量、性质、块度、原湿润程度及允许含湿量等因素确定，一般每吨矿岩可洒水 10 ~ 20 L，生产强度高，产尘量大的设备或地点，应设自动喷淋洒水装置。

3. 水炮泥和水封爆破

水炮泥和水封爆破是由钻孔注水湿润煤体演变而来的，它是将注水和爆破结合起来，借炸药爆破时产生的压力将水强行注入（压入）煤体中。它不仅能收到较好降尘效果，而且还兼有下列作用：因为水是不可压缩的流体，在爆破压力的作用下，水强行渗入煤层或岩层中有助于提高爆破效果；在爆破过程中，大部分水被汽化，这不仅使降尘效果更加显著，还可消除炮烟，溶解由于炸药爆炸而产生的有害气体（如二氧化氮）。

（1）水炮泥。水炮泥就是将装水的塑料袋代替或部分代替炮泥，填于炮眼内，爆破时水袋破裂，水在高温高压的作用下，大部分水汽化，然后重新凝结成极细的雾滴和同时产生的矿尘相接触，形成雾滴的凝结核或被雾滴所湿润而起到降尘作用。水炮泥布置如图 7 -5 所示。国内外的一些资料表明，水炮泥爆破要比泥封爆破工作面矿尘浓度降低 40% ~79%，对 5 μm 以下的矿尘也有较好的效果；同时，还能减少爆破产生的有害有毒气体，缩短通风时间，并能防止爆破引燃瓦斯。水炮泥袋以不易燃、无毒并具有一定强度的聚乙烯薄膜热压制成。水炮泥袋封口是关键，袋口处塑料布向内折叠成双层并近似“亚”字形压制。目前使用的自动封口水炮泥袋如图 7 -6 所示。装满水后，袋口能自行封闭。水炮泥具有加工简单，操作方便，降尘效果显著等优点，应推广使用。

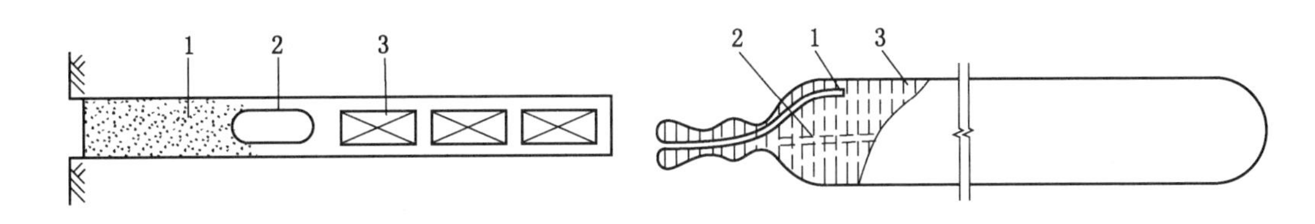


1—黄泥；2—水袋；3—炸药包

图 7 -5 水炮泥布置

1—逆止阀注水后位置；2—逆止阀注水前位置；3—水

图 7 -6 自动封口水炮泥袋

（2）水封爆破。水封爆破是将炮眼内的炸药先用一小段炮泥填好，然后再给炮眼口填一小段炮泥，两段炮泥之间的空间插入细注水管注水，注满后抽出注水管，并将炮泥上的小孔堵塞爆破。水封爆破虽也能降尘、消烟和消火，但是当炮眼的水流失过多时会造成放空炮。由于其作业复杂等原因，这种方法处于逐渐被淘汰状态。

4. 物理化学降尘

从 20 世纪 60 年代在国外井下矿山应用表面活性剂降尘以来，物理化学降尘技术得到了迅猛发展。我国是从 20 世纪 80 年代开始试验并推广应用降尘剂等物理化学降尘技术，目前已在井下进行试验与应用的物理化学防尘方法主要有水中添加湿润剂降尘、泡沫除尘、磁化水降尘及黏尘剂抑尘等。

## 三、密闭抽尘

密闭的目的是把局部尘源所产生的矿尘限制在密闭空间之内，防止其飞扬扩散，污染作业环境，同时为抽尘净化创造条件。密闭净化系统由密闭罩、排尘风筒、除尘器和风机等组成。矿山用的密闭有以下形式：

（1）吸尘罩。尘源位于吸尘罩口外侧的不完全密闭形式，靠罩口的吸气作用吸捕矿尘。由于罩口外风速随距离增加而急速衰减，吸尘罩控制矿尘扩散的能力及范围有限，适用于不能完全密闭起来的产尘点或设备，如装车点、采掘工作面、锚喷作业地点等。

（2）密闭罩。密闭罩是将尘源完全包围起来，只留必要的观察或操作门。密闭罩防止粉尘飞扬效果好，适用于较固定的产尘点各设备，如带式输送机转载点、干式凿岩机、破碎机、装载站、锚喷机、翻车机、溜矿井等。

## 四、净化风流

净化风流是使井巷中含尘的空气通过一定的设施或设备，将矿尘捕获、净化风流的技术措施。目前使用较多的是水幕和湿式除尘器。

### （一）水幕净化风流

在含尘浓度较高的风流通过的巷道中设置水幕，就是在敷设于巷道顶部或两帮的水管上，间隔地安上数个喷雾器，通过喷雾达到净化风流的目的。巷道水幕布置如图 7-7 所示。

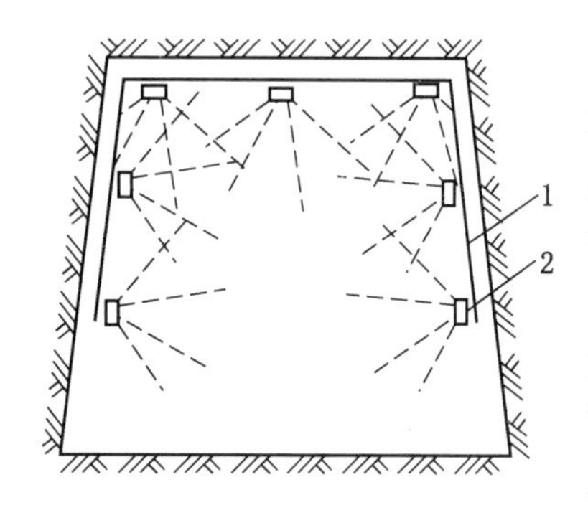


1—水管；2—喷雾器

图 7-7 巷道水幕布置

喷雾器的布置应以水雾布满巷道断面，并尽可能靠近尘源，缩小含尘空气的弥漫范围为原则。净化水幕应安设在支护完好、壁面平整、无断裂破碎的巷道段内。常见的净化水幕有以下几种：

（1）矿井总入风流净化水幕，在距井口 20～100 m 巷道内。

（2）采区入风流净化水幕，在风流分岔口支流内侧 20～50 m 巷道内。

（3）采煤回风流净化水幕，在距工作面回风口 10～20 m 回风巷内。

（4）掘进回风流净化水幕，在距工作面 30～50 m 巷道内。

（5）巷道中产尘源净化水幕，在尘源下风侧 5～10 m 巷道内。

水幕的控制方式可根据巷道条件，选用光电式、触控式或各种机械传动的控制方式。选用的原则是既经济合理又安全可靠。

水幕是净化入风流和降低污风流矿尘浓度的有效方法。现场试验表明：在距掘进工作面 20 m、40 m 和 60 m 处各设一道水幕，工作面含尘风流经第一道水幕后降尘率为 60%，经第二道水幕后降尘率为 79%，经第三道水幕后矿尘浓度只有 0.78 $mg/m^3$，降尘率达到 98.6%。

### （二）除尘器净化风流

除尘器是从含尘气流中将粉尘颗粒予以分离的设备，也是通风除尘系统中的主要设备之一，它的工作好坏将直接影响到排往空气中的粉尘的浓度，从而影响作业环境的卫生条件。

除尘器的类型众多，在选择除尘器时，必须从各类除尘器的除尘效率、阻力、处理风量、漏风量、一次投资、运行费用等指标加以综合评价后才确定。

由于矿山的特殊工作条件（如作业空间较小、分散、移动性强、环境潮湿等），除某些固定产尘点（如破碎硐室、装载硐室、溜矿井等）可以选用通用的标准产品外，常常要根据井下工作条件与要求，设计制造比较简便的除尘器。目前，矿用除尘器类型有以下几种。

1. 过滤式除尘器

过滤式除尘器是使含尘气流通过过滤材料，粉尘被滤料分离出来的一种装置。袋式除尘器是过滤式除尘器的一种，具有较高的除尘效率，特别对微细粉尘的效率较高，一般可达99%以上。袋式除尘器主要由袋室、滤袋、框架、清灰装置等部分组成。

影响袋式除尘器除尘效率的主要因素有滤料上沉积粉尘的厚度、滤料种类和滤速的选取。

2. 卧式旋风水膜除尘器

卧式旋风水膜除尘器也称水鼓除尘器、旋筒式水膜除尘器等，主要由内筒、外筒、螺旋形导流片、集尘水箱、脱水器等组成，如图7－8所示。内、外筒之间的导流片将除尘器内部分成若干个螺旋形通道，含尘气流沿器壁以切线方向导入，沿螺旋通道流动，当气流以较高速度冲击集尘水箱的水面时，部分尘粒被水吸收，同时激起水花；气流夹带着水滴继续向前旋转，在离心力的作用下，把水滴和尘粒甩向外筒内壁，并在其上形成一层厚度为3～5 mm的水膜，甩至器壁的尘粒则被水膜所捕集。含尘气流连续流经几个螺旋形通道，得到多次净化，使绝大部分尘粒被分离。净化后的气体经脱水器脱除水滴后，排出器外。该种除尘器具有旋风、水膜和水浴3种除尘功能，可达到较高的除尘效率，其外筒内壁的水膜不是由喷嘴或溢流槽所形成的，而是靠气流冲击水面激起的水花形成的。

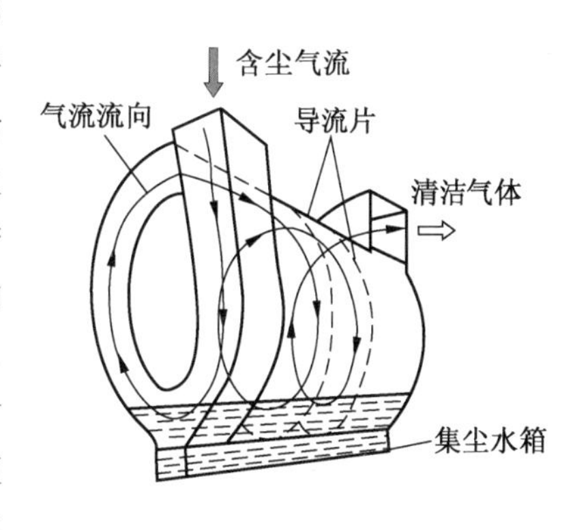


图7－8 卧式旋风水膜除尘器

3. 冲击（自激）式除尘器

冲击式除尘器结构如图7－9所示，含尘气流进入除尘器后，先撞击在洗涤液的表面上，有一部分粗尘粒沉降下来，然后被迫通过一个或两个并联的S形通道，使其速度增加到15 m/s左右。S形通道由两块弯曲的叶片组成，其下部浸没在水里。因为通道中气流速度比较高，激起一片混乱的水幕，然后破裂成许多水滴，尘粒与水滴相碰撞而被捕获。通道设计成S形的目的，是使气流迅速转变方向而增加离心力，提高液体的混乱程度。当气流离开S形通道时，由于上叶片的限制而向下拐弯，然后再上升。这时一部分水滴和灰尘因惯性的缘故就和气体分离而落入水中。上升的气流再经檐板脱水器脱除其中剩余的水滴和灰尘，流出除尘器，达到高效除尘的目的。

4. 文丘里除尘器

文丘里除尘器由文丘里管、喷水装置、旋风分离器等组成，如图7－10所示。含尘气

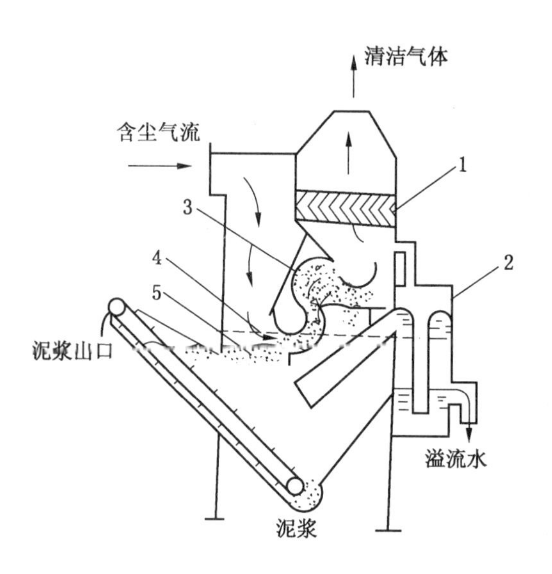


1—除雾器；2—溢流箱；3—S形通道；4—静水位；5—工作水位

图7-9 冲击式除尘器结构

流以60~120 m/s的高速通过喉管，这股高速气流冲击从喷水装置（喷嘴）喷出的液体使之雾化成无数微细的液滴，液滴冲破尘粒周围的气膜，使其加湿、增重。在运动过程中，通过碰撞，尘粒凝聚增大，增大（或增重）后的尘粒随气流一起进入旋风分离器，尘粒从气流中分离出来，净化后的气体从分离器排出管排出。

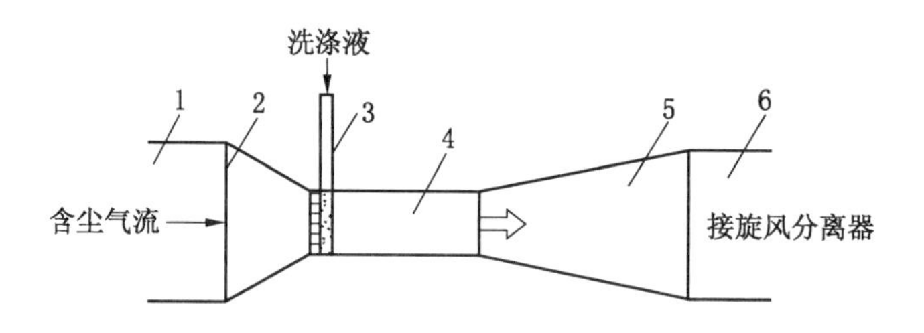


1—进气管；2—收缩管；3—喷嘴；4—喉管；5—扩散管；6—连接管

图7-10 文丘里除尘器

文丘里除尘器的除尘效率主要取决于喉管的高速气流将水雾化，并促使水滴和尘粒之间的碰撞。因此，在设计合理高效文丘里除尘器时，必须根据尘粒的粒径，掌握好气流速度以及雾化后水滴大小的相互关系。

文丘里除尘器是一种效率较高的除尘器，具有体积小、结构简单、布置灵活等特点。该种除尘器对粒径为1 μm的粉尘除尘效率达99%。它的缺点是阻力大，一般为6000~7000 Pa。

5. 矿用卧式自激式水膜除尘器

根据矿山井下的实际条件，结合地面卧式旋风除尘器和自激式除尘器的除尘特点，我国某院校通过大量的相似模型实验，研制出适用于矿山井下掘进工作面的高效卧式自激式水膜除尘器和配套的高效低噪风机。矿用卧式自激式水膜除尘器主要由上下导流叶片、脱水器、水箱、外壳、风机、排浆阀和注水孔等组成，如图 7－11 所示。

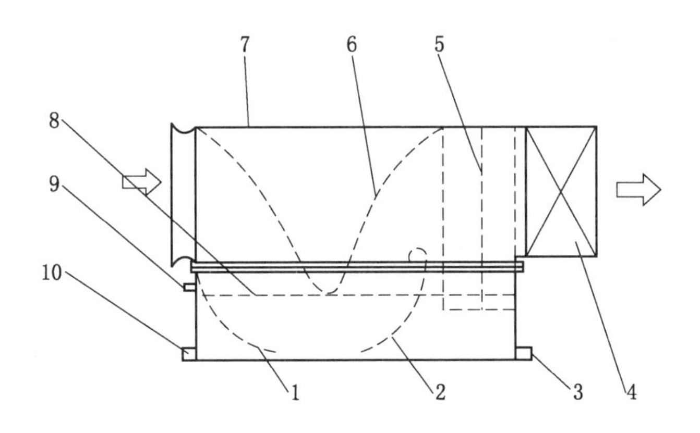


1、2—下导流叶片；3—排浆阀；4—风机；5—脱水器；6—上导流叶片；
7—外壳；8—水面；9—注水孔；10—水箱

图 7－11　矿用卧式自激式水膜除尘器

该除尘器的除尘过程是含尘气流由进风口进入除尘器转弯向下的导流叶片冲击水面，较大的尘粒由于惯性作用落入水箱中，而较小的尘粒随气流以较高速度通过上导流叶片间的弯曲通道时，与激起的大量水滴充分碰撞而被捕获沉降。含尘含水的气流又在离心力的作用下，在除尘器内壁和上下导流叶片上形成一定厚度的水膜，将尘粒捕集下降。再由脱水器除掉气流中的水滴水雾后，经轴流风机排出；其除尘机理主要是气流中的尘粒与液面和雾化液滴之间产生惯性碰撞、截留、扩散等作用。这种除尘器具有水浴、水滴、离心力产生的水膜 3 种除尘功能，可得到较高的除尘效率，经测定除尘效率在 98% 以上，呼吸性粉尘除尘效率达到 85% 以上，除尘器阻力为 1200 ~ 1400 Pa。另外，被水滴捕集落入水箱里的粉尘，沉积到水箱底部或随气流冲击不断搅动，当水箱中浓度达到一定值后，通过排浆阀定期排出，并冲洗水箱，由供水管补充新水。

6. 湿式过滤除尘器

湿式过滤除尘器是利用化学纤维层滤料、尼龙网或不锈钢丝网作为过滤层，连续不断地向过滤层喷射水雾，并在过滤层上形成水珠或水膜，把过滤层和水滴、水膜的除尘作用综合在一起的除尘装置。

由于滤料中充满了水滴和水膜，气流中矿尘与之接触碰撞的概率增加，提高了捕尘效率。水滴碰撞附着在纤维上后，因自重而下降，在滤料内形成下降水流，将捕集的矿尘带下，起到了经常清灰的作用，能保持除尘效率和阻力的稳定，并能防止粉尘二次飞扬。

某型掘进通风除尘器由湿式过滤器、旋流脱水器等组成，如图 7－12 所示。当含尘气流在负压作用下经伸缩风筒进入过滤器时，喷雾器喷射的密集水滴在过滤网目上形成的水幕将一部分粉尘捕捉下来；穿透过滤网的那部分粉尘和雾滴进入旋流器后，借助旋流叶片的作用，载雾风流产生旋转，由于离心力的作用，含尘雾滴被甩向脱水筒的筒壁，在附壁效应和风流轴向力的作用下，进入环形脱水槽中，达到脱水和除尘的目的；净化后的空气被排入巷道中。除尘器处理风量为 1.67 ~ 3.33 $m^3/s$；干式除尘时的工作阻力为 373 ~ 1177 Pa，湿式除尘时的工作阻力为 1373 ~ 1569 Pa；干式除尘的除尘效率为 90% ~95%，湿式除尘的除尘效率为 95% ~98%。一般掘进工作面采用除尘器后，粉尘浓度可降至 2 $mg/m^3$。

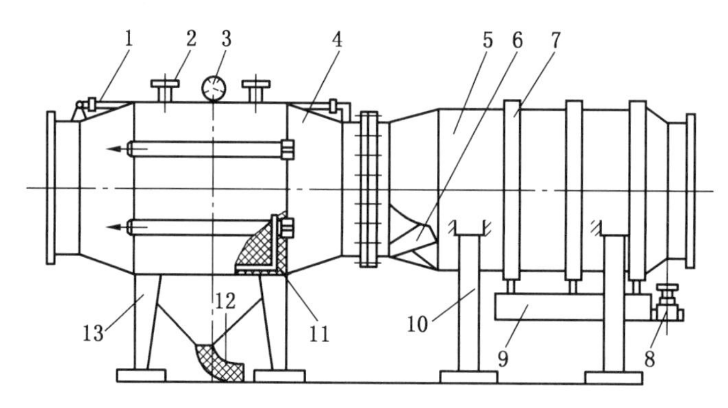


1—进水管；2—截止阀；3—压力表；4—湿式过滤器箱体；5—脱水筒；6—旋流叶片；7—集水环；8—闸阀；9—排水管；10—脱水器脚架；11—过滤器；12—泥浆槽；13—脚架

图 7－12　掘进通风除尘器

7. 湿式旋流除尘风机

湿式旋流除尘风机是利用喷雾水滴的湿润凝聚作用及旋流的离心分离作用除尘的矿用装置，主要由湿润凝聚筒、通风机、脱水器及后导流器等组成，如图 7－13 所示。

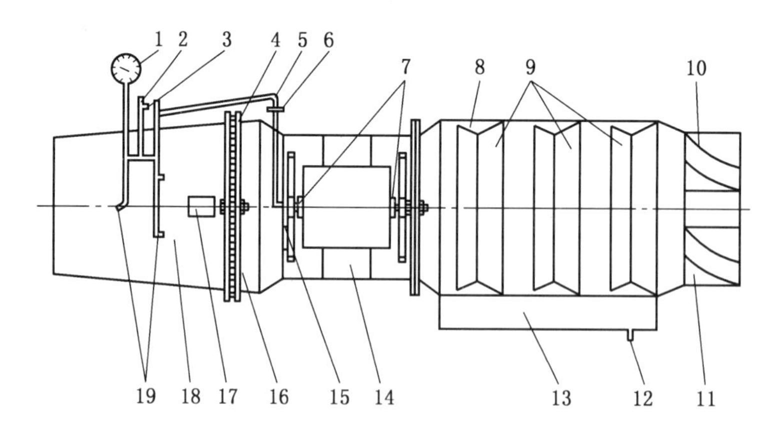


1—压力表；2—总入水管；3—水阀门；4—冲突网；5—发雾盘水管；6—接流管接头；7—电机挡水套；8—脱水器筒体；9—集水环；10—后导流器导流片；11—后导流器；12—泄水管；13—贮水槽；14—局部通风机；15—发雾盘；16—冲突网框；17—观察门；18—湿润凝聚筒；19—喷雾器

图 7－13　湿式旋流除尘风机

含尘风流进入湿润凝聚筒与迎风流和顺风流安装的喷雾相遇，并通过含有水膜的冲突网，进入通风机；再与由高速旋转的发雾盘形成的水雾强力混合，几经湿润和凝聚后，在第二级叶轮的作用下产生旋转运动，进入脱水器；在离心力的作用下，水滴及湿润的矿尘被抛至脱水器筒壁，并被3个集水环阻挡而流到贮水槽中，经排水管排出，脱水净化的风流，由后导流器直接排出。冲突网由2层16目的尼龙网组成，有效通风断面积为0.165 $m^2$。

湿式旋流除尘风机在使用掘进机的工作面配可伸缩风筒进行抽出式通风，除尘效果显著。

8. 旋流粉尘净化器

旋流粉尘净化器是一种利用喷雾的湿润凝聚及旋流的离心分离作用的除尘装置，应用于掘进巷道的风流净化，如图7－14所示。

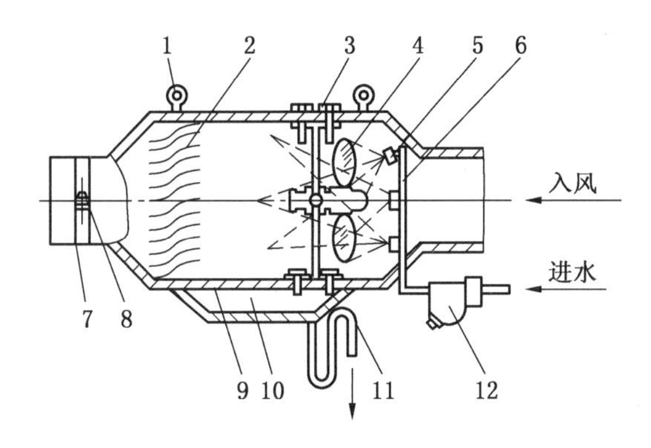


1—吊挂环；2—流线型百叶板；3—支撑架；4—带轴承叶轮；5—喷嘴；6—喷雾供水环；7—风筒卡紧板；8—卡紧板螺栓；9—回收尘泥孔板；10—集水箱；11—N形排水管；12—滤流器

图7－14 旋流粉尘净化器

旋流粉尘净化器整机为圆筒形构造，可直接安装在掘进通风风筒的任一位置，其进、排风口的断面应与所选用的风筒断面相配合。在进风断面变化处安设圆形喷雾供水环，水环上呈120°安装3个喷嘴；筒体内固定支撑架上的带轴承叶轮上安装有6个扭曲叶片，叶片扭曲斜面与喷嘴射流的轴线正交，叶片扭曲10°～20°；排风侧设有45°迎风角的流线型百叶板；筒体下侧设有集水箱及N形排水管。

净化器工作时，由矿井供水管路供水，水经过滤流器净化后，经供水环上的喷嘴喷雾。含尘风流由风筒进入净化器后，因断面变大风速降低，大颗粒矿尘自然沉降，与此同时，矿尘与喷雾水滴相碰撞而被湿润。在喷雾与风流的作用下，叶片旋转，风流也产生旋转运动，矿尘、雾滴和泥浆即被抛向器壁，流入集水箱，经排水管排出。未能被捕获的矿尘和雾滴又被迎风百叶板阻拦，再一次捕集分离。迎风百叶板前后设清洗喷雾，可定期清洗积尘。

旋流粉尘净化器适用于一切入风源有粉尘污染的局部通风机通风作业场所，可与各种干式抽出式风机配套使用。

9. SCF 系列湿式除尘风机

SCF 系列湿式除尘风机主要用于掘进巷道时长抽或长抽短压的通风除尘系统。SCF 系列湿式除尘风机由抽出式风机、除尘器、水泵及供水喷雾系统组成，如图 7－15 所示。其工作原理是利用叶轮高速旋转所形成的负压将含尘气流吸入，在叶轮前喷雾，形成的尘雨经结构复杂的除尘器过滤后除尘。其对悬浮粉尘的除尘效率可达 99%，对呼吸性粉尘的除尘效率可达 94%。喷雾用水采用闭路循环方式，耗水量少。该除尘机可配用带钢性骨架的可伸缩抽出式风筒或金属风筒。

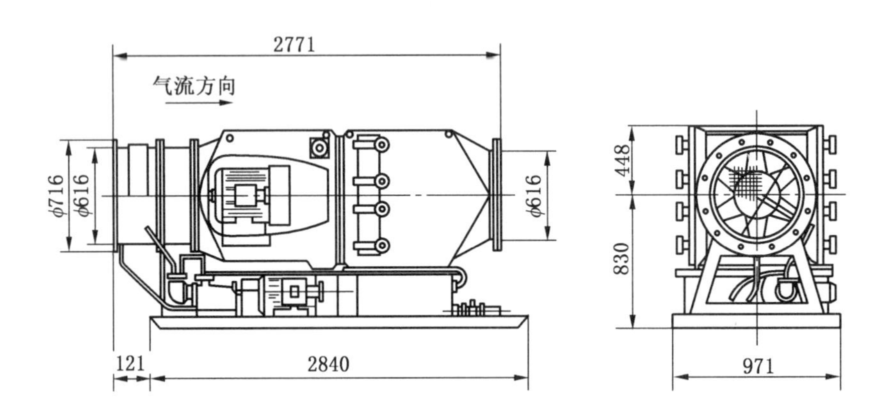


图 7－15　SCF 系列湿式除尘风机

SCF 系列湿式除尘风机可与 CF 系列轴流抽出式通风机配套串联使用，以提高风压，加长通风距离。

10. 水射流除尘风机

水射流除尘风机摒弃了传统的机械式电动轴流抽风机产生风量、水幕降尘的方法，以压力水为动力，利用高速水射流喷射形成的负压将含尘风流吸入，风水合二为一，从而有效地捕捉粉尘，净化空气。水射流除尘风机由引射装置（风机）、导风筒和泵站（供水系统）等组成，如图 7－16 所示。

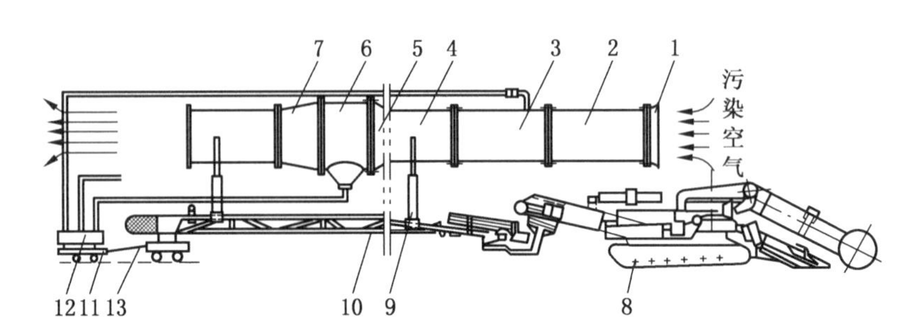


1—捕尘罩；2、4—导风筒；3—PSCF 系列除尘风机；5—渐扩风筒；6—漏水排污筒；7—渐缩风筒；8—掘进机；9—可调支撑架；10—桥式带式输送机；11—游动小车；12—泵站；13—拉杆

图 7－16　水射流除尘风机

水射流除尘风机处理风量 3.0 ~ 4.75 $m^3$/s，全风压 180 ~ 200 Pa，除尘率 99%，耗水量 7 L/min，水压 1.5 ~ 3.5 MPa，泵流量 100 L/min，泵电机功率 7.5 kW，风机质量 20 kg，泵站质量 450 kg，系统质量小于 800 kg。

水射流除尘风机结构简单，质量轻，噪声低，移动方便，维护量少，除尘率高；风机本身无转动部件，不产生摩擦和电火花，安全可靠；处理风量大小可调，调节方便；与处理风量相当的除尘风机相比，功耗少。可用于矿山和所有产生工业粉尘的场所，作通风除尘用，特别是可以满足高瓦斯和有瓦斯、煤尘突出矿井的通风除尘要求。

## 五、煤层注水

煤层注水是减少采煤工作面粉尘产生的最根本、最有效的措施。煤层注水就是通过煤层中的钻孔将水压入尚未采落的煤体中，使水均匀地分布在煤体的无数细微裂隙内达到预先湿润的目的，从而减少开采过程中煤尘生成量。据测定通过煤层注水一般将总粉尘浓度减少 75% ~85%，呼吸性粉尘浓度减少 65% 以上。

### （一）煤层注水防尘原理

（1）湿润了煤体内的原生煤尘。煤体内各类裂隙中都存在原生煤尘，它们随煤体被破碎而飞扬于矿井空气中。水进入裂隙后，可将其中的原生煤尘在煤体破碎前预先湿润，使其失去飞扬的能力，从而有效消除尘源。

（2）有效包裹了煤体的每一个细小部分。水进入煤体各类裂隙、孔隙之中，不仅在较大的构造裂隙、层理、节理中有水存在，而且在极细微的孔隙中都有水注入，甚至在 1 μm 以下的微孔隙中也充满了毛细水，这样就使整个煤体有效地被水所包裹起来。当煤体在开采中受到破碎时，因为在绝大多数的破碎面均有水的存在，从而消除了细粒煤尘的飞扬，即使煤体破碎得极细，渗入细微孔隙的水也能使之都预先湿润，达到预防浮游煤尘产生的目的。

（3）改变了煤体的物理力学性质。水进入煤体后，湿润的煤炭塑性增强，脆性减弱。当煤炭受外力作用时，许多脆性破碎变为塑性形变，因而大量减少了煤炭被破碎为尘粒的可能性，降低了煤尘的产生量。

### （二）煤层注水影响因素

（1）煤层物理力学性质：煤的强度和硬度、煤的水分、煤的吸水性和煤的透水性。

（2）煤层裂隙、孔隙的发育程度。

（3）煤层的埋藏深度与地压的集中程度。

（4）水与煤的湿润边角和水的表面张力系数。

（5）煤层内的瓦斯压力。

（6）构造变动和采动因素。

（7）煤层注水参数：注水压力、注水速度、注水量和注水时间。

### （三）煤层注水方式

根据注水钻孔的位置、长度和方向，即按照水进入煤体的形式，把注水方式分为长孔、短孔和深孔 3 种方式。

（1）短孔注水是在采煤工作面垂直煤壁或与煤壁斜交打钻孔注水，孔长为工作面一个循环的长度，一般为 2 ~ 3. 5 m，采用低压注水。

（2）深孔注水是在采煤工作面垂直煤壁打钻孔注水，孔长为采煤工作面数个循环进度，一般为 5 ~ 25 m。深孔注水具有短孔注水的许多优点，更能适应围岩的吸水膨胀性质；较短孔钻孔数量少，湿润范围大而均匀。但是由于该注水方式压力要求高，故设备、技术复杂，比长孔钻孔数量多，封孔工序也较频繁，因此，主要适用于采煤循环有准备班的工作面注水。

（3）长孔注水是从采煤工作面的运输巷或回风巷，沿煤层倾斜方向平行于工作面打上向孔注水。长孔注水方式主要应用于长壁式采煤法，孔长一般为 30 ~ 100 m；当工作面长度超过 120 m 而单向孔不到设计深度或煤层倾角有变化时，可采用上向、下向孔联合布置钻孔注水。注水钻孔布置在运输巷倾斜向上钻进，称为上向孔；钻孔布置在回风巷俯斜向下钻进，称为下向孔。沿煤层走向布置的钻孔称为走向孔（主要应用于倾斜长壁工作面）。在回风平巷和运输巷均沿倾斜打上、下向钻孔，则称为双向钻孔。

根据注水压力，煤层注水又分为静压注水和动压注水。

（1）静压注水时利用地面水源至井下用水地点的静水压力，通过矿井防尘管网直接将水引入钻孔向煤体注水。

（2）动压注水时利用水泵向煤体注水，这种注水方法又分为固定泵注水、移动泵注水和注水器注水。

在煤层注水工程中，根据注水压力数值的高低又分为低压注水、中压注水和高压注水。这种分法目前尚无统一规定，习惯上认为小于 2. 45 MPa 为低压注水，大于 2. 45 MPa 小于 7. 84 MPa 为中压注水、大于 7. 84 MPa 为高压注水。我国煤层注水实际使用的水压最高不超过 14. 7 MPa，其中大多属于中、低压注水。

（四）煤层注水设备

煤层注水所用的主要设备有钻机、注水泵和封孔器。

（1）钻机：目前一般用矿用地质钻机和岩石电钻钻孔，短孔注水则多采用煤电钻钻孔。

（2）注水泵：煤层注水泵大多属于高压力、低流量的往复泵类型，国内各矿区所用的注水泵多为与地质钻机配套的泥浆泵或水压机械中的高压泵等。

（3）封孔器：我国煤矿推广应用的封孔器按驱动方式可划分为机械驱动式和水力驱动式两类，机械驱动式封孔器主要以摩擦式封孔器和螺旋式封孔器为主，水力驱动式封孔器可分为水力压缩式封孔器和膨胀式封孔器两种。

（五）煤层注水参数设计

（1）钻孔直径：不管是长钻孔、短钻孔还是深钻孔，钻孔直径一般为 42 ~ 56 mm。采用岩石电钻打孔时，一般钻孔直径较小；采用钻机打孔时，钻孔直径较大。对软而易碎的煤层应采用较小直径的钻孔，对硬度较大的煤层可采用较大直径的钻孔。当采用封孔器封孔时，应按封孔器的要求确定钻孔直径，以便使封孔器处于最大工作压力。当采用水泥砂浆封孔时，封孔段钻孔直径一般大一些，增加水泥砂浆的流动直径，提高封孔深度，通常至少要大于 50 mm，用扩孔钻头进行扩孔。

（2）钻孔长度：短钻孔长度一般应等于工作面日进度加 0. 2 m；深钻孔长度根据作业

循环而定，一般取 10 m；长钻孔单向钻孔布置的钻孔长度按相关公式计算。

（3）钻孔间距：长钻孔间距的大小取决于煤层的透水性、倾斜方向与走向方向渗透的差异性、煤层厚度、倾角及封孔深度等综合因素。合理的钻孔间距应等于钻孔的湿润直径（一般都以煤体水分增加 1% 作为确定润湿半径的标准），通过注水试验加以确定，一般 15 ~ 25 m，设计时可取 20 m。

（4）钻孔倾角：决定钻孔倾角的基本原则是应使钻孔基本上平行于煤层顶底板，始终保持在煤层中。

（5）钻孔数量：钻孔数量主要根据钻孔的湿润半径和湿润煤体的面积来确定，钻孔过多会降低钻孔的利用效率，数量过少会留下煤体湿润空白区。所以，对于特定的钻孔布置方式，应该通过理论计算及实测考察确定钻场最佳布孔数量。

（6）注水量：一般情况下，单个钻孔的注水流量计算方式为单个钻孔注水所需要湿润的煤量与每吨煤的注水量二者的乘积再乘以注水富余系数（1.1 ~ 1.5）。在静压注水条件下，由于钻孔中的阻力大小在变化，所以注水的流量也在变化；而在动压注水的条件下，如果确定了泵的流量以及同时进行注水的钻孔数量，那么注水流量就不会变化。实践证明，长时间进行小流量的注水方式更有利于增强煤层湿润的效果。

（7）注水压力：一般情况下所要求的煤层注水的压力值要低于煤层被水压裂的压力，同时还要高于煤层中的气压。根据实践的经验，要想达到理想的注水效果应该采取长时间的低压或者中压注水方式。

（六）煤层注水可注性判定指标

煤层注水可注性判定指标主要有原有水分（$W$,%）、孔隙率（$\eta$,%）、吸水率（$\delta$,%）和坚固性系数（$f$）。

当煤样测试结果同时满足 $W \leqslant 4\%$、$\eta \geqslant 4\%$、$\delta \geqslant 1\%$ 和 $f \geqslant 0.4$，则判定取样煤层为可注水煤层，否则判定为可不注水煤层。

## 六、个体防护

井下各生产环节采取防尘措施后，仍有少量微细矿尘悬浮于空气中，甚至个别地点不能达到卫生标准，所以加强个体防护是综合防尘措施的一个重要方面。我国矿山使用的个体防尘用具主要有防尘口罩、防尘安全帽和隔绝式压风呼吸器，其目的是使佩戴者既能呼吸到净化后的清洁空气，又不影响正常操作。

（一）防尘口罩

1. 防尘口罩的基本要求

（1）呼吸空气量：劳动强度、劳动环境及身体条件不同，呼吸空气量也不同，运动状况与呼吸空气量见表 7－2。矿山劳动比较紧张而繁重，呼吸空气量一般在 20 ~ 30 L/min 以上。

（2）呼吸阻力：一般要求在没有粉尘、流量为 30 L/min 条件下，吸气阻力应不大于 50 Pa，呼气阻力不大于 30 Pa，阻力过大将引起呼吸肌疲劳。

（3）阻尘率：矿用防尘口罩应达到 I 级标准，即对粒径小于 5 μm 的粉尘，阻尘率大于 99%。

表7-2　运动状况与呼吸空气量

| 运动状况 | 呼吸空气量/(L·min$^{-1}$) | 运动状况 | 呼吸空气量/(L·min$^{-1}$) |
|---|---|---|---|
| 静止 | 8~9 | 行走 | 17 |
| 坐着 | 10 | 快走 | 25 |
| 站立 | 12 | 跑步 | 64 |

(4) 有害空间：口罩面具与人面之间的空腔，应不大于180 cm$^3$，否则影响吸入新鲜空气量。

(5) 妨碍视野角度：应小于10°，主要是下视野。

(6) 气密性：在吸气时，无漏气现象。

2. 防尘口罩的选择

(1) 口罩的阻尘效率。口罩的阻尘效率的高低是以其对微细粉尘，尤其是对5 μm以下的呼吸性粉尘的阻隔效率为标准。因为这一粒径的粉尘能直接入肺泡，对人体健康造成的影响最大。

(2) 口罩与人脸形状的密合程度。当口罩形状与人脸不密合，空气中的有害物会从不密合处泄漏进去，进入人的呼吸道，这样，即便选用的滤料再好，也无法保障健康。

(3) 佩戴舒适度。要求呼吸阻力要小，重量要轻，佩戴卫生，保养方便，这样工人才会乐意在工作场所坚持佩戴并提高其工作效率。

3. 防尘口罩的类型

防尘口罩按其工作原理可分为自吸过滤式防尘口罩和送风式防尘口罩两种。自吸过滤式防尘口罩又可分为简易式防尘口罩和复式防尘口罩两种。

(1) 简易式防尘口罩。简易式防尘口罩结构简单，滤料可采用合成超细纤维无纺滤料等。为使口罩与脸面密合并形成一定空间，应有一定造型的缝合制品。简易式防尘口罩适用于氧气浓度不低于18%且无其他有害气体的作业环境，长时间使用时，由于呼吸气中水汽沾湿滤料，会使呼吸阻力增加。该产品虽佩戴方便但不易清洗或更换滤料，故多为一次性产品。

(2) 复式防尘口罩。复式防尘口罩结构较复杂，主要由面具、过滤盒和呼气阀组成，如图7-17所示。面具1是用橡皮模压制而成，边缘包有泡沫塑料，能较严密地紧贴面部；口罩下部两侧各有一个进气口朝下的过滤盒2，盒里装有滤布或滤纸，用以截住粉尘；口罩下部中央为呼气阀3。吸气阀和呼气阀均为单向阀，吸气时呼气阀关闭，新鲜空气经吸气口、滤布或滤纸进入体内；呼气时吸气阀关闭，呼出的气体经呼气阀排出。该防尘口罩轻便耐用，使用范围较广，可在潮湿和淋水条件下佩戴使用。

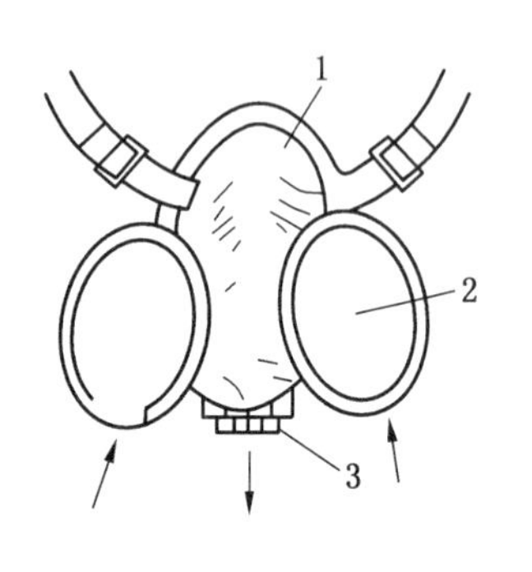

1—面具；2—过滤盒；3—呼气阀

图7-17　复式防尘口罩

复式防尘口罩对作业环境空气的要求与简易式防尘口罩相同，复式防尘口罩佩戴舒适、便于清洗，更换滤料后可重复使用。

在粉尘浓度高而又无法采取防尘措施时，可用防尘安全帽或隔绝式压风呼吸器来防止粉尘的危害。

（二）防尘安全帽（头盔）

某型送风头盔如图7－18所示，在该头盔间隔中安装有微型轴流风机1、主过滤器2、预过滤器4，面罩3可自由开启，由透明有机玻璃制成。送风头盔进入工作状态时，含尘空气被微型轴流风机吸入，预过滤器可截留80%～90%的粉尘，主过滤器可截留99%以上的粉尘，主过滤器排出的清洁空气，一部分供呼吸，剩余的气流带走使用者头部散发的部分热量，由出口排出。

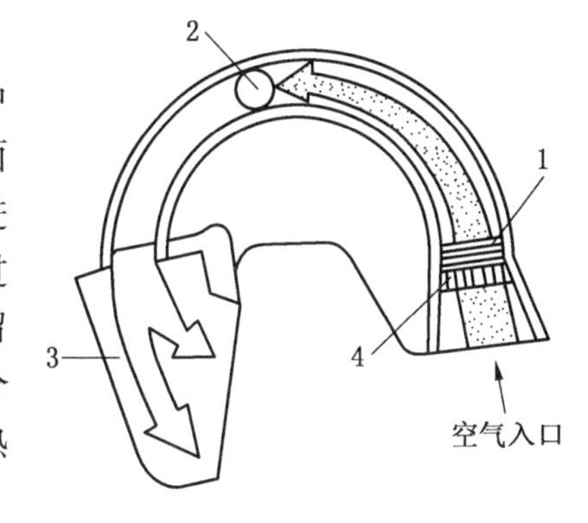


1—微型轴流风机；2—主过滤器；
3—面罩；4—预过滤器

图7－18 某型送风头盔

该送风头盔的技术特征：两用矿灯电源，可供照明11 h、供微型风机连续工作6 h以上，阻尘率大于95%；净化风量大于200 L/min；耳边噪声小于75 dB；安全帽头盔、面罩具有一定的抗冲击性；该产品可在温度为0～35 ℃和相对湿度为95%的条件下使用。

（三）隔绝式压风呼吸器

隔绝式压风呼吸器的特点是气源来自作业环境以外的空气，与作业环境隔绝不受环境空气的影响，因而可满足各种防尘、防毒、缺氧供气作业环境的需要。劳动者可直接吸入新鲜空气，感觉凉爽清新，既防尘又防毒，但佩戴者需拖一根送风管，作业活动受到一定限制，要有专人配合使用以防发生意外。此产品安装简便，可直接就近安装在压风管路上，而不需另设供气装置和管路。现场可根据作业地点、环境条件进行选用。

## 七、矿山粉尘检测方法

生产场所空气中粉尘测定的项目较多，但目前从安全和卫生学角度规定，主要测定项目有粉尘浓度、粉尘分散度及粉尘中游离二氧化硅含量。工作场所空气中粉尘测定根据《工作场所空气中粉尘测定》（GBZ/T 192—2018）中相关规定。

（一）粉尘浓度测定

粉尘浓度是指单位体积空气中所含粉尘的质量或数量。粉尘浓度的计量方法有质量法和数量法两种，质量粉尘浓度以 $mg/m^3$ 表示，数量粉尘浓度以个/$cm^3$ 表示。粉尘浓度可分为总粉尘浓度和呼吸性粉尘浓度。

矿井粉尘浓度测定主要有滤膜采样测尘法和快速直读测尘仪测定法。

（1）滤膜采样测尘法。用粉尘采样器（或呼吸性粉尘采样器）抽取采集一定体积的含尘空气，含尘空气通过滤膜时，粉尘被捕集在滤膜上，根据滤膜的增重计算出粉尘浓度。

（2）快速直读测尘仪测定法。用滤膜采样器测尘是一种间接测量粉尘浓度的方法，由于准备工作、粉尘采样和样品处理时间比较长，不能立即得到结果，在卫生监督和评价防尘措施效果时显得不方便。为了满足实际工作的需要，各国研制开发了可以立即获得粉尘浓度的快速直读测定仪。

（二）粉尘分散度测定

粉尘分散度为各粒径区间的粉尘数量或质量分布的百分比，粉尘分散度的计量方法有数量分布百分比和质量分布百分比两种，都以% 表示。

粉尘分散度测定主要有滤膜溶解涂片法和自然沉降法。

（1）滤膜溶解涂片法。将采集有粉尘的过氯乙烯滤膜溶于有机溶剂中，形成粉尘颗粒的混悬液，制成标本，在显微镜下测量粉尘的大小及计数，计算不同大小粉尘颗粒的百分比。

（2）自然沉降法。将含尘空气采集在沉降器内，粉尘自然沉降在盖玻片上，在显微镜下测量粉尘的大小及计数，计算不同大小粉尘颗粒的百分比。对可溶于乙酸丁酯的粉尘选用本法。

（三）粉尘中游离二氧化硅含量测定

粉尘中游离二氧化硅含量为粉尘中结晶型的二氧化硅含量的百分比，以% 表示。

国家标准中规定的粉尘中游离二氧化硅含量测定方法是焦磷酸质量法，也有用红外分光光度计测定法进行测定。呼吸性粉尘中游离二氧化硅含量的测定，煤矿粉尘采用红外光谱法，非煤矿山粉尘采用 X 射线衍射法。

（1）焦磷酸质量法。在 245 ~250 ℃的温度下，焦磷酸能溶解硅酸盐及金属氧化物，而对游离二氧化硅几乎不溶，因此，用焦磷酸处理粉尘试样后，所得残渣的质量即为游离二氧化硅的量，以百分比表示。为了求得更精确的结果，可将残渣再用氢氟酸处理，经过这一过程所减轻的质量则为游离二氧化硅的含量。

（2）红外分光分析法。当红外光与物质相互作用时，其能量与物质分子的振动或转动能级相当会发生能级的跃迁，即分子由低能级过渡到高能级。其结果是某些波长的红外光被物质分子吸收产生红外吸收光谱。游离二氧化硅的吸收光谱的波长为 12.5 μm、12.8 μm、14.4 μm。

## 第三节　煤尘防爆技术

### 一、粉尘爆炸的特点

粉尘爆炸就是悬浮于空气中的粉尘颗粒与空气中的氧气充分接触，在特定条件下瞬时完成氧化反应，反应中放出大量热量，进而产生高温、高压的现象。任何粉尘爆炸都必须具备 4 个条件：粉尘本身具有爆炸性（可燃细粉尘）、粉尘悬浮于空气中且达到爆炸浓度极限范围、有足够能量的点火源、有可供爆炸的助燃剂。

（一）粉尘爆炸要比其他可燃气体等可燃物质爆炸复杂

一般地，可燃粉尘悬浮于空气中形成在爆炸浓度范围内的粉尘云，在点火源作用下，与点火源接触的部分粉尘首先被点燃并形成一个小火球。在这个小火球燃烧放出的热量作用下，使得周围临近粉尘被加热、温度升高、着火燃烧现象产生，这样火球就将迅速扩大而形成粉尘爆炸。

粉尘爆炸的难易程度和剧烈程度与粉尘的物理化学性质以及周围空气条件密切相关。

燃烧热越大、颗粒越细、活性越高的粉尘，发生爆炸的危险性越大；轻的悬浮物可燃物质的爆炸危险性较大；空气中氧气含量高时，粉尘易被点燃，爆炸也较为剧烈。由于水分具有抑制爆炸的作用，所以粉尘和气体越干燥，发生爆炸的危险性越大。

（二）粉尘爆炸发生之后，往往会产生二次爆炸

这是由于在第一次爆炸时，有不少粉尘沉积在一起，其浓度超过了粉尘爆炸的上限浓度值而不能爆炸。但是，当第一次爆炸形成的冲击波或气浪将沉积粉尘重新扬起时，在空中与空气混合，浓度在粉尘爆炸范围内，就可能紧接着产生二次爆炸。第二次爆炸所造成的灾害往往比第一次爆炸要严重得多。

（三）粉尘爆炸的机理

可燃粉尘在空气中燃烧时会释放出能量，并产生大量气体，而释放出能量的快慢即燃烧速度的大小与粉体暴露在空气中的面积有关。因此，对于同一种固体物质的粉体，其粒度越小，比表面积越大，燃烧扩散就越快。如果这种固体的粒度很细，可悬浮起来，一旦有点火源使之引燃，则可在极短的时间内释放出大量的能量。这些能量来不及散逸到周围环境中去，致使该空间内气体受到加热并绝热膨胀，而另一方面粉体燃烧时产生大量的气体，会使体系形成局部高压，产生爆炸及传播。

（四）粉尘爆炸与粉尘燃烧的区别

大块的固体可燃物的燃烧是以近于平行层向内部推进，例如煤的燃烧等。这种燃烧能量的释放比较缓慢，所产生的热量和气体可以迅速逸散。可燃性粉尘的堆状燃烧，在通风良好的情况下形成明火燃烧，而在通风不好的情况下可形成无烟或无焰的阴燃。

可燃粉尘燃烧时有 3 个阶段：第一阶段，表面被加热；第二阶段，表面层气化，逸出挥发分；第三阶段，挥发分发生气相燃烧。

超细粉体发生爆炸也是一个较为复杂的过程，由于粉尘云的尺度一般较小，而火焰传播速度较快，达每秒几百米，因此在粉尘中心发生火源点火，在不到 0.1 s 的时间内就可燃遍整个粉尘云。在此过程中，如果粉尘已燃尽，则会生成最高的压强；若未燃尽，则生成较低的压强。可燃粒子是否能燃完，取决于粒子的尺寸和燃烧深度。

## 二、煤尘的爆炸性

煤尘可分为有爆炸性煤尘和无爆炸性煤尘，它们的归属需经过煤尘爆炸试验后确定。理论和事实都证明，挥发分含量越高的煤尘越易爆炸，而挥发分含量决定于煤的种类。变质程度越低，挥发分含量越高，爆炸的危险性越大；高变质程度的煤如贫煤、无烟煤等挥发分含量很低，其煤尘基本上无爆炸危险。我国煤矿曾规定，以煤的挥发分含量为确定煤尘爆炸性的一个指标，称为煤尘爆炸指数 $V$，其值为

$$V = \frac{U}{100 - A - W} \times 100\%$$

式中 $U$——工业分析的挥发分，%；

$A$——工业分析的灰分，%；

$W$——工业分析的水分，%。

一般认为，$V$ 小于 10%，基本上属于没有煤尘爆炸危险性煤层；$V$ 处于 10% ~15% 之

间，属于弱爆炸危险性煤层；$V$大于15%，属于有爆炸危险性煤层。但必须指出，煤的组成成分非常复杂，同类煤的挥发分成分及含量也不一样，所以挥发分含量不能作为判断煤尘有无爆炸危险的唯一依据。因此，《煤矿安全规程》规定，煤尘有无爆炸危险，必须通过煤尘爆炸性试验鉴定。我国相关标准规定，采用大管状煤尘爆炸鉴定装置进行试验，并由国家授权单位承担鉴定试验。

## 三、粉尘浓度和粒度对爆炸的影响

（一）粉尘浓度

可燃粉尘爆炸也存在粉尘浓度的上下限。该值受点火能量、氧浓度、粉体粒度、粉体品种、水分等多种因素的影响。采用简化公式，可估算出爆炸极限，一般而言，粉尘爆炸下限浓度为20～60 g/m$^3$，上限浓度介于2～6 kg/m$^3$。上限受到多种因素的影响，其值不如下限易确定，通常也不易达到上限的浓度。所以，下限值更重要、更有用。

从物理意义上讲，粉尘浓度上下限值反映了粒子间距离对粒子燃烧火焰传播的影响，若粒子间距离达到使燃烧火焰不能延伸至相邻粒子时，燃烧就不能继续进行（传播），爆炸也就不会发生，此时粉尘浓度即低于爆炸的下限浓度值。若粒子间的距离过小，粒子间氧不足以提供充分燃烧条件，也就不能形成爆炸，此时粒子浓度即高于上限值。

（二）粉尘粒度

可燃物粉体颗粒大于400 μm时，所形成的粉尘云不再具有可爆性。但对于超细粉体，当其粒度在10 μm以下时则具有较大的危险性。应引起注意的是，有时即使粉体的平均粒度大于400 μm，但其中往往也含有较细的粉体，这少部分的粉体也具备爆炸性。

虽然粉体的粒度对爆炸性能影响的规律性并不强，但粉体的粒度越小，其比表面积就越大，燃烧就越快，压强升高速度随之呈线性增加。在一定条件下最大压强变化不大，因为这是取决于燃烧时发出的总能量，而与释放能量的速度并无明显的关系。

## 四、防治煤尘爆炸的技术措施

煤尘爆炸必须在4个条件同时具备时才可能发生，如果不让这些条件同时存在，或者破坏已经形成的这些条件，就可以防止煤尘爆炸的发生和发展，这是制定各种防治煤尘爆炸措施的出发点和基本原则。

（一）防尘措施

一般情况下，生产场所的浮游煤尘浓度是远低于爆炸下限浓度的。但是，因空气震荡（爆破的冲击波）等原因使沉积煤尘重新飞扬起来，这时的煤尘浓度大大超过爆炸下限浓度。据估算，4 m$^2$断面的小巷道的周边上，只要沉积0.04 mm厚的一层煤尘，当它全部飞扬起来，就达到了爆炸下限。实际上，井下的沉积煤尘都超过了这个厚度，所以，减少巷道内的沉积煤尘量并清除出井，是最简单有效的防爆措施。

各生产环节采用有效的防尘降尘措施，减少煤尘的产生，降低空气中的煤尘浓度，也就降低了沉积煤尘量。因此，综合防尘措施既是减少粉尘危害工人健康的措施，也是防治煤尘爆炸的治本措施。

（二）杜绝着火源

井下能引起煤尘爆炸的着火源有电气火花、摩擦火花、摩擦热、煤自燃而形成的高温、爆破作业出现的爆燃以及瓦斯爆炸所产生的高温产物等。消除这类着火源的主要技术措施有：保持矿用电气设备完好的防爆性能；加强管理，防止出现电气设备失爆现象；选用非着火性轻合金材料避免产生危险的摩擦火花；胶带、风筒、电缆等常用的非金属材料必须具有阻燃、抗静电性能；采用阻化剂、凝胶或氮气防止煤柱、采空区残留煤发生自燃；加强瓦斯管理，防止瓦斯爆炸事故的发生。

（三）撒布岩粉法

由于煤矿自然条件十分复杂，发生煤尘爆炸的随机性很大，除了上述一般性的安全技术措施外，针对煤尘爆炸的特点，各国还研究了防止煤尘爆炸的专门技术，其中使用历史长、应用面广、简单易行的防止煤尘爆炸的技术措施是撒布岩粉法。

这种方法是定期向巷道周边撒布惰性岩粉，用它覆盖沉积在巷道周边上的沉积煤尘。岩粉层在巷道风速很低时，它的黏滞性起到了阻碍沉积煤尘重新飞扬的作用。

当发生瓦斯爆炸等异常情况时，巨大的空气震荡风流把岩粉和沉积煤尘都吹扬起来形成岩粉－煤尘混合尘云。当爆炸火场进入混合尘云区域时，岩粉吸收火焰的热量使系统冷却，同时岩粉粒子还会起到屏蔽作用，阻止火焰或燃烧的煤粒向未着的煤尘粒子传递热量，最终达到阻止煤尘着火的目的。这一措施在英、美、俄等主要产煤国家大量应用，效果显著。

## 五、防止煤尘爆炸传播技术

防止煤尘爆炸传播技术也称为隔绝煤尘爆炸传播技术，是指把已经发生的爆炸控制在一定范围内并扑灭，防止爆炸向外传播的技术措施。该技术不仅适用于对煤尘爆炸的控制，也适用于对瓦斯爆炸、瓦斯煤尘爆炸的控制。该技术分为两大类，被动式隔爆技术和自动式隔爆技术。

（一）被动式隔爆技术（也称隔爆措施）

发生爆炸的初期，爆炸火焰锋面超前于爆炸压力波向前传播，随着爆炸反应的继续和加强，压力波逐渐赶上并超前于火焰锋面传播，两者之间有一时间差。被动式隔爆技术就是利用这一规律，利用压力波的能量使隔爆装置动作，在巷道内形成扑灭火焰的消焰抑制尘云，后续到达的火焰进入抑制尘云时被扑灭，阻止了爆炸继续向前传播。被动式隔爆设施主要有岩粉棚、水槽棚和水袋棚，统称为被动式隔爆棚。

被动式隔爆棚的设置方式有 3 种：集中式布置、分散式布置和集中分散式混合布置。根据隔爆棚在井巷系统中限制煤尘爆炸的作用和保护范围，可将它们分为主要隔爆棚（重型棚）和辅助隔爆棚（轻型棚），重型棚的作用是保护全矿性的安全，设置在地下矿山两翼与井筒相通的主要运输大巷和回风大巷，相邻煤层之间的运输巷和回风石门，相邻采区之间的集中运输巷和回风巷。轻型棚的作用是保护一个采区的安全，在采煤工作面的进风巷、回风巷，采区内的煤及半煤岩掘进巷道，采用独立通风并有煤尘爆炸危险的其他巷道内设置。

（二）自动式隔爆技术

被动式隔爆技术的作用原理决定了该技术措施只能在距爆源 60 ~ 200 m（岩粉棚

300 m）范围内发挥抑制爆炸的作用，在爆炸发生的初期该技术是无效的。此外，在低矮、狭窄和拐弯多的巷道中使用也极其不利，不能发挥抑爆效果。针对这些缺点各国研究并使用了自动式隔爆技术。

传感器、控制器和喷洒装置是自动隔爆装置三大组成部分，由若干台自动隔爆装置组成的隔爆系统形成了自动式隔爆措施。采用的传感器主要有3类：接受瓦斯煤尘爆炸动力效应的压力传感器，利用爆炸热效应的热电传感器和利用爆炸火焰发出的光效应的光电传感器。控制器是向喷洒抑制剂的执行机构发出动作指令的仪器。喷洒装置一般由执行机构、喷洒器和抑制剂储存容器组成，它的作用是将抑制剂（岩粉、干粉或水）扩散于巷道空间形成粉尘云或水雾带，它的动作应迅速、可靠、能适应爆炸的快速发展。

抑制剂的选择原则是抑制火焰、用量少、效果好、价格便宜。虽然岩粉在煤矿应用最广，但是在弱的瓦斯煤尘爆炸条件下以及在剧烈的强爆炸时，它的抑制效果不理想。适用于自动隔爆装置的抑制剂主要有液体抑制剂、水加卤代烷、粉末无机盐类抑制剂和卤代烷。粉末无机盐类有 $NH_4H_2PO_4$、NaCl、KCl、$KHCO_3$、$NaHCO_3$、$CaCO_3$ 等粉剂。卤代烷有二氟一氯一溴甲烷等，虽然灭火效果好，它破坏臭氧层，已被禁用。

# 第八章　机电运输安全

## 第一节　矿井供电系统及电气设备操作安全技术

### 一、矿井供电系统

（一）矿井供电系统概述

矿井的各级变电所、各电压等级的配电线路共同构成了矿井供电系统。对矿井的供电系统，一般采用3种典型的方式：深井供电系统、浅井供电系统和平硐供电系统。

（二）煤矿企业对供电的基本要求

电是煤矿的主要动力，为确保安全供电和生产，煤矿对供电有以下4个要求。

1. 供电安全

供电安全包括人身安全、矿井安全、设备安全3个方面。

2. 供电可靠

供电可靠是指不间断供电。根据负荷的重要程度，煤矿电力负荷分为3类，各类负荷对供电的可靠性要求不同，采取的供电方式也不同。

3. 供电质量良好

供电质量良好是指供电电压、频率基本稳定为额定值。我国煤矿一般要求电压允许偏差不超过额定电压的±5%，频率允许偏差不超过±(0.2~0.5)Hz。

4. 供电经济

供电经济是指矿井供电系统的投资、电能损耗及维护费用尽量少。这就要求合理地确定供电系统，优选质量高、损耗少、价格低的系统设备，但是必须在满足上述3个要求的前提下，尽量保证供电的经济性。此外，考虑到以后的发展，在煤矿供电设计时还应留有扩建的余地。

（三）电力负荷分类

矿山电力负荷应划分为一级负荷、二级负荷和三级负荷。负荷的分级应符合表8-1的规定。

表8-1　矿山电力负荷的分级

| 负荷级别 | 设备名称 |
| --- | --- |
| 一级负荷 | 井下有淹没危险环境矿井的主排水泵及下山开采的采区排水泵；<br>井下有爆炸或对人体健康有严重损害的危险环境矿井的主要通风机；<br>矿井经常升降人员的立井提升机；<br>有淹没危险环境露天矿采矿场的排水泵或用井巷排水的排水泵；<br>根据国家现行有关标准规定应视为一级负荷的其他设备 |

表8－1（续）

| 负荷级别 | 设　备　名　称 |
| --- | --- |
| 二级负荷 | 大型矿山中除一级负荷外与矿物开采、运输、提升、加工及外运直接有关的单台设备或互相关联的成组设备；<br>没有携带式照明灯具的井下固定照明设备，或地面一级负荷、大型矿山二级负荷工作场所用于确保正常活动继续进行的应急照明设备；<br>矿井通信和安全监控装置的电源设备；<br>大型露天矿的疏干排水泵；<br>铁路车站的信号电源设备；<br>根据国家现行有关标准规定应视为二级负荷的其他设备 |
| 三级负荷 | 不属于一级负荷和二级负荷的电力设备 |

（四）矿井电压等级

目前，煤矿常用的供电电压有高压和低压两种：

（1）高压：①10 kV 地面变电所的电源电压；②6 kV 大型设备的主要动力用电电压及下井电压。

（2）低压：①1140 V 综采工作面的常用动力电压；②660 V 井下采掘运输等设备的动力用电电压；③380 V 地面低压动力用电电压；④220 V 地面照明或单相电器的用电电压；⑤127 V 井下煤电钻、照明及信号装置的用电电压；⑥36 V 矿用电器控制回路常用电压。

井下各级配电电压和各种电气设备的额定电压等级，应当符合下列要求：

（1）井下有爆炸危险环境，高压不超过 10 kV。

（2）井下无爆炸危险环境，高压超过 10 kV 时应采取专门安全措施。

（3）手持式电气设备的供电额定电压不超过 127 V。

（4）采掘工作面用电设备电压超过 3.3 kV 时，应采取专门的安全措施。

（五）矿井供电系统类型

1. 深井供电系统

深井供电系统适用矿层埋藏深、倾角小，采用立井和斜井开拓，生产能力大的矿井。6～10 kV 高压电能从矿井地面变电所母线引出，先由沿井筒敷设的铠装电缆送至井下主变电所，再送到采区变电所或移动变电站降压，得到 660 V 或 1140 V 低压电，然后经过采掘工作面配电点，向采掘机械等设备供电（图 8－1、图 8－2）。

2. 浅井供电系统

对矿层埋藏不深（距地表 100～200 m 内）的情况，出于经济和运行方便的考虑，一般采用浅井供电系统（图 8－3）。

（1）对于采区距井底车场较远（>2 km）、井下负荷小、涌水量不大的矿井，可经架空线路，将 6～10 kV 高压电由地面变电所送至与采区位置相应的地面变电亭，降压至 380 V 或 660 V，再沿钻眼送至井下采区变电所。

（2）当采区负荷小而井底车场负荷大时，对井底车场的供电，可沿井筒敷设高压下井电缆供电；对采区的供电，可沿钻眼敷设低压电缆提供。

（3）当采区巷道很长、负荷又大时，为保证正常电压，可经高压架空线路，将电能送至与采区对应位置的配电点，沿钻眼敷设高压电缆，向井下采区变电所供电，再由该变

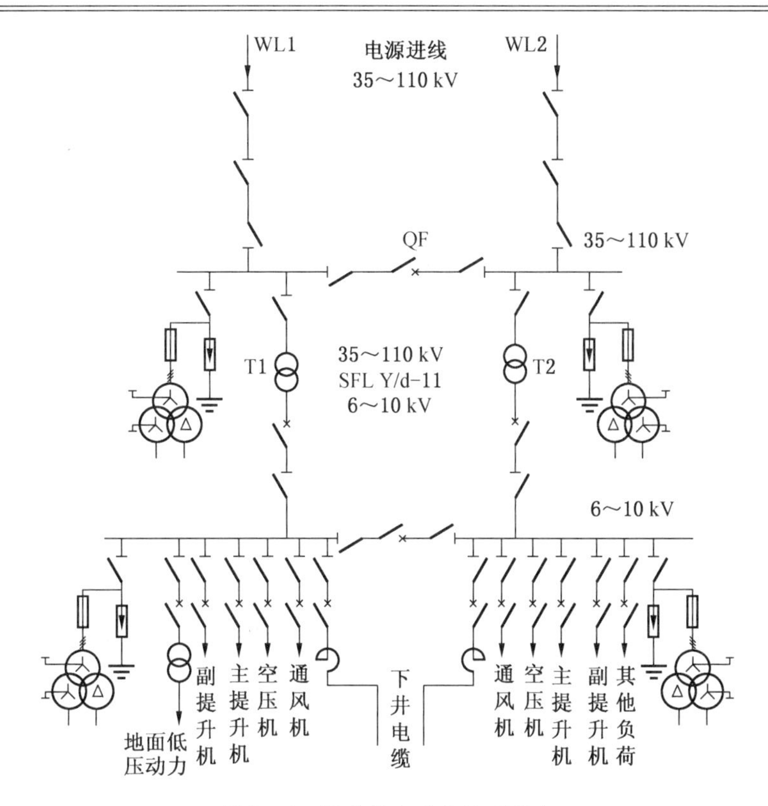


图 8-1 深井供电系统地面部分

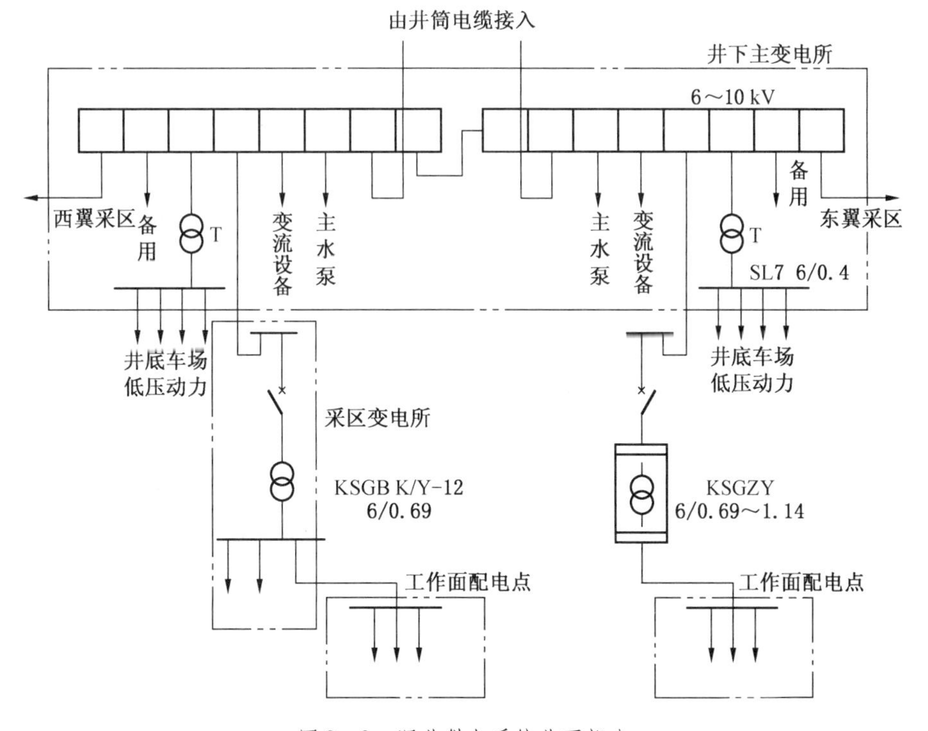


图 8-2 深井供电系统井下部分

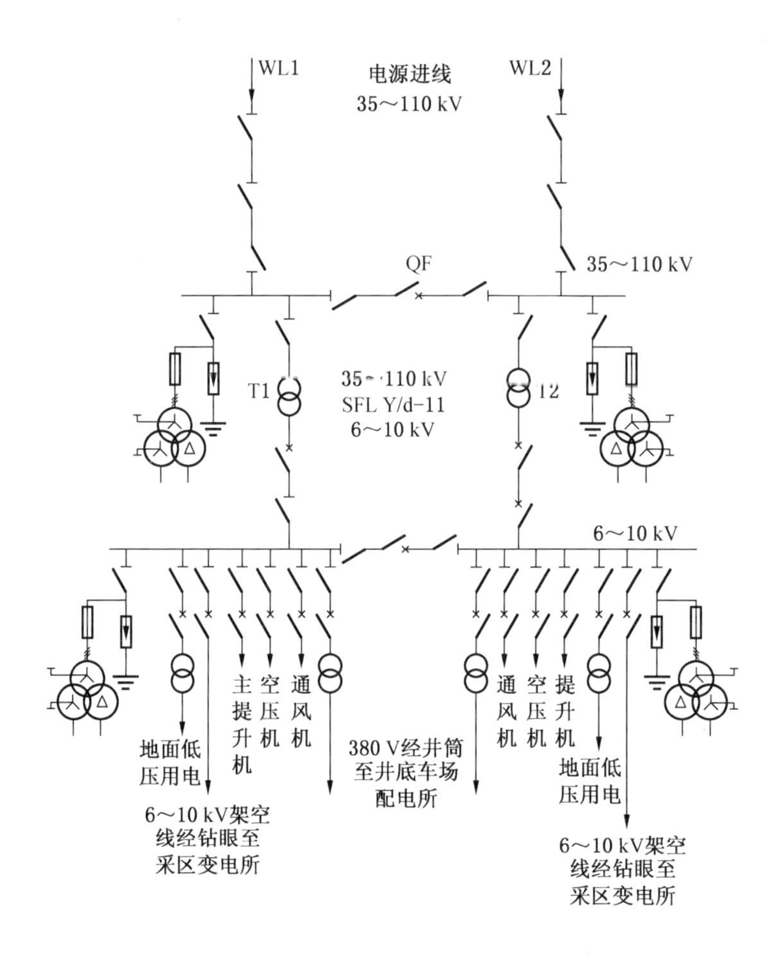


图 8－3　浅井供电系统

电所降压，向工作面提供低压电力。

## 二、电气设备操作与停送电安全技术

（一）一般规定

（1）严格按《煤矿安全规程》及停送电规定执行。

（2）井上下不准带电检修、搬迁电气设备（包括电缆，但机组电缆、装煤机、综掘机等的拖拽电缆除外），检修或搬迁时必须切断电源。

（3）在检修或搬迁前，必须到所属配电室或分路总开关办理停电手续。

（4）执行停送电工作的必须是经考试合格，且有合格证的配电室值班员或本采区电钳工，其他人员禁止操作或执行停送电工作。

（5）在进行检修搬迁前，必须用同电源电压相适应的合格的验电笔验电，确认无电后再将导体对地完全放电（井下必须先检查瓦斯，在其巷道风流中甲烷浓度低于 1.0% 时方准放电），并按规定要求安装短路接地线后方可工作。

（6）所有开关在切断电源时都应闭锁，并悬挂“禁止合闸，有人工作”的警告牌，只有执行此项工作的人员才有权摘下警告牌并送电，其他人员无权操作。

（7）掘进供电必须执行“三专”“两闭锁”，即专用变压器、专用开关、专用线路供电，风与电、瓦斯与电闭锁。一台专用变压器只允许负担同一个采区内的4台局部通风机。专供系统必须专人负责，严禁随意停送专供系统，专供系统停电检修必须征得通风部门同意。

（8）为保证安全，局部通风机必须由通风人员开停。机电人员因检修需试机时要有通风人员在场配合，机电人员不得开停局部通风机，在任何情况下风电、瓦斯电闭锁严禁甩掉不用。

（9）对于地面暂时不生产或不用的线路，必须从其供电的配电室切断电源，并挂警示牌。对于井下的采掘、开拓工作面不生产或不用的线路，必须将操作开关、分路总开关停电并加锁，但局部通风机不得停电。

（10）无论井上下，在检修或搬迁完毕后，必须对设备详细检查，确认无问题后方可结束工作票，发出送电命令，即认为线路或设备已经带电，严禁再在线路上进行任何工作。

（11）接受送电命令的人员必须清楚发令人的要求，不清楚不得执行停送电工作。

（12）在井下任何巷道密闭墙之内，不得留有任何电气设备和电缆线，必须留时，需将密闭墙之内一切电气设备或线路可靠地切断电源，没有特殊安全措施，任何人不得送电。

（13）在送电之前，地面降配电人员要详细检查工作票是否结束。井下地区电钳工要详细检查被送电的电气设备、线路是否有“三无”“失爆”问题存在，风电、瓦斯电闭锁是否正确，瓦斯浓度是否允许，否则禁止送电。

### （二）降配电室及配电硐室停送电操作

除遵守一般规定外，还必须遵守以下规定：

（1）操作电气设备的人员，必须清楚被操作设备所属的供电系统和用途，操作前还必须提前与有关单位人员联系，并及时向本单位调度汇报，允许后方可操作。

（2）操作高压电气设备开关时，必须戴合格的绝缘手套，穿绝缘鞋站在绝缘台上。

（3）在降配电硐室更换、检修设备时，必须到上一级降配电硐室办理停送电手续，并悬挂“禁止合闸，有人工作”的警告牌。

（4）停送电在操作前，要详细检查设备的接地是否良好，否则即认为设备外壳带电，人员不得接触设备外壳。

（5）在降配电硐室检修完毕后，必须清点工具，接地组数是否与用电有关，否则不准送电。

### （三）掘进工作面停送电操作

在掘进工作面安装、更换、拆除电气设备或线路时，除遵守一般规定外，还必须遵守以下规定：

（1）掘进工作面停送电工作，必须由熟悉本工作面供电系统的合格的电钳工进行，其他人员不得执行停送电工作。

（2）掘进工作面停送电，必须事先和有关单位人员取得联系，并向矿调度汇报，允许后方可进行。

（3）在送电之前，操作人员必须详细检查设备、开关状态是否正常，闭锁是否正确，本工作面瓦斯检查工是否同意，并交给送电牌，否则不准送电。

（4）在设备线路上进行工作时，必须办理停送电手续，并悬挂“有人工作，禁止送电”的警告牌，其他人员不得更改、摘牌。

（5）风机停止运转时，连锁开关必须能切断供风区域内全部电源，瓦斯检查人员必须立即命令停止工作、撤出人员。

（6）掘进工作面每班完工后，生产队组必须指定专人将其连锁开关停电，并加锁。

（7）127 V 手持式电气设备必须使用综合保护，操作把手和工作中必须接触的部分应有良好的绝缘，否则不准操作。

（四）采煤工作面的停送电操作

采煤工作面停送电工作，除遵守一般规定外，还应遵守以下规定：

（1）采煤工作面的停送电工作，必须由熟悉本工作面供电系统的合格的电钳工进行。

（2）在工作面进行电气设备或机械设备检修时，必须有专人办理停送电手续，并悬挂“有人工作，禁止送电”的警告牌，其他人员不得随意更改、摘牌。

（3）采煤工作面遇到穿洞时，必须遵守掘进的停送电规定。

（4）在设备上检修，必须在停电状态下进行，不准带电作业，不准带电打开防爆盖。如必须进行带电打开时，要制定安全措施，经主管工程师批准后进行。

（5）当遇到主风机停风后，工作面电气维护人员必须及时了解本工作面的电源是否切断，并协助安检员、瓦检员撤人，应得到瓦斯检查工允许后方可送电。

（6）操作千伏级电气回路时，操作人员必须戴绝缘手套或穿绝缘靴。

（7）操作 127 V 手持电气设备时，操作把手必须保持良好的绝缘。

（五）严格执行《煤矿安全规程》和《电业安全工作规程》中的有关规定

（1）执行停送电工作的人员必须是经考试合格且有合格证的本配电室或本采区电钳工。其他人员禁止操作或从事配电室的停送电工作。

（2）严格执行“谁停电谁送电”的原则。所有开关把手在切断电源时，都应闭锁，并在把手上悬挂“有人工作，严禁送电”的警告牌和本人的停送电牌，只有执行此项工作的人员才有权取下警告牌并送电，其他人员无权送电。

（3）井下有人值班的配电室，值班人员必须坚守岗位，严格执行交接班制度。无人值班的配电室必须上专用锁，只有专责人员方能打开。采区专责电钳工必须严格交接班制度，随时和调度联系。

（4）井下所有漏电保护，每天必须专人试验一次，发现问题立即处理。发现人为甩掉漏电保护，对责任人按照规定进行罚款。

（5）井下停送电及检修设备实行“三连锁”制度。正常情况下，由需要停电检修设备的队组，提前一天填报《有计划检修申请卡》，本队队长或机电队长同意并签字后，报矿停送电负责人签字。需要停高压时，机电队队长签字后交施工负责人。具体现场操作停送电工作时，停送电负责人、瓦斯检查员、施工负责人三人必须同时在现场签字后方可从事停送电工作。上井后将卡交回矿调度保存。

（6）需要临时停送电或处理故障时，由施工人员征得领导同意后，汇报调度站，由调度员请示井区停送电负责人同意后，由井区停送电负责人口头命令停送电工作。施工人员接到命令后与瓦斯检查员一同进行停送电工作。如需配电室停高压时，采区电钳工接到井区停送电负责人的口头命令后与检修负责人、瓦斯检查员共同在场进行停送电工作。

（7）两个队以上平行作业需要从事停送电工作时，除提前一天填写《有计划停送电申请卡》外，井区停送电负责人必须有一人在现场或调度站亲自指挥停送电工作，否则严禁从事该项工作。

（六）停送电工作票签发规定

（1）工作票最早可由工作负责人提前一天办理。

（2）工作票填写一式三份，工作票签发人签发后一份交机电科调度，其余两份由工作负责人到现场所属变配电室（机房）办理。

（3）特殊情况下工作票可在现场办理，一式两份。工作票的签发可由指定的队干签发并汇报机电科调度且留有记录。

（七）停送电工作票的履行

（1）工作负责人到现场所属配电室（机房）经值班员（司机）允许后，方可工作，工作票的编号应在现场进行。

（2）工作前值班员（司机）应向机电科调度汇报，调度员接到值班员（司机）的电话，应与值班员（司机）详细核对工作内容、开工时间及安全注意事项。

（3）在下列情况下，可不办理工作票，但应记入操作记录本内，并汇报机电科调度，履行许可手续，工作前必须按规定做好各项安全措施并有专人监护：

设备事故：运行中的设备发生故障或危及设备、人身安全，需要紧急抢修的，工作量在4 h之内的。

线路事故：线路在运行中发生故障，有扩大的可能性，不立即处理将危及人身安全，可能造成火灾或设备严重损坏，工作量在4 h之内的。

以上事故处理如不具备上述条件，短时内不能处理、修复，需转入事故检修，应填写工作票，履行工作许可手续，执行工作监护规定。

（八）职责范围

（1）机电科调度是对外联系、对内统一指挥的中心，各队组、各降配电室、各机房在停送电工作及设备运行上必须服从调度站的统一指挥、统一调度。

（2）工作票所列人员即签发人、许可人、工作负责人必须严格履行《电业安全工作规程》中规定的安全责任。

（3）机电科调度接到值班员（司机）的汇报后，调度员、降压站、配电室（机房）三方进行电话联系，并询问工作内容，认真督促停送电工作的执行情况，三方确认无误后方可允许工作。

（4）供电系统工作票的签发，应由供电系统停送电负责人签发，特殊情况下由指定的队干、领导签发。

（5）在各机房、车房的进线电源上工作，工作票签发人应由供电系统停送电负责人签发。

(6) 各机房、车房的进出线路或各机房、车房的电气设备的操作、维护、检修由各单位负责管理。

(九) 停送电安全工作规定

(1) 不论任何电气设备（包括电缆、电线）在检修、安装、迁移、拆除、解接电源等工作，都严禁带电作业。

(2) 不论任何电气设备（包括电缆、电线）虽已断开电源，但未妥善完成接地、验电、放电、短路工作之前，仍属于带电部分，均不得触及设备（包括电缆、电线），更不得进入盘内。

(3) 在双电源供电的线路和设备上停电工作（包括环形供电），或双回路上任停其中一回线路工作时，必须同时切断工作地点两侧电源，以防反馈，并必须在工作地点两侧都进行接地、短路工作，使工作人员处在两侧地线之中工作。

(4) 凡停电设备必须把各方面的电源断开，禁止在只经开关断开的设备或线路上工作，必须拉开刀闸，使各方面至少有一个明显的断开点，与停电设备有关的变压器、电压互感器必须从高、低压两侧断开，断开开关和刀闸的操作电源，应拔掉保险，刀闸操作把手必须锁住。

(5) 凡属机电设备和线路工作负责人，工作前必须到所属配电室办理停送电许可手续，在拿到停电牌到工地后，必须用合格的验电器进行接地、验电、放电、短路，确认无电压后方可进行工作。

(6) 禁止未到所属配电室、降压站办理停送电许可手续，而认为线路、设备已停电或趁别人停电期间进行工作，严禁带电检修、拆迁电气设备。

(7) 工作完后，工作负责人必须重复检查现场，确认无遗留问题，工具、杂物全部撤离现场，并有专人将短路线拆除，当场清理组数后将停电牌、工作票一并交回所属配电室，当工作票、停电牌一经送走，即认为线路已送电，设备已有电，绝对禁止再进行工作。

(8) 各所属配电室、降压站（机房）值班员（司机）认真检查工作票、停电牌是否全部交回，设备是否良好，有无影响送电的接地线，在检查无误后方可联系调度送电。

(十) 低压设备、线路上工作

(1) 在低压设备或线路上工作，应办理停送电登记手续，应执行“谁停电谁挂牌”的原则，至少由两人进行，工作前应汇报机电科调度，详细汇报工作内容、安全注意事项。

(2) 将检修设备的各方面电源断开，取下熔断器，在刀闸操作把手上悬挂“禁止合闸，有人工作”的警告牌。

(3) 工作前必须先验电，在确认无电压的情况下，方可进行工作。

(4) 高、低压同杆架设的线路在低压线路上工作，应先检查与高压线路的距离，以防碰触高压线路。

# 第二节 矿井供电三大保护及防爆安全技术

## 一、矿井供电三大保护

煤矿井下供电系统的过流保护、漏电保护、接地保护统称为煤矿井下的三大保护。

（一）过流保护

过流是指流过电气设备和电缆的电流超过额定值，其故障有短路、过负荷和断相3种形式，保护措施有短路保护、过负荷保护和断相保护。

（1）短路是指电流不流经负载，而是两根或三根导线直接短接形成回路。这时电流很大，可达额定电流的几倍、几十倍，甚至更大，其危害是能够在极短的时间内烧毁电气设备，引起火灾或引起瓦斯、煤尘爆炸事故。

（2）过负荷是指流过电气设备和电路的实际电流超过其额定电流和允许过负荷时间。其危害是电气设备和电缆出现过负荷后，温度将超过所用绝缘材料的最高允许温度，损坏绝缘，如不及时切断电源，将会发展成漏电和短路事故。过负荷是井下烧毁中小型电动机的主要原因之一。

（3）断相是指三相交流电动机的一相供电线路或一相绕组断线。

（二）漏电保护

当电气设备或导线的绝缘损坏或人体触及一相带电体时，电源和大地形成回路，有电流流过的现象，称为漏电。井下常见的漏电故障可分为集中性漏电和分散性漏电两类。

集中性漏电是指漏电发生在电网的某一处或某一点，其余部分的对地绝缘水平仍保持正常。

分散性漏电是指某条电缆或整个网络对地绝缘水平均匀下降或低于允许绝缘水平。

漏电保护是电网的漏电流超过某一设定值时，能自动切断电源或发出报警信号的一种安全保护措施。

（三）接地保护

接地保护是将正常情况下不带电，而在绝缘材料损坏后或其他情况下可能带电的电器金属部分（即与带电部分相绝缘的金属结构部分）用导线与接地体可靠连接起来的一种保护接线方式。

## 二、电气设备防爆安全技术

电气设备如果在井下出现失爆，极有可能点燃瓦斯和煤尘，严重威胁井下工作人员的安全，甚至矿井的安全。因此，必须加强矿井电气设备防爆管理，杜绝井下电气设备出现失爆现象，以确保矿井供电安全。

（一）井下防爆电气设备基础知识及相关标准

1. 防爆电气设备标准

防爆电气设备是指按国家标准设计、制造、使用，不会引起周围爆炸性混合物爆炸的电气设备。根据防爆技术的不同，将防爆电气设备分为隔爆型（d）、增安型（e）、本质安全型（i）、正压型（p）、充油型（o）、充砂型（q）、无火花型（n）、浇封型（m）、气密型（h）、特殊型（s），并对其防爆技术及试验方法进行了规定。国家标准主要包括以下几方面。

（1）电气设备的允许最高表面温度，表面可能堆积粉尘时为150 ℃，采取防尘堆积措施时为450 ℃，防爆电气设备的使用环境为 -20 ~40 ℃。

（2）电气设备与电缆的连接应采用防爆电缆接线盒，电缆的引入引出必须用密封的电缆引入装置，并应具有防松动、防拔脱措施。

（3）对不同的额定电压和绝缘材料，电气间隙和爬电距离都符合相应的国家标准要求。

（4）具有电气或机械闭锁装置，有可靠的接地及防止螺钉松动的装置。

（5）防爆电气设备如果采用塑料外壳，须用不燃性或难燃性材料制成，并保证塑料表面的绝缘电阻大于 $1 \times 10^9\ \Omega$，以防积聚静电，还必须承受冲击试验和热稳定试验。

（6）防爆电气设备限制使用铝合金外壳，防止其与铁锈摩擦产生大量热能，避免形成危险温度。

（7）防爆电气设备必须经国家认定的防爆试验单位鉴定。

2. 防爆电气设备的防爆原理

（1）隔爆型电气设备的防爆原理：将正常工作或事故状态下可能产生火花的部分放在一个或几个外壳中，这种外壳除了将其内部的火花、电弧与周围环境中的爆炸性气体隔开外，还应当使进入壳内的爆炸性气体混合物被壳内的火花、电弧引爆时外壳不被炸坏，也不致使爆炸物通过连接缝隙引爆周围环境中的爆炸性气体混合物。

（2）增安型电气设备的防爆原理：设备在正常运行条件下不会产生电弧、火花和危险温度。

（3）本质安全型电气设备的防爆原理：通过限制电路的电气参数（主要是指在规定的试验条件下，正常工作或规定的故障状态下产生的电火花和热效应均不能点燃规定的爆炸性混合物的电路）限制放电能量实现电气防爆。

（4）正压型电气设备的防爆原理：将电气设备置于外壳内，壳内充入保护性气体，并使壳内的保护性气体压力高于周围爆炸性环境的压力，以阻止外部爆炸性混合物进入壳内实现电气设备的防爆。

（5）充油型电气设备的防爆原理：将全部或部分部件浸在油内，使设备在故障状态下产生的电弧、火花不能点燃油面以上的或壳外的爆炸性混合物。

（6）充砂型电气设备的防爆原理：在电气设备的外壳内填充石英砂，将设备的导电部件或带电部分埋在石英砂防爆材料之下，使之在规定的条件下，在壳内产生的电弧、传播的火焰、外壳壁或石英砂材料表面的温度都不能点燃周围爆炸性混合物。

（7）无火花型电气设备的防爆原理：设备在正常运行条件下，不会产生有点燃作用的故障出现。

（8）浇封型电气设备的防爆原理：将电气设备有可能产生点燃爆炸性混合物的电弧、火花或能产生高温的部件浇封在浇封剂中，避免这些电气部件与爆炸性混合物接触，从而使电气设备在正常运行或在认可的故障和过载情况下均不能点燃周围的爆炸性混合物。

(9) 气密型电气设备的防爆原理：电气设备或电气部件置于气密的外壳内，这种外壳能防止外部可燃性气体进入壳内。

(10) 特殊型电气设备的防爆原理：不同于现有防爆设备的防爆原理，但经国家认可的检验机构检验确实具有防爆性能。

3. 防爆电气设备的标志

为了从防爆电气设备的外观上能明显地了解它的类型，把防爆电气设备的标志、型式、类别、级别、组别按一定顺序排列起来。

(1) 标志：防爆电气设备的总标志为 Ex，安全标志为 MA。

(2) 型式：即各种类型的防爆电气设备的标志，如 d 表示隔爆型电气设备。

(3) 类别：按使用环境的不同，将防爆电气设备分为Ⅰ类、Ⅱ类。Ⅰ类专门适用于煤矿井下，Ⅱ类用于地面工厂具有非甲烷外的混合物爆炸环境中。

(4) 级别：主要针对隔爆型和本质安全型电气设备，分为ⅡA、ⅡB、ⅡC3 级。

(5) 组别：针对Ⅱ类电气设备，按照运行时允许的最高表面温度分为 T1 ~ T6 共 6 组。

4. 防护等级

防护等级指电气设备具有的防外物、防水的能力。防外物是指防止外部固体进入设备内部和防止人体触及设备内部带电或运动部件的性能。防水是指防止外部水分进入设备内部，对设备本身产生有害影响的防护能力。国家标准规定防护等级（IP × × 中，第一个“×”表示防外物能力，第二个“×”表示防水能力）中防外物分为 7 级（0 ~ 6），防水分为 9 级（0 ~ 8）。数字越大等级越高，要求越严格。

(二) 失爆现象

失爆是指电气设备失去了耐爆性和不传爆性。常见的失爆现象有以下几种。

1. 连接螺栓的失爆现象

(1) 缺螺栓、弹簧垫圈或螺母，螺栓或螺孔滑扣，螺栓折断在螺孔中。

(2) 弹簧垫圈未压平或螺栓松动，弹簧垫圈断裂或无弹性（偶尔出现弹簧垫圈断裂或失去弹性时，检查该处防爆间隙，若不超限，更换合格弹簧垫圈后不为失爆）。

(3) 使用塑料或轻合金材料自制的螺栓或螺母。

(4) 护圈式或沉孔式紧固件紧固后，螺栓头或螺母的上平面超过护圈或沉孔。

(5) 螺孔与螺栓不匹配的。

(6) 弹簧垫圈的规格与螺栓不相适应的。

(7) 设备同一部位螺栓、螺母等规格应一致。钢紧固螺栓伸入螺孔长度应不小于螺栓直径尺寸，铸铁、铜、铝件不小于螺栓直径的 1.5 倍；如果螺孔深度不够，则必须上满扣，否则为失爆。

(8) 通孔螺栓未外露 3 ~ 5 丝（包括带螺帽）。

(9) 压线板可以不加弹簧垫圈，但两端不一致的。

2. 电缆引入引出装置的失爆现象

(1) 密封圈老化、失去弹性、变质、变形，有效尺寸配合间隙达不到要求，起不到密封作用。

（2）密封圈外径与进线装置内径差超过表 8－2 规定的。密封圈宽度应大于电缆外径的 0.7 倍，但不得小于 10 mm；厚度应大于电缆外径的 0.3 倍，但不得小于 4 mm。

表 8－2　密封圈外径与进线装置内径间隙

| 密封圈外径/mm | 外径与进线装置内径间隙/mm |
|---|---|
| ≤20 | ≤1.0 |
| 20　60 | ≤1.5 |
| >60 | ≤2.0 |

（3）密封圈内径与引出入电缆外径差大于 1 mm 以上。

（4）密封圈的单孔内穿进多根电缆。

（5）密封圈割开套在电缆上。

（6）密封圈刀削后凸凹不整齐圆滑，锯齿差大于 2 mm 以上。

（7）密封圈没有完全套在电缆护套上。

（8）线嘴压紧没有余量（螺旋式进线嘴压紧后应外露 1～3 丝，倒角、车削槽间距不算；压盘式进线嘴压紧后应外露 3～5 mm）。

（9）线嘴内缘压不紧密封圈，或密封圈端面与器壁接触不严，或密封圈能活动。

（10）电缆压线板未压紧电缆，压扁量超过电缆直径的 10% 者，用单手扳动喇叭嘴时上下左右晃动。

（11）在引入引出装置外端能轻易来回抽动电缆。

（12）密封圈与电缆护套之间有其他包扎物。

（13）空闲进线嘴缺挡板或挡板直径比进线嘴内径小 2 mm 以上，挡板厚度小于 2 mm。

（14）挡板放在密封圈里面或线嘴的金属垫圈放在挡板与密封圈之间。

（15）进线装置破损不齐全。

（16）大小密封圈套用的。

（17）一个进线嘴用多个密封圈的。

（18）线嘴与密封圈之间没有加装金属垫圈。

（19）密封圈装反（可切削端头朝外）。

3. 插接装置的失爆现象

（1）煤电钻插销的电源侧应接插座，负荷侧应接插销，如反接即为失爆。

（2）电源电压低于 1140 V，插接装置缺少防止突然拔脱的联动装置。

（3）电源电压高于 1140 V，插接装置上没有电气联锁装置。

（4）插销在触头断开的瞬间，外壳隔爆接触面的最小有效长度 $L$ 和最大直径差 $W$ 不符合表 8－3 的规定。

表 8-3 外壳隔爆接触面的最小有效长度 $L$ 和最大直径差 $W$

| 外壳净容积/L | $L$/mm | $W$/mm |
| --- | --- | --- |
| ≤0.5 | 15 | 0.5 |
| >0.5 | 25 | 0.6 |

4. 外壳、腔内的失爆现象

(1) 使用未经国家法定的检验单位发证生产的防爆部件。

(2) 隔爆外壳有裂纹、开焊，严重变形长度超过 50 mm，凹坑深度超过 5 mm。

(3) 隔爆腔内、外有锈皮脱落。

(4) 闭锁装置不符合规定，闭锁装置不齐全、变形损坏起不到机械闭锁作用。

(5) 电气闭锁不起作用。

(6) 外壳透明件（观察窗）破裂、有凹坑，使用非抗机械、热、化学腐蚀的玻璃件。

(7) 腔内随意增加安装电气零部件，造成空腔容积变化。

(8) 接线柱、绝缘座管烧坏，使两个空腔连通。

(9) 腔内壁未均匀地涂耐弧漆，而使用涂调和漆、磁漆。

5. 防爆面的失爆现象

防爆接合面应保持光洁、完整，须有防锈措施，如电镀、磷化、涂防锈油等，各结构参数符合出厂规定。有下列情况之一的即为失爆：

(1) 螺纹的最小拧入深度和最少啮合扣数不符合表 8-4 的规定。

表 8-4 螺纹的最小拧入深度和最少啮合扣数

<table>
<tr><th>外壳净容积/L</th><th>最小拧入深度/mm</th><th>最少啮合扣数</th></tr>
<tr><td>≤0.1</td><td>5.0</td><td rowspan="3">6</td></tr>
<tr><td>0.1~2.0</td><td>9.0</td></tr>
<tr><td>>2.0</td><td>12.5</td></tr>
</table>

(2) 隔爆面上，在规定长度及螺孔边缘至隔爆面边缘的最短有效长度范围内，如发现有下列缺陷者为失爆：

① 对局部出现的直径不大于 1 mm、深度不大于 2 mm 的砂眼，在 40mm、25mm、15 mm 的隔爆面上，每平方厘米不得超过 5 个，10 mm 的隔爆面不超过 2 个。

② 偶然产生的机械伤痕，其宽度与深度大于 0.5 mm，其剩余无伤隔爆面有效长度小于规定长度的 2/3（无伤隔爆面有效长度可以几段相加）。

(3) 隔爆面上不准涂油漆，无意造成油漆痕迹，当场擦掉不为失爆。

(4) 隔爆面有锈迹，用棉纱擦后，仍留有锈蚀斑痕者为锈蚀，而只留云影，不算锈蚀。

(5) 用螺栓固定的隔爆面，参见连接螺栓的失爆现象。

(6) 隔爆接合面在设备不带电情况下用手打不开。

（7）隔爆接合面使用密封圈，检修后未安装密封圈，密封圈破损、断裂或外露。

（8）隔爆接合面法兰厚度小于原设计的85%。

6. 接地装置的失爆现象

接地的目的是防止电气设备外壳带电而危及人身和矿井安全。当电气设备绝缘损坏时，正常情况下不带电的金属外壳等将带电，会造成人身触电或对地放电产生电弧而引起瓦斯爆炸。凡出现下列现象的与电气设备失爆同等对待：

（1）电压在36 V以上的电气设备未装设保护接地装置。

（2）多台电气设备串联接地。

（3）未用符合要求的钢管（钢板）制作的接地极。

（4）接地连线、接地阻值不符合《煤矿安全规程》要求。

（5）外接地螺栓规格不符合下列规定的：

① 功率大于10 kW的电气设备，螺栓公称直径不小于M12。

② 功率在5～10 kW之间的电气设备，螺栓公称直径不小于M10。

③ 功率在0.25～5 kW之间的电气设备，螺栓公称直径不小于M8。

④ 功率不大于250 W且电流不大于5 A的电气设备，螺栓公称直径不小于M6。

（6）内接地螺栓不符合下列规定的：

① 导线芯线截面不大于35 $mm^2$时，内接地螺栓直径应与芯线接线螺栓直径相同。

② 导线芯线截面大于35 $mm^2$时，内接地螺栓直径应不小于芯线接线螺栓直径的一半，但至少应等于连接35 $mm^2$芯线接线螺栓直径。

（7）在设备标示的接地位置外加装螺栓接地的，或多处接地点但只接地一处。

（8）接地装置部件不齐全。

（9）接地极安装不牢固（但放置在水沟内的不受此限）、放置在水沟内的未被水淹没。

（10）使用电动机底座连接螺栓作为接地装置连接点。

7. 接线的失爆现象

电缆不合格接头："鸡爪子""羊尾巴"、明接头和电缆破口均称为不合格接头，它是电气安全隐患点，与电气失爆同等对待。

（1）"鸡爪子"：

① 橡套电缆的连接不采用硫化热补或同等效能的冷补。

② 电缆（包括通信、照明、信号、控制电缆）不采用接线盒的接头。

③ 高压铠装电缆的连接不采用接线盒或不灌注绝缘充填物，或绝缘充填物没有灌到三岔口以上，或绝缘胶有裂纹，或充填物不严密漏出芯线的接头。

（2）"羊尾巴"。电缆的末端未接装防爆电气设备或防爆元件，电气设备接线嘴（包括五小电器元件）2 m内有不合格接头或明线破口。

（3）明接头。电气设备与电缆有裸露的导体或未经审批且安全措施不到位、条件不允许而进行明火操作的接头。

（4）电缆破口：

① 橡套电缆的护套破损、露出芯线或露出屏蔽线网。

② 橡套电缆护套破损伤痕深度达到电缆护套厚度 1/2 以上，长度达 20 mm，或沿围长达 1/3 以上。

（5）电缆护套伸入器壁长度小于 5 mm，大于 15 mm。

（6）隔爆开关接线腔由电源侧进出线至负荷侧接线或负荷侧进出线至电源侧接线，控制用小喇叭嘴引出动力线的均属于失爆。

8. 照明灯具的失爆现象

（1）防爆安全型灯具把卡口改为螺口，不能提前断电。

（2）隔爆型灯具装设的电气连锁装置失灵。

9. 电气设备的失爆现象

井下使用非防爆电气设备，或电气设备超过其额定容量（包括允许超载能力）运行；采用非阻燃性材料（如彩条布等）制作遮拦等防护设备（配件）。

10. 井口房和通风机房的失爆现象

井口房和通风机房附近 20 m 内，使用火炉取暖或有烟火的，按照失爆对待。

（三）失爆的原因、危害、防治

1. 原因

（1）设备安装不规范，安装过程中未对防爆点进行详细检查，未按规程和相关制度、规范安装。

（2）维护和定期检修不妥，防护层的脱落往往使隔爆面上出现砂泥灰尘，用螺钉紧固的平面对口接合面出现凹坑，使隔爆面间隙增大。

（3）移动或搬运不当而发生磕碰，使外壳变形或产生严重机械伤痕。

（4）装配时由于杂质没有及时清除，产生严重的机械划痕。

（5）隔爆面上产生锈蚀现象，增大粗糙度。

（6）螺孔深度过浅或螺栓过长，而不能很好地紧固零件。

（7）未按规程要求制作、安装接地装置。

（8）在隔爆外壳内随意增加元器件，使电气距离和爬电距离小于规定值，造成故障时电弧经外壳接地短路。

2. 危害

设备一旦出现失爆现象，在运行过程中内部产生故障引发爆炸，将炸坏外壳而引爆壳外爆炸性气体，或者从各部件缝隙中喷出的高温气体或火焰引起壳外的爆炸性气体爆炸，这对煤矿井下是极其危险和不利的。

3. 防治

为了确保矿用电气设备的完好，杜绝失爆的发生，必须坚持管理、装备、培训并重的原则，在对设备的使用、维护、检修中要严格按照《煤矿安全规程》执行。具体可从以下几点入手：

（1）使用合格的防爆电气设备，禁止非防爆电气设备入井。

（2）严格按照《煤矿安全规程》和有关要求安装，杜绝安装时出现失爆。

（3）检修时做到轻拿轻放，防止产生机械划痕。

（4）加强防爆电气设备的管理，做好检查督促工作。

# 第三节　运输安全技术

煤矿运输是煤炭生产的重要组成部分，根据运输任务的不同，煤矿运输分为主运输和辅助运输两部分。主运输是指井下煤炭的运输，辅助运输泛指煤矿生产中除煤炭运输之外的各种运输之总和。由于煤矿矿井运输安全管理工作的重要性，应加大落实各级运输管理，保障运输安全。

## 一、带式输送机的安全技术

### （一）采用带式输送机运输应遵守的规定

（1）在大于16°的倾斜井巷中使用带式输送机，应当设置防护网，并采取防止物料下滑、滚落等的安全措施。

（2）钢丝绳芯输送带的静安全系数不得小于表8－5中的数值。

表8－5　钢丝绳芯输送带的静安全系数

| 工作条件 | 采用一级或二级接头型式的输送机 | 采用三级接头型式的输送机 |
|---|---|---|
| 有利 | 7.0 | 7.4 |
| 一般 | 8.0 | 8.4 |
| 不利 | 9.5 | 10.0 |

（3）带式输送机的运输能力应与前置设备能力相匹配。

### （二）布设固定带式输送机应遵守的规定

（1）应避开工程地质不良地段、老空，必要时采取安全措施。

（2）应在适当地点设置行人栈桥。

（3）带式输送机下面的过人地点，必须设置安全保护设施。

（4）应设防护罩或防雨棚，必要时设通廊。倾斜带式输送机人行走廊地面应防滑，并设置扶手栏杆。

（5）封闭式输送机必须设置通风、除尘及防火设施，暗道应按一定距离设置向地面的安全通道。

（6）在转载点和机头应设置消防设施。

### （三）带式输送机应设置下列安全保护装置

（1）应设置防止输送带跑偏、驱动滚筒打滑、纵向撕裂和溜槽堵塞等保护装置；上行带式输送机应设置防止输送带逆转的安全保护装置，下行带式输送机应设置防止超速的安全保护装置。

（2）在带式输送机沿线应设连锁停车装置。

（3）在驱动、传动和自动拉紧装置的旋转部件周围，应设防护装置。

### （四）带式输送机运行时必须遵守的规定

（1）严禁用输送采剥物料的带式输送机运送工具、材料、设备和人员。

（2）输送带与滚筒打滑时，严禁在输送带与滚筒间楔木板和缠绕杂物。

（3）采用绞车拉紧的带式输送机必须配备可靠的测力计。

（4）严禁人员攀越输送带。

（五）维修带式输送机必须遵守的规定

（1）维修时必须停机上锁，并有专人监护。

（2）在地下或暗道内用电焊、气焊或喷灯焊检修带式输送机时，必须制定安全措施。

（3）清扫滚筒和托辊时，带式输送机必须停机上锁，并有专人监护。清扫工作完毕后解锁送电，并通知有关人员。

## 二、轨道运输管理

（一）一般规定

（1）突出矿井必须使用符合防爆要求的机车。

（2）新建高瓦斯矿井不得使用架线电机车运输。高瓦斯矿井在用的架线电机车运输，必须遵守下列规定：

① 沿煤层或者穿过煤层的巷道必须采用砌碹或者锚喷支护。

② 有瓦斯涌出的掘进巷道的回风流，不得进入有架线的巷道中。

③ 采用碳素滑板或者其他能减小火花的集电器。

（3）低瓦斯矿井的主要回风巷、采区进（回）风巷应当使用符合防爆要求的机车。低瓦斯矿井进风的主要运输巷道，可以使用架线电机车，并使用不燃性材料支护。

（4）轨道运输工作必须建立健全岗位责任制和设备设施（矿用绞车、轨道、钢丝绳、一坡三挡等）定人定期检查维修制。保持完好状态。轨道运输设备综合完好率不低于90%，矿用绞车完好率90%。在用的电气设备和防爆小型电气设备不失爆。

（5）把钩工上岗必须做到“五不挂”：安全设施不齐全、不可靠不挂；信号联系不通不挂；重车装得不标准不挂；连接装置不合格不挂；绞车道有人不挂。

（6）绞车工、信号工等要害工种必须持合格证和许可证上岗作业。

（7）设备和安全设施一律编号使用，一般由使用单位领取、安装、维护、回收、移交。

（8）工作面两巷道的绞车、信号、安全设施、轨道等由采掘区队管理，两巷道以外由运搬工区管理。

（9）工作面 25 kW 以上绞车应一次性安装。

（10）安全设施、轨道设施随设备一块移交，由矿生产科、机电科会同运搬工区主持并办理交接手续。工作面准备期间两巷道的轨道安全设施调整、安装、维护、管理由各使用单位负责。

（11）严禁偷盗和乱拆、乱卸设备、设施。所属单位至少每两天安排专人检查一次，并记录齐全。

（12）严禁扒车、蹬车、跳车，非乘人车辆严禁乘坐人员。

（13）运送超高、超长、超重物，要有特殊措施，且捆扎牢固。运送超长物要用专用的多环链连接。如用他物代用，须编制措施并经分管技术领导批准。

（14）严禁人和危险品、人和物料同车同罐运送。

（15）司机、信号工和把钩工等必须严格执行现场交接班制度。

（16）要害工种违章按矿发文件执行。

（17）运搬工区要做到技术资料齐全、完整，有矿井运输系统图，有图、牌板及设备维修、大修、试验、运行记录。

（18）严格执行入井人员的检身制度，严禁携带烟草和点火物品入井。在井口周围20 m范围内和井下严禁吸烟。

（19）设备、材料以及设施的设置和堆放最突出部分距离轨道边都不得小于500 mm。

（二）使用轨道机车运输的规定

（1）生产矿井同一水平行驶7台及以上机车时，应当设置机车运输监控系统；同一水平行驶5台及以上机车时，应当设置机车运输集中信号控制系统。新建大型矿井的井底车场和运输大巷，应当设置机车运输监控系统或者运输集中信号控制系统。

（2）列车或者单独机车均必须前有照明，后有红灯。

（3）列车通过的风门，必须设有当列车通过时能够发出在风门两侧都能接收到声光信号的装置。

（4）巷道内应当装设路标和警标。

（5）必须定期检查和维护机车，发现隐患，及时处理。机车的闸、灯、警铃（喇叭）、连接装置和撒砂装置，任何一项不正常或者失爆时，机车不得使用。

（6）正常运行时，机车必须在列车前端。机车行近巷道口、硐室口、弯道、道岔或者噪声大等地段，以及前有车辆或者视线有障碍时，必须减速慢行，并发出警号。

（7）2辆机车或者2列列车在同一轨道同一方向行驶时，必须保持不少于100 m的距离。

（8）同一区段线路上，不得同时行驶非机动车辆。

（9）必须有用矿灯发送紧急停车信号的规定。非危险情况下，任何人不得使用紧急停车信号。

（10）机车司机开车前必须对机车进行安全检查确认；启动前，必须关闭车门并发出开车信号；机车运行中，严禁司机将头或者身体探出车外；司机离开座位时，必须切断电动机电源，取下控制把手（钥匙），扳紧停车制动。在运输线路上临时停车时，不得关闭车灯。

（11）新投用机车应当测定制动距离，之后每年测定1次。运送物料时制动距离不得超过40 m；运送人员时制动距离不得超过20 m。

（三）使用蓄电池动力装置的要求

（1）充电必须在充电硐室内进行。

（2）充电硐室内的电气设备必须采用矿用防爆型。

（3）检修应当在车库内进行，测定电压时必须在揭开电池盖10 min后测试。

（四）使用矿用防爆型柴油动力装置的要求

（1）具有发动机排气超温、冷却水超温、尾气水箱水位、润滑油压力等保护装置。

（2）排气口的排气温度不得超过 77 ℃，其表面温度不得超过 150 ℃。

（3）发动机壳体不得采用铝合金制造，非金属部件应具有阻燃和抗静电性能，油箱及管路必须采用不燃性材料制造，油箱最大容量不得超过 8 h 用油量。

（4）冷却水温度不得超过 95 ℃。

（5）在正常运行条件下，尾气排放应满足相关规定。

（6）必须配备灭火器。

（五）巷道、车场和硐室

（1）巷道、车场、甩道的人行道宽度，设备、设施及车辆互相之间的安全间距，必须符合《煤矿安全规程》规定。

（2）轨道的曲率半径必须符合设计要求。

（3）车场不得有坡度，以免车辆自滑，宽度符合《煤矿安全规程》规定。

（4）绞车硐室严格按设计施工。高度不得小于 1.8 m，绞车突出部分距轨道不得小于 500 mm。距巷道帮或支架不得小于 600 mm。硐室支护达到合格要求。

（5）带式输送机（刮板输送机）和轨道混合运输的巷道，其相互之间安全间距必须符合《煤矿安全规程》规定。带式输送机机头处必须开拓司机操作硐室，严禁司机在轨道侧操作。

（6）上山施工的倒拉牛绞车和其他巷道对（单）拉绞车，必须开拓绞车和设备硐室，或在 5 m 范围内把巷道拓宽 1 m，禁止把绞车和设备安设在巷道内。

（7）在能自动滑行的轨道上停放车辆，必须用可靠的制动器将车辆稳住，严防车辆自滑。

（六）斜巷（斜坡）

（1）坚持有坡必挡，安全设施、信号必须齐全灵敏可靠，坚持使用，定期检修。

（2）主要运输斜巷除“一坡三挡”外，其上部车场必须装设阻车器。

（3）地面运输斜坡在上部车场变坡点处必须设置道挡。

（4）斜巷上车场变坡点处，必须装设闭锁道挡或连环门，挡距略大于一列车的长度。变坡点以下 15 m 左右装设一道安全门或与绞车连锁的安全门。斜长大于 50 m 时，在下车场变坡点向上 15 m 左右安设一道安全门。安全门正常情况下处于关闭状态。车过时打开，车过后立即关闭。

（5）斜巷超过 100 m 时，必须装设捕车器，且每 100 m 左右装一道触发机构，至挡车机构不得小于 35 m。

（6）掘进上（下）山，距掘进工作面或耙矸机尾 10 m 左右装一道安全门，此门随掘进前移。下（上）车场起坡点向上（下）15 m 左右处装一道安全门。

（7）主要斜巷甩道口（甩车场）必须装一道常闭安全门和声光报警装置，严防车辆误入车场。

（8）安全门必须符合设计要求。

（9）所有导向轮生根顶锚、圆钢直径不得小于 16 mm，长度不得小于 300 mm，拉绳用直径 10～12.5 mm 的钢丝绳。

（10）斜巷（斜坡）必须装设普通地滚，数量以钢丝绳不拖底板为原则，间距 20～

30 m，上车场变坡点处装设大地滚，直径不小于250 mm，宽度200 ~ 250 mm，轴直径不得小于40 mm，其装设要平正、稳固、灵活。

（11）高低起伏斜巷要装天滚，甩道侧帮要装立滚，并要装扒绳轮。

（12）斜巷安全设施，由机电科按照有关设计图纸加工，原则上是：谁使用，谁申请加工；谁安装，谁维护。

（13）闭锁道挡、挡爪间距按下式计算：

$$S = 1.5 + 2.3n \tag{8-1}$$

式中 $S$——挡爪间距，m；

$n$——串车个数。

（14）信号、按钮、照明灯、电缆线等，安装牢固、整齐，布置合理，上板、上墙严禁失爆。

（15）上下车场和绞车房不准共用一套信号装置，下车场和各甩道的信号必须经上车场信号工转发。

（16）斜巷走钩必须配齐岗位人员：每钩挂1 ~ 2车的不少于3人（司机一人，上下车场各一人），每钩挂两车以上的不少于4人（司机一人，上车场两人，下车场一人）。

（17）在下车场摘挂钩时，严禁将头伸入两车中间。

（18）斜巷运输严格执行“行车不行人，行人不行车”制度，若需上下时必须经把钩工同意。

（19）斜巷行车期间，各车场人员必须躲进安全硐室内，严禁在车场停留。

（20）串车提升的各车场应设有信号硐室及躲避硐室。

（21）运送物料时，每次开车前把钩工必须检查牵引车数、各车的连接情况和装载情况，不符合要求不得发信号开车。

（七）矿用绞车的安装和使用

（1）绞车提升中心线和轨道中心线应当重合，必要时需增设导向轮。做到不爬绳、不咬绳、不跳绳，排列整齐，安装平稳、牢固，方便操作。

（2）掘进上山，倒拉牛绞车，所用的导向轮直径应符合《煤矿安全规程》规定。导向轮可在耙装机上生根固定或用支杆固定。工字钢，迎山角为65° ~ 75°，顶底有窝，生根牢固。挂导向轮所用的绳套，同矿车连接所用绳套的技术要求相同。

（3）使用期超过3个月的绞车，用混凝土基础固定。其规格质量必须符合使用说明书的技术参数要求。

（4）临时绞车必须用四压两迎四锚固定。

（5）钢丝绳生根要牢固，端头要捆扎。板卡螺丝要齐全、紧固，绳头留长不能超过100 mm。

（6）绞车缠绳严禁超量，滚筒余绳至少5圈。

（7）绞车入井一年后，必须上井检修，严禁超期使用。

（8）绞车部件、附件齐全、紧固灵活，不缺油，不生锈，不失爆。

（9）车辆掉道时，严禁利用绞车硬拉硬拖。

（10）绞车闸皮缺断、磨损厚度超过原厚度的1/3或磨及铆钉时，立即更换。

（11）斜巷绞车严禁不带电放车和悬钩操作。

（12）在上车场下放车辆时，绞车要收紧余绳，上车场余绳超量时严禁放车。

（13）矿用绞车运输必须做到“三好、四有、两落实”。

“三好”：绞车备好、巷道支护规格好、轨道质量好。

“四有”：有可靠的防跑车和跑车防护装置、有地滚和轨道防滑装置、有躲避硐室、有声光兼备信号。

“两落实”：岗位责任制落实、检查维修制落实。

（14）矿用绞车司机上岗必须做到“五不开”：绞车不完好不开；钢丝绳打结、断丝，销、链、绳套不合格不开；安全信号设施不全不开；超挂车不开；信号不清不开。

（八）钢丝绳及连接装置

（1）钢丝绳规格、型号的选择，要符合《煤矿安全规程》及绞车出厂说明书的技术参数要求。

（2）使用中的钢丝绳要根据《煤矿安全规程》规定进行检查和更换。

（3）鹰嘴式矿车之间的连接，斜巷采用双链环连接，平巷采用单链环连接。凡未用的链环，一律挂在鹰嘴钩上。

（4）钩头与矿车之间用带丝扣的马镫连接。马镫的安全系数必须符合要求。

（5）销孔式矿车用插销、链环连接。插销必须有定位或防回松装置。

（6）矿车的插销、链环严禁用他物替代。

（7）斜巷都必须使用保险绳，其长度要与串车长度相匹配。保险绳和钩头之间的连接可穿过鸡心环后插接，插长 3.5 个捻距，也可用 3 个元宝卡子卡接，卡距约 150 mm，绳头要捆扎，留长约 50 mm。插接、卡接都必须使用鸡心环。保险绳和矿车尾端用卸扣连接。

（8）卡接、插接的钢丝绳钩头，都必须有鸡心环。插接绳头的插长不得小于 3.5 个捻距。卡接时元宝卡不得小于 4 个，卡距 150 mm 左右。绳头要捆扎，留长 50 mm 左右。观察卡和相邻的受力卡之间的两股绳应留约 30 mm 的间隙。

（9）绞车钩头元宝卡、马镫匹配情况见表 8－6。

表 8－6　绞车钩头元宝卡、马镫匹配情况关系

| 绞车型号 | $\phi$1.2 m | 55 kW | 40 kW | 25 kW | 11.4 kW |
|---|---|---|---|---|---|
| 钩头马镫型号 | 10T | 6T | 5T | 5T | 3T |
| 钩头绳卡数 | 6 个 | 4 个 | 4 个 | 4 个 | 4 个 |
| 保险绳马镫型号 | 5T | 3T | 3T | 3T | 2T |

（10）无产品合格证的连接器，一律不准采购和使用。

（11）连接器使用前要按照《提升容器钢丝绳悬挂装置技术条件》（MT 214.5）标准进行试验。使用单位要进行强度验算，强度必须符合《煤矿安全规程》要求。

（12）连接器由运搬工区负责，每月至少检查一次，并要有详细记录。

（13）不合格的连接器和钢丝绳套严禁使用。在运输过程中，要层层把关，一旦发现立即停运，进行处理。

（14）斜巷运输的连接器，使用期间每隔两年必须逐个以 2 倍于其最大静载荷的拉力进行试验，发现裂纹或永久伸长量达 0.2% 时不得使用。

（15）连接器有下列情况之一的必须报废：

① 出现裂纹、开焊、严重锈蚀等。

② 连接销、连接链、直径磨损量超过原尺寸的 15%，人车超过 10%。

③ 销、链弯曲变形量超过其直径的 10%。

④ 无损探伤发现裂纹和缺陷超限。

⑤ 使用时间达 5 年。

（16）钢丝绳套的断丝、磨损、变形、锈蚀等情况，参照《煤矿安全规程》钢丝绳部分条款执行。

（17）矿用绞车用的钢丝绳由使用单位设专人，每天检查一次，及时做好记录。

（九）轨道

（1）行人车的斜巷轨道必须达到优良品，且轨型不低于 24 kg/m，其他轨道达到合格品。

（2）主要运输轨道消灭简易道岔、消灭杂拌道，不同轨型的轨道分段铺设，接头使用异形鱼尾板，斜巷轨道要设防滑设施。

（3）为保证轨道经常处于良好状态，主要运输斜巷的轨道由运搬工区每天巡视检查一次，主要平巷两天一次，矿每月组织检查三次。

## 三、矿井提升运输安全技术

（1）提升运转必须严格遵守《煤矿安全规程》的有关规定。

（2）绞车司机必须持证上岗，各岗位人员必须坚守岗位，严格按各岗位安全操作规程进行操作。

（3）坚持钢丝绳检查和更换制度。

（4）拉放车时，必须先检查连接装置是否完好。

（5）拉放车时，必须坚持“行人不行车，行车不行人”原则。

（6）人力推车时，推车工必须按照规定距离保持车距，听看并用，防止推车伤人或被人伤。同向推车时，在轨道坡度小于或等于 5‰时，车距不得小于 10 m；坡度大于 5‰时，车距不得小于 30 m。

（7）车推出石门或交叉口时，推车人必须控制车速并发出警号。

（8）下山掘进作业过程中，拉放车时，下方人员必须全部进入安全硐室或上到平台后，方可拉放车。车斗下放到位后，绞车司机不得离开绞车。

（9）拉放车过程中，严禁无关人员在上下平台逗留。

## 四、无轨胶轮车运输安全技术

（一）无轨胶轮车驾驶人员

（1）无轨胶轮车司机必须经过专业技术培训，考试合格并取得机动车驾驶证。经过煤矿井下安全培训和车辆驾驶人员应知、应会相关知识培训并考试合格，持证上岗。

（2）驾驶员按下井人员要求佩戴劳动保护用品，随身携带矿灯、自救器。

（3）驾驶员应熟悉矿井运输路线和井下避灾路线，具备自救和现场急救相关技能。

（4）必须熟悉行驶路线范围、巷道参数支护形式，掌握各种安全标志和信号的有关规定。

（5）驾驶员发现瓦斯浓度超过《煤矿安全规程》相关规定值时，应立即停车关闭发动机，撤出人员并及时报告。

（二）运输管理与监察

矿井无轨胶轮车运输管理要按照“谁主管、谁负责”的原则，各业务部门要做好主管范围内有关无轨胶轮车运输管理及安全质量标准化工作。

矿井无轨胶轮车运输管理应遵守以下规定：

（1）建立健全矿井无轨胶轮车运输管理办法、制度、岗位责任制。

（2）健全、完善各种技术资料，如矿井运输系统图、运输设备、设施图纸、事故记录、各项工程施工技术措施、无轨胶轮车资料。

（3）按规定认真做好在用或新投入使用的无轨胶轮车年审工作。

（4）每月由技术部门或分管质量标准化工作的单位牵头，组织有关人员对所有运输线路、运输设备、安全设施质量和技术状况进行一次认真全面的检查，并按矿井无轨胶轮车运输质量标准化管理制度考核。

（5）对自检和上级检查无轨胶轮车运输管理及安全存在的问题要进行“三定”整改，并记录齐全完整，存档保管。

（6）每年应认真审核一次矿井无轨胶轮车运输操作规程、技术措施及采掘作业规程中无轨胶轮车运输部分的内容，不符合本规定和上级有关技术规定或与现场不符的要进行修改。

（7）矿井无轨胶轮车运输各工种必须严格执行现场交接班制度。交接班时，交班人员必须向接班人员详细交代设备运行情况，设备、设施完好状况及需注意的问题。接班人员接班后，应对照上班情况对职责范围内的全部设备、设施进行认真检查，发现问题及时汇报和处理，不得带病工作。

（8）无轨胶轮车运输设备和运输巷道必须执行定期检查和维修制度。所有无轨胶轮车运输设备都必须符合额定载重要求，严禁超载。

运输区（队）应设立运输调度站（室），负责行车调度和记录。

矿井必须制定《矿井无轨胶轮车运输管理奖惩规定》，加强无轨胶轮车运输管理。对违章指挥、操作人员以及运输设备、设施检修维护不到位的，要严格进行处罚。

在主要运输巷中施工作业，根据情况要办理施工手续，施工作业前按规定设好防护警戒。

此外，无轨胶轮车运输的使用还应满足以下要求：

（1）严禁非防爆、不完好无轨胶轮车下井运行。

（2）驾驶员持有中华人民共和国机动车驾驶证。

（3）建立无轨胶轮车入井运行和检查制度。

（4）设置工作制动、紧急制动和停车制动，工作制动必须采用湿式制动器。

（5）必须设置车前照明灯和尾部红色信号灯，配备灭火器和警示牌。

（6）运行中应当符合下列要求：

① 运送人员必须使用专用人车，严禁超员。

② 运人时运行速度不应超过25 km/h，运送物料时运行速度不应超过40 km/h。

③ 同向行驶车辆必须保持不小于50 m的安全运行距离。

④ 严禁车辆空挡滑行。

⑤ 应当设置随车通信系统或者车辆位置监测系统。

⑥ 严禁进入专用回风巷和微风、无风区域。

（7）巷道路面、坡度、质量应当满足车辆安全运行要求。

（8）巷道和路面应当设置行车标识和交通管控信号。

（9）长坡段巷道内必须采取车辆失速安全措施。

（10）巷道转弯处应当设置防撞装置。人员躲避硐室、车辆躲避硐室附近应当设置标识。

（11）井下行驶特殊车辆或者运送超长、超宽物料时，必须制定安全措施。

（三）运输车辆安全技术要求

（1）车辆的结构设计、基本参数、技术要求及性能要求等应符合《矿用防爆柴油机无轨胶轮车通用技术条件》（MT/T 989）的有关规定，并应取得矿用产品安全标志。

（2）车辆所用防爆柴油机应符合《矿用防爆柴油机通用技术条件》（MT 990）的有关规定，并应取得矿用产品安全标志，排气中一氧化碳、氮氧化物等有害气体浓度，应符合《煤矿用防爆柴油机械排气中一氧化碳、氮氧化物检验规范》（MT 220）的有关规定。

（3）车辆所用电气部件，应符合《爆炸性环境》（GB 3836）的有关要求，并应取得矿用产品安全标志。

（4）车辆外表面，应涂有反光材料标记。

（5）车辆下井配备瓦斯检测报警仪，报警值应符合《煤矿安全规程》的有关规定；安全保护装置温度、压力等报警值符合《矿用防爆柴油机无轨胶轮车通用技术条件》（MT/T 989）的有关规定。

（6）不应擅自对车辆进行改动和拆除部分零部件。

## 五、刮板输送机安全技术

（一）刮板输送机司机

刮板输送机司机必须经岗前专业培训取得合格证后方可允许上岗操作；司机必须持证上岗，禁止无证或不经岗前专业培训上岗。

刮板输送机司机要严格遵守《煤矿安全规程》、岗位责任制、操作规程、包机负责制的有关规定，严格按照现场交接班制度规定内容进行交接班，认真填写有关记录。

刮板输送机运转期间出现异常情况必须立即停机检查，同时把情况向包机人、队跟（值）班人员汇报，把存在问题处理完毕后再行开机。

（二）刮板输送机的安全使用

必须在刮板输送机机头、机尾人行道一侧2 m内各安装1套组合信号装置。启动前刮板输送机司机必须发出信号，向工作人员示警，然后点动一次。如果转动方向正确，又无其他情况，方可正式启动运转。刮板输送机操作按钮布置在刮板输送机机头一侧并与信号按钮放置在一起。

禁止无信号开机，传递信号要求是“一声停、二声开、三声倒转”。后面一部刮板输送机需要前面一部刮板输送机开机时，后面一部刮板输送机司机必须向前面一部刮板输送机司机打两下点，前面一部刮板输送机司机得到开机信号后，再主动向后面一台刮板输送机司机回两下点，然后方可点动开车，直到正常启动刮板输送机。

刮板输送机司机必须在机头两侧1.5 m外操作刮板输送机，严禁在刮板输送机机头正前方开动刮板输送机。

禁止强行启动。一般情况下都要先启动刮板输送机，然后再往刮板输送机的中部槽里装煤，不得频繁点动刮板输送机，重载时必须先进行人工清理。

掘进工作面在迎头进行爆破时，必须把电机、开关、减速箱、管路、电缆等保护好。

不允许向中部槽里装入大块煤或矸石，如发现应该立即处理，以防损坏刮板链或引起飘链、掉链等事故。刮板输送机向矿车内装煤，需人工平车时，必须将刮板输送机停运。平车人员严禁站在刮板输送机正前方平车。

刮板输送机应尽可能在空载状态下停机，在生产过程中，要控制上煤量的大小，避免因堆煤将刮板输送机压死或引起断链条。

运转中发现断链、刮板严重变形，机头掉链、溜槽拉坏，以及出现异常声音和温度过高等情况，都应立即停机检查处理，防止事故扩大。

刮板输送机与转载搭接时要保证搭接高度在0.3 m以上，前后交错距离不小于0.5 m。防止煤炭堆积在链轮附近，被回空链带入中部槽底部。应经常保持机头、机尾的清洁，加装合格的挡煤设施，做好机道内浮煤清理工作。

严格执行停机处理故障、停机检查制度，停机后将开关闭锁，并在开关把手上悬挂“有人作业，禁止送电”警示牌。

刮板输送机运行时，要定期进行检查维护，保持完好状态。链轮无损伤、无严重磨损，分链、压链器和护板完整紧固、无变形，运转时无卡碰现象；转动部分护罩完整，无变形；运转时刮板输送机不严重跑斜、不跳槽，链条长短一致、松紧合适，正反方向运行无卡阻现象。

减速机、液力联轴器无变形、无裂纹、无漏液，运转平稳无异响，温升正常，减速机中油脂清洁合格，油量适当。

液力联轴器应加注合格、适量的传动介质，严禁用机械油代替传动介质，严禁使用不合格的易熔塞或用其他物品代替易熔塞。

刮板输送机的机头、机尾必须安装合格、牢固可靠的压柱。压柱必须打在机头、机尾架上，严禁打在减速机、电机上，严禁使用单体或刚性压柱。压柱上方必须拴保险绳，防止压柱伤人。

刮板输送机要保证完好，安装及运行时要保证机体的平、直、稳、牢，机头与过渡槽的链接完好，机头、机尾固定牢固；相邻中部槽的端头应靠紧，搭接平整无台阶；中部槽与刮板链之间无杂物；机尾过高要进行拉底处理。

严禁在中部槽内行走，严禁乘坐刮板输送机。禁止用刮板输送机运送设备和各种物料；特殊情况必须运输时，必须制定有防止顶撞人员、棚梁支架的安全措施，并按程序审批后方可按措施运送。物料装运时一定要放在中部槽中部，不得歪斜、翘起；放置物料时，要顺刮板输送机运行方向先放尾端，取料时，先取尾端。放料和取料必须在刮板输送机停稳后操作。运送物料时信号要清晰、明确、可靠。

刮板输送机发生飘链事故时，应查明原因处理好后方可继续运行，处理飘链严禁在运行当中人力踩压或用工具撬、压。

刮板输送机的日常维护管理要做到“三平、两直、两无、四勤”。

三平：中部槽接口平，电机和减速机底座平，电机、减速机、液力联轴器在同一水平。两直：机头、中部槽、机尾对直，电机、减速机中心线对直。两无：无窜动、无扭曲。四勤：勤检查、勤注油、勤清理、勤检修。

凡是转动、传动部位应按规定设置保护栏或保护罩，机尾应设护板或护栏，行人处必须设过桥。

刮板输送机应配备有交接班记录、运转记录、检查记录、维修记录、液力联轴器和易熔塞检查记录、事故记录，并认真填写。

（三）刮板输送机的保养与维护

当班司机应负责设备及环境卫生的清理，检查刮板输送机刮板和螺丝是否齐全；检查电气设备外表是否完好，电缆吊环是否合格；注意观察刮板输送机运行情况，如声音、温度等是否有异常。

机电检修工应负责设备的日检和周检工作，做好日常预防性检修，保证备品、备件到位；应负责把当天反映的问题当天处理好，并做好记录。

跟班队长应负责检查、督促好每天的日检工作，把设备存在的问题在检修时间内处理完；负责周检和月底检修的组织和项目安排工作；负责备品、备件的合理配备、齐全到位；负责组织大的检修项目。

跟班队长应对当班设备的运行负责，督促司机做好巡回检查工作，督促机电检修工的日检和当班问题的处理，负责当班刮板输送机的运行环境，对刮板输送机的平、直运行负责。

## 六、带式输送机安全管理

在井下，带式输送机主要用于水平及倾斜巷道。但运输倾角有一定限制，倾斜向上输送原煤，允许的最大倾角约为17°~18°；向下输送的最大倾角不超过15°。

井下使用的带式输送机主要包括：①通用固定式带式输送机，可用于井下主要运输巷道运输；②可伸缩式带式输送机，主要用于综合机械化回采工作面巷道运输；③绳架吊挂式带式输送机，主要用于采区巷道、采区上（下）山运输。

（一）带式输送机常见故障与预防

（1）输送带打滑。当驱动滚筒传递力矩时，输送带与驱动滚筒接触部分产生相对位移的现象。输送带打滑的原因很多，主要有输送带能力太小，货载过多，输送带与滚筒之间摩擦力过小等。

（2）输送带跑偏。带式输送机的输送带运行超出了托辊端部边缘，输送带中心线偏离输送机架中心线，使输送带磨损，严重时会撕裂输送带，缩短输送带寿命。

（3）输送带火灾事故。当使用非阻燃输送带时，由于跑偏、货载过大，增加输送带运行阻力，使输送带打滑，引燃输送带，或井下电路短路、明火引燃输送带，从而引发矿井火灾事故。

（4）断带事故。输送带磨损超限、老化或输送带本身质量不合格，装载分布严重不均或严重超载等造成断带事故。

（二）预防措施

（1）使用合格的阻燃输送带。

（2）巷道内安设带式输送机时，输送机距支护或碹墙的距离不得小于0.5 m。

（3）带式输送机巷道要有充分照明。

（4）除按规定允许乘人的钢丝绳牵引带式输送机以外，其他带式输送机严禁乘人。

（5）在带式输送机巷道中，行人经常跨越带式输送机的地点，必须设置过桥。

（6）加强带式输送机运行管理，教育司机增强责任心，发现打滑及时处理；应使用输送带打滑保护装置，当输送带打滑时通过打滑传感器发出信号，自动停机。

（7）下运带式输送机电机在第二象限运行时，必须装设可靠的制动器，防止飞车。

（8）带式输送机机头、机尾两侧设防护罩，人员清货时必须停机作业。

（9）加强机电管理工作。对使用的非阻燃输送带要制定使用安全措施；带式输送机巷道要设置消防器材并加强防火管理工作。

## 七、井下架空乘人装置安全管理

煤矿架空乘人装置，是煤矿井下辅助运输设备，主要是运送人员上下斜井或平巷之用。它由驱动装置、托（压）绳装置、乘人器、尾轮装置、张紧装置、安全保护装置及电控装置组成。

乘人装置钢丝绳运行速度低，乘人离地不高，具有运行安全可靠、人员上下方便、随行、不需等待、一次性投入低、动力消耗小、操作简单、便于维护、工作人员少和运送效率高等特点，是煤矿常用的井下人员输送设备。

为了井下人员的安全，应加强井下架空乘人装置的安全管理，努力改善其运行条件，消除不安全因素，有效杜绝运输中的人身伤亡事故发生，确保安全生产。

（一）架空乘人装置运行

矿井新安设的架空乘人装置在试运行后，要按照《煤矿用架空乘人装置安全检验规范》（AQ 1038），由具有相关资质的单位进行检验，并经使用单位、生产厂家联合组织验收达到标准要求、符合运行条件后，方可正式投入运行。

（二）新建、扩建矿井严禁采用普通轨斜井人车运输

生产矿井在用的普通轨斜井人车运输必须遵守以下规定：

（1）车辆必须设置可靠的制动装置、断绳时制动装置既能自动发生作用，也能人工

操纵。

（2）必须设置使跟车工在运行途中任何地点都能发送紧急停车信号的装置。

（3）多水平运输时，从各水平发出的信号必须有区别。

（4）人员上下地点应当悬挂信号牌。任一区段行车时，各水平必须有信号显示。

（5）应当有跟车工，跟车工必须坐在设有手动制动装置把手的位置。

（6）每班运送人员前，必须检查人车的连接装置、保险链和制动装置，并先空载运行一次。

矿井已安设的架空乘人装置，要按照规范由具有相关资质单位定期进行检验。

矿井每月组织专业人员对架空乘人装置至少进行一次全面检查，对存在问题采取措施，认真解决。

（三）架空乘人装置司机上岗要求

架空乘人装置司机必须经过安全和岗前培训，取得安全资格及上岗证后方可上岗作业，并且严格执行年度考核制度。

（四）架空乘人装置必须执行《煤矿安全规程》有关要求

（1）巷道倾角不得超过设计规定的数值。

（2）蹬座中心至巷道一侧的距离、运行速度、乘坐间距符合《煤矿安全规程》有关规定及相关标准。

（3）驱动装置必须有制动器。

（4）吊杆和牵引钢丝绳之间的连接不得自动脱扣。

（五）架空乘人装置必须具备的保护

架空乘人装置必须具备的保护有：过速保护，欠速保护，重锤限位保护，上下变坡点掉绳保护，全程急停保护，断绳保护，机头、机尾下车点乘人越位保护；液压驱动式架空乘人装置还应具备驱动油压过压保护、驱动油压欠压保护和液压油温超温保护；减速器设油位、油温自动检测报警保护；在离机头、机尾下车点 15 m 处应安装语音提示器；防偏摆保护。要求保护动作必须灵敏可靠。

（六）架空乘人装置机头硐室必须悬挂的制度

架空乘人装置机头硐室必须悬挂的制度有司机岗位责任制、司机操作规程、司机交接班制度、巡回检查制度、设备包机制度、设备周期检修制度、安全保护试验制度、钢丝绳检查制度、乘人须知。

（七）架空乘人装置机头硐室必须有的记录

架空乘人装置机头硐室必须有的记录有设备运行记录、司机交接班记录、钢丝绳检查记录、安全保护装置试验记录、设备检修记录、干部上岗记录。

（八）架空乘人装置对运行巷道的要求

架空乘人装置运行巷道无严重变形，地面平整，上无淋水，下无积水，巷道内应有充足的照明。

（九）架空乘人装置的驱动部分应符合的要求

（1）基础及钢架结构。混凝土基础牢固可靠，未出现开裂现象；钢架结构无扭曲变形，螺丝紧固有效。

（2）驱动轮。驱动轮轮衬磨损余厚不小于原厚度 1/3，否则应及时更换轮衬；轮缘、辐条无裂纹、变形，键不松动，紧固螺母不松动；驱动轮转动灵活、无异常摆动和异常响声。

（3）工作闸和安全闸。工作闸和安全闸闸把动作灵敏、可靠，不松旷、不缺油，闸轮表面无油迹，液压系统不漏油；松闸状态下，闸瓦间隙不大于 2 mm。制动时，闸瓦与闸轮紧密接触，有效面积不小于设计的 60%；闸带无断裂现象，余厚不小于 3 mm，闸轮表面沟痕深度不大于 1.5 mm，沟宽总计不超过闸轮有效面积的 10%。

（4）声光信号。声光信号完好齐全、吊挂整齐，防爆报警信号灵敏可靠。

（5）钢丝绳无严重锈蚀、变形，断丝不超过规定，运行平稳，速度正常。

（十）架空乘人装置的迂回轮及张紧部分应符合的要求

（1）迂回轮。轮衬磨损余厚不小于原厚度的 1/3，否则应及时更换；轮缘、辐条无裂纹、变形，轴不松动，紧固螺母无松动；迂回轮运转无异常声响。

（2）张紧装置：

① 能够随时灵活调节运载钢丝绳在运行过程中的张力，活动部位移动灵活、不卡阻，转轴不歪斜。

② 重锤上下活动灵活，不卡、不挤、不碰支撑架，配重安全设施稳固可靠，重锤地坑内无积水。

③ 滑动尾轮架距滑动导轨的极限位置不小于 500 mm，否则要考虑更换钢丝绳。

④ 收绳装置灵活可靠。

（十一）架空乘人装置的吊椅部分应符合的要求

（1）各部件齐全完整，螺丝紧固有效，无开焊、裂纹或变形。

（2）锁紧装置齐全、有效、无变形。

（3）摩擦衬垫固定可靠。

（4）抱索器在钢丝绳上的安装位置，应每月移动不小于一个抱索器距离（一般为 400 mm）的位置，以减小抱索器在驱动轮、迂回轮处对钢丝绳产生的扭曲应力，避免造成对钢丝绳的疲劳磨损，延长钢丝绳的使用寿命。

（十二）架空乘人装置的轮系部分应符合的要求

（1）所有的托轮、压轮应转动灵活，平稳、不晃动。

（2）轮衬贴合紧密、无脱离，轮衬磨损余厚不小于 5 mm。托轮架稳固无变形、无位置偏移等现象。

（3）各部件连接螺栓紧固有效，焊缝无开裂现象。

（4）各种轮衬符合阻燃、抗静电要求。

（十三）架空乘人装置的钢丝绳部分应符合的要求

（1）钢丝绳断丝、磨损的检查以及检验与安全系数必须符合《煤矿安全规程》有关规定。

（2）主运行钢丝绳应使用表面无油的钢丝绳，其插接长度不得小于钢丝绳直径的 1000 倍。

（3）钢丝绳每天至少检查一次，检查项目主要是断丝、磨损、锈蚀和变形等，若发现有断股、打结或锈蚀严重，点蚀麻坑形成沟纹或外层钢丝松动时，不论断丝数或绳径变细多少，都必须立即更换。

（4）张紧钢丝绳可用绳卡连接，但卡接必须可靠。

（5）新购进的钢丝绳在出厂前必须做消除内部应力的拉力试验，以防止钢丝绳在运行时旋转。

（十四）架空乘人装置的控制部分应符合的要求

（1）主控台各按钮、开关灵活可靠。

（2）指示灯指示正确。

（3）电气设备完好、无失爆。

（4）启动装置应实现软启动。

（十五）架空乘人装置的其他要求

（1）架空乘人装置托梁、设备等防腐良好；托梁应编号管理；巷道内缆线整齐，并应悬挂里程牌。

（2）架空乘人装置应配备 1 ~2 套救护病床（救护担架）。

（3）司机开车前应对架空乘人装置进行检查。检查各部位螺栓是否紧固；减速器或液压站油量是否充足；制动闸是否灵活可靠；各项保护是否动作灵敏；张紧装置是否符合要求；详细检查钢丝绳及接头状况；检查巷道是否存在影响运行的因素。

（4）架空乘人装置司机严格执行操作规程，精心操作。

（5）在架空乘人装置运行过程中，司机要随时注意设备运行状况，发现运行状态突然不稳定或其他意外情况时，必须立即停止运行，待查明原因，并恢复正常后，方可继续启动架空乘人装置运行。

（6）操作人员因查找故障必须离开岗位时，必须按下控制台上的“急停禁启”按钮，并挂上“故障检修、禁止启动”警示牌，并向矿有关部门报告。当对系统全面检修时，必须断开总电源开关，挂上“设备检修，禁止合闸”警示牌，并派专人监护。

（7）除配备的专用货物吊篮外，严禁使用架空乘人装置的吊椅吊挂运送物品。

（8）乘车人员必须一人一座，不得超员。

（9）严禁携带易燃易爆、有腐蚀性物品的人员乘坐。

（10）严禁携带超长物品的人员乘坐。乘车时所带物品必须顺巷道方向携带，不得横放，以免碰撞逆向人员，并且前后均应留出至少一个座位不乘人，避免上下人时伤及他人。乘车人员携带物品质量不得超过 5 kg。

（11）在设备运行中，乘车人员要坐稳，脚蹬稳，手扶吊杆，不得手扶牵引钢丝绳和触摸绳轮及邻近的任何物体。乘车人员不得嬉戏打闹，不得引起吊椅左右摆动，不得超过警戒线。

（12）乘坐人员严禁中途下车，严禁来回乘坐和频繁改乘座位，严禁乘坐中睡觉，不准将灯带、衣物等挂在座位上。

（13）上下车场人员集中时，不得拥挤，应按顺序上下，所有乘车人员必须听从司机指挥。

（14）停运期间上下人严禁走在钢丝绳下方，应走人行道。

（15）架空乘人装置每天检修时间不得少于2 h。

（16）一侧布置带式输送机，一侧布置架空乘人装置的巷道，除安全距离符合规定外，还必须设置安全防护隔离网，隔离网须经有资质的相关部门进行设计，隔离网必须牢固可靠。

（17）对于斜巷轨道同时布置架空乘人装置的巷道，必须符合下列要求：

① 架空乘人装置机头、机尾最低点与轨道所运送的最高设备之间的安全距离不得小于200 mm。

② 架空乘人装置的吊椅不得影响轨道运输。

③ 架空乘人装置与轨道绞车不得同时运行，两者之间须有可靠的电气闭锁。架空乘人装置运行时，其运行区间内不得停放任何车辆。

（18）使用可摘挂吊椅架空乘人装置的，应设置足够空间的吊椅存放点，做到吊椅存放整齐；同时应有保证乘人间距的措施。

（十六）架空乘人装置运送人员应遵守的规定

（1）吊椅中心至巷道一侧突出部分的距离不得小于0.7 m，双向同时运送人员时钢丝绳间距不得小于0.8 m，固定抱索器的钢丝绳间距不得小于1.0 m。乘人吊椅距底板的高度不得小于0.2 m，在上下人站处不大于0.5 m。乘坐间距不应小于牵引钢丝绳5 s的运行距离，且不得小于6 m。

（2）驱动系统必须设置失效安全型工作制动装置和安全制动装置，安全制动装置必须设置在驱动轮上。

（3）各乘人站设上下人平台，乘人平台处钢丝绳距巷道壁不小于1 m，路面应当进行防滑处理。

（4）架空乘人装置必须装设超速、打滑、全程急停、防脱绳、变坡点防掉绳、张紧力下降、越位等保护，安全保护装置发生保护动作后，须经人工复位，方可重新启动。

（5）倾斜巷道中架空乘人装置与轨道提升系统同巷布置时，必须设置电气闭锁，2种设备不得同时运行；倾斜巷道中架空乘人装置与带式输送机同巷布置时，必须采取可靠的隔离措施。

（6）每日至少对整个装置进行1次检查，每年至少对整个装置进行1次安全检测检验。

# 第九章 露天煤矿灾害防治

## 第一节 露天开采概述

露天开采是人类最早从地层中获取有用矿物的方式，原始露天开采可追溯到新石器时代；机械开采始于20世纪下半叶。百余年间，露天开采从以蒸汽为动力初始阶段发展到了当今在露天开采各个领域广泛应用计算机，并在部分领域或矿山实现自动监控的现代化阶段。

与地下开采比，露天开采的优点是资源回采率高、贫化率低、机械化程度高、劳动生产率高、成本低、建矿快、产量大、劳动条件好和生产安全等。我国露天采煤发展缓慢，新中国成立以来，产量比重一直在10%以下，多数年份在5%以下。而世界上开采条件好的国家，露天开采比重在50%以上，开采条件差的国家，也都超过了10%。据统计，目前我国适宜露天开采的矿区（或煤田）主要有13个，已划归露天开采和可以划归露天开采储量共计为$412.43\times10^8$ t，仅占全国煤炭保有储量的4.1%。

### 一、露天开采程序

露天开采程序是指露天开采范围内采煤、剥岩（土）的顺序，即采剥工程在时间和空间上发展变化的方式。主要内容包括台阶划分、掘沟、采剥初始位置确定、水平推进、垂直延伸方式、工作帮构成等。

（一）台阶几何要素

台阶由坡顶面、坡底面和台阶坡面组成。台阶几何要素包括以下几个方面：

（1）台阶坡面角。是岩体稳定性的函数，取决于岩性强弱和台阶高度。

（2）台阶高度。受生产规模、采装设备、开采的选别性影响；其高度不小于挖掘机推压轴高度的2/3，以便满斗。台阶高度应小于挖掘机最大挖掘高度，以保证挖掘机的安全。

（3）台阶宽度 $W=W_c$（爆破带宽度）$+W_s$（安全平台宽度）。

工作台阶是指正在被开采的台阶；爆破带是指工作台阶上正在被爆破、采掘的部分，其宽度为爆破带宽度（或采区宽度）。

台阶的采掘方向是指挖掘机沿采掘带前进的方向。台阶的推进方向是指台阶向外扩展的方向。安全平台是指在开采过程中，工作台阶不能一直推进到上个台阶的坡底线位置，而是应留下一定宽度，留下的这部分叫作安全平台。安全平台宽度一般为2/3台阶高度。最小工作平盘宽度是指刚刚满足采运作业需要的空间的宽度。

单台阶开采程序为开采倾斜的出入沟、开掘开段沟、进行扩帮。

（二）掘沟

掘沟是新台阶开采的开始，一般分为两阶段进行：首先挖掘出入沟，以建立起上下两个台阶水平的运输联系；然后开掘段沟，为新台阶的开采推进提供初始作业空间。出入沟的坡度取决于矿用卡车的爬坡能力和运输安全要求；一般 100 t 以上的大型矿用卡车的出入沟坡度为 8% ~10%；台阶高度一般为 12 m，坡度为 8% 时的出入沟坡长约为 150 m。

（1）山坡露天矿掘沟。在许多矿山，最终开采境界范围内的地表是山坡或山包，随着开采的进行，矿山由上部的山坡露天矿逐步转为深凹露天矿。采场由山坡转为深凹的水平成为封闭水平，即在该水平上采场形成封闭圈。在山坡地带的开采也是分台阶逐层向下进行的。与深凹露天矿开采不同的是不需要在平地向下掘沟以达到下一水平，只需在山坡适当位置拉开初始工作面就可以进行新的台阶的推进。习惯上将“初始工作面的拉开”称为掘沟。山坡上掘出的“沟”是仅在指向山坡的一面有沟壁的单壁沟。

（2）深凹露天矿掘沟。最小沟底宽度是满足采运设备基本作业空间要求的沟底宽度，其值取决于电铲的作业技术规格、采装方式与矿用卡车的调车方式。

（三）帮坡形式与帮坡角

1. 工作帮坡角

工作帮是由工作台阶组成的边帮，并随台阶的推进而向最终边帮（非工作帮）靠近。工作帮坡角一般定义为最上一个工作台阶的坡顶线与最下一个工作台阶的坡底线联成的假想斜面与水平面的夹角。

若工作帮由 $n$ 个相邻的工作台阶组成，且工作平盘宽度相等，工作帮坡角 $\theta$ 的计算公式为

$$\theta = \arctan \frac{nH}{(n-1)W + nH/\tan\alpha} \tag{9-1}$$

式中　$H$——台阶高度；

$W$——工作平盘宽度；

$\alpha$——台阶坡面角。

实际生产中各工作平盘的宽度一般不相等。式（9-1）变为

$$\theta = \arctan \frac{nH}{\sum_{i=1}^{n-1} W_i + nH/\tan\alpha} \tag{9-2}$$

增加工作帮坡角的方式是增大台阶高度（受到设备与开采选别性的限制），减小工作平盘宽度（受到最小工作平盘宽度的限制）。

2. 组合台阶

组合台阶是将若干个（一般 4 个左右）台阶组成一组，划归一台采掘设备开采。这组台阶称为一个组合单元。在组合单元中，任一时间只有一个台阶处于工作状态，保持正常的工作平盘宽度，其他台阶处于待采状态，只保持安全平台的宽度。

组合台阶开采只有当采场下降到一定的深度后才能实现。如果采场空间允许，可以在不同区段布置多台采掘设备同时进行组合台阶开采，也可视工作帮的高度在同一区段垂直方向上布置多个组合单元。

3. 分期开采

分期开采的特点如下：

（1）初期剥采比大大降低，从而减小了初期投资，提高了开采的整体效益。

（2）可以降低由最终境界的不确定性所带来的投资风险。最终开采境界的设计应当是一个动态过程。

（3）实行严格的生产组织管理，既要保证矿山生产的连续性，又要避免无谓的提前过渡。

（4）分期开采较全境界开采更符合露天矿建设与生产发展规律，在国内外得到十分广泛的应用。

露天开采4个工艺主要包括钻孔、爆破、铲装与运输、排岩。

## 二、钻孔方法与常用钻设备

钻孔方法主要包括热力破碎钻孔和机械破碎钻孔两种方法。钻孔设备主要有火钻、潜孔钻、牙轮钻、凿岩台车。目前主要应用设备有牙轮钻、潜孔钻、凿岩台车。

钻孔设备进行钻孔作业和走行时，履带边缘与坡顶线的安全距离见表9－1。钻凿坡顶线第一排孔时，钻孔设备应垂直于台阶坡顶线或调角布置，其中最小夹角不小于45°。有顺层滑坡危险区的，必须压碴钻孔。钻凿坡底线第一排孔时，应当有专人监护。

表9－1　钻孔设备履带边缘与坡顶线的安全距离　　m

| 台阶高度 | <4 | 4～10 | 10～15 | ≥15 |
|---|---|---|---|---|
| 安全距离 | 1～2 | 2～2.5 | 2.5～3.5 | 3.5～6 |

（一）潜孔钻机

潜孔钻机为一种冲击回转式钻机，凿岩时把产生冲击作用的冲击器和钻头潜入孔底，随着孔深的增加，冲击器和钻头随之向孔底进行冲击并推进，同时钻杆在上部回转机构的带动下进行回转，使钻头对孔底产生剪切作用形成钻孔。

潜孔钻机具有结构简单，钻孔速度较快，机械化程度高，可以打倾斜孔，制造费用低等优点，钻孔效率比冲击绳钻机高2～3倍，适用于中等硬度的岩石。

（二）牙轮钻机

牙轮钻机为一种回转式钻机，通过钻机的回转和推压机构使钻杆带动钻头连续转动，同时对钻头施加轴向压力，以回转动压和强大的静压使与钻头接触的岩石粉碎破坏。同时通过钻杆与钻头中的风孔向孔底注入压缩空气，利用压缩空气将岩粉吹出孔外，从而形成炮孔。

牙轮钻机的主要特点是回转机构布置在加压小车上，小车可沿立架上下滑动，连续加压，故称滑架式，其加压方式多为封闭链－齿条式。此种钻机的机械化程度高，操作方便，辅助时间少，作业率高，钻孔效率高，与冲击式钻机比较，可以减轻劳动强度，并使钻孔效率提高4～5倍。牙轮钻机使用三牙轮合金柱钻头。

（三）火钻

在国外个别矿山使火力钻机作为坚硬矿岩的钻孔设备。火钻以喷气技术为基础，用类似火箭发动机推力室的火焰燃烧器，在纯氧中燃烧碳化氢，如2号柴油或煤油，以高温（2480～3200 ℃）和高速（超声速1800 m/s）的火流喷向岩石表面，使岩石在热应力作用下，骤热、膨胀、碎裂、剥落而成孔，并不是将岩石熔化。火钻适宜于含硅较多的极硬而又致密的矿岩中钻孔，如辉长岩、花岗岩和石英岩等，但对裂隙发达的岩石以及黏土含量超过2%～4%的岩石，不宜采用火钻。

在中硬和坚硬矿岩中，钻孔费用占矿岩开采成本的10%～20%，在软岩和煤矿中占5%～8%。

## 三、爆破作业

爆破是露天煤矿开采的重要工艺环节，通过爆破作业，将整体矿岩进行破碎及松动，形成一定形状的爆堆，为后续采装作业提供工作条件。露天煤矿钻孔、爆破作业必须编制钻孔、爆破设计及安全技术措施，并经矿总工程师批准。钻孔、爆破作业必须按设计进行。爆破前应当绘制爆破警戒范围图，并实地标出警戒点的位置。

对爆破工作的要求：①适当的爆破储备量，以满足挖掘机连续作业的要求，一般要求每次爆破的矿岩量应能满足挖掘机5～10昼夜的采装量；②有合理的矿岩块度，以提高后续工序的作业效率，使开采总成本最低；③爆堆堆积形态好，前冲量小，无上翻，无根底；④无爆破危害。

（一）基建剥离爆破

露天煤矿基建期，为了剥离矿体上覆岩石、平整作业场地、开挖公路或铁路，通常进行的大爆破，即基建剥离爆破。基建剥离爆破有以下两种方式：

（1）破碎松动爆破。其主要特点是爆破后岩体大部分破碎在原地形成爆堆，少部分岩体产生位移。

（2）抛掷爆破。其主要特点是岩体经爆破破碎后发生较大的位移，并且在装药硐室处形成爆破漏斗。根据抛掷程度有抛扬爆破、抛塌爆破。

大爆破设计要求应符合经济合理性原则。爆破设计上要求尽量为后续工作创造良好条件；爆破质量上要求爆堆形态及分布符合要求，大块率低；符合爆破安全要求。

（二）生产台阶正常爆破

生产台阶正常爆破是在每一个生产台阶分区依次进行的爆破。生产台阶正常采掘爆破方法包括浅孔爆破、深孔爆破、药壶爆破、外敷爆破。

（1）浅孔爆破：在小型矿山的台阶爆破和大型矿山的辅助性爆破，如开出入沟、修路、处理根底及不合格大块等，其直径在50 mm左右。

（2）药壶爆破：可以克服较大的底盘抵抗线，减少钻孔工作量，通常在工作困难的条件下使用。

（3）外敷爆破：不钻孔进行的大块二次爆破或根底处理。

（4）深孔爆破：露天矿台阶正常采掘爆破常用的方法，该方法分为齐发爆破、毫秒爆破。

根据台阶前是否有碴堆，台阶采掘爆破又可以分为清碴爆破、压碴爆破。

（三）爆破安全警戒应遵守的规定

（1）必须有安全警戒负责人，并向爆破区周围派出警戒人员。

（2）爆破区域负责人与警戒人员之间实行“三联系制”。也就是爆破区负责人向警戒人员发出第一次信号，确认警戒人员到达警戒地点，所有与爆破无关人员撤出警戒区，设备撤至安全地带，然后警戒人员向爆破区负责人发回安全信号，爆破区负责人令起爆人员作起爆预备；起爆预备完成后，向警戒人员发出第二次信号，然后再向起爆人员发出起爆命令，进行起爆；起爆后，确认无危险时，爆破区负责人和起爆人员进入爆区进行检查，无问题后，向各警戒人员发出解除警戒信号。

（3）因爆破发生中断生产事故时，应立即报告矿调度室，采取措施后方可解除警戒。

（四）爆破安全警戒距离应符合的要求

（1）抛掷爆破（孔深小于45 m）：爆破区正向不得小于1000 m，其余方向不得小于600 m。

（2）深孔松动爆破（孔深大于5 m）：距爆破区边缘，软岩不得小于100 m，硬岩不得小于200 m。

（3）浅孔爆破（孔深小于5 m）：无充填预裂爆破，不得小于300 m。

（4）二次爆破：炮眼爆破不得小于200 m。

（五）机电设备距爆破区外端的安全距离

机车等机动设备在警戒范围内且不能撤离时，应采取安全措施；与电杆距离不得小于5 m，在5～10 m时，必须采用减震爆破。设备设施距松动爆破区外端的安全距离见表9－2。

表9－2 设备设施距松动爆破区外端的安全距离 m

| 设备名称 | 深孔爆破 | 浅孔及二次爆破 | 备注 |
|---|---|---|---|
| 挖掘机、钻孔机 | 30 | 40 | 司机室背向爆破区 |
| 风泵车 | 40 | 50 | 小于此距离应当采取保护措施 |
| 信号箱、电气柜、变压器、移动变电站 | 30 | 30 | 小于此距离应当采取保护措施 |
| 高压电缆 | 40 | 50 | 小于此距离应当拆除或者采取保护措施 |

机车、矿用卡车等机动设备处于警戒范围内且不能撤离时，应当采取就地保护措施；与电杆距离不得小于5 m；在5～10 m时，必须采用减震爆破。

设备、设施距抛掷爆破区外端的安全距离：爆破区正向，不得小于600 m；两侧有自由面方向及背向，不得小于300 m；无自由面方向，不得小于200 m。

爆破危险区的架空输电线、电缆和移动变电站等，在爆破时应当停电。恢复送电前，必须对这些线路进行检查，确认无损后方可送电。

（六）爆破地震安全距离应符合的要求

各类建（构）筑物地面质点的安全振动速度不应超过以下数值：

（1）重要工业厂房为0.4 cm/s。

（2）土窑洞、土坯房、毛石房为1.0 cm/s。

（3）一般砖房、非抗震的大型砌块建筑物为2～3 cm/s。

（4）钢筋混凝土框架房屋为5 cm/s。

（5）水工隧道为10 cm/s。

（6）交通涵洞为15 cm/s。

（7）围岩不稳定有良好支护的矿山巷道为10 cm/s，围岩中等稳定有良好支护的矿山巷道为15 cm/s，围岩稳定无支护的矿山巷道为20 cm/s。

爆破地震安全距离应当按下式计算：

$$R=(K/v)^{1/\alpha}\cdot Q^{m} \tag{9-3}$$

式中　$R$——爆破地震安全距离，m；

$Q$——药量（齐发爆破取总量，延期爆破取最大一段药量），kg；

$v$——安全质点振动速度，cm/s；

$m$——药量指数，取 $m=1/3$；

$K$、$\alpha$——与爆破地点地形、地质条件有关的系数和衰减指数。

在特殊建（构）筑物附近、爆破条件复杂和爆破震动对边坡稳定有影响的地区进行爆破时，必须进行爆破地震效应的监测或者试验。

## 四、采装与运输

采装与运输是密不可分的，两者相互影响、相互制约。目前采装与运输工艺的发展趋势主要体现在采装与运输设备的大型化，采装与运输环节的一体化与连续化，以及计算机自动化。

### （一）提高挖掘机生产能力的途径

（1）结合矿山的设计生产能力，合理选择挖掘机自身的设备规格与技术规格。

（2）优化爆破设计、改善爆破质量，以提高挖掘机装载效率与满斗系数。

（3）通过技术培训，提高挖掘机操纵人员的工作水平和熟练程度，进而提高挖掘机的工作效率与生产能力。

（4）合理选择挖掘机的采装方式与运输设备的供车方式，以缩短挖掘机工作循环时间。

铁路运输存在爬坡能力小等缺点，一般适用于埋藏较浅的矿体，或者在矿体上部使用铁路运输，在坑底使用矿用卡车运输的联合运输方式。

目前，输送机运输的爬坡能力大，能实现连续或半连续作业，自动化水平高，运输生产能力大，运输费用低，所以在露天煤矿的使用日趋广泛。输送机的最大倾角，应根据输送的物料性质、作业环境条件、输送机带速及给料方式等因素确定。

矿用卡车的性能评价与运输计算主要考虑以下几点因素：

（1）矿用卡车的性能评价。重量利用系数是矿用卡车的载重与自重的比值。矿用卡车的重量利用系数一般为1～1.73，该值越大，表明矿用卡车设计越好，运行经济性越好。

（2）比功率与比扭矩。比功率是发动机所发生的最大功率与矿用卡车的总重量之比。矿用卡车的比功率大约为4.63～6.03 kW/t，该值越大，车辆的动力性能越好，但燃油的经济性越低。

比扭矩是发动机最大扭矩与矿用卡车自重之比。该值越大，车辆的动力性能越好，但燃油的经济性越低。

（3）最大动力因素。矿用卡车的最大车速不大，空气阻力一般不计。矿用卡车的最大动力因数为0.3～0.46，动力因数越大，车辆爬坡能力越好。

（二）采装与运输设备的合理选型与配比

采装与运输设备的选型是露天开采设计中的重大决策问题。挖掘机的选型要根据矿山规模、矿岩年采剥总量、开采工艺、矿岩的物理力学性质、设备的供应情况等确定。

特大型矿山选用斗容8～10 $m^3$或更大的挖掘机，大型矿山的挖掘机斗容为4～10 $m^3$，中型矿山的挖掘机斗容为2～4 $m^3$，小型矿山的挖掘机斗容为1～2 $m^3$。

（三）单斗挖掘机应遵守的规定

1. 单斗挖掘机向列车装载须遵守的规定

（1）列车驶入工作面100 m内，驶出工作面20 m内，挖掘机必须停止作业。

（2）列车驶入工作面，待车停稳，经助手与司旗联系后，方可装车。

（3）物料最大块度不得超过3 $m^3$。

（4）严禁勺斗压碰自翻车车帮或跨越机车和尾车顶部。严禁高吊勺斗装车。

（5）遇到大块物料掉落影响机车运行时，必须处理后方可作业。

2. 单斗挖掘机向矿用卡车装载时应遵守的规定

（1）勺斗容积和物料块度与卡车载重相适应。

（2）单面装车作业时，只有在挖掘机司机发出进车信号，卡车开到装车位置停稳并发出装车信号后，方可装车。双面装车作业时，正面装车卡车可提前进入装车位置，反面装车应当由勺斗引导卡车进入装车位置。

（3）挖掘机不得跨电缆装车。

（4）装载第一勺斗时，不得装大块；卸料时尽量放低勺斗，其插销距车厢底板不得超过0.5 m。严禁高吊勺斗装车。

（5）装入卡车里的物料超出车厢外部影响安全时，必须妥善处理后，才准发出车信号。

（6）装车时严禁勺斗从卡车驾驶室上方越过。

（7）装入车内的物料要均匀，严禁单侧偏装、超装。

3. 单斗挖掘机须停止作业的情况

单斗挖掘机在挖掘过程中有下列情况之一时，必须停止作业，退到安全地点，报告有关部门检查处理：

（1）发现台阶崩落或者有滑动迹象。

（2）工作面有伞檐或者大块物料。

（3）暴露出爆炸药包或者雷管。

（4）遇有塌陷危险的采空区或者自然发火区。

（5）遇有松软岩层，可能造成挖掘机下沉或者掘沟遇水被淹。

（6）发现不明地下管线或者其他不明障碍物。

4. 操作单斗挖掘机须遵守的规定

（1）严禁用勺斗载人、砸大块和起吊重物。

（2）勺斗回转时，必须离开采掘工作面，严禁跨越接触网。

（3）在回转或者挖掘过程中，严禁勺斗突然变换方向。

（4）遇坚硬岩体时，严禁强行挖掘。

（5）反铲上挖作业时，应当采取安全技术措施；下挖作业时，履带不得平行于采掘面。

（6）严禁装载铁器等异物和拒爆的火药、雷管等。

5. 两台以上单斗挖掘机在同一台阶或相邻上下台阶作业须遵守的规定

（1）矿用卡车运输时，两台挖掘机的间距不得小于最大挖掘半径的 2.5 倍，并制定安全措施。

（2）在同一铁道线路进行装车作业时，必须制定安全措施。

（3）两台挖掘机在相邻的上下台阶作业时，两者的相对位置影响上下台阶的设备、设施安全时，必须制定安全措施。

6. 单斗挖掘机行走和升降段应遵守的规定

（1）行走前应检查行走机构及制动系统。

（2）应根据不同的台阶高度、坡面角，使挖掘机的行走路线与坡底线和坡顶线保持一定的安全距离。

（3）挖掘机应在平整、坚实的台阶上行走，当道路松软或含水有沉陷危险时，必须采取安全措施。

（4）挖掘机升降段或行走距离超过 300 m 时，必须设专人指挥；行走时，主动轴应在后，悬臂对正行走中心，及时调整方向，严禁原地大角度扭车。

（5）挖掘机行走时，靠铁道线路侧的履带边缘距线路中心不得小于 3 m，过高压线和铁道等障碍物时，要有相应的安全措施。

（6）挖掘机升降段之前应预先采取防止下滑的措施。爬坡时，不得超过挖掘机规定的最大允许坡度。

7. 单斗挖掘机雨天作业时应遵守的规定

（1）暴雨期间，遇有水淹和片帮时，应及时将单斗挖掘机开到安全地带，并向矿调度室报告。

（2）下雨天，电缆发生故障时，应及时向矿调度室报告。故障排除后，确认柱上开关无电时，方可停送电。

（四）轮斗挖掘机应遵守的规定

（1）开机作业前必须对安全装置进行检查。严禁挖掘卡堵和易损坏输送带的异物。

（2）启动或走行前，必须按规定发出声响信号。调整位置时，必须设地面指挥人员。

（3）严禁斗轮工作装置带负荷启动。

（4）应根据工作面物料的变化和采掘工艺要求及时调整切削厚度和回转速度，遇有硬夹石层时应另行处理，严禁超负荷工作。

（5）斗轮臂下严禁人员通过或停留，斗轮卸料臂、转载机下严禁人员和设备停留。

（6）轮斗挖掘机工作面必须帮齐底平,行走道路的坡度和半径不得超过规定的允许值。

（7）轮斗挖掘机作业和行走线路处在饱和水台阶上时，必须有疏排水措施；否则严禁挖掘机作业和行走。

（五）采用轮斗挖掘机—带式输送机—排土机连续开采工艺系统时应遵守的规定

（1）各单机人员接班后，经检查可以开机时，应立即向集中控制室发出可以开机信号；如有异常现象，应向集中控制室报告，待故障排除后，再向集中控制室发出可以开机信号。

（2）连续工作的电动机，不应频繁启动，紧急停机开关必须在可能发生重大设备事故或危及人身安全的紧急情况下方可使用。

（3）各单机间应有安全闭锁控制，单机发生故障时，必须立即停车，同时向集中控制室汇报。严禁擅自处理故障。

（4）当两台以上转载机与轮斗挖掘机联合作业时，必须制定安全措施。

## 五、排岩工程

排岩工程是将剥离下的废石运输到废石场进行排弃。目前，露天排岩技术发展趋势为：采用高效率的排岩工艺与排岩设备，提高排岩强度；提高堆置高度；适时进行废石场的复垦。

（一）废石场的位置选择及堆置要素

1. 废石场的位置选择

废石场的位置选择的原则是经济原则，是指折算到单位矿石的排岩成本最低。内部废石场是把剥离下的废石直接排弃到露天采场内部的采空区，这是一种最经济的排岩方案。外部废石场是把剥离下的废石排弃到露天采场外的一个或多个废石场。废石场的位置选择需要考虑的因素如下：

（1）不占或少占良田。

（2）尽量靠近露天坑。

（3）尽量采用内部废石场。

（4）废石场设置在居民区下风侧。

（5）废石场避免山洪和河流的冲洗。

（6）剥离下的可利用的岩石要单独堆放。

（7）多出入口的露天坑，设置多个废石场。

（8）废石场要有利于将来复垦。

2. 废石场的堆置要素

（1）废石场的堆置高度，废石场的阶段高度是排土台阶坡顶线至坡底线之间的垂直距离，废石场的堆置高度是各个排土台阶高度之和。

（2）堆置阶段的平盘宽度，是废石场堆置宽度，应满足上下两相邻排岩台阶同时进行排岩工作时互不影响。

（3）废石场的有效容积，计算公式为

$$V_y = \frac{V_s K_s}{1 + K_c} \tag{9-4}$$

式中　$V_y$——废石场的设计有效容积，$m^3$；

$V_s$——剥离岩土的实方数，$m^3$；

$K_s$——岩土的松散系数，1.1～1.4；

$K_c$——岩土下沉系数，1.01～1.35。

（4）废石场的设计总容积，计算公式为

$$V = K_1 V_y \tag{9-5}$$

式中　$K_1$——容积的富余系数，1.02～1.05。

（二）废石场的排岩工艺

当采场小时，可以直接使用挖掘机直接将岩石倒入内部采场。一般情况下，需要使用运输方式进行排岩作业。

1. 矿用卡车－推土机排岩工艺

矿用卡车运输废石到废石场后进行排卸，推土机推排残留废石，平整排土工作台阶、修筑安全车挡及整修排岩公路。该工艺的优点是：机动灵活、爬坡能力大、可在复杂的排岩场地作业，适合台阶排土。

2. 铁路运输排岩工艺

由铁路机车将剥离下的废石运送至废石场，翻卸到指定地点，再应用其他的移动设备进行废石的转排工作。采用铁路运输的矿山广泛采用挖掘机转排岩石。该工艺的优点是：①受气候影响小，剥岩设备效率高；②移道步距大，线路质量好；③每米线路的废石容量大；④排岩平台稳定性好；⑤场地的适用性强；⑥可在排岩过程中进行运输线路的涨道。

该工艺的缺点是：①挖掘机投资设备较高，耗电量大，排土成本相对较高；②运输机车需要定位翻卸废石和等待挖掘机转排，降低了运输设备利用率。

3. 排土犁排岩工艺

排土犁是一种行走在轨道上的排岩设备，列车进入排岩线卸载后，由排土犁进行推刮，将部分岩土推落坡下，上部形成新的受土容积。列车再翻卸下一车岩土，直到线路外侧形成的平盘宽度超过或等于排土犁的最大允许排土宽度。一般排岩线每卸载2～6列车由排土犁推刮一次，每经过6～8次推刮后需要移设线路。该工艺的优点是：①价格低，排岩效率高；②设备结构简单；③适应性强；④路基可直接铺设线路。

该工艺的缺点是：①排土台阶高度受限制，一般为10～12 m；②移道步距较小，两次移道间的容土量较小，需要设置多条排土线。

4. 推土机排岩工艺

列车卸载后，由推土机把岩石推至排岩工作台阶以下。排土成本较高，国内应用少。

5. 带式输送机－胶带排岩机排岩工艺

这种排岩方式是近年来发展起来的一种多机械连续排岩工艺。其工艺流程是矿用卡车将废石运送至设置在采场最终边帮上的固定或移动式破碎站进行废石的粗破碎，破碎后的废石被卸入带式输送机，由带式输送机运送至废石场再转入胶带排岩机进行排卸。其主要优点是运输成本低、自动化程度高。与矿用卡车相比，耗能小，维修费用低，设备利用率高。增大了废石排岩段高，减小了废石场的占地面积。缺点是初期投资大，生产管理严格，胶带易磨损，工艺灵活性差。

1）采用带式输送机运输应遵守的规定

（1）带式输送机运输物料的最大倾角，上行不得大于16°，严寒地区不得大于14°；下行不得大于12°，特种带式输送机除外。

（2）钢丝绳芯输送带的静安全系数不得小于表8－4中的数值。

（3）带式输送机的运输能力应与前置设备能力相匹配。

2）布设固定带式输送机应遵守的规定

（1）避开采空区和工程地质不良地段，特殊情况下必须采取安全措施。

（2）带式输送机栈桥应当设人行通道，坡度大于5°的人行通道应当有防滑措施。

（3）跨越设备或者人行道时，必须设置防物料撒落的安全保护设施。

（4）除移置式带式输送机外，露天设置的带式输送机应当设防护设施。

（5）在转载点和机头应当设置消防设施。

（6）带式输送机沿线应当设检修通道和防排水设施。

3）带式输送机应设置的安全保护装置

（1）应设置防止输送带跑偏、驱动滚筒打滑、纵向撕裂和溜槽堵塞等保护装置；上行带式输送机应设置防止输送带逆转的安全保护装置，下行带式输送机应设置防止超速的安全保护装置。

（2）在带式输送机沿线应设连锁停车装置。

（3）在驱动、传动和自动拉紧装置的旋转部件周围，应设防护装置。

4）带式输送机运行时须遵守的规定

带式输送机启动时应当有声光报警装置，运行时严禁运送工具、材料、设备和人员。停机前后必须巡查托辊和输送带的运行情况，发现异常及时处理。检修时应当停机闭锁。

## 六、运输道路安全管理

露天矿山道路运输是采矿生产的重要工序组成部分，主要任务是将采场采出的矿石运送到破碎站和储矿场，同时把剥离的废土运送到排土场。由于矿山道路运输路线相对集中，矿山道路运输系统是根据地形条件，矿体赋存条件和开采规模，以一定的方式布置在一个比较固定的范围内，所以运输路线往往集中在相对的区域内。矿山运输道路路况较为复杂，矿山的道路修筑困难，使用期又较短，所以坡度大，转弯多，转弯半径小，最大纵向坡度达8%～10%。路面大多是碎石铺成，灰尘大，损坏快，路况较为复杂，养护工作量大。对于露天矿山运输安全的管理工作，应依靠科学的管理方法，采取严格的管理制度，加强安全管理基础工作，只有这样才能保证矿山运输车辆的安全运行，更好地完成矿山运输任务。

### （一）道路宽度

工作帮道路宽度不小于12 m。移动坑线道路宽度不小于15 m。端帮线道路宽度不小于 15 m。出沟线道路宽度不小于 15 m。场外线道路宽度不小于 20 m。连续下坡或连续上坡每 200 m 必须设置缓坡道；高填方及坑内线道路两侧必须设置安全挡墙，高度为矿用卡车轮胎直径的 3/5，上宽 1 m、下宽 3 m。

（二）矿用卡车运输安全管理

（1）矿用卡车在作业时，其制动、转向系统和安全装置必须完好。应定期检验其可靠性，大型自卸车应设示宽灯或标志。

（2）矿内各种矿用卡车道路，应根据具体情况（弯度、坡度、危险地段）设置反光路标和限速标志。

矿用卡车道路必须有洒水车洒水降尘。

（3）严禁采矿用矿用卡车在矿内各种道路上超速行驶，同类矿用卡车不得超车。矿内各种车辆（正在作业的平路机除外）必须为采矿用矿用卡车让行。

（4）矿山道路的宽度应保证通行、会车等的安全要求。受采掘条件限制、达不到规定的宽度时，必须视道路距离设置相应数量的会车线。

矿山道路必须设置护堤，高度为矿用卡车轮胎直径的 2/5 ~ 3/5，底部宽度不应小于 3 m。

（5）矿内长距离坡道运输系统，应在适当位置设置避难车道和缓坡道。

（6）雾天或烟尘影响视线时，应开亮雾灯或大灯，并靠边减速行驶，前后车距不得小于 30 m；能见度不足 30 m 或雨雪天气危及行车安全时，应停止作业。

（7）冬季应及时清除路面上的积雪或结冰，并采取防滑措施，前后车距不得小于 50 m，行驶时不准急刹车、急转弯或超车。

（8）自卸车不得在矿山道路拖挂其他车辆；必须拖挂时，应采取安全措施，并设专人指挥监护。

（9）矿用卡车在工作面装车时必须遵守下列规定：

① 待进入装车位置的矿用卡车必须停在挖掘机最大回转半径范围之外，正在装车的矿用卡车必须停在挖掘机尾部回转半径之外。

② 正在装载的矿用卡车必须制动，司机不得将身体的任何部位伸出驾驶室外，严禁其他人员上下车和检查维修车辆。

③ 矿用卡车必须在挖掘机发出信号后，方可进入或驶出装车地点。

④ 矿用卡车排队等待装车时，车与车之间必须保持一定的安全距离。

（10）卸料平台应有信号、安全标志、照明和足够的调车宽度。卸料点必须有可靠的挡车设施。不同类型矿用卡车应有各自卸料点，使用同一个卸料点时，应保证大型车安全。

## 七、排土作业管理

### （一）排土场管理规定

1. 排土工作线

必须按计划要求整体推进，排土指挥人员要随时观察排土工作线物料排弃情况，指定车辆至合适的地点卸载物料，运输车辆司机要听从排土指挥人员的指挥，不得擅自随处排弃物料。

2. 排土场安全墙的保持

（1）排土指挥人员必须坚持现场指挥，认真观察运输车辆所装沙土的干湿情况，指挥运输车辆至合适的地点卸载，使卸载的干、湿沙土和岩石等物料配比均匀，防止滑坡。

（2）排土场工作线必须全线留有安全挡土墙，如发生滑坡，排土指挥人员应及时组织车辆填补，恢复安全挡墙。

3. 排土场反坡的留设与实施

在距排土场工作线5 m处按3% ~5%留设反坡，推土机应及时清理第一个5 m段的反坡，然后重新设置反坡，如此反复循环，使排土线按计划循序向前推进，反坡留设不得间断。

排土场必须按规定的排土标高作业。

（二）排土场管理规程

（1）根据排土场选择原则在适当位置选择排土场，以保证排弃土岩时，不致大块滚落、滑坡、塌方等威胁采场、工业场地、公路等安全。

（2）排土场位置选定后应进行地质测绘和工程地质水文地质勘探，并结合开采工艺确定排土参数。

（3）排土场必须按设计要求进行排弃，排土段高为30 m。排土场最小平盘宽度不得小于80 m。

（4）排土台阶要按设计排齐，严禁超界、超高排弃。

（5）排土场要设专人指挥，以便做到有计划、有秩序地卸土，矿用卡车司机要服从指挥。

（6）排土场周围必须修筑可靠的截泥、防洪和排水设施。

（7）推土机推土时，掌子边缘要留有高0.5 ~1.0 m、宽2.0 ~2.5 m的土堤，保证矿用卡车卸土时的安全，排土时推土板不应超过掌子边缘。

（8）排土场卸载区设有通信设施或联络信号，夜间应有照明灯。

（9）排土场地要留有2% ~3%的反坡。排土场边缘要设有0.5 ~1 m的安全土挡。

（10）推土机推土和矿用卡车卸土时应分区进行，以免互相干扰，行驶中的推土机不得与矿用卡车抢行，矿用卡车必须避让正在推土作业的推土机。

（11）推土机行车和作业时要注意瞭望。有人时需鸣喇叭警告，作业时生产指挥人员必须与推土机保持20 m以上的安全距离。

（12）保持排土设备卫生清洁，配齐灭火器材。

（13）使用矿用卡车在排土场排弃作业时，必须遵守下列规定：

① 排土场卸载区必须有连续的安全挡墙，车型小于240 t时安全挡墙高度不得低于轮胎直径的0.4倍，车型大于240 t时安全挡墙高度不得低于轮胎直径的0.35倍。不同车型在同一地点排土时，必须按最大车型的要求修筑安全挡墙，特殊情况下必须制定安全措施；

② 排土工作面向坡顶线方向应当保持3% ~5%的反坡。

（14）当出现滑坡和其他危险时，必须停止排土作业，直到采取安全措施，并得到工程技术部门和安全部门批准后方可恢复排土作业。

(15) 按规定顺序排弃土岩；在同一地段进行卸车和推土作业时，设备之间保持足够的安全距离。

(16) 卸土时，矿用卡车垂直于排土工作线；矿用卡车倒车速度小于 5 km/h，不应高速倒车，以免冲撞安全车挡。

(17) 推土机、装载机排土必须遵守下列规定：

① 司机必须随时观察排土台阶的稳定情况。

② 严禁平行于坡顶线作业。

③ 与矿用卡车之间保持足够的安全距离。

④ 严禁以高速冲击的方式铲推物料。

(18) 排土场作业区内烟雾、粉尘、照明等因素导致驾驶员视距小于 30 m 或遇暴雨、大雪、大风等恶劣天气时，一律停止排土作业。

## 第二节　露天矿山灾害及防治技术

露天矿边坡滑坡是指边坡体在较大的范围内沿某一特定的剪切面滑动，一般的滑坡是滑落前在滑体的后缘先出现裂隙，而后缓慢滑动或周期地快慢更迭，最后骤然滑落，从而引起滑坡灾害。

### 一、露天矿边坡的特点

(1) 露天矿边坡多为高大边坡，可达 500 ~ 700 m，边坡走向长度可达数千米，因而边坡揭露的岩层多，地质条件差异大。

(2) 露天矿边坡是由剥采工程形成的，边坡岩体较破碎，而且一般不加维护，因而易受风化作用的影响。

(3) 露天煤矿的边坡主要由沉积岩构成，层理明显，软弱层较多，岩石强度低。而金属露天矿的边坡主要由岩浆岩、变质岩构成，岩石强度较高，但断层、节理较发育，构造复杂。

(4) 露天采场爆破作业频繁，且常有运输设备运行，因而边坡常受震动作用影响。

(5) 露天矿采场最终边坡是由上至下逐渐形成的，上部边坡服务时间长，下部边坡服务时间短。

(6) 露天矿不同部位的边坡对稳定性要求不同。边坡上部布置有采掘设备、运输线路、站场，下部有采掘作业的边坡要求其稳定性较高，而对那些生产影响不大或存在时间较短的边坡要求较低。

(7) 露天煤矿的滑坡主要沿层面、软弱夹层滑动，其次是沿断层、节理发生。金属露天矿的滑坡主要是沿节理、断层发生，有时沿层面滑动。

### 二、边坡的破坏类型

岩质边坡的破坏类型可分为滑坡、崩塌和滑塌等几种。

(一) 滑坡

滑坡是指岩土体在重力作用下，沿坡内软弱结构面产生的整体滑动。滑坡通常以深层破坏形式出现，其滑动面往往深入坡体内部，甚至延伸到坡脚以下。当滑动面通过塑性较强的土体时，滑速一般比较缓慢；当滑动面通过脆性较强的岩石或者滑面本身具有一定的抗剪强度时，可以积聚较大的下滑势能，滑动具有突发性。根据滑面的形状，滑坡形式可分为平面剪切滑动和旋转剪切滑动。

（二）崩塌

崩塌是指块状岩体与岩坡分离向前翻滚而下。在崩塌过程中，岩体无明显滑移面，同时下落的岩块或未经阻挡而落于坡脚处，或于斜坡上滚落、滑移、碰撞最后堆积于坡脚处。

（三）滑塌

松散岩土的坡角大于它的内摩擦角时，表层蠕动使它沿着剪切带表现为顺坡滑移、滚动与坐塌，从而重新达到稳定坡角的破坏过程，称为滑塌或崩滑。

## 三、边坡滑坡的影响因素

露天矿山边坡的变形、失稳，从根本上说是边坡自身求得稳定状态的自然调整过程，而边坡趋于稳定的作用因素在大的方面与自然因素和人为因素有关。

（一）自然因素

（1）岩层岩性。岩石的物理力学性质及矿物成分，结构与构造，对整体岩层而言，是确定边坡的主要因素之一。相间成层的岩层，其厚度、产状及在边坡内所处的部位不同，稳定状态也不一样。

（2）岩体结构。岩体结构面是在地质发展过程中，在岩体内形成具有一定方向、一定规模、一定形态和不同特性的地质分割面，统称为软弱结构面。它具有一定的厚度，常由松散、松软或软弱的物质组成。这些组成物质的密度、强度等物理力学属性较之相邻岩块则差得多，在地下水作用下往往出现崩解、软化、泥化甚至液化的现象，有的还具有溶解和膨胀的特性，具有这样软弱泥化的结构面的存在，就给边坡岩体失稳创造了有利的条件。

（3）风化程度。岩层的风化程度越高，岩层的稳定性越低，要求的边坡坡度越缓。例如，花岗岩在风化极严重时，其矿物颗粒间失去连接，成为松散的砂粒，则边坡的稳定值近似于砂土所要求的数值。

（4）水文地质。地下水使岩石发生溶蚀、软化，降低岩体特别是滑面岩体的力学强度；地下水的静水压力降低了滑面上的有效法向应力，从而降低了滑面上的抗滑力；产生渗透压力（动水压力）作用于边坡，使岩层裂隙间的摩擦力减小，边坡稳定性大为降低；在边坡岩体的孔隙和裂隙内运动着的地下水使土体重力密度增加，增加了坡体的下滑力，使边坡稳定条件恶化。地表水对边坡的影响主要是冲刷、夹带作用对边坡造成侵蚀形成陡峭山崖或冲洪积层，引发牵引式滑坡。

（5）气候与气象。在渗水性的岩土层中，雨水可下渗浸润岩土体内，加大土石重力密度，降低其凝聚力及内摩擦角，使边坡变形。我国大多数滑坡都是以地面大量降雨下渗引起地下水状态的变化为直接诱导因素的。此外，气温、湿度的交替变化，风的吹蚀，雨雪的侵袭、冻融等，可以使边坡岩体发生膨胀、崩解、收缩，改变边坡岩体性质，影响边坡的稳定。

（6）地震。水平地震力与垂直地震力的叠加，形成一种复杂的地震力，这种地震力可以使边坡作水平、垂直和扭转运动，引发滑坡灾害。地震触发滑坡与地震烈度有关。

（二）人为因素

（1）坡体开挖形态。露天边坡角设计偏大，或台阶未按设计施工，会显著增加边坡滑坡的风险。发生采动滑坡的坡体几何形态大多有以下特点：从平面形状来看，采动滑坡大多发生在凸形或突出的梁峁坡体上；在竖直剖面上看，采动滑坡或崩塌主滑轴线方向的剖面在总体上大多呈凸形状态，即坡顶比较平缓，坡面外鼓，坡角为陡坎；或坡体的上下部均成陡坎状，中间有起伏的不规则斜坡或直线斜坡。

（2）坡体内部或下部开挖扰动。施工对边坡的最大扰动是工程开挖使得岩土体内部应力发生变化，从而导致岩体以位移的形式将积聚的弹性能量释放出来，由此带来了边坡结构的变形破坏现象。尤其是在坡体内部或下部施工，由于地应力的复杂变化，造成的滑坡风险更加难以预测。

（3）工程爆破。大范围的工程爆破对山体有很大的破坏作用，瞬时激发的强大地震加速度和冲击能量会导致岩层或土层裂隙的增加，使边坡整体稳定性减弱。

（4）坡顶堆载。在边坡上进行工业活动，将固体废弃物堆放在坡顶，可能导致下滑力增加，当下滑力大于坡体的抗滑力时，会引起边坡失稳。

（5）降水或排水。由于人为地向边坡灌溉、排放废水、堵塞边坡地下水排泄通道，或破坏防排水设施，使边坡地下水位平衡遭到破坏，进而破坏边坡岩土体的应力平衡，增加岩层重力密度，增加滑动带孔隙水压力，增大动水压力和下滑力，减小抗滑力，引发滑坡。

（6）破坏植被。植被可以固定边坡表土，避免水土流失。对边坡上覆植被的破坏，会增大地表水下渗速度，导致下滑力增大，抗滑力减小，诱发滑坡。

## 四、滑坡事故防治技术

露天煤矿应当进行专门的边坡工程、地质勘探工程和稳定性分析评价。

应当定期巡视采场及排土场边坡，发现有滑坡征兆时，必须设明显标志牌。对设有运输道路、采运机械和重要设施的边坡，必须及时采取安全措施。

发生滑坡后，应当立即对滑坡区采取安全措施，并进行专门的勘查、评价与治理工程设计。

（一）不稳定边坡治理

不稳定边坡治理方法可归纳为3类，露天矿不稳定边坡治理方法、作用原理与适用条件见表9－3。

表9－3　露天矿不稳定边坡治理方法、作用原理与适用条件

| 类型 | 方　法 | 作　用　原　理 | 适　用　条　件 |
|---|---|---|---|
| 削坡与压坡脚 | 缓坡清理 | 对滑体上部或中上部进行削坡，减小边坡角 | 滑体确有抗滑部分存在才能应用 |
|  | 上部减重，压坡脚 | 对滑体上部削坡，使下滑力减小，同时将土岩堆积在滑体下部，使抗滑力增大 | 滑体下部确有抗滑部分存在，并要求滑体下部有足够的宽度以容纳滑体上部的土岩 |

表9-3（续）

| 类型 | 方法 | 作用原理 | 适用条件 |
| --- | --- | --- | --- |
| 增大或维持边坡岩体强度 | 疏干排水 | 将滑体内及附近岩体地下水疏干，从而减小动、静水压力，维持岩体强度 | 边坡岩体内含水多，滑床岩体渗透性差 |
| | 爆破滑面 | 松动爆破滑面，使滑面附近岩体内摩擦角增大，使滑体中地下水渗入滑床下岩体中 | 滑面单一，弱层不太厚，滑体上没有重要设施 |
| | 破坏弱面，回填岩石 | 用采掘机械破坏弱面，并立即回填透水岩石，回填岩石的内摩擦角大于弱面内摩擦角 | 滑面单一的浅层顺层滑坡 |
| | 爆破减震 | 用多排毫秒爆破，减小地震波对岩体的破坏作用 | 生产爆破量较大 |
| | 预裂爆破 | 减少爆破对岩体的破坏 | 到界边坡 |
| | 注浆 | 用浆液充填裂隙，使岩体整体强度提高，并堵塞地下水活动的通道；或用浆液建立防渗帷幕，阻截地下水 | 岩体中岩块较坚硬，裂隙发育连通，地下水丰富，严重影响边坡稳定 |
| 锚固与支挡 | 预应力锚杆（索）加固 | 用预应力锚杆（索）增大滑面上的正压力，使岩体的整体强度有所提高 | 潜在滑面清楚，岩体中的岩块较坚硬，可加固深层滑坡 |
| | 抗滑桩支挡 | 桩体与桩周围岩体相互作用，桩体将滑体的推力传递给滑面以下的稳定岩体 | 滑面单一、清楚，滑体完整性较好的浅层、中厚层滑坡 |
| | 挡墙 | 在滑体下部修筑挡墙，以增大抗滑力 | 滑体较松散的浅层滑坡，要求有足够的施工场地 |
| | 超前挡墙法 | 在滑体下部的滑动方向上预先修筑人工挡墙 | 一般在山坡排土场的下部应用 |

不稳定边坡治理工程的考虑顺序：截住并排出不稳定边坡区的地表水，采取疏干措施，降低地下水水位；采取削坡减载措施；采取人工加固措施。

### （二）常用边坡治理方法

#### 1. 地表水和地下水的治理

治理地表水和地下水的原则：防止地表水流入边坡表面裂隙中；采用疏干措施降低潜在破坏面附近的水压。边坡疏干工程的布置一般只限于排除边坡附近的地下水，而不是在广大范围内疏干地下水。

边坡疏干的一般方法如下：

（1）在边坡岩体外面修筑排水沟，排除地表水，防止其流入边坡表面张裂隙中，对已有的张裂隙应以适当材料及时充填。

（2）钻水平排水孔，降低张裂隙或破坏面附近的水压。

（3）在边坡岩体外围打疏干井，装备深井泵或潜水泵进行排水，降低地下水位，若疏干高边坡，可设置两个或两个以上排水水平。

（4）地下巷道疏干可用于水文地质条件复杂的重要边坡岩体疏干，在巷道内可打扇形排水孔，以提高疏水效果。

在实际工作中，可根据边坡岩体水文地质条件，同时采用多种方法对地表水和地下水进行综合治理。

2. 减震爆破

减震爆破是维护露天矿边坡稳定比较有效的方法，包括方法：

（1）减少每段延发爆破的炸药量，使冲击波的振幅保持在最小范围内，每段延发爆破的最优炸药量应根据具体矿山条件试验确定。

（2）预裂爆破是当前国内外广泛采用的改善矿山最终边坡状况的最好办法，该法是在最终边坡面钻一排倾斜小直径炮孔，在生产炮孔爆破之前起爆这些孔，使之形成一条裂隙，将生产爆破引起的地震波反射回去，保护最终边坡免遭破坏。

（3）缓冲爆破是在预裂爆破带和生产爆破带之间钻一排孔距大于预裂孔而小于生产孔的炮孔，在预裂爆破和生产爆破之间，形成一个爆破地震波的吸收区，进一步减弱通过预裂带传至边坡面的地震波，使边坡岩体保持完好状态。

3. 露天矿边坡人工加固

在露天矿边坡人工加固中，目前国内外比较广泛地采用抗滑桩、金属锚杆和锚索，并辅以混凝土护坡和喷浆防渗透等措施。

抗滑桩一般为钢筋混凝土桩，可分大断面混凝土桩与小断面混凝土桩。前者一般用于土体或松软岩体边坡中，在开挖的小井内浇注混凝土。后者一般是露天矿边坡用的岩体抗滑桩，即在钻孔内放入钢轨、钢管或钢筋作为主要抗滑构件，然后用混凝土或用压力灌浆将钻孔内的空隙填满。抗滑桩施工简单，速度快，应用比较广泛。

锚杆（索）一般由锚头、张拉段和锚固段3部分组成。锚头的作用是给锚杆（索）施加作用力，张拉段是将锚杆（索）的拉力均匀地传给周围岩体，锚固段提供锚固力。锚杆（索）的施工工艺比较复杂，但可以锚固深处具有潜在滑面的边坡，可以对其施加一定的预应力，故能改善边坡的受力状态。

（三）开采控制技术

1. 合理确定边坡参数和开采技术

合理确定台阶高度和平台宽度。合理的台阶高度对露天开采的技术经济指标和作业安全都具有重要意义。平台的宽度不但影响边坡角的大小，也影响边坡的稳定；同时要正确选择台阶坡面角和最终边坡角。

选择合理的开采顺序和推进方向。在生产过程中必须采用从上到下的开采顺序，应选用从上盘到下盘的采剥推进方向。合理进行爆破作业，减少爆破震动对边坡的影响。

2. 制定严格的边坡安全管理制度

合理进行爆破作业，必须建立健全边坡管理和检查制度。有变形和滑动迹象的矿山，必须设立专门观测点，定期观测记录变化情况，并采取长锚杆、锚索、抗滑桩等加固措施。露天边坡滑坡事故可以采用位移监测和声发射技术等手段进行监测。

## 第三节 排土场灾害及防治技术

排土场又称废石场，是指露天矿山采矿排弃物集中排放的场所。排土场作为矿山接纳废石的场所，是露天矿开采的基本工序之一，是矿山组织生产不可缺少的一项永久性工程建设。当排土场受大气降雨或地表水的浸润作用时，排土场内堆积体的稳定状态会迅速恶化，引发滑坡和泥石流等灾害。

### 一、排土场事故及原因

排土场事故类型主要有排土场滑坡和泥石流等。排土场变形破坏，产生滑坡和泥石流的影响因素主要是基底的软弱地层、排弃物料中含有大量表土和风化岩石，以及地表汇水和雨水的作用。

（一）排土场滑坡

排土场滑坡类型分为排土场内部滑坡、沿排土场与基底接触面的滑坡和沿基底软弱面的滑坡 3 种，如图 9－1 所示。

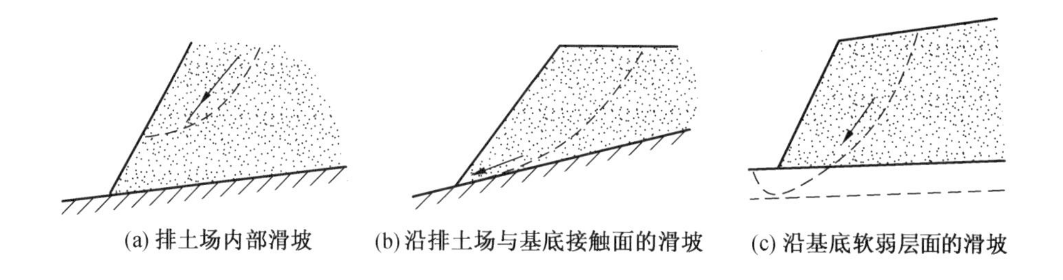


图 9－1 排土场滑坡类型

（1）排土场内部滑坡。基底岩层稳固，由于岩土物料的性质、排土工艺及其他外界条件（如外载荷和雨水等）所导致的排土场滑坡，其滑动面露出堆积体。

（2）沿排土场与基底接触面的滑坡。当山坡形排土场的基底倾角较陡，排土场与基底接触面之间的抗剪强度小于排土场的物料本身的抗剪强度时，易产生沿基底接触面的滑坡。

（3）沿基底软弱面的滑坡。当排土场坐落在软弱基底上时，由于基底承载能力低而产生滑移，并牵动排土场的滑坡。

（二）排土场泥石流

排土场泥石流是指排土场大量松散岩土物料充水饱和后，在重力作用下沿陡坡和沟谷快速流动，形成一股能量巨大的特殊洪流。矿山泥石流多数以滑坡和坡面冲刷的形式出现，即滑坡和泥石流相伴而生，迅速转化难于区分，所以又可分为滑坡型泥石流和冲刷型泥石流。

形成泥石流有如下 3 个基本条件：

（1）泥石流区含有丰富的松散岩土。

（2）地形陡峻，有较大的沟床纵坡。

（3）泥石流区的上中游有较大的汇水面积和充足的水源。

## 二、排土场灾害的影响因素

排土场形成滑坡和泥石流灾害主要取决于以下因素：基底承载能力、排土工艺、岩土力学性质、地下水和地表水的影响等。

（一）基底承载能力

排土场稳定性首先要分析基底岩层构造、地形坡度及其承载能力。一般矿山排土场滑坡中，基底不稳引起滑坡的占 32% ～40% 。当基底坡度较陡，接近或大于排土场物料的内摩擦角时，易产生沿基底接触面的滑坡。如果基底为软弱岩层而且力学性质低于排土场物料的力学性质时，则软弱基底在排土场荷载作用下必产生底鼓或滑动，然后导致排土场滑坡。

（二）排土工艺

不同的排土工艺形成不同的排土场台阶，其堆置高度、速度、压力大小对于基底土层孔隙压力的消散和固结都密切相关，对上部各台阶的稳定性起重要作用，是导致排土场滑坡的重要因素。

（三）岩土力学性质

当基底稳定时，坚硬岩石的排土场高度等于其自然安息角条件下可以达到的任意高度，但往往受排土场内物料构成的不均匀性和外部荷载的影响，使得排土高度受到限制。排土场堆置的岩土力学属性受重力密度、块度组成、黏结力、内摩擦角、含水量及垂直荷载等影响。

（四）地下水与地表水

排土场物料的力学性质与含水量密切相关。我国露天矿山排土场滑坡及泥石流有 50% 是由于雨水和地表水作用引起的。

## 三、排土场事故防治技术

防治排土场滑坡和泥石流的主要技术措施有以下 6 种。

（一）选择合适的场址建设排土场

要从水文和工程地质条件、植被及周边环境等因素入手，进行合理设计。避开塌方、滑坡、泥石流、地下河、断层、破碎带、软弱基底等不良地质区，避免跨越流水量大的沟谷等不利因素，适当改造环境工程地质条件，使之适应实际需要。

（二）改进排土工艺

铁路运输时采用轻便高效的排土设备进行排土，可以增大移道步距，提高排土场的稳定性；合理控制排土顺序，避免形成软弱夹层；将坚硬大块岩石堆置在底层以稳固基底，或将大块岩石堆置在最低一个台阶反压坡脚。

（三）处理软弱基底

若基底表土或软岩较薄，可在排土之前开挖掉；若基底表土或软岩较厚，开挖掉不经济时，可控制排土强度和一次堆置高度，使基底得到压实和逐步分散基底的承载压力，也可以用爆破法将基底软岩破碎，以增大抗滑能力。

（四）疏干排水

在排土场上方山坡设有截洪沟，将水截排至外围的低洼处；将排土场平台修成3%～5%的反坡，使平台水流向坡跟处的排水沟而排出界外；在排土场下有沟谷的收口部位修筑不同形式的拦挡坝，起到拦挡排土场泥石流的作用。

（五）修筑护坡挡墙和泥石流消能设施

为了稳固坡脚，防止排土场滑坡，可采用不同形式的护坡挡墙。开挖截水沟、消力池、导流渠，建立废石坝、拦泥坝等配套设施，防止水土流失造成滑坡和泥土流失等灾害的发生，增强排土场的稳定性。

（六）排土场复垦

在已结束施工的排土场平台和斜坡上进行复垦（植树和种草），可以起到固坡和防止雨水对排土场表面侵蚀和冲刷的作用。

# 第十章　矿　山　救　护

## 第一节　矿山救护工作要点

### 一、矿山救护队的组成、任务与作用

（一）矿山救护队的组成

矿山救护队是处理矿井火灾、瓦斯、煤尘、水、顶板等灾害的专业队伍。所有煤矿必须有矿山救护队为其服务；煤矿企业应设立矿山救护队，不具备单独设立矿山救护队条件的煤矿企业，应指定兼职救援人员，并与就近的救护队签订救护协议或联合建立矿山救护队，否则，不得生产。矿山救护队至服务矿井的距离以行车时间不超过 30 min 为限。矿山救护大队应由不少于 2 个中队组成，是本矿区的救护指挥中心和演习训练、培训中心。矿山救护中队应由不少于 3 个救护小队组成。救护中队每天应有 2 个小队分别值班、待机。救护小队应由不少于 9 人组成。煤矿企业可根据需要建立辅助救护队，业务上受矿山救护队指导。矿井发生重特大事故时，应设立医疗站，对遇险人员进行急救，并做好记录。

（二）矿山救护队的任务

1. 专职矿山救护队的任务

（1）抢救井下遇险遇难人员。

（2）处理井下火、瓦斯、煤尘、水和顶板等灾害事故。

（3）参加危及井下人员安全的地面灭火工作。

（4）参加排放瓦斯、震动性爆破、启封火区、反风演习和其他需要佩戴氧气呼吸器的安全技术工作。

（5）参加审查矿井灾害预防和处理计划，协助矿井搞好安全和消除事故隐患的工作。

（6）负责辅助救护队的培训和业务领导工作。

（7）协助矿井做好职工救护知识的教育。

2. 专职矿山救护队进行矿井预防性工作的主要内容

（1）经常深入服务矿井熟悉情况，了解各矿采掘布置、通风系统、保安设施、火区管理、运输、防水排水、输配电系统、洒水灭尘、消防管路系统及其设备的使用情况；各生产区队、班（组）的分布情况，机电硐室、爆炸材料库、安全出口的所在位置，事故隐患及安全生产动态等。

（2）协助矿井做好探查老窑、恢复旧巷等需要佩戴氧气呼吸器的安全技术工作。

（3）协助矿井训练井下职工、工程技术人员使用和管理自救器。

（4）宣传党的安全生产方针，协助通风安全部门做好煤矿事故的预防工作。

（5）帮助矿长、总工程师掌握救护仪器使用的基本知识。

3. 辅助救护队的任务

（1）做好矿井事故的预防工作，控制和处理矿井初期事故。

（2）引导和救助遇险人员脱离灾区，积极抢救遇险遇难人员。

（3）参加需要佩戴氧气呼吸器的安全技术工作。

（4）协助矿山救护队完成矿井事故处理工作。

（5）做好矿井职工自救与互救知识的宣传教育工作。

（三）矿山救护队的作用

矿山救护队是处理矿井火灾、瓦斯、煤尘、水、顶板等灾害的专业性队伍，是职业性、技术性组织，严格实行标准化、军事化管理和 24 h 值班。实践证明，矿山救护队在预防和处理矿山灾害事故中主要有以下 3 个方面的重要作用。

1. 是处理矿井灾变事故的主力军

矿井发生灾变事故后，矿山救护队指战员是战斗在抢险救灾第一线的主力军，发扬英勇顽强、吃苦耐劳、不怕牺牲的精神，运用灵活机动的战略战术，有效地处理事故，减少人员伤亡和国家财产的损失。

2. 为煤矿安全生产保驾护航

矿山救护队除完成处理矿井灾害事故，抢救井下遇险遇难人员外，还担负着为煤矿安全生产保驾护航的任务。即参加排放瓦斯、震动性爆破、启封火区、反风演习和其他需要佩戴氧气呼吸器的安全技术工作；参加审查矿井灾害预防和处理计划，有计划地派出小队到服务矿井熟悉巷道、开展预防性检查，做好矿井消除事故隐患的工作；协助矿井做好职工救护知识的教育等。

3. 为其他灾害事故的抢险救灾作出重大贡献

由于煤矿矿山救护队配用氧气呼吸器，可以在各种缺氧条件下工作和救灾，是其他任何队伍和工种无法比拟的。他们有着过硬的处理各种灾害事故的本领，在抗震救灾、地面消防和其他行业各种灾害的抢险救灾战斗中，作出了重大贡献。

## 二、救灾遵循的原则及侦察工作、行动准则

矿山救护队接到事故召请电话时，应问清事故地点、类别、通知人姓名，立即发出警报，迅速集合队员。必须在接到电话 1 min 内出动；不需乘车出动时，不得超过 2 min 出动，并及时赶到事故矿井。

煤矿发生灾害事故后，必须立即成立救援指挥部，矿长任总指挥。矿山救护队指挥员必须作为救援指挥部成员，参与制订救援方案等重大决策，具体负责指挥矿山救护队实施救援工作。在处理事故时，矿山救护队长对救护队的行动具体负责、全面指挥。多支矿山救护队联合参加救援时，应当由服务于发生事故煤矿的矿山救护队指挥员负责协调、指挥各矿山救护队实施救援，必要时也可以由救援指挥部另行指定。

处理事故时，应在灾区附近的新鲜风流中选择安全地点设立井下基地。基地指挥由指

挥部选派人员担任，有矿山救护队指挥员、待机小队和急救员值班，并设有通往地面指挥部和灾区的电话，有必要的备用救护器材和装备，有明显的灯光标志。根据事故处理情况变化，救护基地可向灾区推移，也可撤离灾区。

矿井发生火灾、瓦斯或煤尘爆炸、水灾等重大事故后，救护队必须首先进行侦察工作，准确探明事故的类别、原因、范围、遇险遇难人员数量和所在地，以及通风、瓦斯、有毒有害气体等情况，为指挥部制订符合实际情况的处理事故方案提供可靠依据。

抢救遇险人员是矿山救护队的首要任务，要创造条件以最快的速度、最短的路线，先将受伤、窒息的人员运送到新鲜空气地点进行急救，同时派人员引导未受伤人员撤离灾区，然后抬出已遇难的人员。

（一）在灾区工作人数、氧气呼吸器使用及工作时间的规定

矿山救护队执行灾区侦察任务和实施救援时，必须至少有 1 名中队或者中队以上指挥员带队。

进入灾区的救护小队，指战员不得少于 6 人，必须保持在彼此能看到或者听到信号的范围内行动，任何情况下严禁任何指战员单独行动。所有指战员进入前必须检查氧气呼吸器，氧气压力不得低于 18 MPa；使用过程中氧气呼吸器的压力不得低于 5 MPa。发现有指战员身体不适或者氧气呼吸器发生故障难以排除时，全小队必须立即撤出。

指战员在灾区工作 1 个呼吸器班后，应当至少休息 8 h。

（二）在灾区侦察时的规定

（1）侦察小队进入灾区前，应当考虑退路被堵后采取的措施，规定返回的时间，并用灾区电话与井下基地保持联络。小队应当按规定时间原路返回，如果不能按原路返回，应当经布置侦察任务的指挥员同意。

（2）进入灾区时，小队长在队列之前，副小队长在队列之后，返回时则反之。行进中经过巷道交叉口时应当设置明显的路标。视线不清时，指战员之间要用联络绳联结。在搜索遇险遇难人员时，小队队形应当与巷道中线斜交前进。

（3）指定人员分别检查通风、气体浓度、温度、顶板等情况，做好记录，并标记在图纸上。

（4）坚持有巷必察。远距离和复杂巷道，可组织几个小队分区段进行侦察。在所到巷道标注留名，并绘出侦察线路示意图。

（5）发现遇险人员应当全力抢救，并护送到新鲜风流处或者井下基地。在发现遇险遇难人员的地点要检查气体，并做好标记。

（6）当侦察小队失去联系或者没按约定时间返回时，待机小队必须立即进入救援，并报告救援指挥部。

（7）侦察结束后，带队指挥员必须立即向布置侦察任务的指挥员汇报侦察结果。

（三）在窒息或受有毒有害气体威胁的灾区抢救人员时的要求

（1）在引导及搬运遇险人员时，应给遇险人员佩戴全面罩氧气呼吸器或隔绝式自救器。

（2）对受伤、窒息或中毒的人员应进行简单急救处理，然后迅速送至安全地点，交现场医疗救护人员处置，并尽快送医院治疗。

（3）搬运伤员时应尽量避免震动；注意防止伤员精神失常时打掉队员的面罩、口具或鼻夹，而造成中毒。

（4）在抢救长时间被困在井下的遇险人员时，应有医生配合；对长期困在井下的人员，应避免灯光照射其眼睛，搬运出井口时应用毛巾盖住其眼睛。

（5）在灾区内遇险人员不能一次全部抬运时，应给遇险者佩戴全面罩氧气呼吸器或隔绝式自救器；当有多名遇险人员待救时，矿山救护队应根据“先活后死、先重后轻、先易后难”的原则进行抢救。

（四）协助事故调查，保护事故现场和搜集物证的要求

救护队有义务协助事故调查，在满足救援的情况下应保护现场，在搬运遇难人员和受伤矿工时，将矿灯等随身所带物品一并运送。

（五）在灾区工作时氧气呼吸器氧气压力消耗的要求

救护队返回到井下基地时，必须至少保留 5 MPa 气压的氧气余量。在倾角小于 15°的巷道行进时，将 1/2 允许消耗的氧气量用于前进途中，1/2 用于返回途中；在倾角大于或等于 15°的巷道中行进时，将 2/3 允许消耗的氧气量用于上行途中，1/3 用于下行途中。

（六）撤出灾区时携带装备的要求

救护队撤出灾区时，应将携带的救护装备带出灾区。

（七）侦察内容的要求

救护侦察时，应探明事故类别、范围，遇险遇难人员数量和位置，以及通风、瓦斯、粉尘、有毒有害气体、温度等情况。中队或以上指挥员应亲自组织和参加侦察工作。

（八）对灾区侦察时救护指挥员职责的要求

1. 指挥员布置侦察任务时的要求

（1）讲明事故的各种情况。

（2）提出侦察时所需要的器材。

（3）说明执行侦察任务时的具体计划和注意事项。

（4）给侦察小队以足够的准备工作时间。

（5）检查队员对侦察任务的理解程度。

2. 对带队侦察的指挥员的要求

（1）明确侦察任务。任务不清或感到人力、物力、时间不足时，应提出自己的意见。

（2）仔细研究行进路线及特征，在图纸上标明小队行进的方向、标志、时间，并向队员讲清楚。

（3）组织战前检查，了解指战员的氧气呼吸器氧气压力，做到仪器 100% 完好。

（4）贯彻事故救援的行动计划和安全措施，带领小队完成侦察工作。

（九）对矿山救护队侦察时行动和组织安排的要求

（1）井下应设待机小队，并用灾区电话与侦察小队保持联系；只有在抢救人员的情况下，才可不设待机小队。

（2）进入灾区侦察，必须携带救生索等必要的装备。在行进时应注意暗井、溜煤眼、

淤泥和巷道支护等情况，视线不清时可用探险棍探查前进，队员之间要用联络绳联结。

（3）侦察小队进入灾区时，应规定返回时间，并用灾区电话与基地保持联络。如没有按时返回或通信中断，待机小队应立即进入救护。

（4）在进入灾区前，应考虑到如果退路被堵时应采取的措施。

（5）侦察行进中，在巷道交叉口应设明显的标记，防止返回时走错路线；对井下巷道情况不清楚时，小队应按原路返回。

（6）在进入灾区时，小队长在队列之前，副小队长在队列之后；返回时与此相反。在搜索遇险、遇难人员时，小队队形应与巷道中线斜交式前进。

（7）侦察人员应有明确分工，分别检查通风、气体浓度、温度、顶板等情况，并做好记录，把侦察结果标记在图纸上。

（8）在远距离或复杂巷道中侦察时，可组织几个小队分区段进行侦察。

（9）侦察工作应仔细认真，做到灾害波及范围内有巷必查，走过的巷道要签字留名做好标记，并绘出侦察路线示意图。

（十）对侦察时抢救遇险遇难人员的要求

侦察时，应首先把侦察小队派往遇险人员最多的地点。侦察过程中，在灾区内发现遇险人员应立即救助，并将他们护送到新鲜风流巷道或井下基地，然后继续完成侦察任务。发现遇难人员应逐一编号，并在发现遇险遇难人员巷道的相应位置做好标记；同时，检查各种气体浓度，记录遇险遇难人员的特征，并在图上标明位置。

（十一）对侦察小队撤出灾区的要求

在侦察过程中，如有队员出现身体不适或氧气呼吸器发生故障难以排除时，全小队应立即撤到安全地点，并报告救援指挥部。

（十二）对侦察或行进中因冒顶受阻时救护队行动的要求

在侦察或救护行进中因冒顶受阻，应视扒开通道的时间决定是否另选通路；如果是唯一通道，应采取安全措施，立即进行处理。

## 三、有关特别服务部门

为保障抢险救灾工作正常顺利进行，保障参加抢险救灾人员的自身安全，及时对遇险受伤人员进行急救治疗，在事故处理过程中要设立特别服务部门，做好保障工作。

（一）井下基地

救护基地是井下抢险救灾的前线指挥所，是救灾人员与物资的集中地、救护队员进入灾区的出发点，也是遇险人员的临时救护站。因此正确地选择基地常常关系着救灾工作的成败。在重特大事故或者复杂事故救援现场，应设置井下基地，安排矿山救护队指挥员、待机小队和急救员值班，设置通往救援指挥部和灾区的电话，配备必要的救护装备和器材。

井下基地应当设置在靠近灾区的安全地点，设专人看守电话并做好记录，保持与救援指挥部、灾区工作救护小队的联络。指派专人检测风流、有害气体浓度及巷道支护等情况。井下基地的选择应由矿井救灾总指挥根据灾区位置、灾变范围、类别以及通风、运输条件等情况确定，但须满足以下要求：

（1）设在不受灾变威胁，或不因灾变进一步扩大而波及的地区，但距灾区又要尽可能的近以便于救护队员进出灾区，执行任务。

（2）在扑灭火灾，处理瓦斯、煤尘燃烧、爆炸事故及突出事故时，基地应选在风流稳定的新风地区。对冒顶、水灾等其他灾变，选在贯穿风流地区即可。

（3）要有一定的空间与面积，以保证救灾活动和救灾器材的储备。

（4）方便运输，保证通风与照明。

基地勿选在与灾区毫无联系的大巷、角联通风支路以及风速过大的巷道内。在处理灾变过程中，不要求基地自始至终地固定在一个地点，需视灾变的情况向灾区推移，也可以退离灾区。为此，指挥员要多考虑几个备用基地便于选择。

井下基地应有矿山救护队指挥员、待机小队和急救医生值班，并设有通往地面抢救指挥部和灾区的电话，备有必要的救护装备和器材，同时设有明显的灯光标志。在井下基地负责的指挥员应经常同抢救指挥部和正在灾区工作的救护小队保持联系，注视基地通风和有害气体情况。需要改变井下基地位置时，必须取得矿山救护队指挥员的同意，并通知抢救指挥部和在灾区工作的小队。与救灾无关人员，一律不得进入基地。

（二）安全岗哨

在处理事故过程中，应根据作战计划，在有害气体积聚的巷道与新鲜风流交叉的新鲜风流中设立安全岗哨。站岗人员的派遣和撤销由井下基地指挥决定。同一岗位至少由 2 名救护队员组成。站岗队员除有最低限度的个人防护装备外，还应配有各种气体检查仪器。岗哨的职责是：

（1）阻止未佩戴氧气呼吸器的人员单独进入有害气体积聚的巷道和危险地区。

（2）将从有害气体积聚的巷道中出来的人员引入新风区，必要时实施急救。

（3）观测巷道和风流情况，并将有害气体、烟雾和巷道的变化情况迅速报告抢救指挥部。进出风井口也应设立安全岗哨，阻止非救灾人员下井，防止在井口附近出现火源。

（三）地面基地

在处理重大事故时，为及时供应救灾装备和器材，必须设立地面基地。地面基地应当设置在靠近井口的安全地点，配备气体分析化验设备等相关装备。地面基地至少保持 3 昼夜的氧气、氢氧化钙和其他消耗物资。救护装备和器材的存储数量应根据事故的性质、影响范围及参战人员的数量确定。为保证地面救护基地正常有效地工作，由矿山救护指挥员指定地面基地负责人。

地面基地负责人应做到：

（1）按规定及时把所需要的救护器材储存于基地内。

（2）登记器材的收发与储备情况。

（3）及时向矿山救护队指挥员报告器材消耗、补充和储备情况。

（4）保证基地内各种器材、仪器的完好。地面基地应有通信员、气体化验员、仪器修理员、汽车司机等人员值班。

（四）应急气体分析室

在处理火灾及爆炸事故时，必须设有应急气体分析室，并不断地监测灾区内的气体成分。

抢救指挥部应委派气体分析负责人，其职责为：

（1）对灾区气体定时、定点取样，昼夜连续化验，及时分析气样，并提供分析结果。

（2）绘制有关测点气体和温度变化曲线图。

（3）负责整理总结整个处理事故中的气体分析资料。

（4）必要时，可携带仪器到井下基地直接进行化验分析。

（五）医疗站

当矿井发生重大事故时，事故矿井负责组织医疗站。医疗站的任务是：

（1）医疗人员在医疗站和井下基地值班。

（2）对从灾区撤出的遇险人员进行急救。

（3）检查和治疗救护队员的疾病。

（4）检查遇难人员受伤部位的具体情况并做好记录。

（六）通信工作

在处理事故时，为保证指挥灵活，行动协调，必须设立通信联络系统。通信的方式有派遣通信员，显示信号与音响信号，使用有线、无线电话。

在处理事故时，应保证抢救指挥部与地面、井下基地及井下基地与灾区工作小队的通信联络。

抢救指挥部、基地的电话机应设专人看守，撤销和移动基地电话机只有得到矿山救护队指挥员同意后，方可进行。

简单的显示信号有粉笔或铅笔写字、手势、灯光、冷光管、电话机、喇叭、哨子及其他打击声响等。

## 第二节　矿工自救与现场急救

### 一、矿工自救与互救

所谓自救，就是矿井发生意外灾变事故时，在灾区或受灾变影响区域的每个工作人员进行避灾和保护自己的方法。互救就是在有效地自救前提下妥善地救护他人。

矿井发生重大灾害事故时的初期，波及的范围和危害一般较小，既是扑救和控制事故的有利时机，也是决定井下人员安全的关键时刻。灾区人员如何开展救灾和避灾，对保证灾区人员的自身安全和控制灾情的扩大具有重要的作用。即使在事故处理的中后期，也往往需要井下职工正确地避灾自救和帮助，这样才能提高抢险救灾的工作成效。大量事实证明，当矿井发生灾害事故后矿工在万分危急的情况下，依靠自己的智慧和力量，积极、正确地采取救灾、自救、互救措施，是最大限度地减少事故损失的重要环节。

煤矿井下发生灾害事故后，现场人员应坚持“立即汇报，积极抢救，安全撤离，妥善避灾”的行动原则。

（一）立即汇报

发生灾害事故后，事故地点附近的人员应尽量了解或判断事故性质、地点和灾害程度，迅速地利用最近处的电话或其他方式向矿调度室汇报，并迅速向事故可能波及的区域发出警报，使其工作人员尽快知道灾情。在汇报灾情时，要将看到的异常现象（火烟、飞尘等）、听到的异常声响、感觉到的异常冲击如实汇报，不能凭主观想象判定事故性质，以免造成错觉、影响救灾。

（二）积极抢救

灾害事故发生后，处于灾区内以及受威胁区域的人员，应沉着冷静。根据灾情和现场条件，在保证自身安全的前提下，采取积极有效的方法和措施，及时投入现场抢救，将事故消灭在初起阶段或控制在最小范围，最大限度地减少事故造成的损失。在抢救时，必须保持统一的指挥和严密的组织，严禁冒险蛮干和惊慌失措，严禁各行其是和单独行动；要采取防止灾区条件恶化和保障救灾人员安全的措施，特别要提高警惕，避免中毒、窒息、爆炸、触电、冒顶等次生事故的发生。

（三）安全撤离

当受灾现场不具备事故抢救的条件，或可能危及人员的安全时，应由在场负责人或有经验的老工人带领，根据矿井灾害预防和处理计划中规定的撤退路线和当时当地的实际情况，尽量选择安全条件最好、距离最短的路线，迅速撤离危险区域。在撤退时，要服从领导，听从指挥，根据灾情使用防护用品和器具；要发扬团结互助的精神和先人后己的风格，主动承担工作任务，照料好伤员和年老体弱的同志；遇有溜煤眼、积水区、垮落区等危险地段，应探明情况，谨慎通过。灾区人员撤出路线选择的正确与否决定自救的成败。

（四）妥善避灾

如无法撤退（通路冒顶阻塞、在自救器有效工作时间内不能到达安全地点等）时，应迅速进入预先筑好的或就近地点快速建筑的临时避难硐室，充分利用压风自救系统和供水施救系统，妥善避灾，等待矿山救护队的援救，切忌盲动。特别注意，在发生瓦斯煤尘爆炸、火灾等事故的初期，灾区风流中一氧化碳浓度特别高，如果佩戴过滤式自救器，极有可能因为一氧化碳浓度过高而使自救器失效；如果佩戴化学氧隔离式自救器，极有可能因为自救器产氧速度跟不上而使逃生者吸入外界一氧化碳中毒身亡，这时必须卧倒、爬行，使自己呼吸的空气中一氧化碳浓度尽可能低，就近寻找具备基本生存条件的空间躲避，待巷道中烟雾和一氧化碳稀薄后再逃生。发生水灾后，如果不能及时撤出矿井，应该往井下最高巷道方向撤离，尽可能寻找到可以食用的物质，在万不得已的时候食用，切忌盲目跳入水中企图潜水或顺水逃生。

## 二、现场急救

做好煤矿现场急救的目的，在于尽可能地减轻伤员痛苦，防止病情恶化，防止和减少并发症的发生，并可挽救濒临死亡的人员的生命。现场急救的关键在于及时。

（一）对中毒或窒息人员的急救

（1）立即将伤员从险区抢运到新鲜风流中，并安置在顶板良好、无淋水和通风正常的地点。

（2）立即将伤员口、鼻内的黏液、血块、泥土、碎煤等除去并解开上衣和腰带，脱掉胶鞋。

（3）用衣服（有条件时用棉被和毯子）盖在伤员身上以保暖。

（4）根据心跳、呼吸、瞳孔等三大特征和伤员的神志情况，初步判断伤情的轻重。正常人每分钟心跳60~80次、呼吸16~18次，两眼瞳孔是等大、等圆的，遇到光线能迅速收缩变小，而且神志清醒。休克伤员的两瞳孔不一样大、对光线反应迟钝或不收缩。可根据伤员情况判断伤员的休克程度。对呼吸困难或停止呼吸者，应及时进行人工呼吸。当出现心跳停止的现象（心音、脉搏和血压消失，瞳孔完全散大、固定，意志消失）时，除进行人工呼吸外，还应同时进行胸外心脏按压法急救。

（5）当伤员出现眼红肿、流泪、畏光、喉痛、咳嗽、胸闷现象时，说明是受二氧化硫中毒所致。当出现眼红肿、流泪、喉痛及手指、头发呈黄褐色现象时，说明伤员是受二氧化氮中毒所致。对二氧化硫和二氧化氮的中毒者只能进行口对口的人工呼吸，不能进行压胸或压背法的人工呼吸，以免加重伤情。

（6）人工呼吸持续的时间以恢复自主性呼吸或到伤员真正死亡时为止。当救护队来到现场后，应转由救护队用苏生器苏生。

（二）对外伤人员的急救

1. 对烧伤人员的急救

矿工烧伤的急救要点可概括为灭、查、防、包、送5个字。

（1）灭是指扑灭伤员身上的火，使伤员尽快脱离热源，缩短烧伤时间。

（2）查是指检查伤员呼吸、心跳情况；是否合并有其他外伤或有害气体中毒；对爆炸冲击烧伤伤员，应特别注意有无颅脑或内脏损伤和呼吸道烧伤。

（3）防是指要防止休克、窒息、创面污染。伤员因疼痛和恐惧发生休克时或发生急性喉头梗阻而窒息时，可进行人工呼吸等急救。在现场检查和搬运伤员时，为了减少创面的污染和损伤，伤员的衣服可以不脱、不剪开。

（4）包是指用较干净的衣服把创面包裹起来，防止感染。在现场，除化学烧伤可用大量流动的清水持续冲洗外，对创面一般不作处理，尽量不弄破水泡以保持表皮。

（5）送是指把严重伤员迅速送往医院。搬运伤员时，动作要轻柔，行进要平稳，并随时观察伤情。

2. 对出血人员的急救

对出血人员如果抢救不及时或不恰当，就可能使伤口出血过多而危及生命。出血较多者，一般表现为脸色苍白，出冷汗，手脚发凉，呼吸急促。对这类伤员，首先要争分夺秒，准确有效地止血，然后再进行其他急救处理。止血的方法随出血种类的不同而不同。出血的种类有：

（1）动脉出血，血液是鲜红的，而且是从伤口向外喷射。

（2）静脉出血，血液是暗红色，血流缓慢而均匀。

（3）毛细血管出血，血液呈红色，像水珠似的从伤口流出。

对毛细血管和静脉出血，一般用干净布条（有条件时，用消毒纱布和绷带）包扎伤口即可；对大的静脉出血可用加压包扎法止血；对动脉出血应采用指压止血法或加压包扎止血法。

对因内伤而咯血的伤员，首先使其取半躺半坐的姿势，以利于呼吸和预防窒息，然后劝慰伤员平稳呼吸，不要惊慌，以免血压升高，呼吸加快，使出血量增多。最后等待医生下井急救，或护送出井就医。

3. 对骨折人员的急救

对骨折者，首先用毛巾或衣服作衬垫，然后就地取用木棍、木板、竹笆片等材料做成临时夹板，将受伤的肢体固定后，抬送医院。对受挤压的肢体，不得按摩、热敷或绑止血带，以免加重伤情。

（三）对溺水人员的急救

水灾发生后，首先应抢救溺水人员。人员溺水时，水大量地灌入溺水者肺部，可造成呼吸困难而窒息死亡。所以，对溺水人员应迅速采取以下急救措施。

1. 转送

把溺水者从水中救出以后，要立即送到比较温暖和空气流通的地方，松开腰带，脱掉湿衣服，盖上干衣服，不使其受凉。

2. 检查

以最快的速度检查溺水者的口鼻，如果有泥水和污物堵塞，应迅速清除，擦洗干净，以保持呼吸道通畅。

3. 控水

使溺水者取俯卧位，用木料、衣服等垫在肚子下面；或将左腿跪下，把溺水者的腹部放在救护者的右侧大腿上，使其头朝下，并压其背部，迫使其体内的水分由气管、口腔里流出。

4. 人工呼吸

上述方法控水效果不理想时，应立即做俯卧压背式人工呼吸或口对口吹气，或胸外心脏按压。

（四）对触电人员的急救

（1）立即切断电源。

（2）迅速观察伤员有无呼吸和心跳。如发现已停止呼吸或心音微弱，应立即进行人工呼吸或胸外心脏按压。

（3）若呼吸和心跳都已停止时，应同时进行人工呼吸和胸外心脏按压。

（4）对遭受电击者，如有其他损伤（如跌伤、出血等），应作相应的急救处理。

（五）现场创伤急救技术

现场创伤急救包括人工呼吸、心脏复苏、止血、创伤包扎、骨折临时固定和伤员搬运。

1. 人工呼吸

人工呼吸适用于触电休克、溺水、有害气体中毒窒息或外伤窒息等引起的呼吸停止、假死状态者。如果停止呼吸不久大都能用人工呼吸方法进行抢救。

在施行人工呼吸前，先要将伤员运送到安全、通风良好的地方，将领口解开，腰带放松，注意保护体温。腰背部要垫上软的衣服等，使胸部张开。应先清除口中脏物，把舌头拉出或压住，防止堵住喉咙，妨碍呼吸。各种有效的人工呼吸必须在呼吸道畅通的前提下进行，才能获得成功。常用的方法有口对口吹气法、仰卧压胸法和俯卧压背法 3 种。

2. 心脏复苏

心脏复苏操作主要有心前区叩击术和胸外心脏按压术两种。

（1）心前区叩击术。在心脏停搏后 90 s 内，心脏的应激性是增强的，叩击心前区，往往可使心脏复跳。操作方法：心脏骤停后立即叩击心前区，叩击力中等，一般可连续叩击 3 ~5 次，并观察脉搏、心音。若恢复则表示复苏成功，反之，应立即放弃，改行胸外心脏按压术。

（2）胸外心脏按压术。此法适用于各种原因造成的心跳骤停者。在胸外心脏按压前，应先做心前区捶击术（使伤员头低脚高，施术者以左手掌置其心前区，右手握拳，每隔 1 ~2 s 在左手背上轻捶 3 ~5 次），促使伤员心脏复跳，如果捶击无效，应及时正确地进行胸外心脏按压。心脏按压是用人工的力量来帮助伤员心脏复跳，维持血液循环的方法，操作简便易行，效果可靠，随时随地都可施行。

3. 止血

止血方法很多，常用暂时性的止血方法有以下两种。

（1）指压止血法。在伤口的上方（近心端处），用拇指压住出血的血管，以阻断血流，此法是用于四肢大出血的暂时性止血措施。所以，在指压止血的同时，应立即寻找材料，准备换用其他止血方法。

（2）加压包扎止血法。这是最常用的有效止血方法，适用于全身各部，操作方法是用干净毛巾（或消毒纱布）盖住伤口，再用布带（或绷带、三角巾）加压缠紧，并将肢体抬高，也可在肢体的弯曲处加垫，然后用布带缠好。

4. 创伤包扎

在井下作业过程中，皮肤受煤、矸石、机械器具的砸、碰、擦、刮、挤、压等都会造成撕裂破损，出现创伤。创伤的症状表现为破损、裂口、出血。包扎是一般皮肤创伤所需的现场救护方法，它具有固定敷料和夹板位置、止血和托扶受伤肢体的作用，当皮肤、肌肉出现擦、裂伤时，应立即避免伤口继续污染，予以包扎。

创伤包扎的材料有清洁的厚棉垫和布带、胶布、绷带、三角巾、四头带等。现场没有上述材料时，可就地取材，用毛巾、手帕、衣服等代替。

包扎的方法有绷带包扎法、三角巾包扎法和毛巾包扎法。

5. 骨折临时固定

骨骼受到外力作用，骨头的连续性或完整性遭部分或完全破坏，称为骨折。骨折固定可减轻伤员的疼痛，防止因骨折端移位而刺伤邻近组织、血管、神经，也是防止创伤休克的有效急救措施。

根据受伤的原因、部位、症状、体征等，先做扼要的检查和判断。凡疑有骨折者均应按骨折处理，若伤员有休克发生，则应先抢救。对开放性骨折伤员，应先处理创口止血，然后再进行骨折固定。在进行骨折固定时，应使用夹板、绷带、三角巾、棉垫等物品，若手边没有时，可就地取材，如树枝、木板、木棍、硬纸板、塑料板、衣物、毛巾等均可代替，必要时也可将受伤肢体固定于伤员健侧肢体上，如上肢骨折可与健侧绑在一起，伤指则可与邻指固定在一起。若骨折断端错位，救护时暂不要复位，即使断端已穿破皮肤露在外面，也不可进行复位，而应按受伤原状包扎固定；骨折固定应包括上、下两个关节，在肩、肘、腕、股、膝、踝等关节处应垫棉花或衣物，以免压破关节处皮肤，固定应以伤肢不能活动为度，不可过松或过紧。在处理骨折时，应注意有无内脏损伤、血气胸等并发症，若有应先行处理。

6. 伤员搬运

井下条件复杂，道路不畅，转运伤员要尽量做到轻、稳、快。没有经过初步固定、止血、包扎和抢救的伤员，一般不应转运。正确的搬运方法可以减轻伤员的痛苦，迅速送往医院进行进一步抢救。搬运时应做到不增加伤员的痛苦，避免造成新的损伤及并发症。

搬运时应注意以下事项：呼吸、心搏骤停及休克昏迷的伤员应先及时复苏后再搬运。若没有懂复苏技术的人员，则可为争取抢救的时间迅速向外搬运，迎接救护人员进行及时抢救；对昏迷或有窒息症状的伤员，要把肩部稍垫高，使头部后仰，面部偏向一侧或采用侧卧位和偏卧位，以防胃内呕吐物或舌头后坠堵塞气管而造成窒息，注意随时都要确保呼吸道的通畅。一般伤员可用担架、木板、风筒、刮板输送机槽、绳网等运送，但脊柱损伤和骨盆骨折的伤员应用硬板担架运送。对一般伤员均应先行止血、固定、包扎等初步救护后，再进行转运。对脊柱损伤的伤员，要严禁让其坐起、站立和行走；也不能用一人抬头、一人抱腿或人背的方法搬运，因为当脊柱损伤后，再弯曲活动时，有可能损伤脊髓而造成伤员截瘫甚至突然死亡，所以在搬运时要十分小心。在搬运颈椎损伤的伤员时，要专有一人抱持伤员的头部，轻轻地向水平方向牵引，并且固定在中立位，不使颈椎弯曲，严禁左右转动。搬运者多人双手分别托住颈肩部、胸腰部、臀部及两下肢，同时用力移上担架，取仰卧位。担架应用硬木板，肩下应垫软枕或衣物，使颈椎呈伸展样（颈下不可垫衣物），头部两侧用衣物固定，防止颈部扭转，切忌抬头。若伤员的头和颈已处于曲歪位置，则需按其自然固有姿势固定，不可勉强纠正，以避免损伤脊髓而造成高位截瘫，甚至突然死亡。

运送到井上，应向接管医生详细介绍受伤情况及检查、抢救经过。

## 三、主要灾害自救和互救注意事项

### （一）瓦斯煤尘爆炸事故

1. 防止在瓦斯与煤尘爆炸时遭受伤害的措施

瓦斯与煤尘爆炸时，由于爆炸冲击波传播，可能导致附近井巷大气风流出现停滞、颤动，人的耳鼓膜受压等现象。为避免或减小随之而来的燃烧波的危害，井下人员一旦发现这种情况时，要沉着、冷静，采取措施进行自救。具体方法是：背向空气颤动的方向，俯卧倒地，面部贴在地面，闭住气暂停呼吸，用毛巾捂住口鼻，防止把烟尘吸入肺部。最好用衣物盖住身体，尽量减少身体暴露面积，以减少烧伤。爆炸后，要迅速按规定佩戴好自救器，弄清方向，沿着避灾路线，赶快撤退到新鲜风流中，假如巷道破坏严重，不知撤退是否安全时，可以到棚子较完整的地点躲避，等待救护。

2. 掘进工作面特殊条件下的自救与互救措施

如发生小型爆炸，掘进巷道和支架基本未遭破坏，遇险矿工未受直接伤害或受伤不重时，应立即打开随身携带的自救器，佩戴好后迅速撤出受灾巷道到达新鲜风流中。对附近的伤员，要协助其佩戴好自救器，帮助撤出危险区。对不能行走的伤员，在靠近新鲜风流30～50 m范围内，要设法抬运到新风中；如距离远，则只能为其佩戴自救器，不可抬运。

撤出灾区后，要立即向矿调度室报告。

如发生大型爆炸，掘进巷道遭到破坏，退路被阻，但遇险矿工受伤不重时，应佩戴好自救器，千方百计疏通巷道，尽快撤到新鲜风流中。如巷道难以疏通，应坐在支护良好的棚子下面，或利用一切可能的条件建立临时避难硐室，相互安慰、稳定情绪、等待救助，并有规律地发出呼救信号。对受伤严重的矿工也要为其佩戴自救器，使其静卧待救，并且要利用一切可能利用的条件，建立临时避难硐室待救。充分利用压风管道、风筒等改善避难地点的生存条件。在事故初期，必须停止掘进工作面通风，人员不要着急撤退，可以退回掘进巷道，如果掘进巷道中无有害气体或者浓度较低，可以静卧在巷道里面，待巷道中氧气降低到人员呼吸所需的极限浓度时，再打开隔离式自救器呼吸。遇险人员要随时观察外面巷道的通风和烟流变化趋势，一般说来，只要通风系统没有遭受过分严重的破坏，主要通风机保持连续稳定运转，爆炸后过一定时间，灾区爆炸产物就会被稀释到安全浓度，此时再组织大家撤离，效果最好，这种成功的案例特别多。

3. 采煤工作面的自救与互救措施

如果进回风巷道没有垮落堵死，通风系统破坏不大，所产生的有害气体较易被排除，这种情况下采煤工作面进风侧的人员一般不会受到严重伤害，回风侧的人员要迅速佩戴自救器，经最近的路程进入进风侧。

如果爆炸造成严重的塌落冒顶，通风系统被破坏，爆源的进回风侧都会聚积大量的一氧化碳和其他有害气体，该范围所有人员都有发生一氧化碳中毒的可能。为此，在爆炸后，没有受到严重伤害的人员，要立即打开自救器并佩戴好。在进风侧的人员要逆风撤出，在回风侧的人员要设法经最短路线，撤退到新鲜风流中。如果由于冒顶严重撤不出来时，首先要把自救器佩戴好，并协助重伤员在较安全地点待救。附近有独头巷道时，也可进入暂避，并尽可能用木料、风筒等设立临时避难场所，并把矿灯、衣物等明显的标识物，挂在避难场所外面明显的地方，然后进入室内静卧待救，如果临时避难场所中有压风管路，要设法打开，保证临时避难场所有充足的新鲜空气。

4. 危险区外的人员抢救措施

危险区以外的现场人员，在未受到伤害的情况下，更要发扬互助互爱的精神，积极进行抢救。立即向现场领导报告，或通过电话及其他方法向调度室报告事故发生的时间、地点、遇险人数及其他灾情。佩戴好自救器，带领距新鲜风流较近的灾区伤员选择正确线路逃离。阻止未佩戴自救器的人员进入灾区，防止事故扩大。绝对禁止任何人不分情况盲目进入灾区救人。

(二) 煤与瓦斯突出事故

(1) 切断灾区和受影响区的电源，但必须在远距离断电，防止产生电火花引起爆炸。当瓦斯影响区遍及全矿井时，要慎重考虑停电后会不会造成全矿被水淹危险。若不会被水淹，则应在灾区以外切断电源。若有被水淹的危险时，应加强通风，特别是加强电气设备处的通风，做到“送电的设备不停电，停电的设备不送电”。

(2) 撤出灾区和受威胁区的人员。

(3) 派人到进回风井口及其 50 m 范围内检查瓦斯、设置警戒，熄灭警戒内的一切火源，严禁一切机动车辆进入警戒区。

（4）派遣救护队佩戴呼吸器、携带灭火器等器材下井侦察情况，抢救遇险人员、恢复通风系统等。

（5）要求灾区内不准随意启闭电器开关，不要扭动矿灯开关和灯盏，严密监视原有的火区，查清突出后是否出现新火源，防止引爆瓦斯。

（6）发生突出事故后不得停风和反风，防止风流紊乱扩大灾情；制定恢复通风的措施，尽快恢复灾区通风；并将高浓度瓦斯绕过火区和人员集中区直接引入总回风道。

（7）组织力量抢救遇险人员。安排救护队员在灾区救人，非救护队员（佩戴隔离式自救器）在新鲜风流中配合救灾。救人时本着先明（在巷道中可以看见的）后暗（被煤岩堵埋的）、先活后死的原则进行。

（8）制定并实施预防再次突出的措施，必要时撤出救灾人员。

（9）当突出后破坏范围很大，巷道恢复困难时，应在抢救遇险人员后对灾区进行封闭。

（10）保证压缩空气机正常运转，以利避灾人员利用压风自救装置进行自救。保证副井正常提升，以利井下人员升井和救灾人员下井。

（11）若突出后造成火灾或爆炸，则按处理火灾或爆炸事故进行救灾。

（三）火灾事故

1. 在有烟雾的巷道里的避灾自救

（1）在有烟雾的巷道里停留避灾或是建立避灾场所的可能性一般不大，应当采取果断措施迅速脱离现场，撤到有新鲜风流的巷道。

（2）在有烟雾的巷道里撤退时，必须及时戴好自救器（若自救器失效应捂湿毛巾）。

（3）在任何情况下都要尽量避免深呼吸和急促呼吸。如果巷道内有仍在送风的局部通风机的风筒、压风管路等，要尽量利用这些条件。在没有自救器或是自救器的使用超过了有效保护时间时，可以切断或打开压风管路的阀门或对着有风（但必须是新鲜无害的）的风筒呼吸；在避灾硐室同样可以利用这种条件供风送气，既能供人呼吸和延长避灾时间，又能提高避难场所的空气压力，防范有害烟气的侵袭。

（4）根据感觉和观察，迅速辨认方向及自己所处位置与周围巷道之间的关系，要善于根据风流的大小和方向、烟气的来源及温度的高低等，判断火灾的大体方位和情况，以便作出决策，迅速通过捷径脱离危险区。

（5）火区回风侧人员逆烟撤退具有很大的危险性，在一般情况下不要这样做。除非是在附近有脱离危险区通道出口，而且又有脱离危险区的把握时，或是只有逆烟撤退才有争取生存的希望时，才采取这种撤退方法。

（6）撤退途中，如果有平行并列巷道或交叉巷道时，应靠有平行并列巷道和交叉巷口的一侧撤退。并随时注意这些出口的位置，尽快寻找脱险出路。在烟雾大视线不清的情况下，要摸着巷道壁前行，以免错过联通出口。

（7）当烟雾在巷道里流动时，一般巷道空间的上部烟雾浓度大、温度高、能见度低，对人的危害也严重，而靠近巷道底板情况则要好一些，有时巷道底部还可能会有比较新鲜的低温空气流动。为此，在有烟雾的巷道里撤退时，在烟雾不严重的情况下，即使为了加快撤退速度也不应直立奔跑，而应尽量躬身弯腰，低着头快速前进。如烟雾大、视线不清或温度高时，则应尽量贴着巷道底板和巷道壁，摸着铁道或管道等快速爬行撤退。

（8）在高温浓烟的巷道撤退还应注意利用巷道内的水，浸湿毛巾、衣物或向身上淋水等办法进行降温，或利用随身物件等遮挡头面部，以防高温烟气的刺激等。

2. 火灾事故中安全撤退的原则

火灾事故如果不能直接扑灭或控制灾情，在火灾现场组织撤离，或是当接到临近地区发生火灾要求撤退的通知时，安全撤退的一般原则如下：

（1）首先要尽最大的可能迅速了解或判明事故的性质、地点、范围和事故区域的巷道情况，通风系统、风流及火灾烟气蔓延的速度、方向以及与自己所处巷道位置之间的关系，并根据矿井灾害预防、事故处理计划及现场实际情况，确定撤退路线和避灾自救方法。

（2）撤退时，任何人无论在任何情况下都不要惊慌，不能狂奔乱跑，应在现场负责人及有经验的老工人带领下有组织地撤退。

（3）位于火源进风侧的人员应迎着新鲜风流撤退。

（4）位于火源回风侧的人员或是在撤退途中遇到烟气有中毒危险时，应迅速戴好自救器尽快通过捷径绕到新鲜风流中去，或是在烟气没有到达之前，顺着风流尽快从回风出口撤到安全地点；如果距火源较近而且越过火源没有危险时，也可迅速穿过火区撤到火源的进风侧。

（5）如果在自救器有效作用时间内不能安全撤出时，应寻找有压风管路系统的地点，以压缩空气供呼吸之用。

（6）撤退行动既要迅速果断，又要快而不乱。撤退中应靠巷道有联通出口的一侧行进，避免错过脱离危险区的机会，同时还要随时注意观察巷道和风流的变化情况，谨防火风压可能造成的风流逆转。人与人之间要互相照应，互相帮助，团结友爱。

（7）如果无论是逆风或是顺风撤退，都无法躲避着火巷道或火灾烟气可能造成的危害，则应迅速进入躲避硐室；没有避难硐室时应在烟气袭来之前，选择合适的地点就地利用现场条件，快速构筑临时避难硐室，进行避灾自救。

（四）水灾事故

1. 透水后现场人员撤退时的注意事项

透水后，应在可能的情况下迅速观察和判断透水的地点、水源、涌水量、发生原因、危害程度等情况，根据灾害预防和处理计划中规定的撤退路线，迅速撤退到透水地点以上的水平，而不能进入透水点附近及下方的独头巷道。

行进中，应靠近巷道一侧，抓牢支架或其他固定物体，尽量避开压力水头和泄水方向，并注意防止被水中滚动矸石和木料撞伤。如透水后破坏了巷道中的照明和路标，迷失行进方向时，遇险人员应朝着有风流通过的上山巷道方向撤退。在撤退沿途和所经过的巷道交叉口，应留设指示行进方向的明显标志，以提醒救护人员注意。

人员撤退到竖井，需从梯子间上去时，应遵守秩序，禁止慌乱和争抢。行动中手要抓牢，脚要蹬稳，切实注意自己和他人的安全。如唯一的出口被水封堵无法撤退时，应有组织地在独头工作面躲避，等待救护人员的营救。严禁盲目潜水逃生等冒险行为。

2. 被矿井水灾围困时的避灾自救措施

当现场人员被涌水围困无法退出时，应迅速进入预先筑好的避难硐室中避灾，或选择合适地点快速构筑临时避难硐室。迫不得已时，可爬上巷道中高冒空间待救。如老空透水，则须在避难硐室处建临时挡墙或吊挂风帘，防止被涌出的有害气体伤害。进入避难硐室前，应在硐室外留设明显标志。

在避灾期间，遇险矿工要有良好的精神心理状态，情绪安定、自信乐观、意志坚强。要坚信上级领导一定会组织人员快速营救；坚信在班组长和有经验老工人的带领下，一定能够克服各种困难，共渡难关、安全脱险。要做好长时间避灾的准备，除轮流担任岗哨观察水情的人员外，其余人员均应静卧，以减少体力和空气消耗。要设法打开避难处压风管路，保证避难处有足够的空气。

避灾时，应用敲击的方法有规律、间断地发出呼救信号，向营救人员指示躲避处的位置。被困期间断绝食物后，即使在饥饿难忍的情况下，也应努力克制自己，决不嚼食杂物充饥。需要饮用井下水时，应选择适宜的水源，并用纱布或衣服过滤。

长时间被困在井下，发觉救护人员到来营救时，避灾人员不可过度兴奋和慌乱。得救后，不可吃硬质和过量的食物，要避开强烈的光线，以防发生意外。

（五）冒顶事故

发生冒顶事故现场不具备事故抢救的条件、可能危及人员的生命安全时，应由在场负责人或有经验的老工人带领，根据矿井灾害预防和处理计划中规定的撤退路线和当时当地的实际情况，尽量选择安全条件最好、距离最短的路线，迅速撤离危险区域。同时立即通知调度室请求专业救护队参与救灾。在自救或互救时，必须保持统一的指挥和严密的组织，严禁冒险蛮干和惊慌失措，严禁各行其是和单独行动；同时要采取防止灾区条件恶化和保障救灾人员的安全措施，特别要提高警惕，避免中毒、窒息、顶帮二次垮落等次生事故的发生，避免自救和互救的不协调。

1. 遇险人员要积极开展自救和互救

事故发生后，遇险人员要听从班组长和有经验的老工人指挥，在保证安全的前提下，积极开展自救和互救。被煤矸、物料等埋压的人员，切忌惊慌失措，不用猛烈挣扎的办法脱险，以免造成事故的扩大。未受伤和受轻伤人员，要采取切实可行的措施设法营救被掩埋人员，并尽可能脱离险区或转移到较安全地点等待救援。矿工互救时，应暂停向冒落区附近的机电设备供电，以防止抢救时人员触电。营救被埋压矿工时，营救矿工要首先检查和维护好冒落点及其附近的安全，以保障营救人员在救援时的安全，并有畅通、安全的退路。冒落范围不大时，如果遇险人员被大矸石压住，可用液压千斤顶等工具把大矸石支起，再将遇险人员救出，切忌生拉硬扯。如果顶板沿煤壁冒落，矸石块度比较破碎，遇险人员又靠近煤壁位置时，可沿煤壁由冒落区从外向里掏小洞，架设梯形棚子（冒落帮部背严，防止漏矸石），边支护边掏洞，直到把遇险人员救出。如遇险人员位置靠近放顶区，可沿放顶区由外向里掏小洞，架设梯形棚子，木板背帮背顶；或用撞楔法，在撞楔保护下边支护边掏洞，抢救遇险人员。

2. 采煤工作面冒顶时的避灾自救措施

（1）迅速撤退到安全地点。当发现工作地点有即将发生冒顶的征兆，又难以采取措施防止采煤工作面顶板冒落时，最好的避灾措施是迅速离开危险区，撤退到安全地点。

（2）遇险时要靠煤帮贴身站立或到木垛处避灾。从采煤工作面发生冒顶的实际情况来看，顶板沿煤壁冒落是很少见的。因此，当发生冒顶来不及撤退到安全地点时，遇险者应靠煤帮贴身站立避灾，但要注意煤壁片帮伤人。另外，冒顶时可能将支柱压断或推倒，但在一般情况下不可能压垮或推倒质量合格的木垛，因此，如遇险者所在位置靠近木垛时，可撤至木垛处避灾。

（3）遇险后立即发出呼救信号。冒顶对人员的伤害主要是砸伤、掩埋或隔堵。冒落基本稳定后，遇险者应立即采用呼叫、敲打（如敲打物料、岩块可能造成新的冒落时，则不能敲打，只能呼叫）等方法，发出有规律、不间断的呼救信号，以便救护人员和撤出人员了解灾情，组织力量进行抢救。

（4）遇险人员要积极配合外部的营救工作。冒顶后被煤矸、物料等埋压的人员，不要惊慌失措，在条件不允许时切忌采用猛烈挣扎的办法脱险，造成事故扩大。被冒顶隔堵的人员，应在遇险地点有组织地维护好自身安全，构筑脱险通道，配合外部的营救工作，为提前脱险创造良好条件。

3. 独头巷道工作面冒顶被堵人员的避灾自救措施

遇险人员要正视已发生的灾害，切忌惊慌失措，坚信矿领导和同志们一定会积极进行抢救。应迅速组织起来，主动听从灾区中班组长和有经验老工人的指挥。团结协作，尽量减少体力和隔堵区的氧气消耗，有计划地使用饮水、食物和矿灯等，做好较长时间避灾的准备。

如人员被困地点有电话，应立即用电话汇报灾情、遇险人数和计划采取的避灾自救措施。否则，应采用敲击钢轨、管道和岩石等方法，发出有规律的呼救信号，并每隔一定时间敲击一次，不间断地发出信号，以便营救人员了解灾情，组织力量进行抢救。

维护加固冒落地点和人员躲避处的支架，并经常派人检查，以防止冒顶进一步扩大，保障被堵人员避灾时的安全。如人员被困地点有压风管，应打开压风管给被困人员输送新鲜空气，并稀释被隔堵空间的瓦斯含量，但要注意保暖。

## 第三节　煤矿重大灾害事故抢险救灾的指挥决策

### 一、重大灾害事故的概念

事故是人们在有目的的活动中，发生的违背人们意愿的意外事件，它迫使人们有目的的活动暂时或永久地停止。凡是能给煤矿生产或人员生命安全、财产造成严重危害的事故统称为煤矿重大灾害事故。煤矿重大灾害事故影响范围大，伤亡人员多，中断生产时间长，损毁井巷工程或生产设备严重。

煤矿中常见的重大灾害事故有5类：①瓦斯、煤尘爆炸；②矿井明火火灾；③煤与瓦斯突出；④矿井突然涌水（含地面危及矿井安全生产的洪水）；⑤冲击地压和大面积冒顶。

值得注意的是，煤矿五大灾害中虽然不包括全矿井突然停电事故，但这类事故如不及时正确地处理，往往会酿成重大灾害。因为由于停电使主要通风机停转，井下无风造成瓦斯积聚，一旦送电可能引起瓦斯爆炸。一旦停电水泵不能排水，时间长了可能造成淹井事故。同时，全矿井突然停电，主要通风机停转，通风系统发生突变，很可能从封闭的火区或采空区中泄出一氧化碳、氮气、瓦斯，造成中毒或窒息事故等。

大量救灾实践表明，在我国目前救灾技术水平情况下，救灾成败取决于：①救灾方案是否正确，指挥是否恰当；②救护队行动是否正确；③救灾材料是否充足。救灾方案与指挥正确与否取决于：①指挥员的素质，其中包括其处理灾变的经验多少；②灾区信息的多少及其准确性和对灾情分析、判断的准确性；③指挥者对井下的熟悉程度。

## 二、抢险救灾时的组织领导

《煤矿安全规程》规定："煤矿发生事故后，煤矿企业主要负责人和技术负责人必须立即采取措施组织抢救，矿长负责抢救指挥，并按有关规定及时上报。"矿井发生重特大事故时，应设立医疗站，对遇险人员进行急救，并做好记录。矿井发生重大事故后，必须立即成立抢险救灾指挥部并设立地面基地。矿山救护队队长为抢险救灾指挥部成员。矿山救护队队长对矿山救护队抢救工作具体负责。如与其他矿山救护队联合作战时，应成立矿山救护联合作战部，由服务于发生事故的煤矿企业的矿山救护队队长担任作战部指挥，协调各矿山救护队战斗行动。矿井发生火灾、瓦斯（煤尘）爆炸、瓦斯突出等重大事故后，必须首先组织矿山救护队进行侦察，探明灾区情况。抢险救灾指挥部应根据灾害性质、发生地点、波及范围、人员分布、救灾的人力和物力，制订抢救方案。为保证重大事故井下抢救工作的顺利进行，应在靠近灾区的安全地点设立井下基地。井下基地指挥由指挥部选派具有救护知识和经验的人员担任。

## 三、抢险救灾时的指挥

### （一）重大事故发生后救灾注意事项

煤矿重大事故发生后，必须立即撤出灾区人员和停止灾区供电（掘进巷道发生火灾或爆炸不能停局部通风机）→按《矿井灾害预防和处理计划》中规定的顺序通知矿长、总工程师等有关人员→立即向集团公司总调度室汇报→召请矿山救护队（驻本矿或邻近本矿的救护中队先根据《矿山救护规程》下井救灾）→成立抢险救灾指挥部→派救护队进入灾区救人、侦察灾情→指挥部根据灾情制订救灾方案→救护队进行救灾工作，直至灾情消除，恢复正常生产。

应引起注意的是：在重大灾害事故发生初期，因灾害的性质不明，作出了错误的决策，延误了救灾的时间，扩大了灾害损失，这种现象在我国煤矿井下屡有发生。重大事故发生后，及时、准确地查清事故真实性质，对减少灾害损失至关重要。

### （二）事故现场救灾指挥程序

处理重大灾害事故，必须有一套正确的指挥步骤，使抢险救灾指挥部适时有机运转，保证总指挥能有条不紊、沉着、冷静指挥，集中精力于重大问题的决策上。在救灾过程中，不能形成无人领导或多头领导、乱指挥，出现指挥上的失误，导致灾情扩大。

（1）立即成立以矿长为总指挥的抢险救灾指挥部，有关矿级领导、科室负责人及救护队和安监人员为指挥部成员。指挥部成立后首先听取当班值班领导的灾情汇报以及已经下达的命令情况的汇报。继续组织撤人、停电，保证主要通风机、副井提升及空气压缩机的正常运转（派有关矿级领导和科室负责人去风机房、副井井口、空气压缩机房组织与督促工作）。

（2）通知有关区队、矿灯房、自救器发放室准确统计当班井下人数及姓名，统计已上井的人数及姓名，以便分析灾区人员数量及分布。通知有关单位准备救灾材料、医院准备急救伤员。

（3）指定一名副职领导负责签发下井许可证，并通知矿灯房、自救器发放室和副井口，没有下井许可证不准发放矿灯、自救器，不准下井。

（4）选定井下救护基地，指定具有救护知识和经验的领导担任井下救护基地指挥。同时明确基地指挥只起“上传下达”作用，不得自行发布命令，以免形成多头指挥。落实井下救护基地所需的通信设备、救灾器材等。选定安全岗哨位置及其人员，明确其任务。

（5）命令救护队进入灾区引导人员撤退；将伤员救至井下救护基地或其他安全地点进行现场急救后，由专门人员负责送到地面直至医院。得知人员受困在灾区时，一方面设法与受阻人员联系，稳定其情绪；另一方面立即报告抢险救灾指挥部采取果断措施组织特别抢救。

（6）抢险救灾指挥部根据井下灾情报告，责成助手成员，将抢险人员组成二线、三线力量。当抢险人员不足时，应及时报告上级机关和兄弟单位请求支援；并及时满足井下需要，千方百计完成撤人抢险任务。如果救灾过程中出现反复或灾情扩大时，应下决心投入二线力量，同时采取安全措施保护抢险人员，尽力避免扩大伤亡。

（7）井下撤出人员和抢救人员完成后，总指挥应投入二线或三线力量，命令救护队进行侦察工作，掌握灾情性质、影响范围、灾区通风与瓦斯等灾情，同时撤出一线部分人员。救护队长应具体负责指挥救护队按安全规程的要求完成侦察任务，提出测定数据、灾区示意图及灾区处理建议，供指挥部制订救灾方案。侦察结束后，应安排救护队在安全地点监视灾情变化，具体位置应由井下救护基地负责人提出建议，报抢险救灾指挥部确定。

（8）总指挥组织指挥部成员听取侦察情况汇报后，应命令矿总工程师组织人员依据《矿井灾害预防和处理计划》，结合灾情尽快提出事故处理方案，并将成员明确分工，限定时间完成救灾准备工作，并派人员检查核实。对总工程师提出的事故处理方案应经过慎重研究讨论，在安全系数上应留有余地，应考虑到处理灾变过程中可能出现的异常情况及其补救措施，不能只想到顺利的一面，还应充分预计到不利因素。总指挥批准处理方案后，应及时报告集团公司领导，争取得到支持。

（9）根据掌握的灾情及处理方案的要求，应对救护队员做好战前思想动员，勉励队员树立信心，发扬不畏艰险、勇于拼搏、特别能战斗的精神。一切工作落实无误后，决定行动时间，立即投入战斗。总指挥不断协调平衡力量，确保方案顺利进行，当遇灾情变化，及时修改救灾方案，调整救灾力量。事故处理结束稳定一定时间后，恢复事故破坏的各个生产系统，使之正常，特别是通风系统。当各系统恢复正常后，即可恢复正常生产秩序，抢险救灾指挥部结束工作。

（10）事故处理结束后，总指挥指定有关部门和人员收集整理事故调查报告，并进行全面分析。对事故发生原因、抢救处理过程、重要的经验教训以及今后应采取的预防措施等，形成文件后上报和存档。

## 四、重大灾害事故抢险决策要点

### （一）瓦斯煤尘爆炸事故

获悉井下发生爆炸后，抢险救灾指挥部应利用一切可能的手段了解灾情，然后判断灾情的发展趋势，及时果断地作出决定，下达救灾命令。

1. 必须了解（询问）的内容

（1）爆炸地点及事故波及范围。

（2）人员分布及伤亡情况。

（3）通风情况（风量大小、风流方向、风门等通风构筑物的损坏情况等）。

（4）灾区瓦斯、煤尘情况（瓦斯和煤尘浓度、烟雾大小、一氧化碳浓度及其流向）。

（5）是否发生了火灾。

（6）主要通风机情况（是否正常运转、防爆门是否被吹开、风机房水柱计读数是否有变化等）。

2. 必须分析判断的内容

（1）通风系统破坏程度。可据灾区通风情况和风机房水柱计读数 $h_s$ 变化情况作出判断。$h_s$ 比正常通风时数值大，说明灾区内巷道冒顶，主要通风巷道被堵塞。$h_s$ 比正常通风时数值小，说明灾区风流短路，其产生原因可能是：①风门被摧毁；②人员撤退时未关闭风门；③回风井口防爆门（盖）被冲击波冲开；④反风进风闸门被冲击波冲击落下堵塞了风硐，风流从反风进风口进入风硐，然后由风机排出。也可能是爆炸后引起明火火灾，高温烟气在上行风流中产生火风压，使主要通风机风压降低。

（2）是否会产生连续爆炸。若爆炸后发生冒顶，风道被堵塞，风量减少，继续有瓦斯涌出，部分区域煤尘飞扬，并存在高温热源，则能产生连续爆炸。

（3）能否诱发火灾。

（4）可能的影响范围。

3. 必须作出决定并下达的命令

（1）切断灾区电源。

（2）撤出灾区和可能影响区域的人员。

（3）向上级汇报并召请救护队。

（4）研究制订正确的救灾方案并根据灾情变化采取应对措施。

（5）保证主要通风机和空气压缩机正常运转。

（6）保证升降人员的井筒正常提升。

（7）清点井下人员、控制入井人员。

（8）矿山救护队到矿后，按照救灾方案部署救护队抢救遇险人员、侦察灾情、扑灭火灾、恢复通风系统、防止再次爆炸。

（9）命令有关单位准备救灾物资，医院准备抢救伤员。

### （二）煤与瓦斯突出事故

（1）切断灾区和受影响区的电源，但必须在远距离断电，防止产生电火花引起爆炸。

当瓦斯影响区遍及全矿井时，要慎重考虑停电后会不会造成全矿被水淹危险。若不会被水淹，则应在灾区以外切断电源。若有被水淹的危险时，应加强通风，特别是加强电气设备处的通风，做到“送电的设备不停电，停电的设备不送电”。

（2）撤出灾区和受威胁区的人员。

（3）派人到进回风井口及其50 m范围内检查瓦斯、设置警戒，熄灭警戒内的一切火源，严禁一切机动车辆进入警戒区。

（4）派遣救护队佩戴呼吸器、携带灭火器等器材下井侦察情况，抢救遇险人员、恢复通风系统等。

（5）要求灾区内不准随意启闭电器开关，不要扭动矿灯开关和灯盏，严密监视原有的火区，查清突出后是否出现新火源，防止引爆瓦斯。

（6）发生突出事故后不得停风和反风，防止风流紊乱扩大灾情；制定恢复通风的措施，尽快恢复灾区通风；并将高浓度瓦斯绕过火区和人员集中区直接引入总回风道。

（7）组织力量抢救遇险人员。安排救护队员在灾区救人，非救护队员（佩戴隔离式自救器）在新鲜风流中配合救灾。救人时本着先明（在巷道中可以看见的）后暗（被煤岩埋堵的）、先活后死的原则进行。

（8）制定并实施预防再次突出的措施，必要时撤出救灾人员。

（9）当突出后破坏范围很大、巷道恢复困难时，应在抢救遇险人员后对灾区进行封闭。

（10）保证压缩空气机正常运转，以利避灾人员利用压风自救装置进行自救。保证副井正常提升，以利井下人员升井和救灾人员下井。

（11）若突出后造成火灾或爆炸，则按处理火灾或爆炸事故进行救灾。

### （三）明火火灾事故

#### 1. 必须了解（询问）的内容

（1）火灾地点及事故波及范围。

（2）人员分布及伤亡情况。

（3）通风情况（风量大小、风流方向、风门等通风构筑物的损坏情况等）。

（4）灾区瓦斯、煤尘情况（瓦斯和煤尘浓度、烟雾大小、一氧化碳浓度及其流向）。

（5）是否会发生瓦斯煤尘爆炸。

（6）主要通风机情况（是否正常运转、防爆门是否被吹开、风机房水柱计读数是否有变化等）。

#### 2. 必须分析判断的内容

（1）通风系统破坏程度。可据灾区通风情况和风机房水柱计读数 $h_s$ 变化情况作出判断。$h_s$ 比正常通风时数值大，说明灾区内巷道冒顶，通风系统被堵塞。$h_s$ 比正常通风时数值小，说明灾区风流短路，其产生原因可能是：①风门被烧毁；②人员撤退时未关闭风门；③高温烟气在上行风流中产生火风压，使主要通风机风压降低。

（2）是否会产生瓦斯煤尘爆炸。若火灾后发生冒顶，风道被堵塞，风量减少，继续有瓦斯涌出，并存在高温热源，则能产生爆炸。

（3）是否会出现风流紊乱，可能出现哪些紊乱现象。

（4）可能的影响范围。

3. 必须作出决定并下达的命令

（1）切断灾区电源。

（2）撤出灾区和可能影响区的人员。

（3）向上级汇报并召请救护队。

（4）制订切实可行的救灾方案，尤其要根据灾情妥善进行灾区风流调度。

（5）保证主要通风机和空气压缩机正常运转。

（6）保证升降人员的井筒正常提升。

（7）清点井下人员、控制入井人员。

（8）矿山救护队到矿后，按照救灾方案部署救护队抢救遇险人员、侦察灾情、扑灭火灾、恢复通风系统、防止再次爆炸。

（9）命令有关单位准备救灾物资，医院准备抢救伤员。

（四）井下水灾事故

当水灾事故发生后，采取正确措施、积极抢救遇险人员和处理事故、防止出现次生和伴生事故是救灾工作的重心。获悉井下发生水灾事故后，应利用一切可能的手段了解灾情，然后判断灾情的发展趋势，及时果断地作出决策，下达救灾命令。

1. 必须了解（询问）的内容

（1）迅速判定水灾的性质，了解突水地点、影响范围、静止水位，估计突出水量、补给水源及有影响的地面水体。

（2）人员分布及伤亡情况。

（3）通风情况。

2. 必须分析判断的内容

（1）通风系统破坏程度。

（2）水灾灾情的严重程度。

（3）可能的影响范围。查清事故前人员分布，分析被困人员可能躲避的地点，根据事故地点和可能波及的地区撤出人员。

3. 下达命令

（1）关闭有关地区的防水闸门，切断灾区电源。

（2）撤出灾区和可能影响区的人员。

（3）召请救护队。

（4）制订切实可行的救灾方案，尤其要根据灾情妥善地采取应对措施。根据突水量的大小和矿井排水能力，积极采取排、堵、截水的技术措施。启动全部排水设备加速排水，防止整个矿井被淹，注意水位的变化。

（5）保证人员辅助运输，满足运输要求。

（6）核查井下人员，控制入井人数。

（7）命令有关单位准备救灾物资，医院准备抢救伤员。排水后进行侦察、抢险时，要防止冒顶、掉底和二次突水。

（五）地面洪水事故

1. 紧急避灾信号的发出

如出现以下情况，必须在最短时间内发出紧急避灾信号：

（1）气象指标达到警戒数据，由当地气象部门向集团公司防汛指挥部发出暴雨信息，再由集团公司防汛指挥部向各矿井及相关部门传出。集团公司安监部门接到防汛指挥部通知后立即通知各矿井。

（2）矿井出现险情，即矿井井下涌水增加，地表水倒灌井下，洪水即将漫井或矿区山体出现裂缝、滑坡，由集团公司安监部门向各矿井发出信号，具体由各煤矿责任人及时发布现场监测报告。在特殊情况下，可由负责人直接发出紧急转移信号，同时向上一级报告。

2. 预警分级

（1）Ⅳ级（蓝色）预警：各煤矿做好险情处理，撤出井下作业人员。

（2）Ⅲ级（黄色）预警：集团公司防汛指挥部立即组织相关技术人员进一步分析研究暴雨、洪水等可能带来的影响或危害，分析煤矿受险状况，提出处置意见，部署抗洪抢险及应采取的紧急工程措施和重大险情控制所需物资器材的应急措施。各煤矿按照各自职责做好本区域的防汛救灾工作；集团公司防汛指挥部视汛情迅速增派人员分赴各自防汛责任区，指导、协助当地的防汛抗洪、抢险救灾工作。

（3）Ⅱ级（橙色）预警：集团公司防汛指挥部及时召开紧急会议，分析洪水发展趋势，未来天气变化情况，研究决策抗洪抢险中的重大问题及人力、物力、财力的实时调度。发布紧急通知，有关煤矿切实做好抗洪抢险工作，讨论贯彻上级部门关于抗洪抢险的指示精神，及时向集团公司防汛指挥部通报情况。各煤矿除留下必要的值守人员外，其余全部撤离至安全区。

（4）Ⅰ级（红色）预警：根据《中华人民共和国防洪法》相关规定，集团公司防汛指挥部可宣布全公司进入紧急防汛期，动员各类社会力量全力抗洪救灾。集团公司防汛指挥部立即派应急工作组奔赴灾区。及时召开专题会，处理解决当前抗洪救灾面临的重大问题和困难。及时向集团公司防汛指挥部及各职能部门通报相关情况，坚决贯彻上级各项指示和命令，最大限度减少人民生命财产损失。

在紧急防汛期间，集团公司防汛指挥部有权在管辖范围内调用物资、设备、交通运输工具和人力，决定采取取土占地、砍伐林木、清除阻水障碍物和其他必要的紧急措施。

3. 人员转移路线

转移路线本着就近、迅速、安全的原则进行安排。各煤矿都要确定适当的安全区用于紧急转移。

4. 转移安置的原则

（1）信号发送责任人和转移责任人必须最后离开警戒区。

（2）按照先特级警戒区，再一级警戒区的原则。

（3）先人员，后财产；先老弱病残人员，后一般人员。

（六）冲击地压及顶板事故

顶板事故发生后，必须采取正确措施、积极抢救遇险人员和处理事故，防止出现次生灾害。事故处置总指挥应利用一切可能的手段了解灾情，然后判断灾情的发展趋势，及时果断地作出决策，下达救灾命令。

1. 必须了解（询问）的内容

（1）冒顶事故发生地点及影响范围。

（2）人员伤亡情况。

（3）冒顶地点通风情况。

2. 必须分析判断的内容

（1）冒顶事故的严重程度。

（2）是否会再次发生冒顶。

3. 下达命令

（1）撤出灾区和可能影响区域的人员。

（2）向集团公司报告并召请救护队。

（3）成立抢险救灾指挥部，制订救灾方案。

（4）保证人员辅助运输，满足运输要求。

（5）命令有关单位准备救灾物资，医院准备抢救伤员。

（七）全矿井突然停电事故

1. 主要通风机应急处理

（1）当发生大面积停电导致主要通风机停止运转时，当班司机必须立即汇报矿调度室，调度室通知通风队和机电队值班人员，所有人员必须服从矿调度室的统一指挥。若确证原供电线路短时间不可能修复，需要启用备用电源保证主要通风机正常运转。倒闸措施是首先断开通风机正常电路的进线柜，再送上备用电源的进线柜。

（2）当发生大面积停电后，机电队要组织机电维修人员及时赶赴现场，司机、检修人员对主要通风机及电气设备进行全面检查，做好开启主要通风机的各项准备工作，保证恢复供电后及时开启主要通风机。

（3）当发生大面积停电导致主要通风机停止运转时，如在 10 min 内不能恢复供电开启风机，通风机司机要及时打开防爆盖，利用自然通风，并及时向矿调度汇报，矿调度通知通风区和机电队启动应急措施；同时受停风影响的地点，必须立即停止工作、切断电源、人员撤到进风大巷，并由矿总值班领导迅速决定是否全矿停止生产、撤出人员。

必须把全矿井突然停电视为可能发生重大事故的前奏，或者作为重大隐患认真对待。包括派救护队员加强瓦斯涌出异常地区的瓦斯检查；加强采空区，特别是封闭火区的瓦斯、氧气、一氧化碳、二氧化碳检查。

（4）事故矿井调度室必须及时做到：

① 通知监测队监控中心通过手控措施切断各采掘工作面及回风系统中的所有动力电源。

② 通知井下各采掘工作面的跟班干部、安监员和瓦检员将所有人员撤至主要进风大巷中，瓦斯检查工设置警戒，严禁人员进入无风区域。

③ 通知机电队、通风机司机及时打开风井的防爆盖，利用自然风压通风。

④ 保证风机房的通信畅通，并备有值班车。及时将相关信息告知集团公司总调度室，由集团公司总调度室通知机电管理部，迅速查明原因并进行及时的维修，确保在最短的时间内安全恢复主要通风机的供电。

（5）若主要通风机停止运转而井下动力电源尚未切断，掘进工作面的瓦检员要注意观察本工作面局部通风机的运转情况，发现局部通风机出现循环风现象，要及时向矿调度汇报，由掘进单位电工切断该局部通风机的供电电源，同时立即将人员撤离到进风大巷。

（6）如果主要通风机在 10 min 内恢复正常运转，采掘工作面经瓦检员检查证实，所有地点的瓦斯浓度不超限才可恢复正常工作；局部通风机停止运转的掘进工作面经瓦检员检查巷道内各地点的瓦斯浓度不超限，且局部通风机及其开关附近 10 m 以内风流中瓦斯浓度不超过 0.5% 时，可直接由电工启动局部通风机恢复正常通风，否则要按规定排放瓦斯后方可恢复正常通风。

（7）如风机房恢复供电后，主要通风机因故障未能及时开启，而维修工又未到现场的情况下，主要通风机司机应该将防爆盖打开，关闭风门，为维修工到现场检修创造便利条件。

（8）未恢复正常供电期间，机电队加大值班力度，必须要有干部 24 h 在岗，并有机电技术人员 24 h 在风机房现场值班并安排机电维修人员在岗。

2. 矿井排水系统应急处理

（1）各水平泵房正常运转期间，机电队维修人员对各泵房水泵、排水管路、闸阀、配电设备和输电线路进行全面检查和维护，保证设备完好，确保水泵能及时开启运转。在雨季前对水泵进行一次联合运转试验。加强水仓的清理工作，保证主副水仓能正常使用。任何时候都要保证泵房的通信畅通。

（2）机电队成立应急小组，发生停电如无法及时到达现场，应急小组应通过电话与水泵司机进行联系和指挥，并及时向矿调度室汇报。恢复供电后，应急小组及时安排人员到达各泵房现场。

（3）发生停电，各泵房当班司机必须立即汇报矿调度室、机电队值班人员。各泵房水泵司机要坚守岗位，保持和地面的通信联系，机电队立即组织好维修人员，备齐相应的工具、材料在地面待命，待恢复供电后及时赶赴现场，值班干部到现场进行指挥。所有人员必须服从矿井抢险救灾指挥部的统一指挥。

（4）停电期间，各泵房水泵司机要对水泵及电气设备进行全面检查，做好开启水泵的各项准备工作，保证恢复供电后水泵能及时开启。停电期间水泵司机要勤观察水仓水位上涨情况，及时向矿调度室和队值班人员汇报。

（5）如停电期间水位上涨漫过井下最低泵房地坪，最低泵房司机及时撤入上一位置的泵房；水位漫过最高位置泵房地坪时，司机要及时关闭隔水仓闸阀及泵房与变电所的防水门，防止水进入泵房和变电所，并将即时水位立即向矿调度室和队值班人员汇报。

（6）如停电时间过长，水位过高威胁泵房设备安全时，司机及时汇报队值班人员和矿调度室，请求调集井下人员和材料进行打坝拦截，将涌水导入最低水平，防止流入较高位置的水仓及泵房。

（7）如水位上涨威胁到泵房人员人身安全时，泵房人员及时撤入巷道高处等待救援。

（8）恢复供电后，若水仓水位未超过警戒线，司机向矿调度汇报请示后，及时开泵排水。若水仓水位已超过警戒线，甚至漫过泵房地坪时，接到矿调度室开泵通知后，机电队应急小组决定开泵数量，及时开启水泵进行排水。

## 第四节 矿井六大避险系统简介

《国务院关于进一步加强企业安全生产工作的通知》提出，煤矿和非煤矿山要制定和实施生产技术装备标准，安装监测监控系统、井下人员定位系统、紧急避险系统、压风自救系统、供水施救系统和通信联络系统等技术装备。国家安全监管总局、国家煤矿安监局《关于建设完善煤矿井下安全避险“六大系统”的通知》（安监总煤装〔2010〕146号）提出了更明确的要求。

### 一、煤矿安全监测监控系统

煤矿安全监测监控系统用来监测瓦斯、一氧化碳、二氧化碳、氧气等气体浓度及风速、风压、温度、烟雾、馈电状态、风门状态、风筒状态、局部通风机开停、主要通风机开停等，并实现瓦斯超限声光报警、断电和瓦斯风电闭锁控制等。当瓦斯超限或局部通风机停止运行或掘进巷道停风时，煤矿安全监测监控系统自动切断相关区域的电源并闭锁，避免或减少由于电气设备失爆、违章作业、电气设备故障电火花或危险温度引起瓦斯爆炸；避免或减少采、掘、运等设备运行产生的摩擦撞击火花及危险温度等引起瓦斯爆炸；提醒领导、生产调度等及时将人员撤至安全处。还可通过煤矿安全监测监控系统监控瓦斯抽放系统、通风系统、煤炭自燃、瓦斯突出等。

煤矿企业必须按照《煤矿安全监控系统及检测仪器使用管理规范》（AQ 1029）的要求，建设完善安全监控系统，实现对煤矿井下瓦斯、一氧化碳、温度、风速等的动态监控，为煤矿安全管理提供决策依据。要加强系统设备维护，定期进行调试、校正，及时升级、拓展系统功能和监控范围，确保设备性能完好，系统灵敏可靠。要健全完善规章制度和事故应急预案，明确值班、带班人员责任，矿井监测监控系统中心站实行24 h值班制度，当系统发出报警、断电、馈电异常信息时，能够迅速采取断电、撤人、停工等应急处置措施，充分发挥其安全避险的预警作用。

### 二、煤矿井下人员定位系统

井下人员定位系统以现代无线电编码通信技术（RFID）为基础，应用现代无线电通信技术中的信令技术及无线发射接收技术，结合目前流行的数据通信、数据处理及图形展示软件等技术，及时、准确地将井下各个区域人员和移动设备情况动态反映到地面计算机系统，使管理人员能够随时掌握井下人员和移动设备的总数及分布状况。系统能跟踪干部跟班下井情况、每个矿工入井和出井时间及运动轨迹，便于企业进行更加合理的调度和管理。当事故发生时，救援人员可以根据系统所提供的数据、图形，及时掌握事故地点的人员和设备信息，也可以通过求救人员发出呼救信号，进一步确定人员位置及数量，及时采取相应的救援措施，提高应急救援工作的效率。

煤矿企业必须按照《煤矿井下作业人员管理系统使用与管理规范》（AQ 1048）的要求，建设完善井下人员定位系统，并做好系统维护和升级改造工作，保障系统安全可靠运行。所有入井人员必须携带识别卡（或具备定位功能的无线通信设备），确保能够实时掌握井下各个作业区域人员的动态分布及变化情况。要进一步建立健全制度，发挥人员定位系统在定员管理和应急救援中的作用。

## 三、煤矿井下紧急避险系统

煤矿井下紧急避险系统是指在煤矿井下发生紧急情况下，为遇险人员安全避险提供生命保障的设施、设备、措施组成的有机整体。紧急避险系统建设的内容包括为入井人员提供自救器、建设井下紧急避险设施、合理设置避灾路线、科学制定应急预案等。井下紧急避险设施是指在井下发生灾害事故时，为无法及时撤离的遇险人员提供生命保障的密闭空间。该设施对外能够抵御高温烟气，隔绝有毒有害气体，对内提供氧气、食物、水，去除有毒有害气体，创造生存基本条件，为应急救援创造条件、赢得时间。紧急避险设施主要包括永久避难硐室、临时避难硐室、可移动式救生舱。

根据《煤矿安全规程》第十七条，煤矿必须建立矿井安全避险系统，对井下人员进行安全避险和应急救援培训，每年至少组织1次应急演练。

根据《煤矿安全规程》第六百七十三条，矿井必须根据险情或者事故情况下矿工避险的实际需要，建立井下紧急撤离和避险设施，并与监测监控、人员位置监测、通信联络等系统结合，构成井下安全避险系统。安全避险系统应当随采掘工作面的变化及时调整和完善，每年由矿总工程师组织开展有效性评估。

根据《煤矿安全规程》第六百七十九条，煤矿作业人员必须熟悉应急救援预案和避灾路线，具有自救互救和安全避险知识。井下作业人员必须熟练掌握自救器和紧急避险设施的使用方法。班组长应当具备兼职救护队员的知识和能力，能够在发生险情后第一时间组织作业人员自救互救和安全避险。外来人员必须经过安全和应急基本知识培训，掌握自救器使用方法，并签字确认后方可入井。

根据《防治煤与瓦斯突出细则》第一百一十七条，突出矿井必须建设采区避难硐室，采区避难硐室必须接入矿井压风管路和供水管路，满足避险人员的避险需要，额定防护时间不低于96 h。突出煤层的掘进巷道长度及采煤工作面推进长度超过500 m时，应当在距离工作面500 m范围内建设临时避难硐室或者其他临时避险设施。临时避难硐室必须设置向外开启的密闭门或者隔离门（隔离门按反向风门设置标准安设），接入矿井压风管路，并安设压风自救装置，设置与矿调度室直通的电话，配备足量的饮用水及自救器。

## 四、矿井压风自救系统

根据《防治煤与瓦斯突出细则》第一百二十一条，突出煤层采掘工作面附近、爆破撤离人员集中地点、起爆地点必须设有直通矿调度室的电话，并设置有供给压缩空气的避险设施或者压风自救装置。工作面回风系统中有人作业的地点，也应当设置压风自救装置。压风自救系统应当达到下列要求：

（1）压风自救装置安装在掘进工作面巷道和采煤工作面巷道内的压缩空气管道上。

（2）在以下每个地点都应当至少设置一组压风自救装置：距采掘工作面25～40 m的巷道内、起爆地点、撤离人员与警戒人员所在的位置以及回风巷有人作业处等地点。在长距离的掘进巷道中，应当每隔200 m至少安设一组压风自救装置，并在实施预抽煤层瓦斯区域防突措施的区域，根据实际情况增加压风自救装置的设置组数。

（3）每组压风自救装置应当可供5～8人使用，平均每人的压缩空气供给量不得少于0.1 $m^3$/min。

根据《煤矿安全规程》第六百九十一条，冲击地压煤层，应当按突出煤层的要求设置压风自救系统。其他矿井掘进工作面应当敷设压风管路，并设置供气阀门。

### 五、矿井供水施救系统

煤矿企业必须按照《煤矿安全规程》的要求，建设完善的防尘供水系统；除按照《煤矿安全规程》要求设置三通及阀门外，还要在所有采掘工作面和其他人员较集中的地点设置供水阀门，保证各采掘作业地点在灾变期间能够实现提供应急供水的要求。要加强供水管路维护，不得出现跑冒滴漏现象，保证阀门开关灵活。

### 六、矿井通信联络系统

矿井通信联络系统又称矿井通信系统，是煤矿安全生产调度、安全避险和应急救援的重要工具。矿井通信系统包括矿用调度通信系统、矿井广播通信系统、矿井移动通信系统、矿井救灾通信系统等。

煤矿企业必须按照《煤矿安全规程》的要求，建设井下通信系统，并按照在灾变期间能够及时通知人员撤离和实现与避险人员通话的要求，进一步建设完善通信联络系统。在主副井绞车房、井底车场、运输调度室、采区变电所、水泵房等主要机电设备硐室和采掘工作面以及采区、水平最高点，应安设电话。井下避难硐室（救生舱）、井下主要水泵房、井下中央变电所和突出煤层采掘工作面、爆破时撤离人员集中地点等，必须设有直通矿调度室的电话。要积极推广使用井下无线通信系统、井下广播系统。发生险情时，要及时通知井下人员撤离。

# 第十一章　煤矿安全类案例

## 案例1　某煤矿瓦斯爆炸事故调查及防范措施分析

A煤矿为高瓦斯矿井，年产煤炭$680\times10^4$ t，煤矿证照齐全，安全生产和工作场所职业卫生管理机构及人员资格符合规定。

2012年3月12日，A煤矿1320采煤工作面因遇到透水断裂带，需在进风巷230 m处建立断裂带永久密闭区。4月5日，矿安全检查人员甲在已完成密闭的施工现场检查时发现，永久密闭区上方支护顶板的钢带未拆除。为避免杂散电流通过钢带导入密闭区，引爆内部积聚的瓦斯，4月6日上午，A煤矿值班矿长乙借用该矿附近B机修厂电气焊车间的焊接作业人员丙，并让丙与A煤矿通风队人员丁、戊一起，在1320采煤工作面密闭区前对钢带进行气割作业。

乙责成有关部门制定了气割作业技术方案和安全措施，经审批后组织丙、丁、戊下井作业。15时30分，瓦斯检查工尚未到达作业现场，安全检查人员也未按要求到现场盯岗，丙、丁、戊即开始了气割作业，作业过程中引爆了密闭区内的瓦斯。

A煤矿调度室值班调度接警后，启动了应急救援预案。16时15分，救护队赶到事故现场后，进行搜救，协助人员撤离；19时5分，救援人员全部升井，事故抢险结束。

该起事故造成现场作业的丙、丁、戊死亡以及附近的5名作业人员重伤，直接经济损失870万元。

**根据以上场景，回答下列问题（1～3题为单选题，4～7题为多选题）：**

1. 根据《生产安全事故报告和调查处理条例》的规定，该起事故属于（　　）。

A. 一般事故　　B. 较大事故
C. 重大事故　　D. 特大事故
E. 特别重大事故

2. 根据事故责任划分的有关规定，该起事故的事故责任单位是（　　）。

A. A煤矿　　B. B机修厂
C. A煤矿通风队　　D. B机修厂电气焊车间
E. A煤矿和B机修厂

3. 导致该起事故发生的直接原因是（　　）。

A. 瓦斯检查工未到作业现场检测瓦斯，丙、丁、戊即开始了气割作业
B. 安全检查人员未按要求到现场盯岗，丙、丁、戊即开始了气割作业
C. A煤矿值班矿长乙安排丙、丁、戊进行气割作业
D. 建立断裂带永久密闭区时，作业人员未拆除密闭上方支护顶板的钢带
E. 密闭区内瓦斯积聚，作业人员气割钢带，引爆了瓦斯

4. 该起事故的直接经济损失包括（　　）。

A. 抢险救援费用　　B. 丧葬和抚恤费用

C. 生产设备设施损失费用　　D. 停产损失

E. 事故罚款

5. 在 1320 采煤工作面密闭区前对钢带进行气割作业，安全技术交底的内容有(　　)。

A. 危险有害因素　　B. 安全操作规程

C. 防机械伤害措施　　D. 应急措施

E. 防触电措施

6. 根据《安全生产法》，关于 A 煤矿的安全生产管理机构设置及安全生产管理人员配备，以下说法正确的有（　　）。

A. 可不设置安全生产管理机构　　B. 可不配备专职安全生产管理人员

C. 应设置安全生产管理机构　　D. 应配备专职安全生产管理人员

E. 可委托第三方中介机构负责 A 煤矿的安全生产管理

7. 为吸取本次事故教训，预防同类事故再次发生，应当采取的防范措施包括(　　)。

A. 严禁在井下从事气割作业　　B. 严格控制井下明火

C. 加强对作业人员的安全教育和培训　　D. 进一步建立健全瓦斯管理制度

E. 通风队人员必须持证上岗

☞**参考答案：**

1. B　2. A　3. E　4. ABCE　5. ABD　6. CD　7. BCDE

## 案例2　某煤矿冲击地压事故

某煤矿核定生产能力为 $150 \times 10^4$ t/a，二采区布置有 1201 回采工作面、1202 回风巷掘进工作面和 1202 运输巷掘进工作面。1202 回风巷与 1201 回采工作面的运输巷（进风巷）相邻。由于 1202 回风巷掘进工作面难以构成独立的通风系统，该矿制定了相应的安全技术措施，其回风串联进入 1201 回采工作面的运输巷，并安设了串联通风甲烷传感器。

2015 年 6 月 5 日 14 时 05 分，1202 回风巷掘进工作面发生冲击地压事故，瓦斯大量涌出，巷道瞬时瓦斯浓度达到 10% 以上。此时，1201 回采工作面运输巷乳化液泵站附近，电工甲正在带电检修照明信号综合保护装置。14 时 10 分，高浓度瓦斯扩散到乳化液泵站附近，遇照明信号综合保护装置维修过程中产生的电火花，引起瓦斯爆炸事故，造成 9 人死亡、9 人重伤，其中 1 名重伤人员在送至医院后，于 6 月 16 日 15 时经抢救无效死亡。

经调查，负责冲击地压防治工作的防冲办，前期通过冲击地压监测数据分析，已于 6 月 4 日 20 时发出预警，要求采掘区队做好相关预防与处理工作，但采掘区队并没有采取相应的安全措施；瓦斯异常涌出后，甲烷传感器没有报警，该传感器已经 45 天未进行调校；电工甲未取得井下电钳工资格证书。

经统计，事故造成的经济损失：医疗费用 330 万元，抚恤费用 1500 万元，补助费用 410 万元，歇工工资 80 万元，事故罚款 150 万元，补充新职工培训费用 90 万元，井下设备损坏、巷道破坏等损失共计2700万元，停产损失11000万元。

**根据以上场景，回答下列问题（1～2题为单选题，3～5题为多选题）：**

1. 根据《煤矿安全规程》，关于串联通风甲烷传感器的设置位置和风流中甲烷最高允许浓度的要求，正确的是（　　）。

A. 1202回风巷掘进工作面回风流巷道中，最高允许浓度0.8%

B. 1202回风巷掘进工作面回风流巷道中，最高允许浓度0.5%

C. 1202回风巷掘进工作面回风流巷道中，最高允许浓度0.3%

D. 被串联通风的1201回采工作面进风巷，最高允许浓度0.8%

E. 被串联通风的1201回采工作面进风巷，最高允许浓度0.5%

2. 根据《企业职工伤亡事故经济损失统计标准》(GB 6721)，该事故统计出的间接经济损失是（　　）万元。

A. 11170　　B. 11090

C. 11000　　D. 2440

E. 170

3. 造成1201进风巷瓦斯爆炸事故的直接原因有（　　）。

A. 巷道发生冲击地压　　B. 瓦斯异常涌出，浓度达到爆炸极限

C. 电工甲未取得井下电钳工资格证书　　D. 带电维修，产生电火花

E. 甲烷传感器失效

4. 防治1202回风巷冲击地压灾害，可采取的技术措施有（　　）。

A. 作业人员需穿戴防冲服

B. 煤层注水

C. 在顶板坚硬岩层中进行定向水力致裂

D. 在煤体中施工钻孔进行瓦斯预抽

E. 在煤岩体中进行爆破，转移支承压力峰值区

5. 该煤矿存在的下列情形，属于违规、违章的有（　　）。

A. 电工甲未取得井下电钳工资格证书

B. 1202回风巷掘进工作面与1201回采工作面之间串联通风

C. 甲烷传感器未按时调校

D. 预警后未采取防冲击地压措施

E. 带电检修照明信号综合保护装置

☞**参考答案：**

1. E　2. B　3. BD　4. BCE　5. ACDE

## 案例3　煤矿专项应急预案的编制与演练

某煤矿是一座设计生产能力为150×10^4 t/a的井工煤矿。煤矿证照齐全，属正常生产矿井。矿井采用斜井、水平大巷开拓，中央并列式抽出通风，综合机械化采煤工艺。

2012年，该矿被鉴定为高瓦斯矿井，自然发火等级为一类自然发火矿井，煤尘具有爆炸性。该矿井水文地质条件为简单型，无冲击地压危险性。

2012年10月，当地煤矿安全监察部门检查发现，该矿井下工作面使用有国家明令禁止使用或淘汰的设备。矿井通风系统不完善，带式输送机运输巷道煤尘较大，井下有违章使用电气焊作业现象，存在发生火灾的重大安全隐患，且矿井火灾事故专项应急预案不完善。该矿根据地方煤矿安全监察部门的检查通报情况，重新编制了矿井火灾事故专项应急预案，内容包括应急处置基本原则、应急组织机构及职责、预防与预警、应急处置、应急物资与装备保障。应急组织机构和人员的联系方式、逃生路线、标识和图纸以及相关文件附在预案之后。专项应急预案经企业内部评审后印发，并报当地县人民政府备案。11月，该煤矿又组织开展了火灾事故专项应急救援演练。

**根据以上场景，回答下列问题：**

1. 该煤矿火灾事故专项应急预案还需要补充哪些内容？

2. 该煤矿火灾事故专项应急预案评审、备案管理中存在哪些问题？

3. 如果矿生产调度员接到井下发生火灾的报告后，应采取的应对措施有哪些？

4. 针对火灾事故的应急救援演练，编制全面演练方案时，应包括哪几部分内容？

☞**参考答案：**

1. 该煤矿火灾事故专项应急预案还需要补充：

（1）火灾事故类型及其危害程度分析。

（2）信息报告程序。

2. 存在的问题：

（1）预案评审人员应当包括应急预案涉及的政府有关部门工作人员和有关安全生产及应急管理方面的专家。

（2）预案应报当地煤矿安全监察部门备案。

3. 应采取的应对措施：

（1）询问并核实现场灾害及人员等情况。

（2）向相关人员和部门报告。

（3）通知井下相关人员做好撤离准备。

（4）通知相关人员和部门做好事故应急响应准备。

4. 应包括：

（1）演练目的：检验预案的针对性、可行性和实效性，提高相关人员应急实战能力。

（2）演练时间：××××年××月××日。

（3）演练地点：煤矿井下假定的火灾点及参演人员和部门所在的区域。

（4）演练概述：事故起因及应急措施简要描述。

（5）组织机构职责：明确演练组长、副组长和参演人员、控制人员、模拟人员、评价人员和观摩人员，明确各自在演练中的职责。

（6）演练前的准备：抢险物资与装备，救护队，受困人员角色准备。

（7）现场演练步骤：事故报告，组长宣布启动预案，相关专业技术人员、医疗人员和救援人员到达事故现场按照责任分工开展救援工作，保障组、保卫组分别做好安全警戒，确保现场秩序。

（8）演练结束：演练项目内容结束后，组长宣布演练结束，参加演练人员有序撤离。

（9）演练评价：演练结束后，由评价人员总结分析演练的成功经验和不足，完善应急预案。

## 案例4　煤矿瓦斯爆炸事故分析

某煤矿设计生产能力 $180\times10^4$ t/a，矿井证照齐全，属于高瓦斯矿井，开采煤层为冲击地压煤层。2012 年 11 月 12 日 6 时 30 分，该矿 1228 掘进工作面发生了冲击地压，造成工作面照明信号综合保护装置损坏。负责维修的工人在未断电情况下，对照明信号综合保护装置进行检修。7 时 26 分，井下发生了瓦斯爆炸事故，共造成 7 人死亡、2 人受伤，直接经济损失 900 余万元。

经查，该起瓦斯爆炸事故是由于冲击地压造成瓦斯大量涌出，使照明信号综合保护装置检修现场瓦斯达到爆炸极限，检修过程中产生火花而引发爆炸。

在事故调查过程中还发现，2012 年 1—10 月，该矿煤炭总产量已达到 $211\times10^4$ t，为超设计能力生产。该矿未开展冲击地压监测，在构成掘进工作面通风系统的巷道尚未贯通的情况下，违规组织生产。虽然该矿安装了通风安全监控系统，但工作面瓦斯传感器出现故障，信号传输中断，又未及时安排人员进行维修，导致在发生冲击地压出现瓦斯超限情况下，安全监控系统未能报警。

事故当班没有矿领导下井带班，照明信号综合保护装置检修现场无瓦检员和安全员，事故发生时找不到生产值班负责人。7 名死亡人员和 2 名受伤人员均未佩戴自救器和瓦斯检测仪。事故当班下井 29 人中有 12 人（包括死亡和受伤的 9 人中有 7 人）未经过安全培训，也未参加过相关事故应急预案的演练，安全教育培训和应急演练不到位。

**根据以上场景，回答下列问题：**

1. 该矿发生瓦斯爆炸事故的直接原因是什么？
2. 本次瓦斯爆炸事故发生的间接原因主要有哪些？
3. 该矿日常安全管理中存在哪些安全隐患？
4. 为防止类似事故再次发生，该矿应采取哪些防范措施？

☞**参考答案：**

1. 直接原因是：冲击地压造成瓦斯大量涌出，瓦斯达到爆炸极限后，遇到违章带电作业产生的火花发生瓦斯爆炸。

2. 间接原因主要有：

（1）未开展冲击地压监测。

（2）掘进工作面未形成独立通风系统。

（3）工作面瓦斯传感器出现故障且未及时进行修复。

（4）作业现场无瓦检员和安全员进行瓦斯检查和安全监督。

（5）事故当班无矿领导下井带班，事故发生时找不到生产值班负责人。

（6）超能力组织生产，导致采掘接替紧张。

（7）员工安全培训不到位。

3. 存在的安全隐患：

（1）瓦检员和安全员安全责任落实不到位，日常监督检查不到位。

（2）领导值班和带班下井制度未认真落实。

（3）自救设备、安全仪器仪表使用管理不善。

（4）安全培训和应急演练不到位。

4. 应采取的防范措施：

（1）加强采掘作业计划管理，保证采掘平衡，以风定产，严禁超能力生产。

（2）采取技术措施监测和预报冲击地压等自然灾害。

（3）完善通风安全监控系统等技术装备并加强使用维护管理，使其始终保持良好状态。

（4）加强机电设备检修作业的管理和监督，杜绝违章作业。

（5）严格落实领导值班和带班下井等制度。

（6）加强入井检查，严禁未佩戴自救设备等防护装备人员下井作业。

（7）开展全员安全教育培训，严禁未经安全培训考核合格者下井作业。

（8）加强应急管理，严格按要求开展应急演练。

## 案例5　某煤矿透水事故分析

H 煤矿布置有主斜井、副斜井和斜风井。井底车场设有中央水泵房，采用一级排水直排地面，最大排水量 956 $m^3/h$，采用双回路供电。

矿井井田面积 2.5 $km^2$，矿区内有河流从含煤地层露头流过，为常年性河流，洪水期月平均流量 4.68～6.56 $m^3/s$，矿井水文地质类型为复杂，矿井正常涌水量 238 $m^3/h$，最大涌水量 309 $m^3/h$。

井田西邻 3 年前因政策性原因关闭的 M 煤矿，由于缺少实测资料，井下采掘范围不清，其西部和南部周边原有多个废弃老窑，采空区均相互连通，形成大范围老空积水，范围、面积、水压、积水量均不明。

H 煤矿采用钻探和物探相结合进行探放水，物探后进行钻探。物探施工前编制物探设计，施工后出具物探成果报告；钻探施工前编制钻探设计和施工安全措施，规定了探放水钻孔布置原则，给出了超前距和帮距两个布置参数，施工后编制探放水总结。

2021 年 3 月 30 日以来，掘进工作面北帮出现“炸帮”（巷道围岩压力显现发出较大声响并产生煤壁片帮现象的俗称），4 月 8 日夜班，物探人员和煤矿技术人员发现迎头顶部锚杆及锚索均有淋水，迎头北侧短探孔出水、煤壁挂汗；4 月 9 日夜班在迎头施工短探孔时发现孔内出水。4 月 10 日 18 时，回风顺槽迎头甲烷传感器信号上传中断，煤矿监控中心站系统报警，井下发生透水事故，事故发生后，6 人安全升井，3 人被困井下。

**根据以上场景，回答下列问题：**

1. 列出 H 煤矿井下主要补给水源和其他可采取的排水方式。

2. 判断 H 煤矿最大排水量是否满足要求并说明理由，同时计算 H 煤矿工作水泵、备用水泵的最小要求排水能力。

3. 补充完善 H 煤矿探放水钻孔布置参数并明确探放水钻孔布置原则。

4. 列出 H 煤矿透水特征及透水前可能出现的征兆。

5. 列举出可用的矿井地球物理勘探方法。

☞**参考答案：**

1. H煤矿井下主要补给水源有：老空区积水、裂隙水、孔隙水、岩溶水。

可采取的排水方式有分段排水和混合排水两种方式。

2. 煤矿最大排水量满足要求，理由为：$309\times24/20=370.8$（$m^3/h$）$<956$（$m^3/h$）。

工作水泵能力$=238\times24/20=285.6$（$m^3/h$），备用水泵能力$=285.6\times0.7=199.92$（$m^3/h$）。

在实际工作过程中还应该根据《煤矿安全规程》的要求对矿井的排水能力进行验算，确保排水能力满足规程要求。

3. 煤矿探放水钻孔布置参数主要有：允许掘进距离、钻孔密度。

探放水钻孔布置原则：探放水钻孔的布置以不漏掉老空、保证生产安全和探水工作量最小为原则。探放水钻孔布置的参数有超前距、允许掘进距离、帮距和钻孔密度。

4. 老窑长时间停止排水，被水充满，好像一个地下水库，分布在煤层的浅部或上部，威胁着下部煤层的开采。当巷道接触到这些水体时，积水就会溃入巷道，造成突水事故。这种水源突水的特征如下：

（1）水量大、来势猛、时间短，具有很大的破坏性。突水量以静储量为主且储量与采空区分布范围有关；当老窑水与其他水源有水力联系时，可造成量大而稳定的涌水，危害性极大。

（2）老窑水为多年积水，水循环条件差，多为酸性水，对井下设备具有很强的腐蚀性，且含有大量硫化氢气体，对人体危害性也较大。

5. 矿井地球物理勘探方法包括：

（1）地震勘探技术。

（2）瞬变电磁（TEM）探测技术。

（3）高密度高分辨率电阻率法探测技术。

（4）直流电法探测技术。

（5）音频电穿透探测技术。

（6）瑞利波探测技术。

（7）钻孔雷达探测技术。

（8）地震槽波探测技术。

（9）超长波被动遥感技术。

（10）超前机载雷达、建场法多道遥测探测技术。

## 案例6　某煤矿安全生产现状分析

某井工煤矿采用平硐—斜井开拓方式，机械抽出式通风，其中主、副井为平硐，回风井为斜井；矿井有一个可采煤层；经鉴定，矿井为低瓦斯矿井，煤尘具有爆炸危险性，开采煤层自燃倾向性类别为容易自燃。

矿井开采原煤由主平硐运至地面后经皮带走廊送入选煤厂，洗选后的精煤送入5000 t储煤仓。井下的矸石由矿车从平硐运出后，用矸石山绞车提升运至翻矸架排放。

矿井布置一个采煤工作面和两个掘进工作面。采煤工作面采用综采工艺，全部垮落法管理顶板，通风方式为U形通风；掘进工作面采用综掘工艺，锚杆支护，局部通风机通风；采掘工作面均安装有防尘管路、洒水降尘装置和隔爆水棚。

该煤矿配备了经安全培训合格的矿长、总工程师、安全副矿长、生产副矿长、机电副矿长、通防副总工程师等管理人员，设置有安全科等安全管理机构，建有完善的安全生产责任制、安全管理制度和安全操作规程，编制有完整的事故应急预案。近年来，由于安全管理到位，生产状况良好，井下未发生伤亡事故。

**根据以上场景，回答下列问题：**

1. 根据《企业职工伤亡事故分类》(GB 6441)，列出皮带走廊可能发生的事故类型。

2. 列出矿井煤尘爆炸应急预案编制的程序。

3. 列出矿长的安全管理职责。

☞**参考答案：**

1. 皮带走廊可能发生的事故类型有：触电、机械伤害、高处坠落、火灾、其他爆炸。

2. 编制的程序：

（1）成立煤尘爆炸应急预案编制工作小组。

（2）收集法律法规等资料。

（3）井下煤尘风险性评估。

（4）矿井总体应急能力评估。

（5）编制应急预案。

（6）应急预案的评审。

3. 矿长的安全管理职责：

（1）建立健全并落实本单位全员安全生产责任制，加强安全生产标准化建设。

（2）组织制定并实施本单位安全生产规章制度和操作规程。

（3）组织制定并实施本单位安全生产教育和培训计划。

（4）保证本单位安全生产投入的有效实施。

（5）组织建立并落实安全风险分级管控和隐患排查治理双重预防工作机制，督促、检查本单位的安全生产工作，及时消除生产安全事故隐患。

（6）组织制定并实施本单位的生产安全事故应急救援预案。

（7）及时、如实报告生产安全事故。

## 案例7 某煤矿竖井井筒开挖的风险评价

1. 情景描述

A建井施工公司承接了《某煤矿1200万吨/年建设项目》的1号主井施工工程，设计井筒深度1200 m、井筒直径6 m，设计施工时间为3年。

1号主井位于寒带的山区，该地区冬季最低温度为 -43 ℃，气象部门预报过的山区局部地区最大风速达到140 km/h。井筒井场占地面积为100 m×100 m，井场南部为施工道路，北部为高373 m的峭壁，东部为一条泄洪沟，西部为高100 m的平缓山丘。

根据资料显示，1号主井施工工程在施工过程中，需要穿越一个落差为26 m的断层，穿越厚度为113 m的含水层，穿越厚度为56 m的含水流砂层，穿越厚度为0.2 m、0.5 m

的两个薄煤层。

针对1号主井施工工程在施工过程中可能遇到的风险，A建井施工公司聘请有关安全评价专家和安全管理人员进行建井施工风险评价。评价确定的危险有害因素有：建井车辆进场、出场引起的车辆伤害，吊桶坠落伤害，爆破伤害，金属结构安装引起的机械伤害。

根据安全评价确定的危险有害因素，A建井施工公司制定了1号主井施工工程安全规章制度和安全技术措施，包括预防车辆危害措施、预防坠罐措施、预防爆破伤人措施、预防机械伤害措施和安全作业规程。

2. 案例说明

本案例包括或涉及下列内容：

（1）一般矿井施工安全知识。

（2）穿越大落差断层凿井施工安全注意事项。

（3）穿越含水层凿井施工安全注意事项。

（4）穿越含水流砂层凿井施工安全注意事项。

（5）穿越煤层凿井施工安全注意事项。

（6）寒冷地区凿井施工安全措施。

（7）大风地区凿井施工安全措施。

（8）复杂地面条件凿井施工安全措施。

3. 关键知识点及依据

（1）凿井施工的一般性危险因素，包括坠罐、井架倒塌、触电、钢丝绳失效、爆破伤人、噪声、振动等。

（2）穿越大落差断层凿井施工应预防坍塌、突水。

（3）穿越含水层凿井施工应预防突水。

（4）穿越含水流砂层凿井施工应预防突水、流砂冲井。

（5）穿越煤层凿井施工应预防煤与瓦斯突出。

（6）寒冷地区凿井施工应进行保温和地面人员的防护。

（7）大风地区凿井施工应特别注意地面人员的保护。

（8）深井凿井施工应预防岩爆、解决提升安全问题。

4. 注意事项

（1）凿井的施工工艺特点、危险有害因素和事故形式。

（2）复杂地质条件、复杂水文地质条件凿井施工的安全问题。

（3）复杂地面施工条件下凿井施工的安全问题。

（4）凿井施工的安全规章制度。

## 案例8 某煤矿建设安全设施初步设计应针对的安全问题

1. 情景描述

《某煤矿二期30万吨/年建设工程》是《某煤矿一期45万吨/年建设工程》的深部开拓工程，一期工程已经完成建井并于2008年开始正式投产，生产情况正常。某煤矿归A

集团公司所有，并已经办理二期工程采矿权。

A 集团公司将《某煤矿二期 30 万吨/年建设工程》的设计委托给 B 设计公司，将施工监理委托给 C 监理公司，将施工委托给 D 施工单位，将项目管理委托给 E 工程管理公司。2015 年 1 月，B 设计公司完成设计，施工单位、监理单位、项目管理单位进场开始工作。

2015 年 4 月，A 集团公司为了加强安全生产管理，要求 E 工程管理公司审核 B 设计公司、C 监理公司、D 施工单位与安全生产有关的资质并提供审核报告。审核报告指出，B 设计公司不具备煤矿设计资质，建议 A 集团公司聘请有煤矿设计资质的单位重新进行设计。

2015 年 6 月，A 集团公司针对 E 工程管理公司提出的问题进行了研究，决定：为了不影响施工进度，在委托具有煤矿设计资质单位设计的同时，继续按照原设计施工，但为了施工安全，需要与各单位明确安全责任，要求 E 工程管理公司明确建设单位、施工单位、监理单位、项目管理单位、工程管理单位的安全责任。

2015 年 7 月，A 集团公司选择了具有煤矿设计资质的 F 设计院重新进行《某煤矿二期 30 万吨/年建设工程》设计。2015 年 10 月，F 设计院提供了《〈某煤矿二期 30 万吨/年建设工程〉安全设施初步设计》并提交了相关的设计资料。

2. 案例说明

本案例包括或涉及下列内容：

（1）煤矿建井施工的建设单位职责。

（2）煤矿建井的资质管理制度。

（3）煤矿建井施工过程中相关单位的安全生产职责。

（4）《安全生产法》对技术服务机构职责的要求。

（5）煤矿安全设施初步设计的内容。

（6）煤矿安全设施初步设计的主要图纸及其内容。

（7）煤矿安全生产设施初步设计与施工图设计的不同。

3. 关键知识点及依据

（1）煤矿设计、施工、监理单位必须具有相应的资质。

（2）煤矿建设单位必须选择具有相应资质的设计、施工、监理单位进行设计、施工、监理。

（3）在施工前应明确相关各方的安全生产责任，签订安全生产协议书。

（4）煤矿安全设施初步设计必须进行评审，并进行安全评价。

（5）煤矿建设安全设计必须提供八大系统的图纸和设计资料。

（6）煤矿建设施工图设计应确保能够进行工程施工的程度。

4. 注意事项

（1）煤矿初步设计与施工图设计的不同要求、不同深度。

（2）《安全生产法》对建设、设计、施工、监理单位的要求。

## 案例 9 某冲击地压矿井事故防治

某开采单一煤层的冲击地压矿井，各类证照齐全。该矿明确了各级负责人的冲击地压防治职责，编制了冲击地压事故应急预案，且每年组织一次应急预案演练，制定了冲击地压防治安全技术管理制度、岗位安全责任制度、培训制度、事故报告制度等。

该矿 2211 采煤工作面为孤岛工作面，开采深度 448 ~ 460 m，倾斜长度 180 m，走向长度 1000 m，与两侧采空区之间设计留有 30 m 宽的煤柱，煤层伪顶为 0.2 ~ 3 m 的炭质页岩，直接顶为 5.2 ~ 14.9 m 的灰色粉砂岩，基本顶为 19.3 ~ 70.4 m 的中粗砂岩，局部发育有断层。该工作面回风巷在掘进至 657 m 接近前方断层时，发生一起冲击地压事故，导致该工作面回风巷 590 ~ 630 m 处底鼓、冒顶严重。当班出勤的 15 名员工中，6 人被困掘进工作面附近，其余 9 人撤离至安全地点。事故发生后，煤矿立即启动应急预案，组织救护队下井救援。经过 24 h 全力抢救，被困人员全部脱险，除爆破工左腿胫骨骨折外，其他人员均未受伤。

为吸取本次事故教训，该矿以《防治煤矿冲击地压细则》为依据，重新编制了防冲设计，加强了冲击危险性预测、监测工作，制定了有针对性的区域与局部防冲措施，完善了防冲管理制度和安全防护措施。

**根据以上场景，回答下列问题：**

1. 根据《防治煤矿冲击地压细则》，指出煤矿主要负责人、总工程师和其他负责人在防治煤矿冲击地压工作中的职责分工。

2. 列出此次冲击地压事故发生的客观影响因素。

3. 列出冲击地压矿井的冲击危险性监测方法。

4. 分别列出适合该矿的区域与局部防冲措施。

5. 列出 2211 工作面冲击地压安全防护措施的内容。

☞**参考答案：**

1. 职责分工：

（1）煤矿主要负责人是冲击地压防治的第一责任人。

（2）煤矿总工程师是冲击地压防治的技术负责人，对防治技术工作负责。

（3）煤矿其他负责人对分管范围内冲击地压防治工作负责。

2. 客观影响因素：

（1）煤层上方有较厚的坚硬岩层。

（2）采煤工作面为孤岛工作面。

（3）采煤工作面两侧留有较大煤柱。

（4）地质构造（断层）。

3. 冲击危险性监测方法：

（1）微震监测法。

（2）钻屑法。

（3）应力监测法。

（4）电磁辐射法。

（5）声发射（地音）监测法。

4. 区域防冲措施：

（1）合理开拓方式。

（2）优化采掘部署。

(3) 合理开采顺序。
(4) 合理煤柱留设。
(5) 减小地质构造影响。

局部防冲措施:
(1) 煤层钻孔卸压。
(2) 煤层爆破卸压。
(3) 煤层注水。
(4) 顶板爆破预裂(水力致裂)。
(5) 底板钻孔或爆破卸压。

5. 安全防护措施:
(1) 严格执行人员准入制度。
(2) 采取个体防护措施。
(3) 对区域内使用的设备、管线、物品采取固定措施。
(4) 加强支护。
(5) 采取防底鼓措施。
(6) 设置压风自救系统。
(7) 制定避灾路线。
(8) 启动应急救援预案。

## 案例10 某煤矿设备安全要求

1. 情景描述

A 煤矿设计能力 $15\times10^4$ t/a,采矿许可证于 2013 年 3 月 20 日已到期,营业执照有效期到 2018 年 3 月 20 日。矿长甲的矿长资格许可证 2012 年 12 月 31 日已到期。该煤矿尚未取得煤矿安全生产许可证。

2013 年 5 月 18 日,A 煤矿所在省下发了《关于加强煤矿安全生产工作的通知》,要求不具备安全生产条件的煤矿进行整改,在 2013 年 11 月底以前经整改仍然不具备条件的,要停产停业。

2013 年 12 月 17 日,A 煤矿的西大巷第一联络巷发生火灾事故。事故造成 12 人死亡,损失达到 1150 万元。

事故分析发现,发生火灾的巷道为梯形断面,坑木支护,梢子背帮;在巷道内 1 m 处西侧安装一台 QBZ80 型启动开关,该开关无专人看管,当班工人上班时开动,下班时关闭;火灾是由于空气压缩机着火引起的。着火的空气压缩机为一台 W-2.8/5 型活塞式、皮带传动的空气压缩机,没有取得 MA 标志,配套有一台普通的非防爆电动机,冷却方式为通风机冷却,润滑方式为飞溅润滑。

2. 案例说明

本案例包括或涉及下列内容:
(1) 煤矿相关人员持证上岗制度。

（2）煤矿安全生产许可证制度。

（3）煤矿矿用设备的煤安标志制度。

（4）安全生产监督管理人员的职责。

（5）人民政府的安全生产管理职责。

3. 关键知识点及依据

（1）煤矿安全生产许可证必须在有效期内。

（2）矿长安全生产资格证必须在有效期内。

（3）煤矿的空气压缩机、电动机必须是防爆产品。

（4）煤矿的空气压缩机、电动机必须取得煤安标志才能下井。

（5）相关安全生产监管部门和煤矿安全监察机构必须实施有效的监管。

（6）政府具有监督煤矿确保安全生产的职责。

4. 注意事项

（1）产品质量合格与煤矿产品防爆的不同。

（2）产品质量合格、煤矿产品防爆与煤安标志的不同。

（3）政府的职责与安全生产监管、监察部门职责的分工。

## 案例 11　煤与瓦斯突出诱因、预防措施及事故原因分析

1. 情景描述

A 煤矿于 2000 年投产，设计生产能力 $6\times10^4$ t/a，采用地下井工开采。

2010 年 12 月，A 煤矿由 B 技术服务机构鉴定为高瓦斯矿井，煤层绝对瓦斯涌出量为 0.73 $m^3/min$，相对瓦斯涌出量为 11.02 $m^3/t$，煤尘无爆炸性，煤层不易自燃。

A 煤矿的实际控制人为甲。甲将 A 煤矿承包给乙经营。乙再将 A 煤矿的经营权转包给丙。丙将 A 煤矿的煤矿开采承包给了丁，将开拓施工承包给戊。

2014 年 3 月 7 日，A 煤矿的主井东翼 -90 m 水平运输巷掘进工作面发生煤与瓦斯突出事故。事故造成 6 人死亡、11 人受伤，直接经济损失达到 1104 万元。

事故调查发现，发生突出的煤层在 2008 年、2009 年的其他煤矿都曾发生过煤与瓦斯突出事故；A 煤矿发生煤与瓦斯突出的巷道为全煤巷，采用坑木架棚支护，巷道设计断面 4 $m^2$；在掘进过程中没有采取预防煤与瓦斯突出的措施；询问下井作业的 10 名员工，没有一人了解什么是煤与瓦斯突出，更不了解预防煤与瓦斯突出的预防措施；询问甲、乙、丙都认为已经进行了矿井煤与瓦斯突出危险性鉴定，没有突出危险性，就不必采取预防煤与瓦斯突出的措施。

2. 案例说明

本案例包括或涉及下列内容：

（1）从事煤矿煤与瓦斯突出危险性鉴定的服务机构进行鉴定时应开展的工作。

（2）煤矿安全管理的基本要求。

（3）煤矿从业人员的安全生产职责。

（4）煤矿主要负责人的安全生产职责。

（5）煤矿预防煤与瓦斯突出的措施。

3. 关键知识点及依据

（1）从事煤矿煤与瓦斯突出危险性鉴定的服务机构进行鉴定时应进行煤层突出危险性的调查。

（2）煤矿生产严禁层层转包。

（3）煤矿企业应对从业人员进行安全教育培训。

（4）煤矿员工应了解可能威胁自己的安全生产风险。

（5）煤矿主要负责人应具有相应的安全生产能力。

（6）政府及其相关部门应加强对煤矿的安全生产监督管理。

4. 注意事项

（1）煤与瓦斯突出危险性鉴定的工作要做细、做全，才能出鉴定结论。

（2）各方应承担起相应的安全生产职责。

## 案例12 煤炭自然发火区处理及预防中毒事故的措施

1. 情景描述

A煤矿的可采煤层有3层，分别为X1煤层、X2煤层、X3煤层，都为倾斜煤层，属于较稳定煤层。X1煤层位于最顶层，在A煤矿的采矿权范围内，煤层埋藏深度145～522 m，煤层平均厚度7～12 m。X2煤层位于X1煤层下部，距离X1煤层23～30 m，煤层平均厚度7～9 m。X3煤层位于X2煤层下部，距离X2煤层10～17 m，煤层平均厚度19～22 m。

A煤矿于2001年开始投产，首先开采X1煤层。采用后退式、顶板自然垮落式的一次采全高采煤法，设计一次采高为7 m。2004年M1采区完成了X1煤层的开采，接着采用与X1煤层相同的采煤法继续开采X2煤层，设计的X2煤层采高为7 m。2008年12月底M1采区完成了X2煤层的开采，接着采用与X1煤层相同的采煤法继续开采X3煤层，设计的X3煤层采高为10 m。

2009年2月3日，X3煤层采煤工作出现自然发火征兆，11日由于采煤工作面自然发火，不得不将工作面封闭。工作面封闭后，坚持每天测定封闭区温度、自然发火标志性气体。测定结果显示，在封闭后的前15天封闭区的温度不断上升，而后逐渐下降。到2009年4月11日，从封闭区自然发火指标检测结果判断，自燃的煤炭已经熄灭。4月20日开启了封闭区，逐渐恢复生产，5月30日开采恢复到正常状态。

2. 案例说明

本案例包括或涉及下列内容：

（1）煤炭采出率、煤炭埋藏条件、煤层倾角、采煤方法与自然发火的关系。

（2）煤炭自然发火的判别指标和方法。

（3）如何扑灭煤炭自然发火。

（4）封闭区煤炭火灾熄灭的判别指标及其阈值。

（5）自然发火封闭区开启时应注意的事项。

3. 关键知识点及依据

（1）煤的自然倾向性与自然发火期。

（2）煤炭采出率越高、煤炭埋藏条件越浅、煤层倾角越陡，越容易自然发火。

（3）垮落法采煤比充填法采煤容易自然发火。

（4）煤炭自然发火判别指标有一氧化碳、瓦斯、乙炔等。

（5）可用指标气体较长时间稳定在某指标之下判断封闭区自然发火已经熄灭。

（6）在开启封闭区时应特别注意一氧化碳中毒。

4. 注意事项

（1）可用多种方法判别自然发火已经熄灭。

（2）自然发火的规律与火区封闭后的气体变化规律。

## 案例 13　某煤矿通风系统分析

某煤矿开采 4 号煤层，核定年生产能力为 3 Mt。该矿有主斜井、副斜井、回风立井 3 个井筒，采用中央边界式通风。副斜井主进风，回风立井回风，地面建有永久瓦斯抽放系统。综采工作面采用 U 形通风，上隅角附近设置木板隔墙引导风流稀释冲淡瓦斯，该工作面采取了喷雾降尘措施，未进行煤层注水。掘进工作面采用局部通风机压入式通风，选用 FBD – №6. 3/2 × 30 局部通风机，配套柔性风筒。备用采煤工作面进风巷内设置调节风门进行风量调节。采区进风上山和回风上山之间的联络巷内按要求砌筑永久性挡风墙隔断风流。相邻采煤工作面之间设置了隔爆水棚。

矿井煤层瓦斯含量为 12. 9 $m^3/t$，矿井绝对瓦斯涌出量为 90. 1 $m^3/min$，相对瓦斯涌出量为 55. 5 $m^3/t$，综采工作面绝对瓦斯涌出量为 59. 3 $m^3/min$，掘进工作面绝对瓦斯涌出量为 3. 8 $m^3/min$。矿井采取抽采措施后，综采工作面风排瓦斯量为 18. 5 $m^3/min$，工作面瓦斯涌出不均衡备用风量系数按 1. 2 考虑；综采工作面平均采高 2. 4 m，最大控顶距 6. 2 m，最小控顶距 5. 6 m，综采工作面有效通风断面面积按 70% 考虑；综采工作面同时最多作业人数为 25 人。综采工作面上隅角一氧化碳浓度为 0. 0012% 。

根据 2017 年 3 月矿井通风阻力测定报告，矿井通风路线长度为 12000 m，较投产初期增加 4000 m；矿井有 5 处巷道失修，变形严重，断面减小；1 处有严重积水。测定结果显示：矿井自然风压为 353 Pa，总进风量为 10476 $m^3/min$，总回风量为 10671 $m^3/min$，总阻力为 2660 Pa，副斜井风速为 6. 9 m/s，采区回风石门风速为 6. 4 m/s，总回风巷风速为 7. 8 m/s，回风立井风速为 10. 6 m/s。矿井风量大且过于集中。根据矿井通风阻力测定报告反映出的问题，矿领导责成相关部门制定整改方案，对通风系统进行优化改造。

**根据以上场景，回答下列问题：**

1. 判断该矿井瓦斯等级，并列出该等级的判定标准。

2. 根据《煤矿安全规程》，列出该矿井副斜井、采区回风石门、总回风巷、回风立井的最高允许风速，并指出风速超限的井巷。

3. 列出该矿井构筑的通风设施。

4. 根据风排瓦斯量和作业人数分别计算综采工作面的配风量，按照风速进行验算并给出结论。

**☞参考答案：**

1. 矿井瓦斯等级：

（1）高瓦斯矿井。

（2）具备下列条件之一的为高瓦斯矿井：

① 矿井相对瓦斯涌出量大于 10 $m^3/t$。

② 矿井绝对瓦斯涌出量大于 40 $m^3/min$。

③ 矿井任一掘进工作面绝对瓦斯涌出量大于 3 $m^3/min$。

④ 矿井任一采煤工作面绝对瓦斯涌出量大于 5 $m^3/min$。

2.（1）最高允许风速：

① 副斜井 8 m/s。

② 采区回风石门 6 m/s。

③ 总回风巷 8 m/s。

④ 回风立井 15 m/s。

（2）采区回风石门风速超限。

3. 通风设施：

（1）永久性挡风墙（挡风墙、密闭）。

（2）调节风门（风门）。

（3）木板隔墙。

（4）防爆盖（门）。

（5）风硐。

4.（1）按甲烷涌出量计算：

$$Q_{采}=100qk=100\times18.5\times1.2=2220\ (m^3/min)=37\ (m^3/s)$$

（2）按人数计算：

$$Q_{采}=4N=4\times25=100\ (m^3/min)\approx1.67\ (m^3/s)$$

（3）取上述计算的最大值：

$$Q_{采}=2220\ (m^3/min)=37\ (m^3/s)$$

（4）按风速验算：

① 按最小风速进行验算：

$$Q_{采}\geqslant60\times0.25S_{cb}=60\times0.25\times6.2\times2.4\times70\%=156\ (m^3/min)=2.6\ (m^3/s)$$

② 按最大风速进行验算：

$$Q_{采}\leqslant60\times4.0S_{cs}=60\times4.0\times5.6\times2.4\times70\%=2258\ (m^3/min)\approx37.63\ (m^3/s)$$

验算结果：符合风速要求。

## 案例 14　某煤矿运输巷掘进工作面冒顶事故分析

L 煤矿为斜井开拓，开采 4 号煤层，煤层厚度为 7.28 ~ 9.45 m，地质构造中等，煤尘具有爆炸危险性，自燃倾向性为自燃，4203 运输巷掘进工作面施工工艺采用综掘机沿底掘进，皮带运输机运输。支护方式为锚杆、金属网配合锚索和 T 型钢带，锚杆间排距为 920 mm × 1000 mm，每间隔一排布置两根锚索，锚索距巷道上、下帮各 1 m 处布置，锚索长度为 9.2 m。

2021 年 6 月 10 日 9 时 30 分，当班班长发现，4203 运输巷掘进工作面迎头后方 60 m

处设置的顶板离层监测仪读数变化超过 10 cm，锚索测力计数据急剧增加，顶板淋水加大、下沉明显、出现多处裂缝，遂安排 3 人补打锚杆加强顶板支护，其他人员正常开展掘进作业。11 时 30 分，班长在巡视过程中听到一声巨响，发现 4203 运输巷带式输送机停止运转，立即赶往 4203 运输巷掘进工作面迎头查看情况，行至距掘进工作面迎头约 65 m 处，发现巷道大面积冒顶，立即向矿调度室电话汇报。该矿随即启动应急预案，组织开展救援工作，同时向当地应急管理部门进行了事故报告。

经事故调查，冒顶发生在 4203 运输巷掘进工作面迎头后方 50 m 处，冒顶段长度约 15 m。事故发生的原因包括：4203 运输巷布置在上部煤层区段煤柱下，冒顶及周边区域顶板发育有富水性较强的含水层，地质条件变化较大，掘进队未能及时调整支护方式。事故造成 2 人遇难，直接经济损失 300 万元。

**根据以上场景，回答下列问题：**

1. 列出 4203 运输巷发生事故前可能出现的征兆。

2. 列出锚杆支护的三种作用机理。

3. 列出 L 煤矿应向当地应急管理部门报告的事故内容。

4. 简述防止此类冒顶事故发生应采取的技术措施。

☞**参考答案：**

1. 事故前可能出现的征兆：

（1）片帮。

（2）顶板下沉速度急剧增加。

（3）顶板断裂（掉碴）。

（4）支护体载荷急剧增大（锚杆锚索变形增大、托盘脱落）。

（5）煤炮密集。

（6）淋水加大。

2. 锚杆支护的作用机理：

（1）悬吊作用。

（2）组合梁作用。

（3）组合拱作用。

（4）围岩强度强化作用。

（5）最大水平应力理论。

（6）松动圈支护理论。

3. L 煤矿应向当地应急管理部门报告的事故内容：

（1）单位概况。

（2）事故发生的时间、地点。

（3）事故现场情况。

（4）事故简要经过。

（5）事故已经造成或者可能造成的伤亡人数。

（6）初步估计的直接经济损失。

（7）已经采取的措施。

（8）其他应当报告的情况。

4. 应采取的技术措施：

（1）优化巷道布置。

（2）避开（煤柱）应力集中区。

（3）加强顶板疏放水。

（4）优化支护设计［缩小空顶距、及时支护、缩小锚杆（索）间排距、短掘短支、调整支护方式］。

（5）合理设计煤柱宽度。

（6）巷道轴线方向尽可能与构造应力方向平行。

（7）加强顶板监测。

## 案例15 某煤矿防治水工作分析

K煤矿设计生产能力3.0 Mt/a，单一水平生产，矿井含水层为孔隙、裂隙、岩溶含水层，补给条件良好，顶板砂砾岩层单位涌水量为1.2 L/(s·m)，井田及周边老空水分布位置、范围、积水量清楚。矿井正常涌水量为180 $m^3$/h，最大涌水量为360 $m^3$/h。该矿遵循“预测预报、有疑必探、先探后掘、先治后采”的十六字防治水原则，实施了七项综合配套防治措施。

矿井中央排水系统配有工作水泵1台，型号为MD280－65×9，备用水泵2台，型号为MD155－67×8，$\phi$219 mm排水管路2趟，$\phi$273 mm排水管路1趟，主副水仓各1个，主水仓容量776 $m^3$，副水仓容量467 $m^3$，水仓总容量为1243 $m^3$。2021年4月矿井联合排水试验报告显示：MD280－65×9型水泵的排水能力为220 $m^3$/h，2台MD155－67×8型水泵排水能力均为110 $m^3$/h，MD280－65×9型水泵和2台MD155－67×8型水泵的联合排水能力为420 $m^3$/h。

2021年8月，当地煤矿安全监管部门检查发现：该煤矿最近的水文地质类型划分报告编制时间为2017年5月，报告修订明显不及时，且在防治水管理方面制度不健全，只建立了水害防治岗位责任制、水害防治技术管理制度和水害预测预报制度。

**根据以上场景，回答下列问题：**

1. 根据《煤矿防治水细则》，补充该矿应建立的其他四项防治水制度。

2. 判断该矿水文地质类型，并说明依据。

3. 计算并判断该矿水泵排水能力是否符合要求。

☞**参考答案：**

1. 该矿应建立的其他四项防治水制度：

（1）水害隐患排查治理制度。

（2）探放水制度。

（3）重大水患停产撤人制度。

（4）应急处置制度。

2. 该矿水文地质类型复杂。其顶板砂砾岩层单位涌水量1.2 L/(s·m)。

3. 计算如下：

（1）工作水泵排干矿井 24 h 正常涌水的时间：$T_{正常}=\frac{24\times Q_{正常}}{Q_{工作}}=\frac{24\times 180}{220}=19.64$（h）< 20（h）。

（2）工作和备用水泵排干矿井 24 h 最大涌水的时间：$T_{最大}=\frac{24\times Q_{最大}}{Q_{备用}+Q_{工作}}=\frac{24\times 360}{420}=20.57$（h）> 20（h）。

通过以上计算，水泵能力不能满足排水要求。

# 参 考 文 献

[1] 常现联，冯拥军．煤矿安全 [M]．北京：煤炭工业出版社，2015.
[2]《煤矿安全规程》专家解读委员会．《煤矿安全规程》专家解读：井工煤矿 [M]．徐州：中国矿业大学出版社，2016.
[3] 王显政．《〈煤矿安全规程〉(2016) 解读》[M]．北京：煤炭工业出版社，2016.
[4] 张钦礼，王新民，邓义芳．采煤概论 [M]．北京：化学工业出版社，2008.
[5] 孟宪臣．采煤概论 [M]．北京：煤炭工业出版社，2010.
[6] 苏永成．煤矿开采方法 [M]．北京：机械工业出版社，2014.
[7] 张登明．煤矿开采方法 [M]．徐州：中国矿业大学出版社，2009.
[8] 刘洪主．煤矿总工程师工作手册 [M]．徐州：中国矿业大学出版社，2009.
[9] 程五一．煤与瓦斯突出区域预测理论及技术 [M]．北京：煤炭工业出版社，2005.
[10] 李建铭．煤与瓦斯突出防治技术手册 [M]．徐州：中国矿业大学出版社，2006.
[11] 王魁军，程五一．矿井瓦斯涌出理论及预测技术 [M]．北京：煤炭工业出版社，2009.
[12] 周世宁，林柏泉．煤层瓦斯赋存与流动理论 [M]．北京：煤炭工业出版社，1999.
[13] 俞启香．矿井瓦斯防治 [M]．徐州：中国矿业大学出版社，1992.
[14] 张子敏．瓦斯地质学 [M]．江苏：中国矿业大学出版社，2009.
[15] 胡千庭．煤矿瓦斯防治技术优选—煤与瓦斯突出和爆炸防治 [M]．徐州：中国矿业大学出版社，2008.
[16] 张国枢．通风安全学 [M]．徐州：中国矿业大学出版社，2013.
[17] 吴中立．矿井通风与安全 [M]．徐州：中国矿业大学出版社，1997.
[18] 王德明．矿井通风与安全 [M]．徐州：中国矿业大学出版社，2007.
[19] 张友谊．矿井通风技术与发展 [M]．北京：煤炭工业出版社，2008.
[20] 王惠宾，胡卫民，李湖生．矿井通风网络理论与算法 [M]．徐州：中国矿业大学出版社，1994.
[21] 严建华．矿井通风技术 [M]．北京：煤炭工业出版社，2005.
[22] 王德明．矿井通风与安全 [M]．徐州：中国矿业大学出版社，2009.
[23] 浑宝炬，郭立稳．矿井通风与除尘 [M]．北京：冶金工业出版社，2007.
[24] 中国煤炭教育协会职业教育教材编审委员会．矿井通风与安全 [M]．北京：煤炭工业出版社，2012.
[25] 吴金刚，鹿广利．矿井通风与安全 [M]．徐州：中国矿业大学出版社，2015.
[26] 煤炭工业职业技能鉴定指导中心．矿井通风工 [M]．北京：煤炭工业出版社，2010.
[27] 中国煤炭建设协会．煤炭工业矿井设计规范（GB 50215—2005）[S]．北京：中国计划出版社，2006.
[28] 张庆华．我国煤矿通风技术与装备发展现状及展望 [J]．煤炭科学技术，2016 (6)：146 - 151.
[29] 杜卫新．矿井通风技术 [M]．徐州：中国矿业大学出版社，2014.
[30] 邱宇善，雷远扬．浅析矿井通风系统优化设计的改进方向 [J]．现代经济信息，2012 (17)：171 - 176.
[31] 贾进章．矿井通风系统可靠性、稳定性、安全性理论 [M]．北京：科学出版社，2016.
[32] 翟君武．煤矿井下电气作业 [M]．徐州：中国矿业大学出版社，2014.
[33] 隆泗．煤矿机电设备与安全管理 [M]．成都：西南交通大学出版社，2015.
[34] 中煤科工集团上海研究院检测中心．煤矿电气防爆技术基础 [M]．徐州：中国矿业大学出版

社，2015.
[35] 黄夷白，张琳．工矿供电技术 [M]．北京：国防工业出版社，2008.
[36] 崔海波，吴戈．煤矿机电与运输 [M]．湘潭：湘潭大学出版社，2009.
[37] 蒋仲安．湿式除尘技术及其应用 [M]．北京：煤炭工业出版社，1999.
[38] 蒋仲安，杜翠凤，牛伟．工业通风与除尘 [M]．北京：冶金工业出版社，2010.
[39] 蒋仲安，陈举师，杜翠凤．矿井通风与除尘 [M]．北京：机械工业出版社，2017.
[40] 方裕璋．抢险救灾 [M]．徐州：中国矿业大学出版社，2003.
[41] 方裕璋，马尚权．煤矿应急救援预案与抢险救灾 [M]．徐州：中国矿业大学出版社，2005.
[42] 国家煤矿安全监察局．矿山救护规程 [M]．北京：煤炭工业出版社，2010.
[43] 康要伟．矿井瓦斯灾害的防治 [J]．煤炭技术，2006，25 (10)：2-4.
[44] 赵兴旗．提高矿井抽放瓦斯效果的途径 [J]．矿业安全与环保，2007，34 (5)：38-41.
[45] 王玉武，富向，杨宏伟．采空区瓦斯抽放技术优选及适用性分析 [J]．煤矿安全，2008，39 (5)：77-80.
[46] 韩成功，周鲁洁，李艺昕，等．矿井通风系统安全性综合评价及优化实践 [J]．煤炭技术，2016，35 (1)：213-215.
[47] 国家安全生产监督管理总局，国家煤矿安全监察局．煤矿安全规程 [M]．2016.
[48] 中华人民共和国国家质量监督检验检疫总局，中国国家标准化管理委员会．爆破安全规程 (GB 722—2014) [S]．北京：中国标准出版社，2015.
[49] 国家安全生产监督管理总局，国家煤矿安全监察局．防治煤与瓦斯突出规定 [M]．北京：煤炭工业出版社，2009.
[50] 国家安全生产监督管理总局．矿井通风阻力测定方法 (MT/T 440—2008) [S]．北京：煤炭工业出版社，2009.
[51] 国家安全生产监督管理总局．煤矿通风能力核定标准 (AQ 1056—2008) [S]．北京：煤炭工业出版社，2009.
[52] 蔡永乐．矿井防灭火技术 [M]．徐州：中国矿业大学出版社，2009.
[53] 宋永津．煤矿均压防灭火 [M]．北京：煤炭工业出版社，2002.
[54] 中国标准出版社第二编辑室．煤矿安全标准汇编：瓦斯防治、通风管理、粉尘防治、防治水、防灭火 [M]．北京：中国标准出版社，2012.
[55] 史波波．地下空间液氮防灭火理论与工程实践 [M]．徐州：中国矿业大学出版社，2018.
[56] 周心权，吴兵．矿井火灾救灾理论与实践 [M]．北京：煤炭工业出版社，1996.
[57] 谭波．矿井火灾灭火救援技术与案例 [M]．北京：煤炭工业出版社，2015.

# 后　　记

因国家机构改革，原国家安全生产监督管理总局承担的有关职能并入应急管理部，凡书中提及的“国家安全生产监督管理总局”“国务院安全生产监督管理部门”，实践应用中请分别对应“应急管理部”“国务院应急管理部门”。

读者在阅读过程中，若对教材有任何意见和建议，请通过电子邮件的形式反馈。

E－mail：csebook@ chinasafety. ac. cn